ENSEIGNEMENT PRIMAIRE SUPÉRIEUR
et Enseignement moderne

NOTIONS
DE PHYSIQUE

APPLICABLES AUX USAGES DE LA VIE

Rédigées d'après les programmes officiels

Par HONORÉ REGODT

PROFESSEUR DE SCIENCES PHYSIQUES ET CHIMIQUES
DE L'ASSOCIATION PHILOTECHNIQUE DE PARIS.

ÉDITION REVUE PAR UN AGRÉGÉ DE L'UNIVERSITÉ.

Avec 231 gravures dans le texte.

PARIS

IMPRIMERIE ET LIBRAIRIE CLASSIQUES

Maison Jules DELALAIN et Fils

DELALAIN FRÈRES, Successeurs

56, RUE DES ÉCOLES.

NOTIONS

DE PHYSIQUE

Notions d'Histoire Naturelle applicables aux usages de la vie, rédigées d'après les programmes officiels, à l'usage des élèves des écoles primaires supérieures et normales et des pensionnats, par *Henri Regodt*, professeur de sciences naturelles : 13ᵉ édition, 1 vol. in-12, *avec 110 gravures dans le texte*, cart. 2 f. 25 c.

Notions de Chimie applicables aux usages de la vie, rédigées d'après les programmes officiels, à l'usage des élèves des écoles primaires supérieures et normales et des pensionnats, par *M. Honoré Regodt* : 35ᵉ édition, revue par un professeur agrégé de l'Université, conformément à la *notation atomique*; 1 vol. in-12, *avec 64 gravures dans le texte*, cart. 1 f. 75 c.

Éléments d'Arithmétique, répondant aux programmes des écoles normales primaires, des brevets de capacité de l'enseignement primaire et des cours de l'enseignement secondaire classique et moderne, par *J. B. V. Reynaud*, professeur du lycée de Toulouse : 2ᵉ édition ; 1 vol. in-12, cart. 3 f.

Éléments d'Algèbre, rédigés conformément aux programmes officiels prescrits pour l'enseignement secondaire et l'enseignement primaire supérieur, par *J. B. V. Reynaud*; 1 vol. in-12, avec nombreux exercices et problèmes, et *gravures dans le texte*, cart. 3 f. 50 c.

Géométrie élémentaire comprenant la *Géométrie plane* et la *Géométrie dans l'espace*, rédigée conformément au programme des Écoles normales primaires et du brevet supérieur, par *M. E. Lebon*, professeur de mathématiques au lycée Charlemagne; 1 vol. in-12, *avec 487 figures dans le texte*, cart. 4 f. 50 c.

Géométrie appliquée au Levé des Plans, à l'Arpentage, au Nivellement, aux Plans cotés, aux Surfaces topographiques, précédée de Notions de Trigonométrie, et rédigée conformément au programme des écoles normales primaires d'instituteurs et du brevet supérieur, avec nombreux problèmes d'application, par *M. E. Lebon*, professeur de mathématiques au lycée Charlemagne : 2ᵉ édition ; 1 vol. in-12, *avec gravures dans le texte et une planche chromolithographiée de signes et teintes conventionnels*, cart. 3 f. 50 c.

Leçons élémentaires d'Hygiène, rédigées conformément aux nouveaux programmes officiels prescrits pour cet enseignement dans les établissements d'instruction publique, par *M. H. George*, docteur ès sciences naturelles et en médecine, professeur d'hygiène à l'Institut agronomique et à l'école Lavoisier à Paris, officier de l'instruction publique: 9ᵉ édition, revue, corrigée et augmentée; 1 vol. in-12, br. 2 f. — cart. 2 f. 20 c.

Manuel de Gymnastique, comprenant la Gymnastique sans appareils et avec appareils, les Exercices militaires, la Natation, le Bâton, la Boxe, l'Escrime à l'épée, etc., par *M. P. Le Guénec*, professeur de gymnastique à l'école normale d'instituteurs de la Seine et à l'école municipale Jean-Baptiste Say, officier d'académie; 1 vol. in-12, *avec 167 figures et 2 planches chromolithographiées*, br. 3 f. 50 c.

L'Agriculture, comprenant l'Agrologie, la Météorologie agricole, les Cultures spéciales, la Zootechnie et l'Économie rurale, à l'usage des écoles primaires supérieures, des écoles normales primaires, des écoles d'agriculture et des fermes-écoles, rédigée conformément aux programmes prescrits pour ces établissements, par *MM. Léon Bussard*, ingénieur agronome, chef des travaux de la station d'essais de semences de l'Institut national agronomique, professeur à l'École nationale d'horticulture, et *Henri Corblin*, ingénieur agronome, ancien répétiteur de zoologie à l'Institut national agronomique : 2ᵉ édition ; 1 vol. in-12, *avec 68 gravures dans le texte*, br. 5 f.

L'Horticulture, à l'usage des écoles primaires supérieures, des écoles normales primaires, des écoles d'agriculture et des fermes-écoles, rédigée conformément aux programmes prescrits pour ces établissements, par *M. Léon Bussard*; 1 vol. in-12, *avec figures dans le texte* (en préparation), br. » f.

NOTIONS
DE PHYSIQUE

APPLICABLES AUX USAGES DE LA VIE

Rédigées d'après les programmes officiels

Par HONORÉ REGODT

PROFESSEUR DE SCIENCES PHYSIQUES ET CHIMIQUES
DE L'ASSOCIATION PHILOTECHNIQUE DE PARIS.

QUARANTE-TROISIÈME ÉDITION

Avec 231 gravures dans le texte.

PARIS

IMPRIMERIE ET LIBRAIRIE CLASSIQUES

Maison Jules DELALAIN et Fils

DELALAIN FRÈRES, Successeurs

56, RUE DES ÉCOLES.

La trente-huitième édition de cet ouvrage a été revue et complétée par un professeur agrégé de l'Université.

Delalain frères

1896.

AVANT-PROPOS

L'étude de la physique est devenue un des points les plus importants de l'éducation de la jeunesse. La loi sur l'instruction primaire l'a mise au nombre des matières enseignées dans les écoles; elle est l'objet de cours spéciaux dans les écoles normales; elle entre pour une bonne part dans les programmes d'enseignement des institutions libres, des collèges et des lycées (enseignement secondaire classique et spécial); elle est exigée pour les examens des baccalauréats et elle trouve sa place dans les programmes d'admission aux grandes écoles. Les nombreuses applications de cette science aux usages de la vie et aux progrès de l'industrie motivent suffisamment la part qu'on lui accorde ainsi dans l'enseignement, et expliquent assez les nombreux travaux dont elle a été l'objet.

Certes, aucune science ne peut offrir plus d'attraits que la physique : chacun désire connaître le secret de ces merveilles dont il est à chaque instant le témoin. Ici, une machine à vapeur entraîne avec une vitesse prodigieuse un nombre considérable de voyageurs; là, un télégraphe électrique envoie, rapide comme l'éclair, le message qui lui est confié, et le téléphone fait entendre la voix à une grande distance; plus loin un ballon s'enlève majestueusement, emportant avec lui sa nacelle et les personnes qu'elle contient. Des magasins superbes offrent aux acheteurs étonnés des statuettes de bronze et des services d'argenterie à des prix tellement bas, qu'ils sont à la portée de toutes les fortunes; les statuettes sont de plâtre recouvert d'une mince couche de cuivre par un de ces secrets comme la science seule sait en découvrir; les couverts sont de cuivre et argentés par le même moyen; mais tout cela est fait avec une telle perfection que, si l'on ne soulevait pas la statuette, il serait impossible de ne pas la croire réellement de bronze, et que beaucoup de personnes croient, à la fin d'un repas, avoir été servies avec de l'argenterie, lorsque, en réalité, on ne leur a donné qu'un service argenté par les procédés Ruolz. La photographie donne instantanément et comme par enchantement des portraits dont la ressemblance est infaillible. Le soir, l'éclairage électrique vient, par sa lumière éblouissante, ajouter encore une merveille à toutes celles dont nous venons de parler.

Et pourtant, même dans les grandes villes, malgré l'intérêt que présentent toutes ces applications admirables, les premières notions de physique sont encore à peine connues d'une grande partie du public. Ne fallait-il pas attribuer une ignorance aussi regrettable à l'absence d'ouvrages élémentaires accessibles aux personnes qui n'ont aucune notion des sciences?

Sans doute, nombreux sont les traités de physique, et parmi eux l'on remarque plusieurs chefs-d'œuvre dus aux savants les plus distingués de notre époque. Mais le lecteur qui n'a pas fait d'études préliminaires suffisantes se voit arrêté, dès la première page, par une formule algébrique ou par une démonstration mathématique qu'il ne peut comprendre. Il nous a semblé qu'un livre essentiellement élémentaire, un livre pratique à la portée de toutes les intelligences était appelé à rendre service : c'est le but que nous avons cherché à atteindre. En publiant cet ouvrage, nous avons voulu faciliter l'étude de la physique aux jeunes gens et aux jeunes filles, et particulièrement à toutes les personnes qui sont obligées d'apprendre seules, et qui n'ont pas toujours près d'elles un professeur, auquel elles puissent demander l'explication de telle loi ou de telle théorie, qu'elles ne peuvent comprendre, parce que cette loi et cette théorie ne sont pas suffisamment détaillées ou nécessitent des connaissances préliminaires trop élevées. Dans la rédaction de notre programme et dans les développements que nous lui avons donnés, nous avons toujours supposé que le lecteur n'avait jamais appris la physique, et qu'il n'avait encore fait aucune étude sérieuse des mathématiques.

Pour rendre notre travail plus clair et faire concevoir plus facilement les explications, nous avons intercalé dans le texte un très grand nombre de figures.

Le programme des écoles primaires, et par suite celui des cours industriels, a été notre principal guide ; nous n'avons toutefois rien omis de ce qu'il y a d'utile et de pratique dans les programmes plus élevés de l'enseignement secondaire classique ou moderne ; de telle sorte que ce livre peut convenir aussi bien aux élèves des établissements d'instruction secondaire qu'aux élèves-maîtres des écoles normales primaires et aux cours des écoles primaires supérieures.

AVERTISSEMENT DES ÉDITEURS

En publiant la *trente-huitième* édition, nous ne devions pas négliger d'y introduire les dernières découvertes, et d'y faire, en même temps que les additions nécessitées par les progrès de la science, les modifications exigées par les récents changements apportés aux programmes d'enseignement.

Un astérisque, placé en tête des chapitres, alinéas ou phrases, marque les modifications dont a été l'objet cette nouvelle édition, entièrement recomposée, qui a été revue et complétée par un professeur agrégé de l'Université.

NOTIONS DE PHYSIQUE

APPLICABLES AUX USAGES DE LA VIE.

CHAPITRE Iᵉʳ.

Notions préliminaires.

Les corps matériels. — Volume; poids et densité des corps.
— État des corps. — Propriétés des corps.

Définition. — * La *physique* est une science qui a pour objet l'étude des propriétés générales des corps, de l'action sur les corps des agents impondérables désignés sous le nom de *chaleur, électricité, lumière.*

Les divers phénomènes dont il est question dans la physique se classent selon les causes qui les produisent ou les organes qu'ils affectent. Les uns appartiennent à la *pesanteur*, à la *chaleur*, au *magnétisme*, à *l'électricité;* les autres à l'*optique* et à l'*acoustique.*

Corps matériels. — On appelle *corps matériel* ou simplement *corps* tout ce qui a étendue et impénétrabilité, c'est-à-dire ce qui occupe une certaine partie de l'espace, et qui est seul à l'occuper. Une pierre, une goutte d'eau, une bulle d'air, sont des corps, parce qu'ils occupent une certaine partie de l'espace.

On admet généralement que tout corps est un assemblage de *molécules* matérielles, tenues à distance les unes des autres; les intervalles se nomment *pores.*

Volume d'un corps. — On appelle *volume* d'un corps l'espace qu'il occupe.

Quand les corps ont une forme géométrique, on peut

déterminer les volumes à l'aide des formules de la géométrie; mais quand ils n'ont aucune forme déterminée, comme un caillou, on les plonge avec précaution dans un vase plein d'eau, et l'on mesure le liquide déplacé. Si le liquide déplacé est un litre, c'est-à-dire un décimètre cube, on en conclut que le volume du corps est également un décimètre cube. Lorsque le corps est soluble dans l'eau, on se sert d'un autre liquide qui n'ait aucune action sur ce corps.

On ne peut jamais connaitre le volume réel des corps, parce qu'ils sont tous plus ou moins poreux; on ne connaît que leur volume apparent, qui est le volume réel augmenté du volume des pores.

*** Densité d'un corps.** — Il y a des corps qui, sous un petit volume, ont un grand poids. On dit que ces corps sont *denses*. La *densité* d'un corps est donc le rapport du poids au volume : de sorte que, le volume étant le même, plus le poids est grand, plus la densité est forte. Le mercure est 13 fois et demie plus dense que l'eau, c'est-à-dire qu'un litre de mercure pèse 13 fois et demie plus qu'un litre d'eau.

États des corps. — On rencontre les corps dans la nature sous trois états différents : ils sont *solides*, *liquides* ou *gazeux*.

Le fer, le bois, le marbre, sont des solides; l'eau, le vin, l'huile, sont des liquides; l'air est un gaz. Ces exemples suffiraient à eux seuls pour faire distinguer les trois états; cependant on peut donner de chacun d'eux une définition.

*** Un *solide*** est un corps dont les différentes parties sont liées les unes aux autres de telle manière que le corps ait une forme et un volume invariables; on ne peut déformer un solide qu'en exerçant sur lui un effort relativement considérable.

Dans un *liquide, au contraire, le volume est encore fixe, mais la forme est variable; cette forme est celle du vase dans lequel le liquide est versé : cela tient à une

1.

extrême mobilité des diverses parties les unes par rapport aux autres.

*Dans un *gaz*, la forme est aussi variable; de plus, les diverses parties tendent à s'écarter de plus en plus les unes des autres : de sorte que le corps occupe toujours la totalité du vase dans lequel il est enfermé.

Lorsqu'un corps, naturellement solide ou liquide, devient gazeux, on l'appelle *vapeur*. Ainsi, quand un linge mouillé sèche, l'eau que contenait ce linge disparaît en prenant la forme gazeuse : on dit que l'eau s'est réduite en vapeur.

On désigne sous le nom général de *fluides* les liquides, les gaz et les vapeurs.

Propriétés des corps. — On divise les propriétés des corps en *propriétés essentielles* et *propriétés générales*.

* Les *propriétés essentielles* sont celles sans lesquelles on ne saurait concevoir l'existence des corps. Ce sont *l'étendue* et *l'impénétrabilité*. Non seulement tous les corps possèdent ces deux propriétés, mais on ne saurait concevoir sans elles l'existence de la matière.

Les *propriétés générales* sont celles qui, sans nous paraître absolument indispensables à la matière, sont communes à tous les corps, quel que soit leur état, solide, liquide ou gazeux. Parmi ces propriétés, les principales sont : la *divisibilité*, la *porosité*, l'*élasticité*, l'*inertie*, la *mobilité*, l'*attraction*, la *pesanteur*.

Étendue. — *L'étendue* est la propriété qu'ont les corps d'occuper une portion de l'espace. Il est impossible d'imaginer un corps qui n'ait ni longueur, ni largeur, ni épaisseur.

Impénétrabilité. — *L'impénétrabilité* est la propriété que possède un corps d'occuper, d'une manière exclusive, une certaine portion de l'espace.

Dire que la matière est impénétrable, c'est dire que deux corps ne peuvent en même temps occuper la même place. Si l'on enfonce un clou dans le bois, la place occupée par le clou ne l'est plus par le bois.

Divisibilité. — La *divisibilité* est la propriété que possèdent les corps de pouvoir être séparés en un grand nombre de parties.

Les matières colorantes, les substances odorantes, les métaux, offrent des preuves d'une divisibilité infinie. Quelques gouttes de sulfate d'indigo[1] communiquent leur couleur bleue à une grande masse d'eau.

En pénétrant dans une chambre où l'on a placé un morceau de camphre, on sent une odeur très forte, parce que des portions très petites de camphre se détachent sous forme de vapeurs et viennent toucher la muqueuse du nez. Pour s'assurer de la diminution du camphre, il suffit de le peser : il diminue rapidement de poids. Le musc se divise en parties encore bien plus petites: car, en le pesant après un temps assez considérable, on trouve à peine une diminution sensible.

Quelques métaux, tels que l'or, le platine, offrent également des exemples d'une grande divisibilité. Il existe des lames d'or tellement minces qu'il en faudrait dix mille pour avoir l'épaisseur d'un millimètre, et des fils de platine si fins qu'il en faudrait au moins une centaine pour faire l'épaisseur d'un cheveu.

* **Porosité.** — Dans le langage ordinaire, on nomme *pores* des espaces vides dont on constate la présence dans la masse d'un grand nombre de corps. Ces pores sont souvent très gros, comme dans l'éponge, la pierre ponce. D'autres fois ils sont beaucoup plus petits.

Le sucre, en se dissolvant dans l'eau, laisse échapper une foule de bulles d'air. Or, cet air ne pouvait se trouver dans le sucre, puisque la matière est impénétrable : donc le sucre est poreux.

En cassant les pierres qui ont séjourné longtemps dans l'eau, on les trouve mouillées plus ou moins profondément, suivant le temps qu'elles sont restées dans ce

1. Le sulfate d'indigo est un liquide d'un bleu très foncé, qu'on obtient en dissolvant l'indigo dans l'acide sulfurique (huile de vitriol).

liquide et suivant leur degré de porosité. Certaines pierres poreuses servent de filtres : c'est que les pores livrent passage à l'eau, mais que leur étendue est trop petite pour laisser passer les matières étrangères que l'eau peut tenir en suspension.

Le bois absorbe l'humidité dans ses pores et augmente de dimension : c'est ainsi que par les temps humides les portes et les fenêtres se ferment avec difficulté.

Si la peau donne passage à la sueur, et la coque de l'œuf à l'air, si le charbon absorbe jusqu'à 90 fois son volume de gaz ammoniac, c'est parce que ces corps sont poreux.

* Mais on admet en physique l'existence d'une *porosité* d'un autre genre. Les corps les plus compacts, ceux dans lesquels il semble le plus impossible de constater la présence d'espaces vides, tels que les métaux, le verre, les liquides, ont cependant la propriété de diminuer de volume quand on les refroidit. Puisque nous avons admis que l'*impénétrabilité* est une propriété essentielle de la matière, nous devons admettre qu'il y a dans le verre, dans un liquide quelconque, des vides très petits, invisibles pour nous, même au microscope : ce sont ces vides qui diminuent de volume sous l'influence du refroidissement.

Élasticité. — Lorsque, par réflexion, torsion, tension, ou enfin par toute autre force, on déforme un corps, il tend à reprendre sa forme primitive. Cette propriété se nomme *élasticité.* Les corps qui l'ont très développée, comme le liège, le caoutchouc, l'ivoire, s'appellent *élastiques;* et ceux qui la possèdent à peine, comme la terre glaise, s'appellent *corps mous.*

Quand une bille d'ivoire tombe sur un plan de marbre, elle s'aplatit, puis elle rebondit, en reprenant sa forme première. Pour s'assurer de cet aplatissement, on graisse légèrement le marbre : si l'on pose la bille, elle n'enlève qu'un point de graisse à peine visible; si, au contraire, on la fait tomber, elle enlève un cercle de graisse d'autant plus grand que le choc a été plus violent.

L'élasticité suppose la *compressibilité*, qui varie selon les différents corps, et qui est presque nulle dans les liquides.

Inertie. — Lorsqu'un corps est en repos, il y reste jusqu'à ce qu'une cause quelconque, nommée *force*, le mette en mouvement; lorsqu'un corps est en mouvement, il y reste aussi jusqu'à ce qu'une autre force détruise ce mouvement. La propriété qu'ont les corps de ne pouvoir d'eux-mêmes passer de l'état de repos à celui de mouvement, ou de l'état de mouvement à celui de repos, s'appelle *inertie*.

Dire que la matière est inerte, c'est dire qu'elle ne peut se mouvoir ni s'arrêter d'elle-même. Une bille, une fois en mouvement sur le tapis d'un billard, ne s'arrêterait jamais sans le frottement du tapis et celui de l'air. Une pierre jetée en l'air monterait sans cesse sans le frottement de l'air et l'attraction de la terre.

Mobilité. — La *mobilité* est la propriété que possèdent les corps de pouvoir être déplacés par des *forces*.

On appelle *vitesse* l'espace parcouru dans une seconde. En examinant la vitesse des corps pendant chaque seconde de leurs mouvements, on peut diviser les mouvements en trois classes :

1° Le *mouvement uniforme,* dans lequel la vitesse est toujours la même; exemple : les aiguilles d'une montre;

2° Le *mouvement uniformément varié,* qui se subdivise en deux : le mouvement uniformément accéléré, dans lequel la vitesse augmente graduellement; exemple : la chute d'une pierre; le mouvement uniformément retardé, dans lequel la vitesse diminue régulièrement; exemple : l'ascension d'une pierre qu'on jette en l'air;

3° Le *mouvement varié,* dans lequel la vitesse est tantôt grande, tantôt faible; exemple : la marche d'un navire à voiles, la rotation des ailes d'un moulin. Dans ces mouvements, la vitesse varie selon la force du vent.

L'attraction, et la **pesanteur**, qui est un des modes de l'attraction, sont deux propriétés qui méritent, la seconde surtout, une étude toute particulière (voir les chapitres suivants).

CHAPITRE II.

Attraction, ses lois. — Gravitation, pesanteur. — Attraction moléculaire. — Affinité. — Cohésion. — Cristallisation. — Adhérence. — Capillarité. — Lois de la capillarité. — Applications de la capillarité.

Attraction, ses lois. — *L'attraction* est une propriété en vertu de laquelle tous les corps s'attirent, c'est-à-dire tendent à se rapprocher, d'après les deux lois suivantes :

* Première loi : *Les corps s'attirent en raison directe du produit de leurs masses.* C'est-à-dire que si deux corps s'attirent avec une certaine force, la force d'attraction deviendra double si l'on remplace l'un des corps par un autre de masse double ; la force d'attraction deviendra six fois plus forte si l'on remplace l'un des corps par un corps de masse double et l'autre par un corps de masse triple.

Deuxième loi : *Les corps s'attirent en raison inverse du carré des distances.* D'abord la raison inverse signifie que plus la distance est grande, moins l'attraction est forte ; ensuite on dit que cette raison inverse a lieu suivant les carrés des distances, c'est-à-dire que, si la distance devient 3 fois plus grande, l'attraction est 9 fois plus faible.

Gravitation, pesanteur. — Lorsque l'attraction s'exerce entre des masses énormes placées à des distances immenses, comme l'attraction qui existe entre le soleil, la terre, la lune, etc., c'est la *gravitation*, que l'on appelle encore *attraction céleste* ou *planétaire*. Quand l'attraction agit entre la terre et les corps qui sont à sa surface, on l'appelle *pesanteur*. La première est du ressort de l'astronomie; les phénomènes nombreux qui se rattachent à la seconde seront l'objet du chapitre suivant.

Attraction moléculaire. — Indépendamment de l'attraction céleste et de la pesanteur, il existe une autre sorte d'attraction.

* C'est celle qui s'exerce entre les différentes parties constitutives d'un corps, et dont l'effet est de maintenir ces parties en un tout de volume déterminé : on la nomme *attraction moléculaire*. On désigne l'attraction moléculaire tantôt sous le nom d'affinité, tantôt sous celui de cohésion.

Affinité. — Lorsque l'attraction a lieu entre des molécules hétérogènes, c'est-à-dire de nature différente, elle s'appelle *affinité*. Ainsi le bronze est une combinaison de cuivre et d'étain ; la force qui unit une molécule de cuivre à une molécule d'étain est l'affinité; mais l'étude de ce genre d'attraction appartient à la chimie.

Cohésion. — Lorsque l'attraction a lieu entre des molécules homogènes, c'est-à-dire de même nature, elle s'appelle *cohésion*. Ainsi la force qui unit une molécule de fer à une autre molécule de fer est la cohésion ; il en est de même de la force qui unit une molécule de bronze à une autre molécule de bronze.

D'après cela, on voit que dans les corps simples, c'est-à-dire formés d'une seule substance, comme le cuivre, l'or, le fer, la cohésion seule rapproche les molécules, mais que dans tous les corps composés il y a tout à la fois cohésion et affinité. Dans ces derniers corps l'affinité rapproche les molécules hétérogènes, et la cohésion rapproche les molécules composées.

Deux forces surtout, l'*affinité*, et plus encore la *chaleur*, sont en lutte pour ainsi dire continuelle avec la cohésion.

Si l'on mêle du sel marin et de la glace, les deux corps se fondent mutuellement, parce que la cohésion est vaincue par l'affinité. De même, en vertu de l'affinité, une foule de corps, le sucre, le sel marin, l'alun, etc., fondent en quantité plus ou moins grande dans leur contact avec l'eau.

Dans le plomb, l'attraction moléculaire est très forte : aussi le plomb est-il solide; mais si on le chauffe, on écarte ses molécules; elles finissent par être assez éloignées pour rouler les unes sur les autres, et le plomb devient liquide. En chauffant l'eau, la répulsion excitée par la chaleur finit par l'emporter sur l'attraction ; les molécules tendent continuellement à s'écarter, et l'eau se transforme en vapeur. En refroidissant la vapeur, on diminue la force répulsive, et la vapeur repasse à l'état liquide; en refroidissant l'eau liquide, elle se congèle.

Il est dès lors facile de comprendre que tant de corps puissent se présenter alternativement sous les trois états de liquides, de solides et de gaz, suivant que la cohésion réunit les molécules, ou que l'affinité, mais plus souvent encore la chaleur, les écarte et les *dilate*.

Cristallisation. — Lorsqu'un corps liquide ou gazeux passe subitement à l'état solide, les parties constituantes, ce que nous avons appelé plus haut les molécules, s'agrégent au hasard, et leur ensemble n'offre au dedans comme au dehors qu'une masse confuse. Mais, si le passage d'un état à l'autre se fait avec lenteur, il arrive souvent que les molécules se disposent constamment dans un ordre déterminé, et le corps prend des formes géométriques : c'est le phénomène qui s'appelle *cristallisation*. La glace, au moment où elle se forme, comme en hiver sur nos carreaux de vitres, est un exemple de cristallisation naturelle. D'ailleurs, la cristallisation est dite par *voie sèche*, si le corps était liquide par fusion (ainsi le soufre fondu, en se refroidissant lentement, cristallise par voie sèche); ou par *voie humide*, si le corps était liquide par dissolution (ainsi le sel que contient l'eau de mer cristallise par voie humide).

Cristallisation par voie sèche. — On fond du bismuth dans un creuset, puis on le laisse refroidir : la solidification commence par l'extérieur. Dès qu'il s'est formé une croûte solide, on la perce, et, en renversant le creuset, tout ce qui est encore liquide s'écoule; en cassant ensuite le creuset, on voit qu'à l'intérieur le métal a donné une belle cristallisation en petits cubes superposés de manière à former de petits escaliers dans toutes les directions. Quand la lumière solaire frappe les angles de ces cristaux, elle se décompose en partie et offre différentes couleurs de l'arc-en-ciel : aussi voit-on assez fréquemment dans les pharmacies de beaux échantillons de ces cristaux placés comme ornement. Les vapeurs de certains corps, tels que l'iode, cristallisent en se refroidissant contre les parois des vases.

Cristallisation par voie humide. — On dissout dans une certaine quantité d'eau du sel marin jusqu'à ce que l'eau en soit saturée, c'est-à-dire jusqu'à ce qu'elle refuse d'en dissoudre davantage. On verse ensuite cette eau dans un vase large et peu profond, tel qu'une assiette, et on l'abandonne pendant plusieurs jours : peu à peu l'eau s'évapore, et le sel forme au fond de l'assiette des pyramides à quatre faces composées de petits cubes superposés.

Adhérence. — Lorsque l'attraction s'exerce entre différents corps par le seul contact, elle s'appelle *adhérence*. Ainsi deux plans de glace parfaitement polis, étant glissés l'un sur l'autre, adhèrent avec une grande force. En plongeant un vase de verre dans l'eau, on le retire mouillé. On peut même, à l'aide d'une expérience très simple, démontrer cette adhérence. On attache sous une balance une plaque de verre, et, après avoir équilibré le verre, on lui fait toucher la surface de l'eau contenue dans un vase placé au-dessous du plateau ; il faut employer des poids assez forts pour arracher le plateau de la surface de l'eau, et encore ne saurait-on ainsi mesurer complètement l'adhérence, puisqu'une certaine quantité d'eau reste attachée au plateau de verre.

L'adhérence a lieu non seulement entre les solides, ou

entre les solides et les liquides; on la remarque encore entre les solides et les gaz. En plongeant une lame de verre dans l'eau, on voit autour de la lame une foule de bulles d'air qui restent adhérentes à la lame et ne se détachent que progressivement. Le même effet se remarque en prenant un bain : le corps n'est pas entièrement mouillé dès qu'il est plongé dans l'eau ; il reste à sa surface une grande quantité de bulles d'air, qu'on distingue parfaitement dans l'eau, et qu'on détache en passant la main sur le corps.

Capillarité. — On appelle *phénomènes capillaires* les phénomènes d'adhérence que l'on remarque quand on plonge dans un liquide un tube d'un diamètre quelquefois si petit, qu'on l'a comparé à celui d'un cheveu.[1] : c'est pour cette raison que de semblables tubes s'appellent capillaires. A ces phénomènes observés les premiers, on en rattache quelques autres : leur ensemble constitue la *capillarité*.

Les phénomènes capillaires sont de deux ordres, selon que le corps peut être ou non mouillé par le liquide.

1° Si l'on plonge un tube de verre étroit (*fig.* 1) dans de l'eau colorée, on voit le liquide s'élever dans le tube au-dessus du niveau qu'il a dans le vase et prendre une forme concave; le liquide s'élève aussi d'une petite quantité, à l'extérieur, contre les parois du tube.

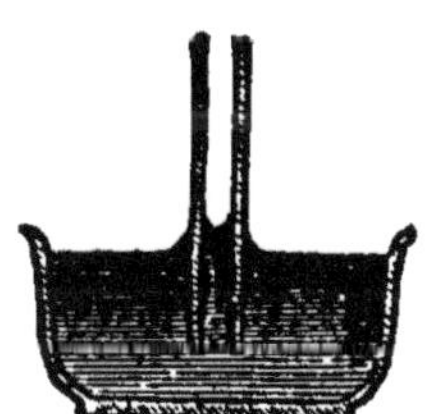

Fig. 1.

Ce phénomène a lieu chaque fois qu'un tube est plongé dans un liquide capable de le mouiller. Le liquide s'élève dans le tube, parce que l'adhérence entre le verre et l'eau est plus forte que la pesanteur.

2° Si l'on plonge un tube de verre étroit (*fig.* 2) dans du mercure, on voit le liquide rester dans le tube au-dessous du niveau qu'il a dans le vase et prendre une

1. En latin *capillus*.

forme convexe; le liquide baisse aussi d'une petite quantité, à l'extérieur, contre les parois du tube.

Fig. 2.

Ce phénomène a lieu chaque fois qu'un tube est plongé dans un liquide incapable de le mouiller. Le mercure descend, parce que la cohésion du mercure est plus forte que l'adhérence entre le mercure et le verre.

On appelle *intensité de la capillarité* la différence entre le niveau du liquide dans le tube et son niveau dans le vase.

Des phénomènes analogues se produisent quand on remplace le tube par deux lames de verres parallèles et très rapprochées l'une de l'autre.

Lois de la capillarité. — Les lois de la capillarité sont au nombre de deux, selon qu'on emploie des tubes ou des lames de verre parallèles.

Première loi : *L'intensité de la capillarité est en raison inverse du diamètre du tube.* Si le tube avait un diamètre trois fois plus petit, l'intensité de la capillarité serait trois fois plus grande.

Deuxième loi : *Entre deux lames de verre parallèles et fort rapprochées, l'intensité de la capillarité est la moitié de ce qu'elle serait dans un tube dont le diamètre serait égal à la distance des deux lames parallèles.* Ainsi, entre deux lames de verre parallèles et éloignées d'un millimètre, l'eau s'élève à la moitié de la hauteur qu'elle atteindrait dans un tube dont le diamètre serait égal à un millimètre.

Applications de la capillarité.— C'est par l'effet de la capillarité que l'huile monte dans les mèches des lampes, qu'un liquide s'élève dans le sucre, l'éponge, le linge et dans tous les corps très poreux qu'on y a plongés par leur base.

Certains corps plus denses que l'eau flottent à la surface, contrairement aux conditions d'équilibre, du moins en apparence : c'est que ces corps ne sont pas mouillés par le liquide, que le liquide baisse par conséquent autour d'eux, et qu'ils en déplacent une quantité plus considérable que leur volume. Telles sont les aiguilles d'acier parfaitement polies, etc.

On peut encore rapporter à la capillarité les phénomènes suivants. Lorsqu'on approche à une petite distance deux corps flottants, quels qu'ils soient, ils s'attirent ou se repoussent : 1° ils se repoussent s'ils sont tous deux mouillés par le liquide ou s'ils ne le sont ni l'un ni l'autre; 2° ils s'attirent si l'un est mouillé et que l'autre ne le soit pas.

CHAPITRE III.

Pesanteur.

Pesanteur. — Chute des corps, ses lois. — Vérification des lois de la chute des corps. — Plan incliné de Galilée, machine d'Atwood, appareil à cylindre tournant. — Variations de la pesanteur. — Poids des corps. — Centre de gravité. — Force centrifuge.

Pesanteur. — La *pesanteur* est, comme il est dit plus haut, l'attraction qui existe entre la terre et les corps qui sont à sa surface. Quand on éloigne une pierre du sol, cette pierre et la terre s'attirent toutes deux, et si on abandonne la pierre, elle tombe par l'attraction de la terre. Il est vrai que rigoureusement la terre devrait aussi aller à la rencontre de la pierre; mais la terre, ayant une masse infiniment plus considérable que la pierre, se déplace infiniment moins qu'elle, de sorte que son déplacement peut être considéré comme nul. Aussi dit-on souvent que la pesanteur est la force qui tend à rapprocher les corps de la terre.

Direction de la pesanteur. — La direction de la pesanteur est représentée par le *fil à plomb*. Cet instrument (*fig.* 3) se compose d'une ficelle passant par l'ouverture d'une petite pièce métallique mobile, et portant à sa partie inférieure une petite masse de plomb. On tient d'une main l'extrémité supérieure du fil, et de l'autre on appuie contre un point fixe la pièce mobile; la partie du fil comprise entre la pièce mobile et la masse de plomb indique la direction que les corps suivent en tombant. Cette ligne s'appelle *verticale*.

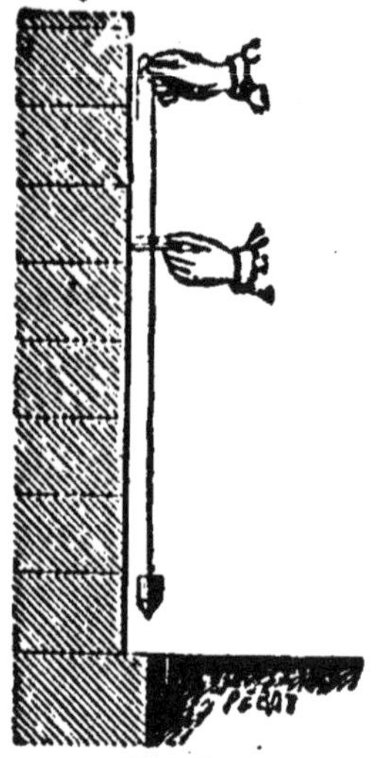

Fig. 3.

Les maçons se servent continuellement du fil à plomb pour savoir si les murs qu'ils construisent ne penchent pas. Ils appuient la pièce mobile contre le mur; il faut alors que l'extrémité inférieure du fil soit à la même distance du mur que l'ouverture de la pièce mobile.

*** Chute des corps.** — Puisque la pesanteur agit verticalement, un corps qui tombe suit dans sa chute une direction verticale. En outre, Galilée d'abord, puis Newton, ont constaté que *tous les corps tombent avec la même vitesse.* Plusieurs boules de diverses substances, et, par suite, de poids très différent (plomb, fer, verre, bois), abandonnées en même temps d'une même hauteur, arrivent en même temps sur le sol. On exprime ce fait en disant que *la pesanteur agit de la même manière sur tous les corps.* Cela ne signifie pas que tous les corps ont le même poids, mais que les plus lourds ne tombent pas plus vite que les plus légers. Il n'y a rien là de surprenant: car, si un corps est plus lourd qu'un autre, c'est-à-dire si la force qui le met en mouvement est plus grande, il y a aussi plus de matière à mettre en mouvement.

* Cependant certains corps semblent tomber plus lentement que d'autres, et même ne pas tomber verticalement : cela tient à la résistance que l'air oppose à leur chute. Une feuille de papier va bien plus lentement qu'une pierre; mais si on la roule en boule, de manière qu'elle offre à la résistance de l'air une surface moins étendue,

on la voit tomber aussi vite que la pierre. Newton a fait plus: il a déterminé la chute de divers corps dans le vide, et a constaté alors que toute différence disparaît. L'expérience se fait dans un grand tube de verre (*fig.* 4), fermé par deux garnitures métalliques, dont une possède un robinet. Ce tube renferme une pierre, un morceau de papier, un brin de duvet; quand on le retourne sur lui-même, on voit que la pierre tombe plus vite que le papier, et le papier plus vite que le duvet; mais si l'on vient à faire le vide dans le tube avec une machine pneumatique, c'est-à-dire à en enlever complètement l'air, la chute se fait avec la même vitesse pour les trois corps.

Lois de la chute des corps. — *La pesanteur agissant constamment sur le corps qui tombe, on comprend que la chute doive être de plus en plus rapide. En effet, l'action de la pesanteur à chaque moment s'ajoute à l'action qu'elle a exercée dans les moments précédents, ce qui détermine un accroissement de la vitesse primitive. L'expérience a montré qu'il en est bien ainsi, et que le mouvement de chute est *uniformément accéléré;* il obéit, par suite, aux lois suivantes :

1° *La vitesse acquise à la fin de la chute est proportionnelle au temps pendant lequel le corps est tombé.* On peut définir la vitesse acquise ou finale : l'espace qu'un mobile parcourt d'un mouvement uniforme dans chaque seconde, après que la force accélératrice a cessé d'agir.

La vitesse acquise est proportionnelle au temps de la chute, c'est-à-dire qu'à la fin de la troisième seconde la vitesse acquise est trois fois plus grande qu'à la fin de la première; à la fin de la huitième seconde, la vitesse acquise est huit fois plus grande qu'à la fin de la

Fig. 4.

première. Or, la vitesse acquise après une seconde de chute est double de l'espace que le mobile a parcouru pendant cette seconde.

2° *Les espaces parcourus sont proportionnels aux carrés des temps employés à les parcourir.* Une balle de plomb, une pierre, ou tout autre corps assez dense pour que la résistance de l'air puisse être considérée comme nulle, quand on l'abandonne à lui-même, parcourt en deux secondes quatre fois plus d'espace, en cinq secondes vingt-cinq fois plus d'espace que pendant la première : de sorte que, pour connaître l'espace parcouru en un certain nombre de secondes, il suffit de multiplier l'espace parcouru dans la première seconde par le carré du temps pendant lequel le corps est tombé.

Un corps parcourt, à Paris, en chute libre :

En 1 seconde,		$4^m,9.$
En 2 secondes,	4 fois $4^m,9,$	ou $19^m,6.$
En 3 secondes,	9 fois $4^m,9,$	ou $41^m,1.$
En 4 secondes,	16 fois $4^m,9,$	ou $78^m,4.$

Ainsi, pour savoir ce qu'un corps parcourt en huit secondes, on n'a qu'à multiplier l'espace parcouru dans la première seconde par le carré de 8 ou 64, ce qui donne $313^m,6.$

La seconde loi de la chute des corps permet de calculer approximativement la hauteur d'une tour ou la profondeur d'un puits. Pour cela on laisse tomber une pierre, et on compte le nombre de secondes que cette pierre met à parcourir la hauteur de la tour ou la distance de l'orifice du puits au niveau de l'eau. On élève au carré le nombre de secondes, et on multiplie $4^m,9$ par ce carré. Si une pierre met 5 secondes à tomber du sommet d'une tour, l'espace parcouru, c'est-à-dire la hauteur de cette tour, sera 5 fois 5 ou 25 multiplié par $4^m,9$, c'est-à-dire $122^m,5.$

Vérification des lois précédentes. — * Les corps tombent avec trop de rapidité pour qu'il soit facile de vérifier directement les lois que nous venons d'énoncer. On a inventé trois appareils où les corps tombent suivant les lois de la pesanteur, mais dans des conditions qu'il est plus aisé d'observer. Ces appareils sont le *plan incliné de Galilée*, la *machine d'Atwood* et l'*appareil à cylindre tournant*.

Plan incliné de Galilée. — Le long d'une planche verticale un corps tombera comme si cette planche n'existait pas. Si la planche est horizontale, le corps restera en équilibre entre l'attraction de la terre et la résistance du plan. Mais si l'on donne à la planche une position intermédiaire AB (*fig.* 5), de manière qu'elle forme un plan

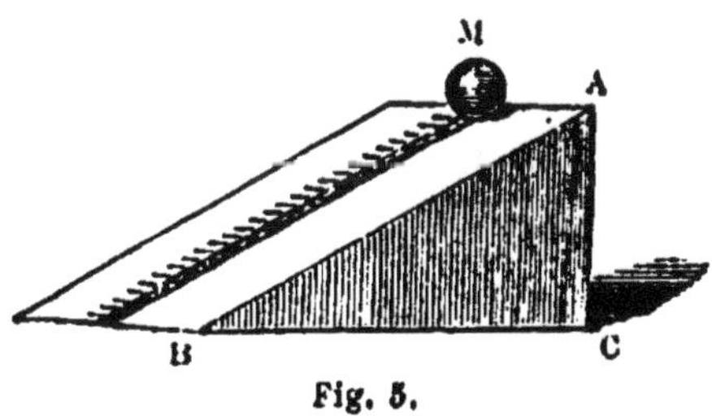

Fig. 5.

incliné, une boule M descendra le long d'une rigole creusée dans la planche d'autant plus lentement que la hauteur AC du plan incliné sera plus petite relativement à la longueur AB. On laisse tomber la boule M, d'abord pendant une seconde, ensuite pendant 2 secondes, puis pendant 3 secondes, et l'on voit qu'en 2 secondes elle parcourt un espace 4 fois plus grand qu'en une seule, et que pendant 3 secondes elle parcourt 9 fois l'espace de la première seconde. Cette expérience est due à Galilée, d'où le nom de *plan incliné de Galilée*.

Machine d'Atwood. — La machine d'Atwood, ainsi appelée du nom du physicien qui l'a inventée à la fin du siècle dernier, se compose d'une poulie P (*fig.* 6), très mobile autour de son axe; sur la gorge de cette poulie passe un fil de soie portant à chaque extrémité des petits poids égaux M et M', qui se font équilibre dans toutes les positions, attendu que le fil de soie, étant très mince, peut être considéré comme ayant un poids nul. On peut donc supposer que la terre n'a aucun effet sur l'un des corps M ou M' : car elle ne saurait faire descendre l'un sans faire monter l'autre.

Si l'on place sur M un poids additionnel L, l'équilibre est rompu : L tombe, mais, pour tomber, il doit entraîner M et faire monter M' : il partage donc sa vitesse avec ces deux corps. En supposant que le poids L soit la centième partie des trois poids réunis M, M', L, le poids additionnel L ne parcourrait dans un temps donné que la centième partie de ce qu'il parcourrait en chute libre. Une règle graduée AB permet de mesurer les espaces parcourus. Un petit pendule, nommé *compteur de secondes*, soulève, à chaque seconde, un marteau, qui retombe sur un timbre.

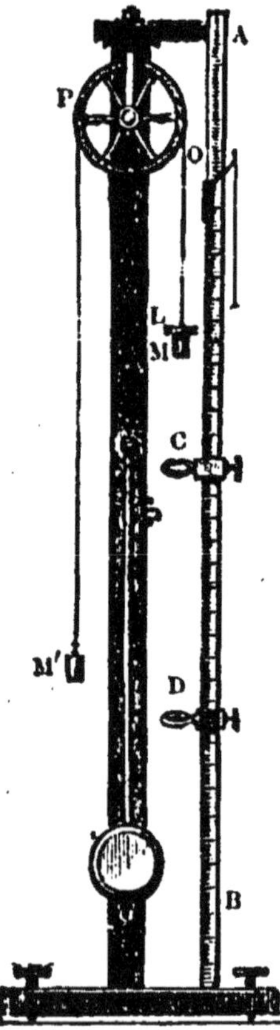

Fig. 6.

Si on laisse tomber la masse M et le poids L au moment où le pendule bat une seconde, et qu'on le reçoive successivement à la fin de chaque seconde sur un plateau D mobile le long de la règle graduée, on remarque que l'espace parcouru est 4 fois plus grand en 2 secondes, 9 fois plus grand en 3 secondes, etc., ce qui vérifie la seconde loi.

Maintenant laissons tomber L plus M du point O, et plaçons sur leur trajet un anneau C, assez grand pour livrer passage à M, mais trop petit pour laisser passer L : M continue à se mouvoir ; donc il existe une vitesse acquise, puisque ce n'est plus la terre qui entraîne M. Au moyen de l'anneau C, arrêtons L à la fin de la troisième seconde, et M une seconde plus tard à l'aide du plateau D : la distance entre l'anneau et le plateau est la vitesse acquise à la fin de la troisième seconde. Si l'on arrête le poids additionnel après 1, 2, 3, etc., secondes et M une

2.

seconde plus tard, la vitesse finale sera toujours exprimée par la distance entre l'anneau et le plateau : donc la vitesse acquise est double après la deuxième seconde, triple après la troisième, quadruple après la quatrième, etc., ce qui vérifie la première loi.

Appareil à cylindre tournant. — * La démonstration donnée par le général Morin est aussi décisive et plus simple. Un cylindre AG (*fig*. 7), d'environ 1 mètre 50 de hauteur, tourne par un mouvement d'horlogerie dans le sens indiqué par les deux petites flèches; la surface est revêtue d'un papier blanc sur lequel on a tracé à d'égales distances un certain nombre d'arêtes parallèles. Si le cylindre était immobile, et qu'un petit corps pesant C, muni d'un crayon dont la pointe appuierait sur le papier, tombât sui-

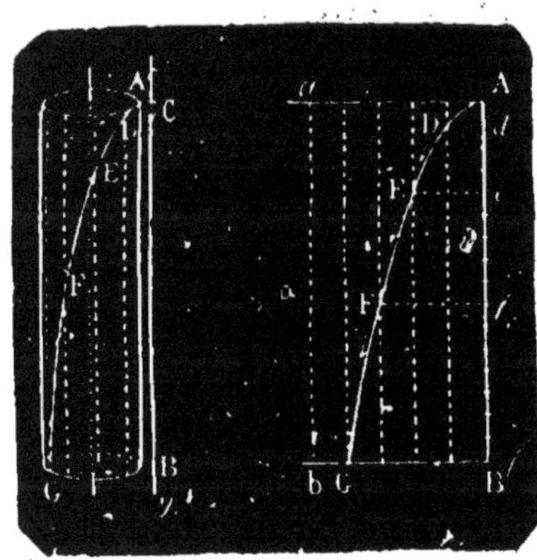

Fig. 7.

vant la verticale xy, le crayon décrirait la droite AB. Mais que le cylindre tourne en même temps que le corps tombe, le crayon décrira une courbe en rencontrant les arêtes après des temps égaux en D, en E, en F, en G. Détachons le papier du cylindre en coupant la feuille suivant AB, et des points D, E, F, G, abaissons sur AB des perpendiculaires : la distance A*d*, qui mesure l'espace parcouru pendant la première unité de temps, est contenue 4 fois dans A*e*, 9 fois dans A*f*, 16 fois dans AB, ce qui vérifie la première loi.

***Variations de la pesanteur.** — Les corps ne tombent pas absolument avec la même vitesse en tous les points du globe. Nous avons admis que la pesanteur provient de l'attraction de la terre sur les corps placés à sa surface; cette attraction varie en raison inverse du carré de la distance du centre du corps au centre de la terre. Or, la terre n'est pas rigoureusement une sphère; elle est aplatie vers les pôles. Un corps placé au pôle sera donc plus près du centre de la terre qu'un corps situé à l'équateur, et l'intensité de la pesanteur y sera plus grande; de même l'intensité de la pesanteur est plus grande au niveau de la mer qu'au sommet d'une montagne. Mais ce sont là des variations très petites, et qu'on ne peut constater que par des expériences délicates. Un ressort très sensible, auquel on suspend un corps pesant, est plus tendu par ce corps au pôle qu'à l'équateur. Une balance ordinaire ne serait pas susceptible de mettre en évidence la variation dont nous nous occupons; si nous la supposons en équilibre à l'équateur sous l'influence de poids égaux placés dans les deux plateaux, elle restera encore en équilibre au pôle : car la variation de la pesanteur aura porté de la même manière sur les deux poids placés dans les plateaux.

*Poids des corps. — La pesanteur agit sur toutes les parties d'un corps : car si l'on divise ce corps en un grand nombre de petits fragments, chacun d'eux tombe comme tombait le corps primitif. On nomme *poids* la somme de toutes ces actions de la pesanteur sur les différentes parties des corps. Il faut bien distinguer le *poids* d'avec la *pesanteur*. La *pesanteur* est la cause de la chute, la force qui agit sur toutes les parties; le *poids* est la somme de toutes les actions de la pesanteur : il est d'autant plus grand que le nombre des parties est plus considérable. Si l'action de la pesanteur sur chaque partie prise séparément est la même dans tous les corps, la somme de ces actions diffère : nous savons, en effet, que tous les corps n'ont pas le même poids.

* Centre de gravité — Toutes les parties constitutives d'un corps sont également attirées par la terre ; si le corps est solide, toutes ces parties se déplacent en même temps. Or, le résultat serait évidemment le même, si, au lieu de considérer toutes les parties d'un corps, on supposait que l'unique partie placée exactement au milieu de toutes les autres est attirée par une force égale à la

somme de toutes les forces attractives. Cette partie centrale est le *centre de gravité* du corps.

Le *centre de gravité* est donc un point tel que toutes les attractions de la terre sur chaque partie d'un corps peuvent être remplacées par une attraction totale et unique appliquée en ce point. Il est au centre même de figure quand le corps est homogène. Ainsi, le centre de gravité d'une sphère de bois ou de plomb est au centre même de la sphère. Mais si le corps est formé de parties hétérogènes, comme le serait une sphère dont une moitié serait de bois et l'autre de plomb, le centre de gravité ne serait plus au centre de figure, mais dans le plomb.

Force centrifuge. — Chaque fois qu'un corps mobile décrit une courbe, il est soumis d'abord à la pesanteur, puis à une autre force qui tend à l'éloigner du centre de rotation. Cette force s'appelle *force centrifuge*.

Si l'on tourne rapidement une pierre attachée à l'extrémité d'une ficelle, et que la ficelle se rompe, la pierre s'éloignera suivant la *tangente*, c'est-à-dire suivant une ligne droite qui ne toucherait le cercle de rotation qu'au point de départ de la pierre.

La force centrifuge est soumise aux trois lois suivantes :

Première loi : *La force centrifuge est proportionnelle au carré de la vitesse;* c'est-à-dire que si, dans l'exemple précédent, on tourne la pierre 3 fois plus vite, la force centrifuge devient 9 fois plus grande.

Deuxième loi : *La force centrifuge est en raison directe du rayon, les circonférences étant décrites dans le même temps;* c'est-à-dire que, la pierre décrivant toujours un cercle dans le même temps, la force centrifuge deviendrait triple si la ficelle était trois fois plus longue.

Troisième loi : *La force centrifuge est proportionnelle aux densités;* c'est-à-dire que la force centrifuge est d'autant plus grande que le corps est plus dense.

La fronde dont on se sert pour lancer des pierres se compose d'un morceau de peau auquel on attache deux ficelles. On tient à la main les deux ficelles, on place une pierre dans le creux que forme la peau, et on imprime un mouvement rapide de rotation ; dès qu'on lâche une des ficelles, la pierre s'échappe par la tangente.

C'est par la force centrifuge que la boue adhérente aux roues des voitures s'en détache et est lancée au loin avec la vitesse acquise pendant la rotation.

Si l'on place à l'intérieur d'un cerceau un verre plein d'eau, et qu'on tourne ensuite le cerceau rapidement, la force centrifuge pousse le verre contre le cerceau et le liquide contre le verre, de sorte que pas une goutte d'eau ne tombe.

Les chevaux dressés au manège s'inclinent toujours à l'intérieur du cercle qu'ils décrivent, pour résister à la force centrifuge, qui les renverserait s'ils se tenaient droits. C'est encore la force centrifuge qui maintient l'écuyer contre le cheval dans une position qu'il ne saurait garder si la course était moins rapide.

La terre tourne sur son axe en 24 heures : les corps placés à l'équateur décrivent ainsi en 24 heures une circonférence estimée à environ 9 000 lieues ou 4 000 myriamètres, tandis que les corps placés aux pôles tournent sur eux-mêmes dans le même temps : la force centrifuge est donc nulle aux pôles et très grande à l'équateur. C'est ainsi que l'on rend compte de l'aplatissement de la terre vers les pôles.

D'où l'on voit que la force centrifuge est opposée à la pesanteur et diminue, par conséquent, le poids des corps, parce qu'elle tend à les éloigner de la terre.

CHAPITRE IV.

Pendule. — Pendule simple, pendule composé. — Lois du pendule. — Applications du pendule. — Équilibre. — Différents genres d'équilibre.

Pendule. — On donne le nom général de *pendule*[1] à tout corps pesant suspendu par un point fixe, et qui, lorsqu'on l'écarte de sa position verticale, y revient après un mouvement plus ou moins prolongé de *va-et-vient*. Ce mouvement s'appelle *oscillatoire*.

On distingue deux espèces de *pendules* : le *pendule simple* ou *idéal* et le *pendule composé*.

Pendule simple. — Le *pendule simple* est un point matériel pesant, attaché à l'extrémité d'un fil rigide, inextensible et sans poids. Ce pendule est idéal : car il

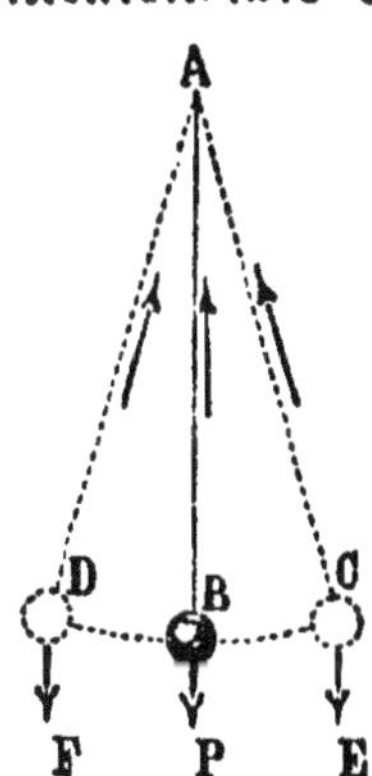

Fig. 8.

est impossible de trouver un point matériel pesant, puisque le point n'a pas d'étendue, et que tous les corps ont trois dimensions. On ne saurait trouver non plus un fil sans poids, quelque mince qu'il fût. L'étude du pendule simple est cependant utile, parce qu'on y rapporte le pendule composé.

Soit un point matériel pesant B (*fig.* 8), attaché à l'extrémité du fil AB, rigide, inextensible, sans poids et mobile autour du point A. Le corps B est en équilibre entre la résistance du fil AB et l'attraction de la terre BP; mais, si l'on écarte B de cette position, et qu'on le porte en C, ce corps ne saurait rester en équilibre, puisque la

1. Il ne faut pas confondre le pendule dont il s'agit ici avec les mécanismes appelés *horloges* ou *pendules*, destinés à marquer les heures et si communs dans nos appartements. Toute pendule d'appartement est munie d'un pendule composé, qu'on appelle ordinairement *balancier*.

résistance du fil AC et l'attraction de la terre CE ne sont plus directement opposées ; il descendra en parcourant l'arc CB ; arrivé en B, il ne s'arrêtera point ; en vertu de la *vitesse acquise*, il remontera suivant l'arc BD. C'est la pesanteur qui a fait descendre le corps de C en B, c'est elle maintenant qui l'empêche de continuer à monter : elle détruit peu à peu à droite le mouvement qu'elle a communiqué à gauche. Le corps étant arrivé en D, de manière que BD soit égal à BC, toute la vitesse acquise sera détruite, le corps se trouvera alors soumis à la résistance du fil AD et à la pesanteur DF : il descendra en B, puis, par la vitesse acquise, il remontera en C, et ainsi de suite. Le mouvement de C en D ou de D en C s'appelle une *oscillation*, et le mouvement de C en B ou de D en B, une demi-oscillation. L'arc CBD est l'*amplitude* de l'oscillation.

Le mouvement du pendule n'est pas perpétuel ; cela tient à deux causes : 1° au frottement de l'air ; 2° au frottement du point fixe A. Ces deux causes diminuent chaque fois l'amplitude de l'oscillation : de sorte qu'après un temps plus ou moins considérable, suivant le mode de suspension et la disposition de l'appareil, le corps revient au repos.

Pendule composé. — Tous les pendules que l'on peut construire sont des pendules composés. La forme la plus ordinaire est celle qui est représentée dans la figure 9. FD est une tige d'acier amincie à droite et à gauche pour mieux fendre l'air, et portant à la partie inférieure une lentille de cuivre M remplie intérieurement de plomb. Le plomb est plus dense que le cuivre et d'un prix moins élevé.

Ainsi qu'on le verra bientôt par les lois du pendule, les oscillations se font avec plus de rapidité quand le pendule est plus court : de sorte qu'en examinant les différentes molécules qui entrent dans la composition du pendule FD, et qui constitueraient chacune un pendule simple, si les autres n'existaient pas, la molécule I doit osciller plus rapidement que la molécule K, et celle-ci avec plus de rapidité que la molécule H. Mais, toutes ces molécules oscillant en même temps, la vitesse de chacune d'elles est augmentée par la vitesse des molécules supérieures et retardée par celle des molécules inférieures. On peut donc concevoir une molécule C, dont la vitesse soit à la fois accélérée par les molécules supérieures et retardée d'une même quantité par les molécules inférieures. Cette molécule C, oscillant comme si elle était seule, s'appelle *centre d'oscillation* du pendule.

Le *centre d'oscillation* est donc un point du pendule dont la vitesse est accélérée autant par les molécules supérieures que retardée par les molécules inférieures. * C'est, par suite, un point qui oscille comme s'il était seul, comme s'il était le point pesant d'un pendule simple. Notre pendule composé oscille donc avec la même vitesse qu'un pendule simple dont la longueur serait FC.

Fig. 9.

La longueur d'un pendule composé est la distance FC du point fixe au centre d'oscillation.

Les oscillations d'un pendule composé se font dans le même temps, que le pendule soit mobile autour du point fixe F ou autour du centre d'oscillation C. On trouvera donc le centre d'oscillation d'un pendule en cherchant un second point de suspension tel que dans le même temps le pendule exécute le même nombre d'oscillations.

Lois du pendule. — Les oscillations du pendule sont soumises aux quatre lois suivantes :

Première loi : *Les oscillations sont isochrones lorsque leur amplitude est très petite.* Ainsi, un pendule met toujours le même temps à faire une oscillation, pourvu que l'arc parcouru soit très petit. Or, la petitesse de l'arc se mesure d'après la circonférence dont le pendule est le rayon. Un arc de cinq centimètres sera très grand s'il appartient à une petite circonférence, et fort petit si la circonférence est très grande.

Deuxième loi : *La durée des oscillations est indépendante de la substance dont le pendule est formé.* Ainsi plusieurs pendules étant formés les uns de cuivre, les autres de plomb, d'ivoire, etc., feront tous le même nombre d'oscillations dans le même temps, pourvu qu'ils soient tous de la même longueur. * C'est là une nouvelle vérification d'une loi énoncée plus haut, à savoir, que *la pesanteur agit de la même façon sur tous les corps.*

Troisième loi : *La durée des oscillations est en raison directe de la racine carrée de la longueur du pendule.* C'est-à-dire que, si la longueur d'un pendule était 9 fois plus grande, la durée d'une oscillation serait 3 fois plus longue, puisque 3 est la racine carrée de 9 [1].

Quatrième loi : *La durée des oscillations est en raison inverse de la racine carrée de l'intensité de la pesanteur.* Lorsqu'on écarte un pendule de la position verticale, il ne revient à cette position qu'en vertu de la pesanteur : donc plus la pesanteur est grande, moins la durée d'une oscillation le sera, ce qui forme une raison inverse. Mais si l'attraction de la terre devenait 16 fois plus grande, le pendule oscillerait seulement 4 fois plus rapidement, ou, ce qui revient au même, la durée d'une oscillation serait 4 fois plus petite, 4 étant la racine carrée de 16. Donc la durée d'une oscillation est en raison inverse de la racine carrée de l'intensité de la pesanteur. Si l'attraction de la terre devenait 25 fois plus grande, le pendule oscillerait 5 fois plus vite, ou encore la durée de chaque oscillation serait 5 fois plus petite.

Applications du pendule. — Le pendule a reçu de nombreuses applications. On peut, à l'aide de ce petit instrument, mesurer la hauteur d'une salle, régulariser le mouvement des pendules et des horloges, démontrer l'aplatissement de la terre, enfin constater le mouvement de rotation de la terre.

1. La racine carrée d'une quantité est le nombre qui, multiplié par lui-même, reproduit cette quantité.

1° Détermination de la hauteur d'une salle. Pour mesurer approximativement la hauteur d'une salle, on compte pendant un certain temps, 5 minutes par exemple, les oscillations d'un corps, comme serait un lustre, pendu au plafond et descendant jusqu'en bas. D'autre part, on suspend à l'extrémité d'une ficelle une balle de plomb ou tout autre corps de forte densité, et on compte le nombre d'oscillations que fait ce petit pendule pendant le même temps, 5 minutes. On divise ensuite le nombre des oscillations du petit pendule par celui du grand, puis on multiplie la longueur du petit pendule par le carré du quotient obtenu. En supposant que le grand pendule fasse 5 fois moins d'oscillations que le petit, il faudrait multiplier la longueur du petit pendule par le carré de 5, c'est-à-dire par 25. Ainsi, le grand pendule serait 25 fois plus long que l'autre d'après la troisième loi, ce qui donnerait approximativement la hauteur demandée.

2° Mouvement uniforme des pendules et des horloges. Galilée remarqua le premier l'isochronisme des oscillations, et le Hollandais Huyghens, au dix-septième siècle, eut l'heureuse idée d'appliquer le pendule comme régulateur aux horloges.

Dans les horloges les plus communes, une masse de fonte ou de plomb sert de moteur. Un cylindre, mobile autour de son axe, porte une gorge très profonde dans laquelle passe une corde portant la masse de fonte à une extrémité, et à l'autre un poids plus faible destiné à maintenir la corde serrée sur la gorge. Le poids par sa chute entraîne la corde et met en mouvement le cylindre; celui-ci, à l'aide d'un engrenage de plusieurs roues dentées, dirige les aiguilles sur le cadran. Le mouvement des aiguilles est donc subordonné à celui du cylindre, et le mouvement du cylindre dépend de la chute de la masse de fonte. Pour empêcher cette chute de suivre un mouvement accéléré, on adapte à l'horloge une roue R nommée *d'échappement* (*fig.* 10); cette roue est mise en mouvement par le cylindre; il suffit de l'arrêter pour empêcher le cylindre et toutes les autres pièces de tourner. Derrière

Fig. 10.

la roue à échappement se trouve un pendule TP dont la tige porte un arc CD situé au-dessus de la roue. Cet arc est terminé par deux palettes qui, lorsque le pendule est en repos, se placent entre les dents de la roue et l'empêchent de tourner. En écartant le pendule, on soulève une palette, la roue tourne; mais, après le passage d'une dent, le pendule, revenant au repos, l'arrête. En vertu de sa vitesse acquise, le pendule remonte de l'autre côté; l'autre palette, à son tour, est soulevée, et une nouvelle dent passe. Ainsi, chaque fois que le pendule passe à la position verticale, l'horloge s'arrête; et, comme les oscillations sont isochrones, il en résulte que, à intervalles égaux, la masse de fonte, s'arrêtant aussi, ne saurait prendre un mouvement accéléré.

Quand une horloge retarde, il suffit de diminuer la longueur du pendule pour rendre les oscillations plus rapides; quand elle avance, il faut, au contraire, allonger le pendule pour diminuer la rapidité des oscillations.

Fig. 11.

Les pendules que l'on place sur les cheminées ont pour moteur un ressort tourné en spirale et enfermé dans un tambour A (*fig. 11*). A ce tambour est attachée une chaîne, qui, après plusieurs tours sur le tambour, est fixée par son autre extrémité à la base d'une fusée B. Avec la clef on tourne la fusée : la chaîne s'enroule sur la fusée, fait tourner le tambour, et, par conséquent, serre les spirales du ressort. Lorsque celui-ci se détend, il tire de nouveau la chaîne, qui s'enroule sur le tambour en abandonnant la fusée. La base de la fusée porte une roue dentée, qui, par son engrenage avec d'autres roues, dirige les aiguilles. Le ressort spiral, ayant plus de force au commencement qu'à la fin, donnerait un mouvement retardé; mais au commencement la chaîne est enroulée sur le haut de la fusée, et le ressort agit alors sur un cercle d'un petit rayon, ce qui est désavantageux pour la force; à la fin, le ressort a moins d'énergie; mais, la chaîne étant au bas de la fusée, il agit sur un cercle d'un grand rayon et produit ainsi plus d'effet. On peut voir facilement cette disposition dans les montres. Pour que le mouvement soit uniforme, il faut que le rayon de la fusée augmente proportionnellement à la diminution de force du ressort. On régularise en même temps le mouvement des pendules, comme celui des horloges, à l'aide d'un pendule et d'une roue à échappement (*fig.* 10). Le régulateur d'une montre est plus compliqué : l'étude de ce régulateur rentre, d'ailleurs, dans la mécanique.

3° *Preuve de l'aplatissement de la terre.* En faisant osciller pendant des temps égaux un même pendule à divers degrés de latitude, on reconnaît que le nombre d'oscillations est plus considérable à mesure qu'on s'éloigne de l'équateur. D'où l'on peut conclure que l'intensité de la pesanteur augmente de l'équateur aux pôles. Par conséquent, aux pôles on est plus rapproché du centre de la terre qu'à l'équateur : donc la terre est aplatie aux pôles.

On appelle *pendule à secondes* celui dont chaque oscillation a la durée d'une seconde. La longueur de ce pendule doit évidemment augmenter avec l'intensité de la pesanteur. A Paris, elle est de $0^m,99$.

4° *Preuve du mouvement de rotation de la terre.* Le pendule adapté aux horloges ne peut osciller que dans une direction ordinairement parallèle au cadran : de sorte que, si l'on déplace l'horloge, on déplace en même temps le plan d'oscillation. Mais lorsqu'un pendule est suspendu de manière à pouvoir osciller dans tous les sens autour de son point de suspension, le plan d'oscillation reste invariable.

Soit un pendule FA (*fig.* 12) mobile en tous sens autour du point F : en le portant en B, il oscillera suivant le diamètre BC tracé sur le plan MN qui supporte tout l'appareil. Si l'on tourne cet appareil suivant MRN dans le sens indiqué par les flèches, le pendule, oscillant toujours dans la même direction, correspondra bientôt avec le diamètre DE, puis avec le diamètre IK, et ainsi de suite : de sorte

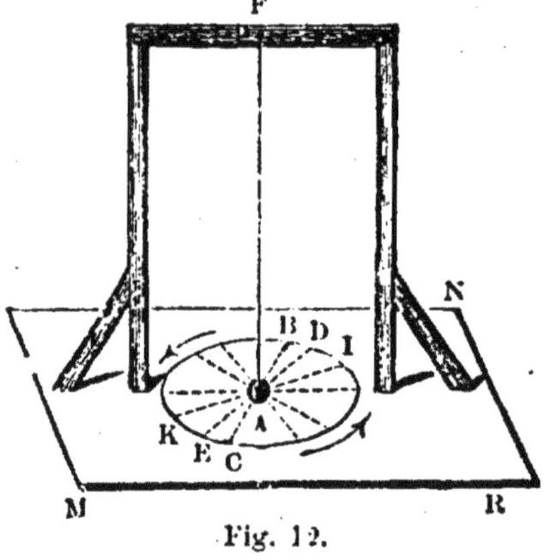

Fig. 12.

que, si une personne pouvait se tenir sur ce plan et regarder attentivement ce cercle, elle ne s'apercevrait pas de la rotation du cercle, et croirait, au contraire, que le plan d'oscillation du pendule se déplace en sens inverse du mouvement réel du plan MN.

La terre tourne sur elle-même en 24 heures. Pour s'en assurer, on prend un pendule assez long et assez mobile pour osciller pendant plusieurs heures sans s'arrêter; ce pendule est suspendu de manière à pouvoir osciller librement en tous sens autour de son point de suspension. On voit son plan d'oscillation se déplacer relativement aux parois de la chambre; or, comme on l'a vu plus haut, le plan d'oscillation est invariable : donc c'est la chambre qui tourne en sens inverse du déplacement apparent des oscillations.

Équilibre des corps. — Quand un pendule, et généralement quand un corps est à l'état de repos, on dit qu'il est en équilibre. Les corps en équilibre sont suspendus ou soutenus.

Lorsqu'un corps est suspendu ou soutenu par un point autour duquel il peut tourner librement, il faut, pour qu'il soit en équilibre, que la verticale menée par le point de suspension passe par le centre de gravité.

Lorsqu'un corps est soutenu par plusieurs points, il faut, pour qu'il soit en équilibre, que la verticale abaissée du centre de gravité tombe dans l'intérieur de la figure formée par les lignes qui joignent les points de support. Cette figure s'appelle *base de sustentation*. La base de sustentation d'une chaise est un quadrilatère formé par les quatre lignes qui joignent les quatre pieds. La base d'une voiture à quatre roues est encore un quadrilatère, tandis que celle d'une voiture à deux roues n'est qu'un triangle : aussi ce dernier genre de voiture, ayant une base plus étroite, verse-t-il plus facilement.

Lorsqu'un homme se tient droit, les deux pieds réunis et les bras pendants contre le corps, son centre de gravité est dans le bassin, sa base de sustentation est la figure formée par une ligne enveloppant les deux souliers ; la verticale abaissée du centre de gravité tombe au milieu de cette base juste entre les deux semelles : aussi est-il impossible de lever un pied sans incliner légèrement le corps du côté opposé, afin que la verticale tombe sur la nouvelle base, qui n'est plus que la surface d'une semelle.

Si l'homme est difficile à renverser malgré une base si petite, c'est qu'il la change à volonté : si on le pousse latéralement, il écarte les deux jambes, et la base devient ainsi très large ; si on le pousse d'avant en arrière, il recule un pied, et la base devient très longue. Le marin, habitué au roulis du navire, tient presque constamment les jambes écartées. On marche plus facilement avec deux fardeaux, un dans chaque main, qu'avec un seul. En effet, avec deux fardeaux, le centre de gravité du corps descend, mais toujours sur la même verticale, tandis qu'avec un seul fardeau le centre de gravité se déplace latéralement : on est obligé, pour le ramener vers le milieu, d'écarter l'autre bras et de se pencher du côté opposé. Le vieillard, courbé par l'âge, augmente sa base de sustentation à l'aide d'un bâton, qui lui donne un troisième point d'appui.

Un homme ayant les talons appuyés contre un mur ne peut, sans tomber, ramasser un objet de peu de hauteur, tel qu'une pièce de monnaie, placé à un demi-mètre devant lui : car, quand il se courbe, le mur le met dans la nécessité de pencher le corps en avant, et bientôt la verticale abaissée du centre de gravité dépasse sa base. Sans le mur, il ploierait une partie du corps en avant et l'autre en arrière.

Les tours de Pise et de Bologne, en Italie, sont inclinées sur l'horizon et semblent menacer les passants de leur chute; elles restent cependant en équilibre, parce qu'elles sont construites de manière que la verticale abaissée de leur centre de gravité tombe dans l'intérieur de leur base.

Différents équilibres. — On distingue trois espèces d'équilibre : l'équilibre 1° *stable;* 2° *instable;* 3° *indifférent.*

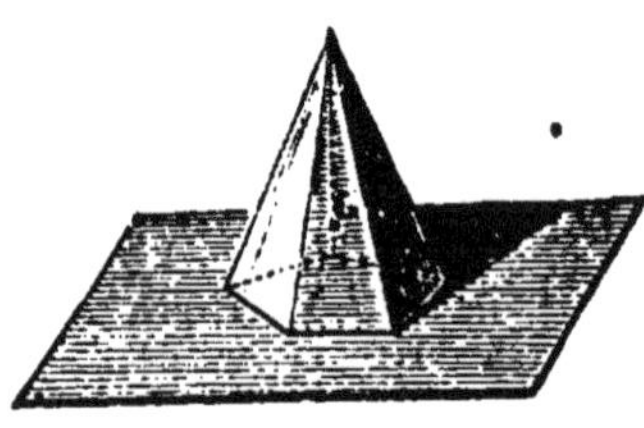

Fig. 13.

1° Un corps est en équilibre *stable* lorsque, écarté de sa position, il y revient (*fig.* 13). Exemple, un pendule. Dans cet équilibre, le centre de gravité est placé le plus bas possible, de sorte que le moindre mouvement le soulève.

2° Un corps est en équilibre *instable* lorsque, écarté de sa position, il n'y revient plus (*fig.* 14). Dans cet équilibre, le centre de gravité est le plus haut possible. Exemple,

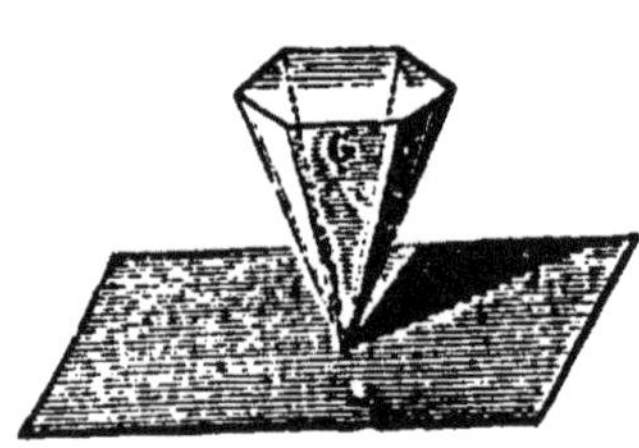

Fig. 14.

un œuf sur sa pointe. Rigoureusement, un œuf peut se tenir sur sa pointe : il suffit, pour cela, que la verticale abaissée du centre de gravité tombe sur la molécule qui touche le plan. La difficulté consiste à trouver cette position; mais si l'on réussissait à le placer ainsi, le centre de gravité qui est au milieu de l'œuf serait le plus haut possible, et dès qu'on déplacerait ce corps, on abaisserait son centre de gravité.

3° Un corps est en équilibre *indifférent,* quand il se maintient dans toutes les positions : c'est que le centre de gravité reste à une hauteur constante. Une sphère homogène sur un plan horizontal se maintient en équilibre dans toutes les positions, parce que la verticale abaissée de son centre de gravité tombe toujours sur le point de contact de la sphère et du plan.

CHAPITRE V.

Des forces. — Différentes espèces de forces. — Principales machines. — Leviers. — Poulie. — Moufle. — Roues dentées. — Treuil. — Cabestan. — Chèvre. — Grue. — Cric.

Des forces. — Un corps en équilibre ou en repos y persistera en vertu de son inertie, à moins qu'une force n'intervienne et ne le déplace. Une force est donc une cause de mouvement ou de modification de mouvement.

On peut toujours représenter par des lignes l'intensité et la direction d'une force. La ligne est tracée à partir du point d'application de la force, et l'on convient, en exprimant les intensités par des poids, qu'une force de 1 kilogramme sera, par exemple, représentée par une longueur de 1 centimètre.

Quand un corps n'est sollicité au mouvement que par une seule force, il est facile d'en indiquer par une ligne droite la direction et l'intensité. S'il est sollicité par plusieurs forces, *l'action résultante n'est pas aussi facile à distinguer. Dans deux cas, cependant, cette action résultante se détermine d'après des règles simples : c'est le cas où les différentes forces partent d'un même point, et le cas où elles sont parallèles entre elles. Dans l'un et l'autre cas, on se rend compte de leur action en les ramenant à une seule ligne calculée d'après la direction et l'intensité de chacune d'elles. Cette ligne unique s'appelle la *résultante* des forces, qui sont alors dites *composantes*.

Supposons deux forces représentées par les lignes OD, OE (*fig.* 15), appliquées au point O : si l'on mène DR parallèle à OE, ER parallèle à OD, la diagonale OR est la résultante indiquant par sa direction la direction que suivra le mobile sous l'action des deux forces, et par sa

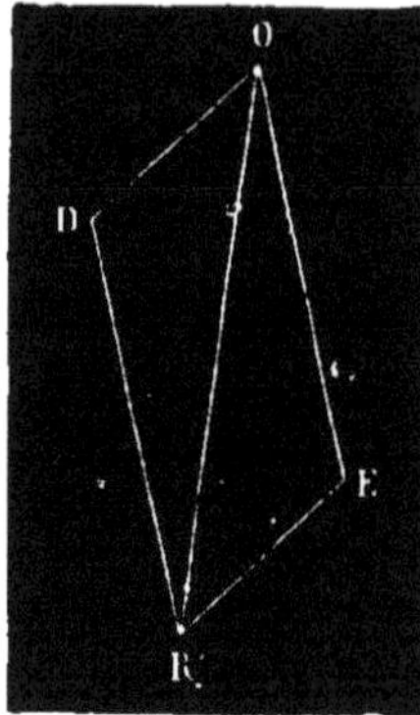

Fig. 15.

longueur l'intensité du mouvement qu'elles impriment. C'est là ce qu'on appelle en mécanique le *parallélogramme des forces*.

S'il y avait plus de deux forces, on chercherait une première résultante à deux d'entre elles, puis une seconde résultante entre la première résultante et une troisième force, une troisième résultante entre la seconde résultante et une quatrième force, etc., jusqu'à ce qu'on fût parvenu, par l'épuisement des composantes, à une résultante unique.

Soient deux forces parallèles AP, BQ (*fig.* 16) : en menant AB par les deux points d'application, et en prenant

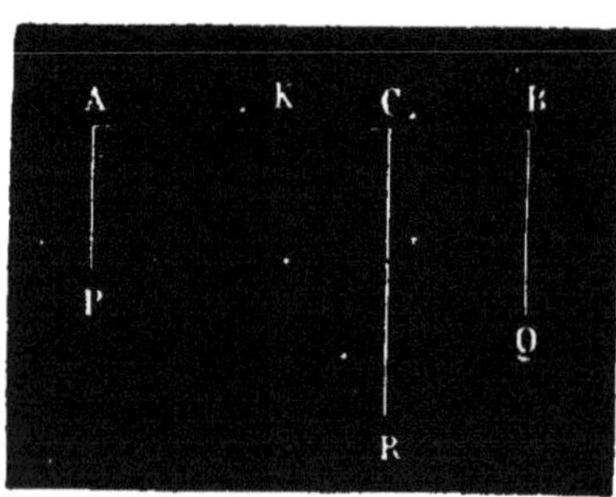

Fig. 16.

un point C tel que le produit de AC par la force P soit égal au produit de BC par la force Q, on aura en C le point d'application de la résultante, qui sera, d'ailleurs, égale à la somme des deux lignes et parallèle à leur direction commune.

S'il y avait plusieurs forces parallèles, on chercherait la résultante de deux d'entre elles, puis une seconde résultante entre la première et une troisième force, et ainsi de suite, comme précédemment.

Différentes espèces de forces. — On distingue plusieurs espèces de forces : 1° la *pesanteur*, qui attire les corps au centre de la terre, et qui détermine le mouvement de l'eau jusqu'à ce qu'elle ait trouvé son équilibre; 2° les *forces électriques et magnétiques*, en vertu des-

3.

quelles les corps, dans certaines circonstances données, sont attirés et repoussés; 3° les *forces moléculaires*, qui ramènent à sa forme primitive un corps comprimé, ce qui fait la puissance des machines à vapeur; 4° les *moteurs animés*, ou forces développées par l'action musculaire des animaux et surtout de l'homme; 5° les *machines motrices*, qui agissent tantôt avec le concours des moteurs animés, tantôt en vertu de leur propre tension.

Principales machines. — L'homme, réduit à sa force musculaire, serait souvent impuissant à vaincre les résistances que lui oppose la nature. Il a dû avoir recours à différents instruments, à diverses machines, dont les principales sont : le *levier*, la *poulie*, la *moufle*, les *roues dentées*, le *treuil*, le *cabestan*, la *chèvre*, la *grue*, le *cric*.

Leviers. — Un *levier* est une tige inflexible, droite, courbe ou brisée, mobile autour d'un point fixe et soumise à deux forces, dont l'une s'appelle *résistance*, et l'autre *puissance*.

La résistance est la force qu'il faut équilibrer; la puissance est la force employée pour obtenir cet équilibre.

On appelle *bras de levier* d'une force la perpendiculaire menée du point fixe sur la direction de cette force : un levier a donc toujours deux bras. Pour qu'il y ait équilibre, il faut deux conditions : 1° la puissance et la résistance doivent agir dans un même plan et tendre à tourner le levier en sens contraire; 2° chaque force multipliée par son bras de levier doit donner le même produit. Par conséquent, si le bras de la puissance est 5 fois plus grand que celui de la résistance, la puissance, pour qu'il y ait équilibre, sera 5 fois plus petite que la résistance, ou, en d'autres termes, *les forces sont en raison inverse de leurs bras de levier.*

Il y a trois genres de leviers, suivant les positions respectives du point fixe et des deux forces. Dans le premier genre, le point fixe est entre la résistance et la puissance; dans le deuxième genre, la résistance est entre le point fixe et la puissance; dans le troisième genre, la puissance est entre le point fixe et la résistance.

Les leviers sont employés journellement à équilibrer les corps ou à les soulever. Ils sont de l'un ou de l'autre genre suivant les circonstances.

1° *Levier du premier genre : levier du maçon; ciseaux.* Un maçon soulèvera une pierre énorme A (*fig.* 17) à l'aide

Fig. 17.

d'une barre de fer BC, dont une extrémité C s'engage sous la pierre. Cette barre prend un point d'appui E sur un corps placé près de la pierre; on exerce une pression à l'autre extrémité B de la barre. Plus le point d'appui est près de la pierre, plus on la soulève avec facilité, parce qu'on diminue ainsi le bras de la résistance, et qu'on augmente celui de la puissance.

Les ciseaux (*fig.* 18) sont un autre levier du premier genre. Le point fixe est la charnière; la résistance, le corps que l'on coupe; la puissance, la force que l'on applique aux anneaux pour fermer les ciseaux : plus la résistance est près du point fixe, moins il faut de force pour couper les corps. Les ciseaux dont se servent les jardiniers, et qu'on désigne sous le nom de *sécateurs*, ont les tranchants

Fig. 18.

très courts et les anneaux ou poignées très éloignés de la charnière.

2° *Levier du deuxième genre : brouette.* Dans une brouette (*fig.* 19) le point fixe est au centre de la roue, la

Fig. 19.

résistance est le fardeau placé dans la brouette, et la puissance, la force appliquée à l'extrémité des deux bras de la brouette pour les soulever. Aussi peut-on remarquer, lorsque les fardeaux sont lourds, que les ouvriers ont soin de placer les mains à l'extrémité des bras de la brouette.

3° *Levier du troisième genre : pincettes.* Les pincettes (*fig.* 20) sont un levier du troisième genre. Le point fixe est à une extrémité; la résistance est le corps que l'on saisit à l'autre extrémité; la puissance, la main qui serre les pincettes. Aussi, quand le corps est lourd, a-t-on soin

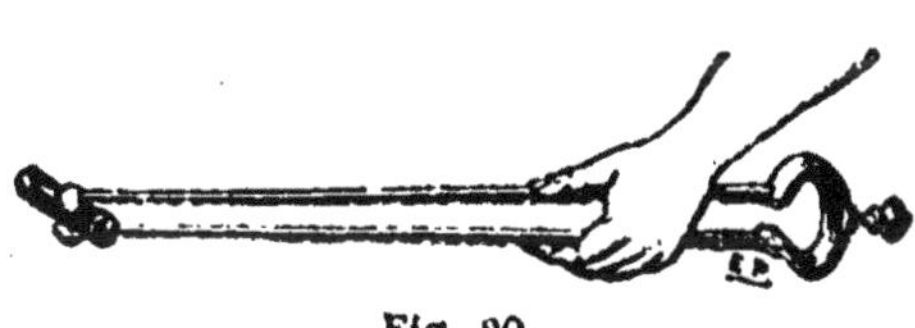

Fig. 20.

d'éloigner la main du point fixe, afin d'augmenter le bras de la puissance. Dans cette espèce de levier, le bras de la puissance est toujours plus faible que celui de la résistance : il est, par conséquent, désavantageux pour la puissance.

Poulie. — La *poulie* est un disque circulaire dont le contour est creusé d'une rainure appelée *gorge*, et qui peut tourner librement autour d'un axe engagé par ses extrémités dans les deux ouvertures circulaires d'une chape A (*fig.* 21). Si la chape est attachée à un point fixe (*fig.* 21), la poulie est dite *fixe*, et elle ne peut avoir en ce cas qu'un mouvement de rotation; si c'est l'extrémité de

la corde qui est attachée à un point fixe A (*fig.* 22), et que
la chape E soit terminée par un crochet F, supportant le
poids à élever M, la poulie est dite *mobile*, et alors elle a
un double mouvement de rotation et de translation.

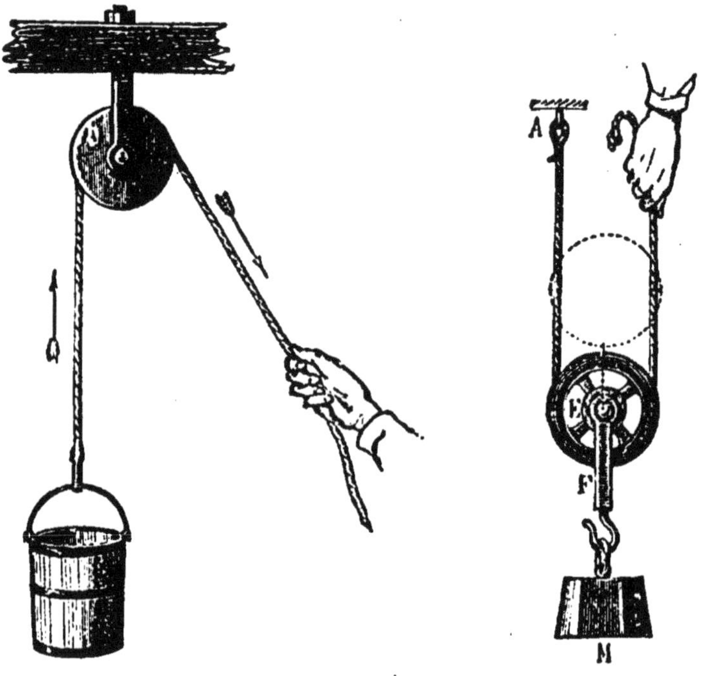

Fig. 21.   Fig. 22.

Dans le premier cas, la main qui tient une extrémité de
la corde fait simplement équilibre à la résistance, qui
conserve tout son poids. C'est avec cette machine qu'on
tire ordinairement l'eau des puits.

Dans le second cas, les deux parties de la corde sont
également tendues; la résultante des deux tensions doit
être égale au poids du corps : donc la force de traction ne
sera que la moitié du poids.

Moufle. — La *moufle* est une machine formée par la
réunion de plusieurs poulies sur la même chape (*fig.* 23).
Six cordons soutiennent avec une tension égale la moufle
inférieure, dont les poulies sont mobiles : chacun d'eux

ne représente donc que le sixième du poids du fardeau, et, par conséquent, il n'est besoin que d'une force de traction égale au sixième de la résistance. On peut donc, à l'aide de la moufle, soulever avec la même force des fardeaux beaucoup plus lourds.

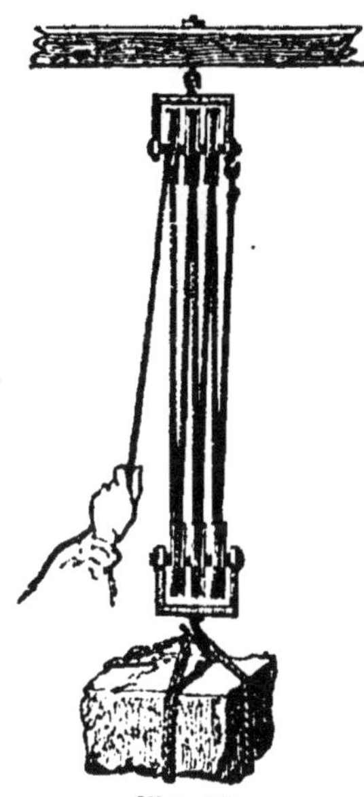

Fig. 23

Roues dentées. — Les *roues dentées* sont des roues dont la circonférence est creusée en cavités et en saillies égales (*fig.* 24). Deux ou plusieurs roues dentées, quand les saillies de l'une entrent dans les cavités d'une autre, constituent un *engrenage*. Si l'une des deux roues est très petite par rapport à l'autre, elle prend le nom de *pignon*.

Il est d'abord évident que l'une des deux roues étant mise en mouvement par un moyen quelconque, l'autre recevra d'elle un mouvement en sens contraire. Il est encore évident que le nombre des dents de chaque roue est dans le même rapport que les circonférences, et la géométrie nous apprend que deux circonférences sont entre elles comme leurs rayons. Par conséquent, l'une des deux roues ayant deux, trois, quatre fois plus de dents que l'autre, la force qui agit sur la plus petite, pour vaincre la résistance appliquée à l'axe de la plus grande, a une énergie double, triple, quadruple de ce qu'elle aurait si elle agissait directement sur l'axe de la plus grande, ce qui permet à la même force de remuer des masses plus considérables.

Fig. 24.

Quand une roue a deux fois plus de dents que l'autre, elle ne fait qu'un tour, tandis que l'autre en a fait deux. Les engrenages offrent donc le moyen de précipiter ou de ralentir le mouvement autant qu'on veut. Cette propriété reçoit une application journalière dans les horloges et dans les montres.

Treuil. — Le *treuil* ou *tour* (*fig.* 25), cylindre en bois ou quelquefois en fonte, est appuyé par les deux extré-

Fig. 25.

mités de son axe A, B, appelées *tourillons*, sur deux *coussinets* fixes, sur lesquels il tourne à l'aide d'une ou de deux manivelles.

Supposons la manivelle implantée perpendiculairement à l'axe en un point tel qu'elle puisse être comprise dans un même plan avec la corde : on aura un levier coudé, dont le point d'appui sera l'axe. En appliquant les lois du levier, si la longueur de la manivelle ou le rayon de la roue, qui tient lieu d'une manivelle, est double ou triple du rayon du cylindre, la force qu'on applique à son extrémité pourra soulever un poids double ou triple.

On se sert du treuil dans les carrières pour en extraire les pierres [1], sur les ports pour charger et décharger les

1. Dans le treuil des carrières (*fig.* 25), la manivelle est remplacée par une roue garnie de dents. Un ou plusieurs hommes

navires, et, en général, pour soulever de lourds fardeaux sans employer une grande force.

Cabestan. — Le *cabestan* est un treuil vertical (*fig.* 26) dont le cylindre AB, qui peut être cannelé, se meut sur

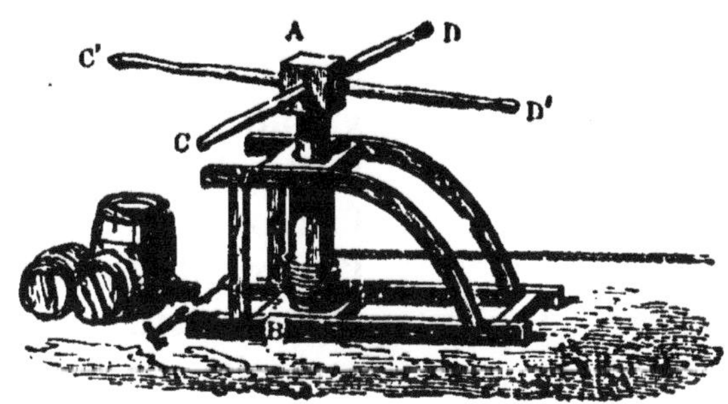

Fig. 26.

deux tourillons engagés dans des coussinets, à l'aide de deux, quatre, six et même huit barres CD, C'D', etc., servant comme leviers. Si le levier, de l'axe A à son extrémité D ou C, est huit fois plus grand que le rayon du cylindre, la force à employer sera le huitième de la résistance; et si on applique huit hommes, par exemple, aux différents leviers, elle sera le huitième du huitième, ou le soixante-quatrième.

Le cabestan est employé dans les navires pour manœuvrer les ancres, sur les ports pour amener de lourds fardeaux.

Chèvre, grue. — La *chèvre*, fréquemment employée dans les grandes constructions, est une combinaison (*fig.* 27) du treuil et de la poulie. Elle appuie sur le sol par la partie inférieure de ses deux montants AB, AC. La force à employer est la même que si la poulie n'existait pas.

On peut faire mouvoir le treuil par un engrenage, et faire passer la corde sur trois poulies convenablement disposées, comme on le fait tous les jours dans nos con-

donnent le mouvement à la roue en montant sur les dents d'un même côté, comme sur les degrés d'une échelle.

structions modernes. En se servant d'une poulie mobile dont la chape supporte le corps à élever, le poids du corps

Fig. 27.

est diminué de moitié. Si la manivelle D E est le triple du rayon du cylindre, le poids est réduit au sixième. Si, de plus, il y a un engrenage, et que l'une des roues ait dix fois plus de dents que l'autre, il ne faut plus qu'une force égale au soixantième de la résistance, lequel soixantième devra être encore divisé entre le nombre d'hommes qui font mouvoir le treuil.

La *grue* est une machine analogue à la chèvre, et destinée, comme la chèvre, à soulever des corps pesants ; elle se compose d'un treuil, d'un axe coudé et de plusieurs poulies, et, de plus, elle peut tourner verticalement sur son axe. Elle est ordinairement employée sur les ports ou dans les ateliers.

Cric. — Le *cric*, dont se servent les maçons pour soulever d'énormes pierres, est une autre application des roues dentées. Une manivelle TS (*fig.* 28) fait mouvoir un pignon C, qui s'engrène avec une barre dentée M, appelée *crémaillère*. Si le bras de la manivelle égale cinq fois le rayon du pignon, une force appliquée à la manivelle pourra soulever un corps cinq fois plus pesant qu'elle ne ferait

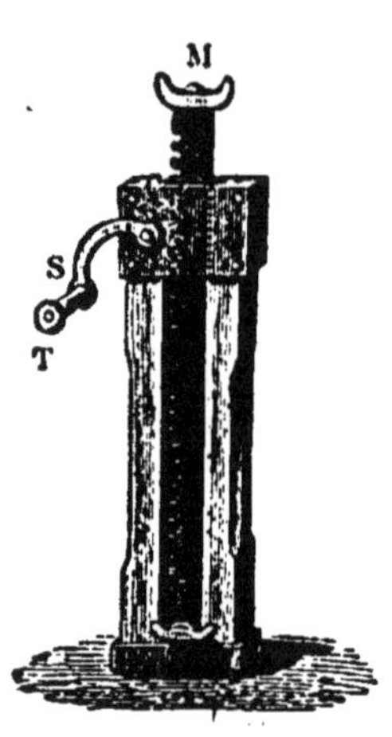

Fig. 28.

par une action directe.

Le cric repose dans un morceau de bois convenablement entaillé. Un encliquetage ne permet pas aux roues de tourner en sens inverse; mais si on l'annule en soulevant le doigt de fer engagé entre les dents du pignon, la crémaillère retombe par son poids en entraînant avec elle tout le système.

CHAPITRE VI.

Poids des corps. — Balances. — Balance ordinaire. — Balance horizontale. — Bascule. — Romaine. — Peson. — Dynamomètre.

Poids des corps. — En physique et en chimie, on a souvent besoin de connaître le poids des corps ou de leurs éléments, et les pesanteurs spécifiques, qui sont, comme il a été dit, proportionnelles aux poids. Il en est de même dans les usages journaliers de la vie ordinaire. C'est pour répondre à ce besoin de tous les instants que la science a inventé des machines ingénieuses, dont le nombre s'est multiplié de notre temps : ce sont les balances.

Il fallait une unité à laquelle on rapportât le poids de tous les autres corps. L'arithmétique nous apprend que, dans le système actuel des poids et mesures, on a pris pour cette unité le poids d'un centimètre cube d'eau distillée : c'est ce qu'on a appelé *gramme*. L'unité est très petite; mais il fallait qu'il en fût ainsi, car dans les sciences il faut souvent peser des quantités minimes. Dans les usages de la vie, on sait que l'on prend pour unité le *kilogramme*, c'est-à-dire un poids de mille grammes, équivalent à un litre d'eau dans les mêmes conditions que pour la détermination du gramme.

Balances. — Les *balances* sont des leviers destinés à mesurer le poids des corps, d'après l'unité admise, au moyen de l'équilibre établi entre les deux bras de l'instrument.

Les principales balances sont : 1° la *balance ordinaire*; 2° la *balance horizontale*; 3° la *bascule*; 4° la *romaine*; 5° le *peson*. Les deux premières espèces de balances sont des leviers à bras égaux, les trois autres à bras inégaux. Il faut y ajouter le *dynamomètre*, instrument pour lequel on a mis à profit l'élasticité de certains corps.

Balance ordinaire. — La *balance ordinaire* est un levier du premier genre à bras égaux. Le levier ou fléau AB (*fig.* 29) est mobile autour de l'axe de suspen-

Fig. 29.

sion E; à ses extrémités sont accrochés deux plateaux égaux D et C. Une aiguille est suspendue perpendiculairement en avant du fléau par une fourchette et oscille avec le fléau : elle est par conséquent verticale quand le fléau est horizontal, et lorsque le fléau oscille, elle indique ces oscillations sur un arc gradué F.

Pour qu'une balance soit bonne, il faut qu'elle soit *sensible* et *juste*. On dit qu'une balance est juste quand elle indique exactement le poids des corps, *c'est-à-dire quand son fléau se tient en équilibre dans la position horizontale pour des poids égaux placés dans les deux plateaux ; on dit qu'elle est sensible lorsque, étant équilibrée, elle trébuche au moindre poids ajouté à l'un de ses plateaux.

Pour qu'une balance soit sensible, c'est-à-dire pour qu'elle marque les plus légères différences de poids, il faut : 1° qu'elle soit très mobile, ce qu'on obtient en faisant reposer le levier sur un plan d'acier par l'arête d'un petit prisme ou *couteau* également d'acier ; 2° que l'aiguille soit longue, afin que la moindre inclinaison du fléau puisse être appréciée d'après l'arc parcouru par l'extrémité de l'aiguille ; 3° que le centre de gravité soit au-dessous du point de suspension, mais très près de ce point. Quand le centre de gravité est très bas, il faut des différences de poids considérables pour faire pencher la balance d'une quantité notable. Plus on rapproche le centre de gravité du point de suspension, plus la sensibilité augmente.

* Mais il ne faudrait pas cependant que le centre de gravité coïncidât exactement avec le point de suspension : dans ce cas, en effet, la balance se tiendrait en équilibre dans toutes les positions, si l'on plaçait des poids rigoureusement égaux dans les deux plateaux. Le centre de gravité doit encore moins être placé au-dessus du point de suspension : car alors on n'arriverait jamais à maintenir la balance en équilibre.

Pour qu'une balance soit juste, il faut : 1° que les bras de levier soient égaux ; 2° que le point de suspension et le centre de gravité soient sur la même verticale quand le fléau est horizontal. On s'assure de la justesse d'une balance : 1° en la posant sur un plan parfaitement horizontal : il faut alors que le fléau soit lui-même horizontal, ce que l'on voit facilement par la position de l'aiguille sur l'arc F ; 2° en mettant dans l'un des plateaux un corps auquel on fait équilibre avec des poids, puis en changeant de plateau le corps et les poids : si l'équilibre existe encore, la balance est juste. En effet, supposons les bras d'inégale longueur : d'après les lois indiquées pour les leviers à bras inégaux, comme les longueurs des deux bras, multipliées par les poids qu'ils supportent chacun, doivent toujours donner le même produit, l'équilibre n'aura d'abord lieu qu'avec des poids inégaux dans les deux plateaux, et le poids le plus faible correspondrait au plus grand bras de levier ; mais lorsqu'on mettra dans le plateau C ce qu'il y avait dans le plateau D, et réciproquement, le poids le plus petit correspondrait alors avec le plus petit bras de levier : donc l'équilibre serait impossible.

Au moyen de la *double pesée*, opération imaginée par Borda, on peut trouver exactement le poids des corps avec une balance ordinaire qui ne serait pas juste. On met dans un plateau le corps à peser, et on lui fait équilibre dans l'autre plateau avec de la grenaille de plomb, du sable ou tout autre corps pesant. Quand l'équilibre est obtenu, on remplace le corps par des poids connus, et les poids employés à ce second équilibre représentent le poids du corps. En effet, les poids et le corps à peser ont, dans les deux cas, équilibré le sable ou la grenaille de plomb de l'autre plateau.

Balance horizontale. — La *balance horizontale*

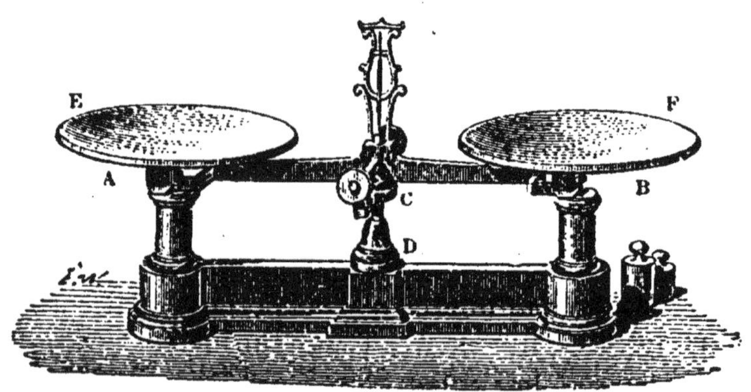

Fig. 30.

(*fig*. 30), que l'on appelle encore *balance de l'oberval*, *balance de comptoir*, *balance anglaise*, et que l'on trouve aujourd'hui dans presque tous les magasins pour de faibles quantités de marchandise, n'est qu'une modification de la balance ordinaire. C'est également un levier AB du premier genre à bras égaux. La colonne CD qui supporte le fléau est très courte, et les bassins E, F sont seulement posés sur les extrémités des bras de levier.

Dans la balance ordinaire, les chaînes ou les tiges qui supportent les bassins gênent souvent pour placer les objets à peser; il n'en est pas de même avec celle-ci, et, de plus, quand la pesée est faite, on peut retirer la marchandise en enlevant le plateau même qui la contient.

Bascule. — La *bascule* ou *balance de Quintenz* (*fig.* 31)

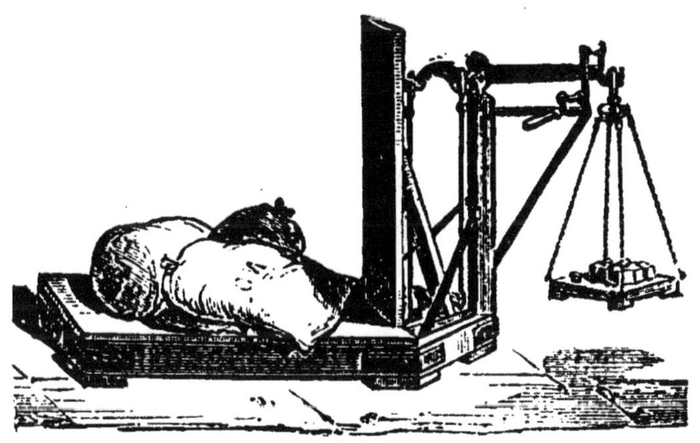

Fig. 31.

est employée journellement dans les magasins pour peser les marchandises, dans les roulages pour peser les ballots, chez les charbonniers pour peser le bois et le charbon, enfin partout où il faut déterminer le poids de fardeaux considérables.

La bascule est aussi un levier du premier genre, mais à bras inégaux. Comme les bras EI, IM, du levier principal (*fig.* 32) sont entre eux dans le rapport de 1 à 10, il s'ensuit que pour peser, par exemple, 50 kilogrammes, on ne mettra dans le plateau que 5 kilogrammes. En général, il faut toujours multiplier par 10 les poids placés dans le plateau, d'où le nom de *balance au dixième*.

La *figure* 32 en fera mieux concevoir la théorie.

AR, sur lequel on place la marchandise à peser, est un large plateau de bois, qui se relève en RG. Ce plateau n'a que deux points de support, l'un en A, l'autre en C, de sorte que le poids de la marchandise se partage entre ces

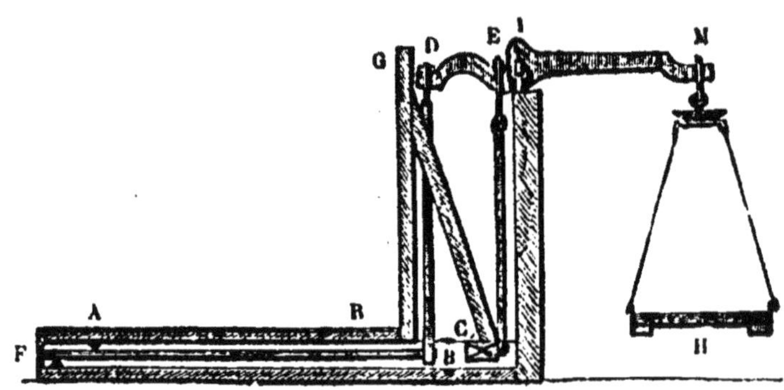

Fig. 32.

deux points. La partie du poids qui agit en C se transmet intégralement en E sur le levier DM mobile autour du point I. L'autre partie du poids, agissant en A, fait baisser le levier FB mobile autour du point F ; le point B, en descendant, agit sur l'extrémité D du levier DM. Le bras FA est 5 fois plus petit que FB : par conséquent, il faudrait en B ou en D une force 5 fois moins considérable pour équilibrer la pression exercée en A.

Ainsi, une moitié du poids de la marchandise se transmet en E directement ; mais l'autre moitié produit en D un effet 5 fois plus faible ; or, le point D est précisément 4 fois plus loin du point I que le point E : par conséquent, la force agissant en D produit 5 fois plus d'effet que si elle agissait en E. D'une part, la pression du point A produit par le levier FB un effet 5 fois plus faible que la pression en C, et, d'autre part, un effet 5 fois plus grand, parce que D est 5 fois plus éloigné de I que le point E : donc on peut admettre que le poids total du corps est transmis intégralement en E sur le levier EM. Le bras IM étant 10 fois plus long que le bras EI, il faudra dans le plateau

Il un poids 10 fois plus faible que celui du corps mis sur la bascule.

Cette bascule a deux avantages principaux : elle n'exige pas l'emploi de poids aussi considérables que ferait la balance ordinaire, et les marchandises sont plus faciles à placer sur son large plateau dégagé des chaînes qui supportaient les plateaux de l'ancienne balance.

Romaine. — La *balance romaine* est un autre levier du premier genre à bras inégaux AB, BC (*fig.* 33), et mobile autour du point B. A l'extrémité du bras le plus court est suspendu un plateau ou un crochet destiné à recevoir les corps que l'on veut peser; l'autre bras BC est gradué, et supporte un poids mobile D. Il est évident que plus le poids du corps à peser est considérable, plus il faut éloigner D du centre de mouvement B. Pour graduer l'instrument, on place des poids connus dans le plateau, et on écrit leur valeur à l'endroit où D leur fait équilibre.

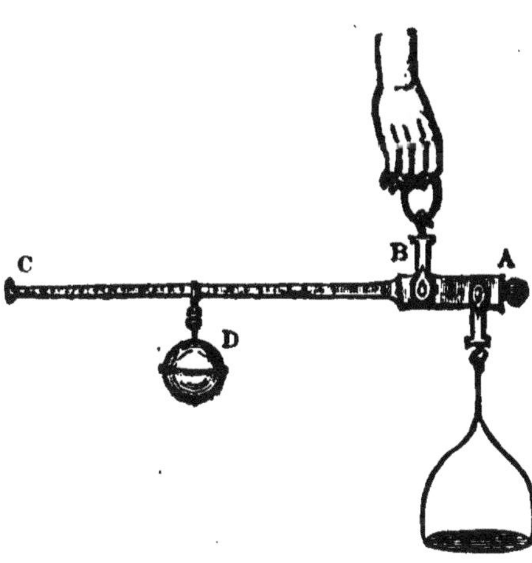

Fig. 33.

L'avantage de la romaine est de ne pas employer une série de poids ; mais cette balance ne donne guère que des pesées approximatives. On s'en sert, en la suspendant, pour des poids considérables; on en construit également, que l'on tient à la main, pour des poids très faibles ; celles-ci sont encore assez souvent employées dans les ménages.

La balance actuellement employée dans les chemins de fer (*fig.* 34) pour peser les colis tient à la fois de la bascule et de la romaine. Comme bascule, elle est au centième, c'est-à-dire qu'un kilogramme dans le plateau (*fig.* 31) équivaut à 100 kilogrammes sur la plate-forme. Comme romaine, le poids mobile, masse cylindrique

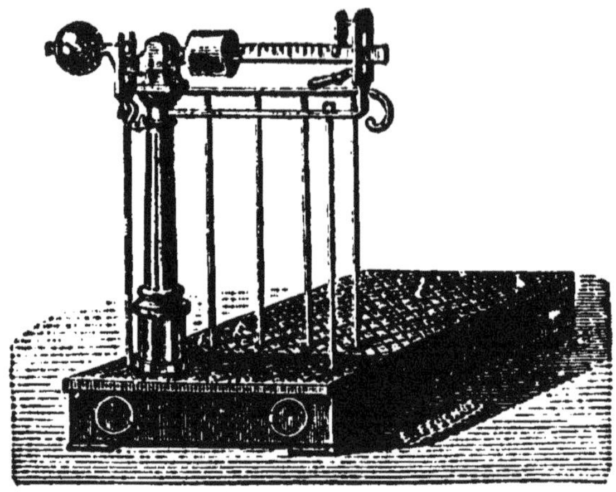

Fig. 34.

engagée dans la tige horizontale qui en traverse le milieu, indique, par son éloignement plus ou moins grand du point de suspension, les dizaines, et jusqu'à un certain point les unités comprises entre deux dizaines.

Peson. — Le *peson* est encore un levier du premier genre à bras inégaux, mais coudés, AB, BC (*fig.* 35), mobile autour du point B. L'extrémité A de la courte branche AB supporte un plateau E, dans lequel on place le corps à peser ; l'extrémité C de la grande branche est terminée en aiguille et parcourt les divisions de l'arc CD. Le poids du corps mis sur le plateau E fait baisser A et monter l'aiguille C ; plus ce poids est considérable, plus l'arc parcouru par l'aiguille est grand ; on lit sur cet arc le poids du corps. Pour graduer l'instrument, on place dans le plateau E des poids connus, et l'on marque ces poids aux endroits où s'arrête l'aiguille.

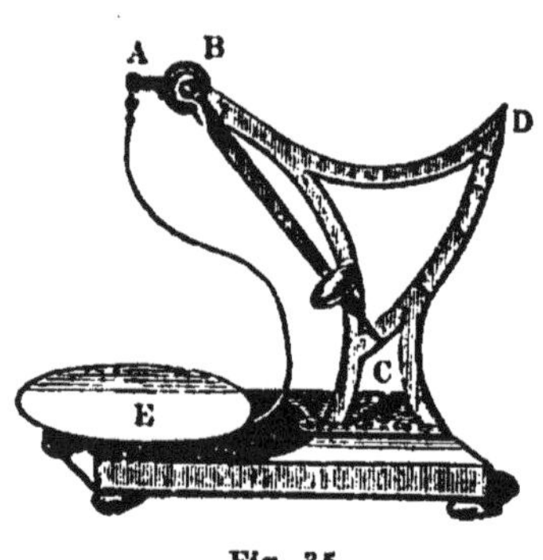

Fig. 35.

4.

Cette balance, destinée à de faibles pesées, a les mêmes avantages et le même emploi que la romaine. Les *pèse-lettres* ont ordinairement la forme de *pesons*.

Dynamomètre. — Il est une dernière espèce de balance qui ne repose pas sur les propriétés du levier, mais plutôt sur l'élasticité de certains corps : c'est le *dynamomètre*.

Les dynamomètres, quelle que soit leur forme, qui peut varier, consistent essentiellement en un ressort d'acier que le corps à peser fait ployer par son poids : quelquefois ce ressort fait mouvoir une aiguille sur un cadran ; d'autres fois il n'y a pas d'aiguille, et alors on juge du poids par le déplacement du ressort.

La *figure* 36 représente un dynamomètre très simple et fréquemment employé à la campagne sous le nom de *peson à ressort* : il consiste en un ressort d'acier ABC ; un arc CD soudé à la branche BC traverse librement AB et se termine par un anneau D, destiné à suspendre l'instrument. Un second arc ME soudé à la branche AB traverse librement BC et se termine en E par un crochet, auquel on

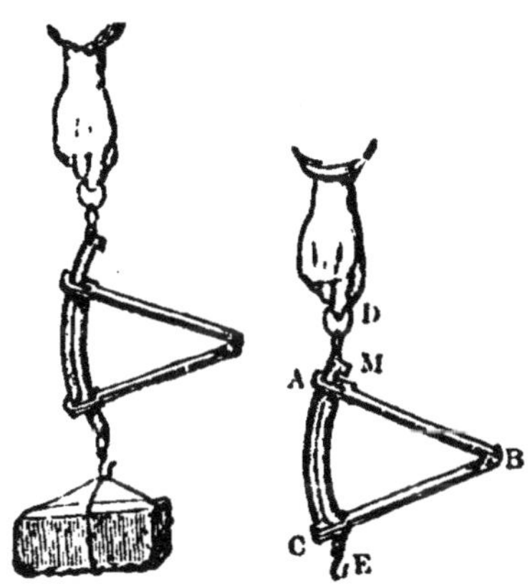

Fig. 36.

suspend le corps que l'on veut peser. Le poids du corps fait rapprocher les deux branches ; or, on a gradué d'avance l'instrument, en suspendant au crochet des poids de 1, 2, 3, etc., grammes ou kilogrammes, et en marquant sur l'arc DC le point où chacun de ces poids aura amené la branche AB de l'instrument.

On pèse des bottes de foin, ou tout autre corps qui n'a pas un poids considérable, en tenant cette balance à la main.

On peut aussi attacher D à un point fixe très solide et

atteler un cheval à l'extrémité E ou y appliquer une force quelconque, et l'on aura la mesure de la force de traction par le rapprochement des deux branches : c'est ce qui a fait donner à cet instrument le nom de *dynamomètre*, mot tiré du grec, et qui signifie *mesure des forces*.

CHAPITRE VII.

Pesanteur de l'air. — Ascension des liquides dans les tubes par aspiration. — Expérience de Torricelli sur l'ascension des liquides dans le vide. — Suspension de l'eau dans des éprouvettes renversées. — Baromètre; ses usages.

Pesanteur de l'air. — *On appelle *atmosphère* la couche d'air, d'épaisseur inconnue, qui enveloppe la terre de toutes parts. Sous le nom de *pression atmosphérique* on désigne la force avec laquelle cette couche d'air presse, en vertu de son poids, sur les corps qui s'y trouvent plongés.

Il est aisé de montrer, en effet, que l'air est *pesant*. Il suffit de prendre un ballon de verre, c'est-à-dire un vase de verre de forme sphérique et d'une certaine grandeur, et de le peser d'abord vide, puis rempli d'air ; la seconde pesée est plus forte que la première : donc l'air est pesant.

Pour obtenir le poids d'un litre d'air, il faut mesurer par avance la capacité du ballon : en divisant la différence des deux pesées par le nombre de litres que contient le ballon, on a le poids d'un litre d'air. Ce poids varie avec la pureté, la température et la pression de l'air. En effet, l'air chaud est plus léger qu'un égal volume d'air froid; l'air comprimé est plus lourd qu'un égal volume d'air non comprimé. Un litre d'air sec à la température 0°, et sous une pression égale à 76 centimètres de mercure, pèse 1 gramme 3 décigrammes; or, un litre d'eau pure pèse 1000 grammes : donc l'air pèse $\frac{1000}{1,3}$ ou environ 770 fois moins qu'un égal volume d'eau.

En 1640, Galilée pesa successivement le même ballon de verre rempli d'abord d'air non comprimé, ensuite d'air comprimé : le second poids étant supérieur au premier, ce fut une seconde preuve de la pesanteur de l'air. On en trouvera d'autres dans ce qui va suivre.

Ascension des liquides dans les tubes par aspiration. — L'expérience suivante montre l'existence de la *pression atmosphérique* définie plus haut. Si l'on plonge dans un liquide un tube un peu large, ouvert à ses deux extrémités, le liquide restera au même niveau dans le tube et dans le vase, parce qu'il sera également pressé dans l'un et dans l'autre par la colonne d'air qu'il supporte. Mais si, avec la bouche ou par tout autre moyen, on retire l'air du tube, le liquide y monte à mesure que l'air est retiré.

Soit un tube BC (*fig.* 37) plongeant dans le liquide que contient le vase X ; quand on aspire l'air du tube, le liquide s'élève, parce qu'alors la pression atmosphérique extérieure est supérieure à celle du peu d'air qui reste dans le tube. Si le tube était exactement privé d'air, l'eau s'élèverait jusqu'à $10^m,3$ au-dessus de son niveau dans le vase, mais elle ne dépasserait pas cette hauteur ; *ce qui prouve que la pression atmosphérique est capable de faire équilibre à une colonne d'eau de $10^m,3$ de hauteur : la pression exercée par cette hauteur d'eau peut donc servir de mesure à la pression atmosphérique.

Fig. 37.

Expérience de Torricelli sur l'ascension des liquides dans le vide. — Puisqu'une hauteur de $10^m,3$ d'eau fait équilibre à la pression atmosphérique, en répétant l'expérience avec un liquide plus dense, la hauteur d'un liquide dans le tube sera d'autant plus petite que sa densité sera plus grande. Ainsi, le mercure, étant 13 fois $\frac{1}{2}$ plus dense que l'eau, s'élèvera à une hauteur 13 fois $\frac{1}{2}$

moindre, c'est-à-dire à $\dfrac{10^m,3}{13,5} = 76$ centimètres. Cette expérience a été faite en 1643 par Torricelli, disciple de Galilée.

On prend un tube de verre AB d'environ 80 centimètres de longueur, fermé à l'extrémité A (*fig.* 38) ; on le remplit de mercure ; puis, après avoir fermé l'autre extrémité avec le doigt, on la plonge dans un bain de mercure : dès qu'on retire le doigt, le mercure descend dans le tube, et, après quelques oscillations, se maintient en C à une hauteur d'environ 76 centimètres au-dessus du niveau extérieur.

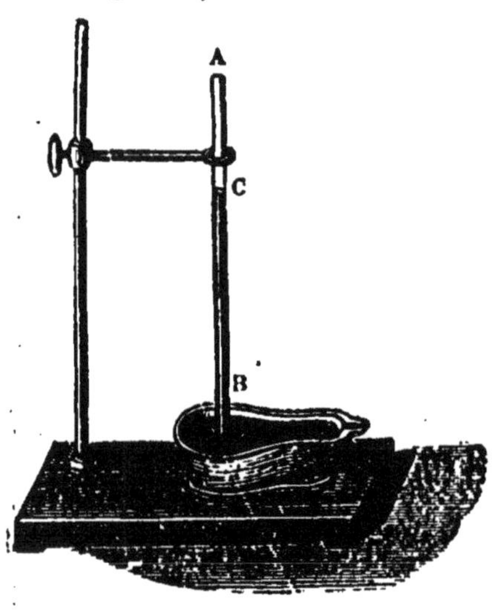

Fig. 18.

*Pascal, savant français, répéta à Rouen l'expérience de Torricelli. Il remplaça le mercure dans le tube par divers liquides plus légers, et constata que, chaque fois, la hauteur du liquide soulevée était d'autant plus grande que le liquide était plus léger : avec l'eau, en particulier, elle était de $10^m,3$, comme il a été dit plus haut. De plus, l'expérience de Torricelli fut répétée au sommet de la tour Saint-Jacques, à Paris, puis au sommet du Puy-de-Dôme, et il fut constaté que la hauteur de la colonne de mercure maintenue dans le tube est d'autant moins grande que l'appareil est placé à une plus grande altitude. Il devait en être ainsi, si le mercure est maintenu, comme on le pensait, par le poids des couches d'air disposées au-dessus.

*De toutes ces expériences il résulte que la pression exercée par l'atmosphère sur une surface d'un centimètre carré prise au niveau du sol est égale au poids d'une co-

lonne de mercure qui, sur cette base d'un centimètre carré,
s'élèverait à une hauteur d'à peu près 76 centimètres.
Cette colonne aurait un volume de 76 centimètres cubes;
or, comme un centimètre cube de mercure pèse $13^{gr},6$, la
colonne entière pèserait 1033 grammes. La pression atmosphérique s'exerce donc avec une force de 1033 grammes
par chaque surface d'un centimètre carré prise au niveau
du sol. D'ailleurs, cette pression s'exerce dans tous les
sens, aussi bien au-dessous d'une table qu'au-dessus, par
exemple. Ceci explique pourquoi une table, si grande
qu'elle soit, n'est pas écrasée par l'énorme pression qu'elle
supporte. De même notre corps, dont la surface est d'au
moins 1500 centimètres carrés, supporte une énorme
pression, supérieure à 1500 kilogrammes.

Malgré cette pression énorme, nous ne sommes pas
écrasés et nous nous déplaçons même facilement : c'est
d'abord parce que toutes les pressions égales qui s'exercent dans des sens opposés se neutra-
lisent mutuelle-
ment. En outre, les
liquides et les gaz
contenus dans le
corps humain font
équilibre à la pres-
sion extérieure.

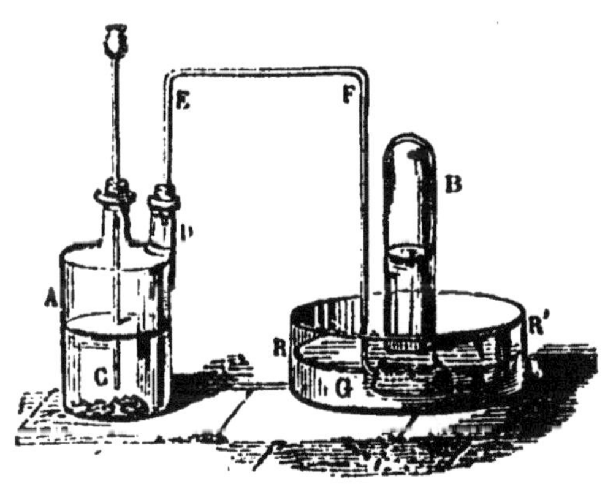

Fig. 39.

**Suspension de
l'eau dans des
éprouvettes ren-
versées[1].** — Si
l'on remplit d'eau l'éprouvette B (*fig*. 39), et qu'on en
plonge l'ouverture dans l'eau du vase RR', le liquide se
maintient dans l'éprouvette par l'effet de la pression at-

1. Les éprouvettes sont des cylindres de verre de 3 à 4 décimètres de hauteur, fermés à une extrémité et destinés à recueillir
les gaz.

mosphérique sur l'eau du vase. Soit un flacon A contenant les substances nécessaires à la production d'un gaz : celui-ci s'échappe par le tube DEFG, dont l'extrémité vient s'engager sous un petit réservoir, qui porte l'éprouvette B. Le réservoir est muni d'une ouverture par laquelle le gaz passe dans l'éprouvette, et l'eau en est en même temps chassée par la force élastique du gaz. On recueillera les gaz d'une manière analogue dans un flacon, sous une cloche, ou tout autre récipient qu'on voudra.

La pression que supporte un gaz dans cette expérience est égale à la pression atmosphérique, lorsque le niveau du liquide est le même à l'intérieur et à l'extérieur de l'éprouvette. Si le niveau du liquide est plus élevé dans l'éprouvette, le gaz est dilaté : car la pression que l'atmosphère exerce de bas en haut sur ce gaz est diminuée de toute l'élévation du liquide dans l'éprouvette. Au contraire, si le niveau du liquide est plus haut à l'extérieur, le gaz est comprimé : car il fait équilibre à la pression atmosphérique et à l'abaissement du liquide. Cette remarque est importante pour mesurer les gaz : on voit qu'il faut toujours tenir l'éprouvette de manière que le niveau du liquide soit le même en dedans et en dehors.

Baromètres. — La pression atmosphérique est variable avec le temps et selon les pays. On en mesure les variations à l'aide du tube de Torricelli, auquel on a donné le nom de *baromètre,* c'est-à-dire *mesure de la pesanteur.* Mais il peut fournir aussi des indications précieuses sur les changements de l'atmosphère et sur le beau temps et la pluie, comme on le verra plus loin.

*On a donné au *baromètre* un grand nombre de formes différant les unes des autres par les dispositions qui permettent de mesurer aisément la pression, c'est-à-dire la hauteur du mercure soulevé dans le tube. Nous décrirons les principales formes qui sont encore en usage.

Baromètre à cuvette de Torricelli. — Pour que le tube de Torricelli, plongeant par son extrémité inférieure ouverte dans une petite cuvette pleine de mercure, ce qui l'a fait appeler *baromètre à cuvette*, soit un instrument juste et convenable, il faut que le haut du tube soit vide d'air et de vapeur, de sorte que la pression atmosphérique extérieure exerce librement son action sur le mercure. Or, sans des précautions particulières, il restera toujours dans ce tube de l'humidité, qui se vaporisera, et quelques bulles d'air, ce qui diminuera l'action de la pression atmosphérique; puis, si le mercure n'est pas pur[1], sa densité devient variable; et plus la densité du mercure est grande, plus la colonne liquide s'abaisse dans le baromètre.

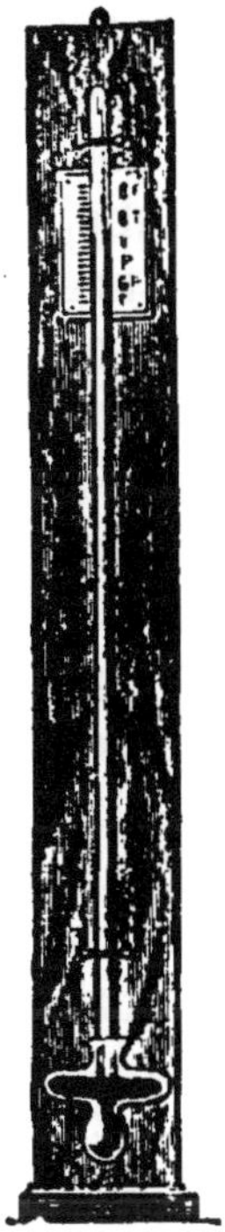

Après avoir séché autant que possible le tube de verre, on y introduit une petite quantité de mercure purifié, qu'on fait ensuite bouillir pour chasser l'air et l'humidité qui pourraient rester entre le liquide et les parois du tube; on ajoute peu à peu de nouvelles quantités de mercure, qu'on fait bouillir à leur tour jusqu'à ce que le tube soit plein; alors on ferme aussi exactement que possible l'extrémité ouverte, et on la renverse dans le mercure de la cuvette. Le baromètre sera bien construit s'il n'est pas rentré d'air pendant le retournement. On s'en assure en l'inclinant : le mercure doit rendre un son sec en frappant le haut du tube ; il faut même incliner avec précaution, si l'on ne veut courir le risque de briser le verre. Puis on attache le tube et la cuvette à une planche de bois (*fig.* 40); on marque 0 au

Fig. 40.

1. On purifie le mercure en le distillant : c'est-à-dire qu'on le fait bouillir dans un vase, et que l'on conduit les vapeurs mercurielles à l'aide d'un tube dans un autre vase froid, où elles se condensent. Les métaux étrangers dissous par le mercure restent dans le premier vase. Cette distillation est faite dans des vases de verre, s'il y a peu de mercure, et dans des vases de fer ou de platine, si le mercure est en grande quantité : les autres métaux seraient attaqués par le mercure.

niveau du mercure dans la cuvette, et l'on divise la longueur du tube en centimètres. Ce baromètre très simple est d'un fréquent usage à cause de son prix modéré; mais il n'est ni rigoureusement exact ni portatif. Il n'est pas exact, parce que le niveau du mercure change dans la cuvette suivant qu'il monte dans le tube une quantité plus ou moins grande de liquide, et que, par conséquent, le 0 est tantôt trop haut, tantôt trop bas; il n'est pas portatif, parce que le choc du mercure peut briser le tube, et que, si l'on incline trop l'instrument, le mercure s'écoule au dehors en même temps que l'air pénètre dans la *chambre barométrique*[1].

Baromètre à cuvette de Fortin. — Pour remédier à ces inconvénients, Fortin, physicien français de notre siècle, a modifié de la manière suivante son baromètre, d'un usage plus rare que le précédent, parce qu'il est d'un prix plus élevé, et dont on ne se sert guère que pour les

Fig. 41.

recherches scientifiques. Le fond de la cuvette AB (*fig.* 41) est un sac de peau, qu'une vis C fait monter ou descendre à volonté. On peut ainsi ramener toujours le niveau du mercure à toucher exactement la pointe d'une aiguille d'ivoire F. C'est à cette pointe que se trouve le zéro de l'échelle. L'instrument est donc exact, puisque le niveau est constant; pour le rendre portatif, on a fermé par en haut la cuvette avec une autre peau, à travers les pores de laquelle l'air passe, mais non le mercure. Quand on veut transporter le baromètre, on remonte la vis C de manière que la cuvette et le tube soient entièrement remplis de mercure : dès lors les secousses dans la chambre barométrique ne sont plus à craindre.

Baromètre à siphon de Deluc. — Deluc, physicien genevois du commencement de ce siècle, est l'inventeur du *baromètre à siphon*. Cet instrument (*fig.* 42) se com-

1. On nomme ainsi l'espace vide situé au-dessus du mercure.

posé d'un tube recourbé à branches inégales : la longue branche est fermée, c'est le tube barométrique; la courte branche, d'un plus grand diamètre, est ouverte et remplace la cuvette. On introduit le mercure avec les mêmes précautions indiquées plus haut. Le niveau du mercure est A dans la petite branche et B dans la grande branche.

*Quand la pression atmosphérique augmente, le niveau monte en B, en même temps qu'il descend un peu en A; l'inverse se produit quand la pression atmosphérique diminue. La graduation marquée en B indique la pression en tenant compte du déplacement du niveau du côté de A.

* Cet instrument n'est pas plus transportable que celui de Torricelli.

Baromètre à siphon de Gay-Lussac. — Gay-Lussac a rendu le baromètre à siphon portatif, en réunissant les deux branches AB, CD, qui sont d'un égal diamètre, à l'aide d'un tube étroit BE (*fig.* 43). La plus courte branche CD, qui est fermée, présente en F une ouverture assez grande pour laisser entrer l'air, mais trop petite pour livrer passage au mercure. *Lorsqu'on veut transporter cet instrument, on le renverse en faisant tourner la branche AB vers la gauche. Le mercure remplit alors exactement cette branche sans que l'air puisse y pénétrer. Puis, quand on redresse l'instrument, le liquide revient à sa place.

Pour mesurer exactement la distance verticale des deux niveaux, on marque le zéro vers le milieu de l'instrument, et l'on gradue en centimètres au-dessus et au-dessous du zéro; il suffit alors, pour avoir la distance des deux niveaux, d'additionner les chiffres de chacun d'eux.

Fig. 42.

Fig. 43.

Baromètre à cadran. — Une modification élégante du baromètre à siphon, c'est le *baromètre à cadran*, que l'on rencontre fréquemment dans les appartements pour marquer les variations du temps.

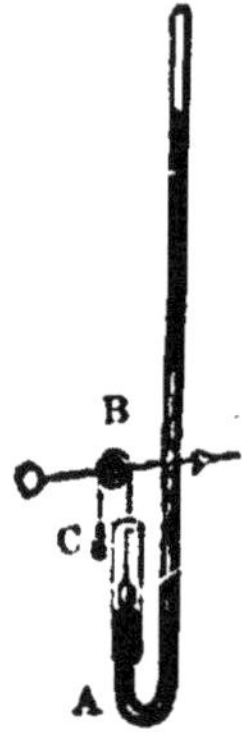

Fig. 44.

Il se compose d'un baromètre à siphon (*fig.* 44) : dans la courte branche A est un flotteur, qui doit suivre le niveau du mercure ; à ce flotteur est attaché un fil de soie passant sur la gorge d'une poulie B très mobile ; ce fil est tendu par un petit contrepoids C, qui doit peser un peu moins que le flotteur. Quand le mercure baisse dans la branche ouverte, le flotteur par son poids entraîne le contrepoids ; au contraire, quand le mercure monte, le flotteur, venant à plonger dans le mercure, perd une certaine partie de son poids et devient ainsi plus léger que le contrepoids, qui l'entraîne à son tour. Tout cet appareil est caché par un cadran E (*fig.* 45) ;

Fig. 45.

l'axe de la poulie passe par le centre du cadran et porte une aiguille, qui se meut sur un cercle gradué. Une seconde aiguille de cuivre, que l'on peut mouvoir à volonté, sert à distinguer les variations de la pression atmosphérique entre deux expériences différentes : ainsi, en faisant correspondre l'aiguille de cuivre avec l'autre le matin, on voit le soir si la pression a augmenté ou diminué.

Baromètres métalliques. — Il est encore d'autres baromètres d'un emploi assez fréquent, qui ne s'appuient plus sur l'expérience de Torricelli ; les plus ingénieux sont : le *baromètre Bourdon* (*fig.* 46), composé d'un tube aplati en laiton, à parois minces, contourné en cercle, vide d'air et hermétiquement clos, qui augmente ou

diminue de courbure, suivant la pression atmosphérique;
— le *baromètre anéroïde*[1], heureuse application du crève-
vessie (p. 80) : c'est une boîte métallique où l'on fait le
vide ; la paroi supérieure, qui est très mince, se creuse

Fig. 46.

sous une pression plus forte,
et tend à reprendre l'hori-
zontalité quand la pression
diminue ; un mécanisme
transmet le mouvement à
une aiguille qui oscille, tantôt à droite, tantôt à gauche,
sur un cercle gradué ; —
enfin, *le baromètre holosté-
rique*, tube en laiton et à
parois minces, comme le
baromètre de Bourdon, d'où
l'on a chassé l'air au moyen

de la vapeur fortement chauffée, puis que l'on a fermé
hermétiquement : quand l'air augmente de poids, il rapproche les parois ; quand il devient plus léger, la tension
du peu de vapeur qui est restée les écarte, et un mécanisme fait mouvoir une aiguille comme dans le baromètre anéroïde.

Usages du baromètre. — Les usages du baromètre
sont, comme nous l'avons déjà dit, d'indiquer les variations de la pression atmosphérique, de mesurer exactement les hauteurs et de donner sur le temps des indications précieuses, quoique seulement probables.

1° *Variation de la pression atmosphérique.* La pression atmosphérique varie suivant les localités ; elle varie
encore dans un même endroit : pour s'en convaincre, il
suffit de remarquer la hauteur barométrique en différents
lieux, et dans le même lieu à différentes heures. A l'équateur, les variations de la colonne barométrique sont très
faibles ; elles ne sont guère que de 6 millimètres ; en

1. C'est-à-dire *sans air*, à cause du vide fait dans la boîte.

France, elles sont beaucoup plus considérables : elles vont jusqu'à 40 millimètres. Les unes sont accidentelles, et les causes n'en sont pas exactement connues; les autres sont régulières et se reproduisent chaque jour, le maximum vers 9^h du matin et 11^h du soir, le minimum vers 4^h après midi et 4^h du matin.

2° *Mesure des hauteurs.* Quand on s'élève de $10^m,5$ au-dessus du niveau de l'Océan, la colonne barométrique baisse d'un millimètre : d'où l'on peut conclure que deux colonnes de même base, l'une d'air et de $10^m,5$ de hauteur, l'autre de mercure et seulement d'un millimètre de hauteur, ont des poids égaux. D'après cela, pour connaître la hauteur à laquelle on s'élève, il suffit de savoir le nombre de millimètres dont la colonne barométrique a baissé et de multiplier $10^m,5$ par ce nombre de millimètres. Ainsi, en admettant que le mercure ait baissé de 9 millimètres, la hauteur serait 9 fois $10^m,5$ ou $94^m,5$. Cette indication ne laisserait rien à désirer si la colonne atmosphérique avait partout la même densité; mais, comme cette densité diminue à mesure qu'on s'élève, le procédé indiqué ici ne donne qu'une approximation variable. * On arrive à des résultats plus exacts à l'aide de formules algébriques dans lesquelles entrent les pressions atmosphériques mesurées aux deux points extrêmes de la hauteur à mesurer, et aussi des indications sur la température, l'humidité.

3° *Indication du temps.* On a remarqué que dans nos climats le baromètre baisse au-dessous de $0^m,758$ par les temps de pluie, de vent et d'orage, qu'il monte au-dessus de $0^m,758$ par un beau temps, enfin que quand le baromètre marque $0^m,758$, le temps est incertain. D'après cela, on a divisé en 7 parties la colonne barométrique depuis $0^m,731$ jusqu'à $0^m,785$, limites extrêmes des variations possibles; chaque partie est de 9 millimètres, et on a marqué à chaque division l'état du ciel qui coïncide ordinairement avec cette pression.

Hauteur exprimée en millimètres.	*État du ciel.*
785	très sec.
776	beau fixe.
767	beau temps.
758	variable.
749	pluie ou vent.
740	grande pluie.
731	tempête.

Cependant la relation n'est qu'ordinaire, et non pas constante : on ne peut donc rien conclure d'une manière absolue. D'ailleurs, tout baromètre indiquera les variations atmosphériques, surtout si, comme dans les figures 40 et 42, l'on met en regard des millimètres les lettres BF, BT, V, P, G P (*beau fixe*, etc.); mais on préfère pour cet usage le baromètre à cadran.

CHAPITRE VIII.

Pression dans les gaz. — Loi de Mariotte. — Manomètres. — Pompes : pompe aspirante, pompe foulante, pompe aspirante et foulante, pompe aspirante élévatoire, pompe à incendie. — Siphon, siphon intermittent.—Fontaines intermittentes naturelles, fontaines intermittentes artificielles.

* **Pression dans les gaz.** — L'air et les autres gaz sont doués d'*expansibilité*, c'est-à-dire qu'ils tendent toujours à occuper un espace plus grand. Ils remplissent donc entièrement les vases dans lesquels ils sont contenus, et *pressent* en outre sur les parois de ces vases, pour les repousser. On nomme justement *pression* d'un gaz la force avec laquelle il repousse les parois du vase dans lequel il est contenu.

* **Loi de Mariotte.** — Un gaz exerce sur les parois du vase une *pression* d'autant plus forte qu'on l'a forcé a occuper un espace plus petit. Mariotte, physicien français, a énoncé, en une loi qui porte son nom, la relation qui

existe entre le volume occupé par un gaz et la pression qu'il exerce sur les parois du vase. La *loi de Mariotte* s'énonce ainsi : *la pression d'un gaz varie en raison inverse du volume qu'il occupe.* Cela signifie que si l'on comprime un gaz de manière à réduire son volume à moitié, la pression exercée par le gaz sur les parois devient double. Inversement, si la pression devient double, le volume devient deux fois moindre.

Cette loi se vérifie à l'aide du *tube de Mariotte* (*fig.* 47). L'instrument se compose d'un tube recourbé CBAD à branches inégales : la petite branche est fermée en D et divisée en parties d'égale capacité ; la longue branche BC est ouverte en C et divisée en parties d'égale longueur. On

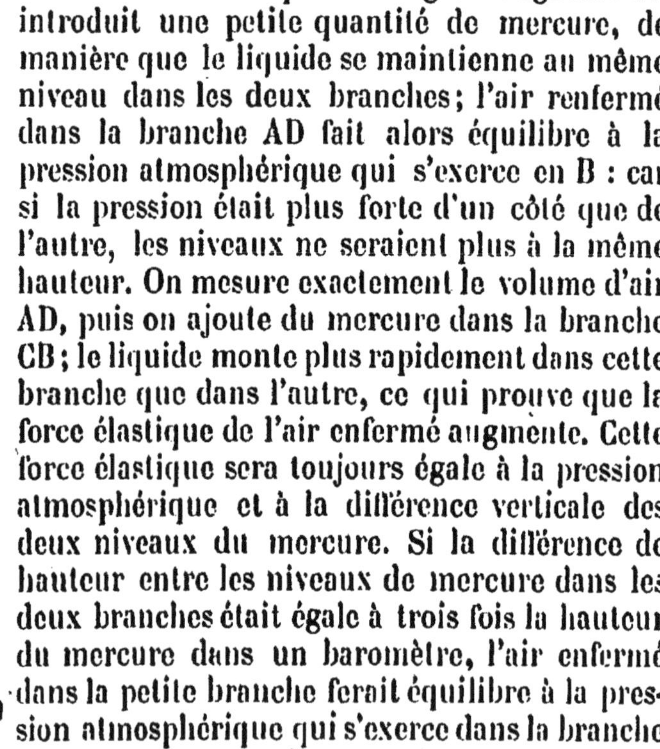

introduit une petite quantité de mercure, de manière que le liquide se maintienne au même niveau dans les deux branches ; l'air renfermé dans la branche AD fait alors équilibre à la pression atmosphérique qui s'exerce en B : car si la pression était plus forte d'un côté que de l'autre, les niveaux ne seraient plus à la même hauteur. On mesure exactement le volume d'air AD, puis on ajoute du mercure dans la branche CB ; le liquide monte plus rapidement dans cette branche que dans l'autre, ce qui prouve que la force élastique de l'air enfermé augmente. Cette force élastique sera toujours égale à la pression atmosphérique et à la différence verticale des deux niveaux du mercure. Si la différence de hauteur entre les niveaux de mercure dans les deux branches était égale à trois fois la hauteur du mercure dans un baromètre, l'air enfermé dans la petite branche ferait équilibre à la pression atmosphérique qui s'exerce dans la branche ouverte, *plus* à une hauteur de mercure représentant 3 atmosphères, ou, en somme, l'air de la petite branche ferait équilibre à 4 atmosphères, et son volume ne serait plus que le quart de AD. Ainsi, la pression étant

Fig. 47.

4 fois plus grande, le volume est 4 fois plus petit, ce qui vérifie la loi de Mariotte.

* La *loi de Mariotte* peut être considérée comme exacte dans les applications. Mais, en réalité, ce n'est qu'une loi approximative : la plupart des gaz se compriment un peu plus que ne l'indique la loi. Ainsi, si l'on prend 10 litres d'acide carbonique, et que l'on comprime ce gaz de façon à ce que sa pression devienne 10 fois plus grande, le volume qu'il occupe alors est un peu inférieur à un litre.

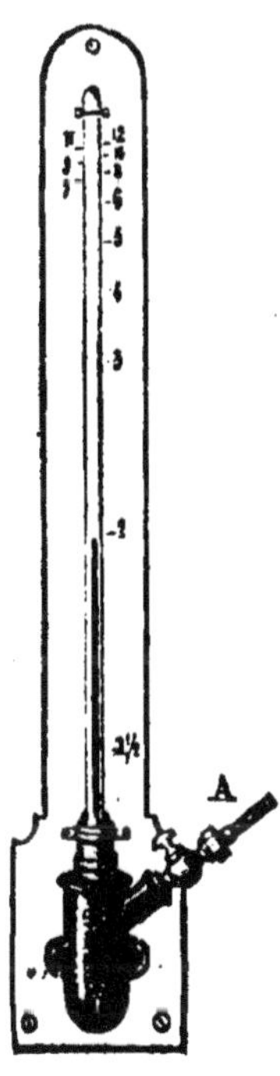

Fig. 48.

* **Manomètres.** — Un *manomètre* est un instrument destiné à mesurer la pression d'un gaz enfermé dans un récipient. On se sert, en particulier, d'un manomètre pour mesurer la pression de la vapeur dans les chaudières des machines à vapeur. Il y a plusieurs sortes de manomètres.

* Le *manomètre à air comprimé* (*fig.* 48) est constitué par un réservoir plein de mercure, dans lequel plonge un tube fermé par en haut, et plein d'air. Ce réservoir, qui est entièrement clos, communique par un tube A avec la chaudière. La vapeur exerce donc sa pression sur le mercure du réservoir, et le fait monter dans le tube à air, malgré la résistance de ce gaz. Suivant que le mercure monte plus ou moins haut dans le tube, on en conclut que la pression de la vapeur est plus ou moins grande.

* Le *manomètre métallique* (*fig.* 49) est plus employé. Un tube flexible creux est enroulé sur lui-même : son extrémité ouverte A communique avec le réservoir ; son extrémité fermée *b* porte une aiguille mobile devant un cadran divisé. Quand l'air comprimé pénètre dans ce tube, la pression exercée intérieurement par cet air tend à dérouler les spirales et à faire marcher l'aiguille vers la

droite; quand la pression cesse, l'aiguille revient à sa position primitive. Cet appareil, peu fragile, est aujourd'hui universellement adopté.

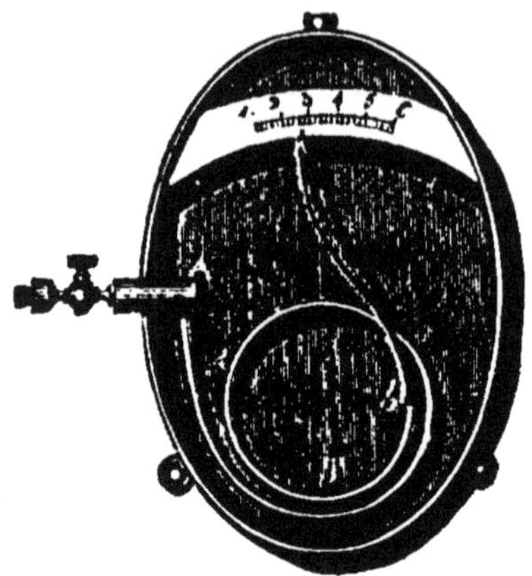

Fig. 49.

*Dans les manomètres on évalue la pression des gaz en *atmosphères*. Dire que la pression de la vapeur dans une chaudière est de 6 atmosphères, cela signifie qu'elle presse sur les parois de la chaudière six fois plus fort que la pression atmosphérique. Nous avons vu que la pression atmosphérique équivaut à un peu plus de 1 kilogramme par centimètre carré : les parois de la chaudière ont donc à supporter une pression un peu supérieure à 6 kilogrammes pour chaque centimètre carré.

*Pompes. — Les *pompes* sont des appareils destinés à faire monter l'eau d'un puits à la surface du sol. Nous plaçons ici l'étude des pompes, parce que, dans les plus usitées, c'est la pression atmosphérique exercée sur l'eau du puits qui est la cause de l'ascension de cette eau dans le tuyau.

Il y a un grand nombre d'espèces de pompes; les trois principales sont : 1° la *pompe aspirante*; 2° la *pompe foulante*; 3° la *pompe aspirante et foulante*.

Pompe aspirante. — La *pompe aspirante* se compose d'un corps de pompe AB (*fig.* 50) et d'un tuyau d'aspiration DN, plongeant dans le liquide qu'on veut élever; deux soupapes s'ouvrant de bas en haut sont placées, l'une dans le piston C, l'autre en D, à la jonction du corps de pompe et du tuyau d'aspiration. Le liquide doit s'écouler par le tube latéral. Le piston, dans son plus grand abaissement, doit atteindre la soupape D.

Supposons le piston au bas de sa course : si on le relève, la soupape C se ferme par la pression de l'atmosphère, et le vide se fait au-dessous; mais l'air du tuyau d'aspiration ouvre la soupape D et se répand dans le corps de pompe; cet air, occupant alors un volume plus considérable, perd de sa force élastique, et la pression atmosphérique à la surface du liquide fait monter celui-ci dans le tube DN. En abaissant le piston on comprime l'air du corps de pompe; cette compression ferme la soupape D et ouvre la soupape C, par laquelle l'air s'échappe. En relevant de nouveau le piston, les mêmes phénomènes recommencent; on raréfie ainsi continuellement l'air du tube DN. Mais à mesure que cette raréfaction avance, le niveau du liquide s'élève, et si la soupape D est à une hauteur plus faible que celle où la pression atmosphérique peut élever le liquide, celui ci ouvrira cette soupape et pénétrera, à son tour, dans le corps de pompe AB, d'où il se déversera par l'ouverture latérale.

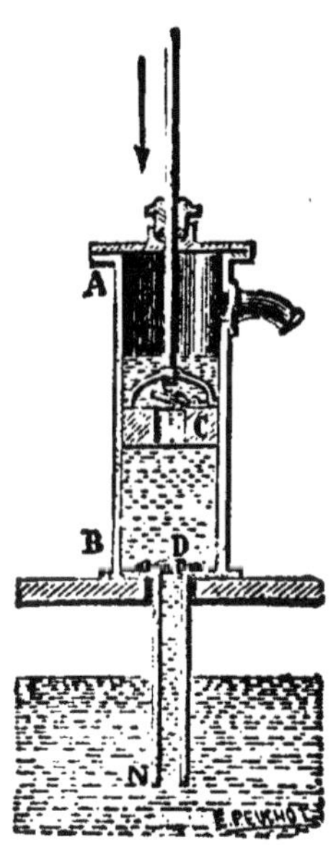

Fig. 60.

Pour élever l'eau à l'aide de cette pompe, il faut que la soupape D soit à moins de 10^m,3 du niveau du liquide. Pour élever le mercure, cette soupape devrait être à moins de 0^m,76; et, en général, elle doit être à une hauteur moindre que celle où la pression atmosphérique élèverait le liquide dans un tube vide.

Cette pompe est utilisée dans beaucoup de maisons pour puiser de l'eau.

Pompe foulante. — La *pompe foulante* se compose d'un corps de pompe AD (*fig.* 51), communiquant latéralement à sa partie inférieure avec un tuyau d'ascension FE. Le piston C est plein. Deux soupapes sont placées, l'une B à la partie inférieure du corps de pompe, l'autre O à la naissance du tuyau d'ascension. La soupape B s'ouvre de bas en haut, et la soupape O de dedans en dehors. Supposons le piston au bas de sa course et la partie inférieure du corps de pompe plongée dans l'eau. En soulevant le piston, l'eau ouvre la soupape B et remplit le corps de pompe sous la pression de l'air à sa surface. Quand on abaisse le piston, on comprime l'eau, qui ferme la soupape B, ouvre la soupape O et monte dans le tube d'ascension.

Le liquide ne s'écoule ordinairement que pendant la descente du piston. Cependant l'on peut obtenir un jet continu à l'aide d'un réservoir à air, ordinairement sphérique. Le tube FE conduit l'eau dans ce réservoir, où se trouve emprisonnée une certaine quantité d'air : à mesure que l'eau y arrive, l'air occupe un volume plus petit et acquiert, par conséquent, une force élastique plus grande; du bas du réservoir part un autre tube, par lequel l'eau jaillira continuellement sous la pression du piston, quand il descend, et en vertu de l'élasticité de l'air comprimé, quand le piston remonte.

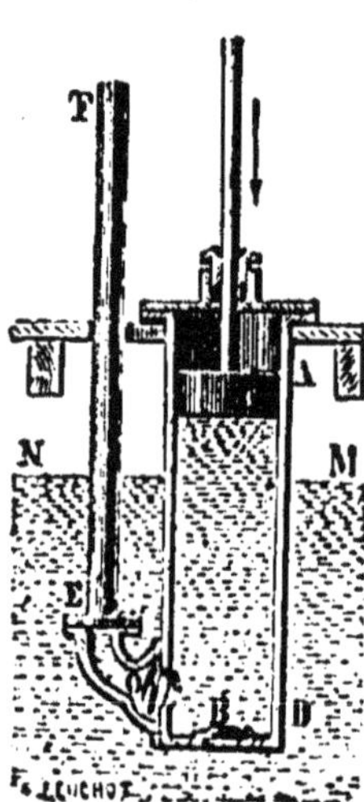

Fig. 51.

Dans l'été, on voit souvent employer cette pompe pour arroser les rues et les jardins. Le tuyau est en cuir mobile et peut prendre toutes les directions qu'on veut lui donner, même la direction horizontale.

Pompe aspirante et foulante. — La *pompe aspirante et foulante* a la même construction que la pompe foulante : elle n'en diffère que par un tuyau d'aspiration BM (*fig.* 52). Dans cette pompe, comme dans la pompe aspirante, la soupape B doit être à moins de $10^m,3$ du niveau de l'eau, et en général à une hauteur variable suivant les densités des liquides.

Quand on lève le piston, la pression atmosphérique ferme la soupape O, l'air du tuyau d'aspiration ouvre la soupape B et se répand dans le corps de pompe AP. Cet air, étant raréfié, perd de sa force élastique, et la pression extérieure élève l'eau dans le tube BM. Quand on abaisse le piston, l'air du corps de pompe ferme la soupape B, ouvre la soupape O et s'échappe. Quand on relève le piston, les mêmes phénomènes recommencent ; mais, à mesure que l'on raréfie ainsi l'air du tube BM, l'eau s'élève continuellement dans ce tube, et, puisque la soupape B est à moins de $10^m,3$, l'eau ouvrira enfin cette soupape et se rendra dans le corps de pompe. Jusque-là cette pompe est seulement aspirante ; mais une fois que l'eau est dans le corps de pompe, la descente du piston comprime l'eau, qui ferme la soupape B, ouvre la soupape O et s'échappe par le tube FE. Le liquide ne s'écoule que pendant la descente du piston, à moins qu'on n'y adapte un réservoir à air, comme dans la pompe foulante.

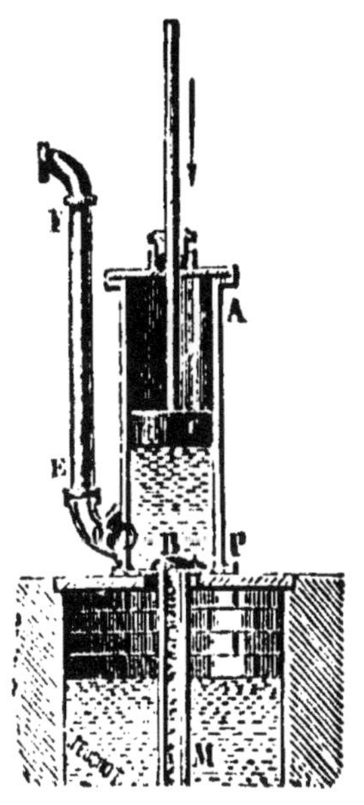

Fig. 52.

Pompe aspirante élévatoire. — En relevant d'une certaine hauteur, dans la pompe aspirante, le tube par lequel l'eau se déverse, on aura la pompe *aspirante élévatoire*, qui est une véritable pompe aspirante et foulante. Le liquide, une fois passé au-dessus du piston, ferme par son poids la soupape C, est soulevé par le piston et se refoule dans le tube latéral. En admettant que le piston s'abaisse et s'élève d'un mètre, il passerait chaque fois au-dessus du piston un mètre de liquide. Le liquide, d'ailleurs, ne s'écoule par l'orifice latéral, à quelque hauteur qu'il soit placé, que pendant l'ascension du piston.

Pompe à incendie. — La *pompe à incendie (fig.* 53) se compose de deux pompes foulantes placées dans un grand vase où les personnes qui font la chaîne versent continuellement de l'eau. Les deux pompes compriment cette eau dans un réservoir à air ; et du bas de ce réservoir part un tuyau de cuir par lequel l'eau jaillit. Ces pompes sont disposées de manière que, pendant qu'un piston monte, l'autre descend.

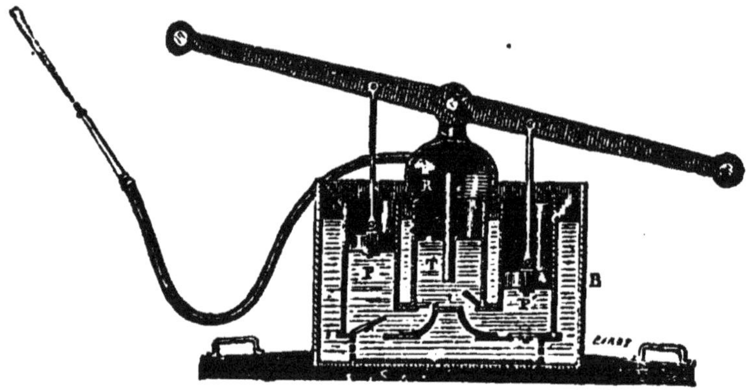

Fig. 53.

Siphon. — Le *siphon* (*fig.* 54) est un tube recourbé ABC à branches inégales, et destiné à transvaser les liquides sans déplacer les vases. Pour qu'un liquide s'écoule à l'aide de cet instrument, il faut que la courte branche du siphon plonge dans le liquide, et que le siphon soit *amorcé*, c'est-à-dire rempli de liquide. Alors l'écoulement a lieu par la grande branche, et non par la petite. En effet, la pression atmosphérique agit à chaque extrémité du siphon ; mais le poids du liquide contenu dans la grande branche est plus grand que celui du liquide contenu dans la petite branche : l'équilibre est donc rompu, et le liquide s'écoule par la longue branche avec une vitesse qui dépend de la distance verticale entre le niveau A du liquide dans le vase que l'on doit vider et l'orifice de la grande branche.

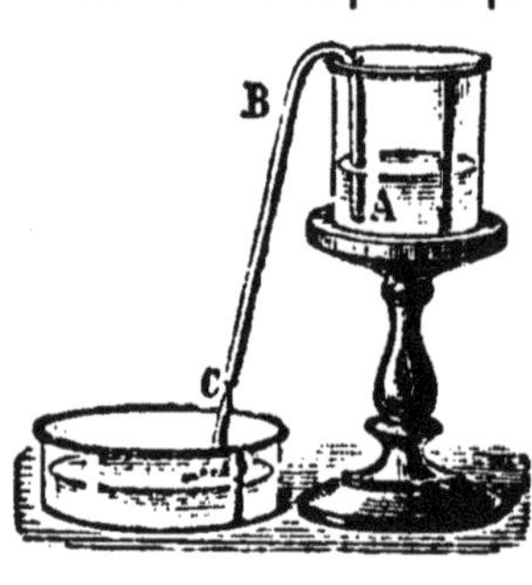

Fig. 54.

On amorce le siphon de trois manières différentes :

1° On plonge la courte branche dans le liquide, et, à l'aide de la bouche, on aspire l'air par l'extrémité de la grande branche. Le liquide monte d'abord dans la petite branche par l'effet de la pression atmosphérique et retombe dans l'autre branche en vertu de la pesanteur.

2° On remplit d'avance le siphon, après avoir fermé avec le doigt l'extrémité de la petite branche, puis on bouche de la même manière l'extrémité de la branche la plus longue; on retourne l'instrument, on plonge la petite branche dans le liquide à transvaser, et l'on retire le doigt. De cette manière on ne reçoit pas le liquide dans la bouche.

3° On soude à la partie inférieure de la grande branche un tube étroit muni d'une boule M (*fig.* 55). Après avoir

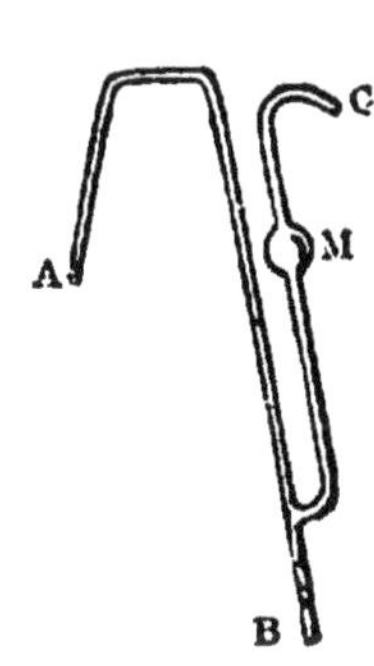

Fig. 55.

plongé la branche A dans le liquide, on ferme l'extrémité B avec le doigt, ou avec un robinet si le liquide est dangereux à toucher, puis on aspire l'air par le tube C; le liquide, avant d'arriver à la bouche, doit remplir la boule M, ce qui demande un temps assez long si la boule est grande et le tube auxiliaire étroit ; on ouvre alors l'extrémité B, on retire la bouche, et le siphon est amorcé.

Le siphon est d'un usage continuel, soit dans les laboratoires de chimie et de pharmacie, soit pour transvaser les vins ou tout autre liquide.

On peut encore se servir du siphon pour vider une grande pièce d'eau, telle qu'un étang. On prend alors un siphon de bois ou de métal, d'un diamètre très considérable ; pour l'amorcer pendant qu'il est en place, on ferme les deux extrémités, on enlève un couvercle placé en haut de la courbure, et l'on verse par cette ouverture de l'eau jusqu'à remplir le siphon; on remet le couvercle, puis on débouche les deux extrémités : le siphon est amorcé. On peut même faire passer ainsi l'eau par-dessus une muraille, pourvu que celle-ci ne soit pas très élevée. Puisque l'eau ne monte dans la courte branche que par la pression atmosphérique, il faut que cette branche ait moins de $10^m,3$ d'élévation au-dessus du niveau de l'eau dans l'étang.

Siphon intermittent. — Le *siphon intermittent*, comme son nom l'indique, ne marche que par intervalles. La courte branche *ba* (*fig.* 56) est dans le vase M, et la

Fig. 56.

longue branche *bc* passe par le pied du vase et communique au dehors. En introduisant un courant d'eau constant D, le niveau s'élève en même temps dans le vase et dans la branche *ba*; ce n'est que lorsque le liquide dépasse la courbure *b* qu'il passe dans la longue branche, et que le siphon est amorcé. Le siphon est disposé de manière que le liquide s'écoule plus rapidement qu'il ne tombe dans le vase par le tube D. Le niveau baisse, par conséquent, et lorsqu'il est au-dessous de la courte branche, l'air pénètre dans le siphon, et celui-ci se vide entièrement. Pour que l'écoulement reprenne, il faut attendre que le niveau du vase dépasse de nouveau la courbure *b*.

Ce vase acquiert ainsi, à des intervalles réguliers, des poids très différents : 1° quand il est vide, et 2° quand l'eau dépasse la courbure *b*. On emploie quelquefois de semblables vases pour ouvrir ou fermer les robinets des conduits qui distribuent l'eau dans les différents quartiers d'une ville : ces vases agissent alors sur les robinets à l'aide de leviers, et font pencher alternativement ces leviers dans un sens ou dans un autre, suivant qu'ils changent de poids. Les robinets sont ainsi alternativement ouverts et fermés à des heures déterminées.

Fontaines intermittentes naturelles. — Certaines sources, que l'on appelle *fontaines intermittentes naturelles*, ne donnent de l'eau que par intervalles. On s'en rend compte en supposant que des cavités souterraines placées dans des lieux élevés se remplissent lentement d'eau, et que le conduit par où cette eau se déverse forme un siphon intermittent. Quand le réservoir est vidé, il faut, pour que la fontaine donne de l'eau, attendre qu'il se remplisse plus haut que la courbure supérieure du siphon.

Fontaines intermittentes artificielles. — Une *fontaine intermittente artificielle* se compose d'un vase de verre M (*fig. 57*), communiquant par une garniture métallique avec les orifices E, F. Un tube *ab* fait communiquer la partie supérieure du vase M avec la partie inférieure du vase II ; l'orifice *b* ne touche pas le fond de ce vase.

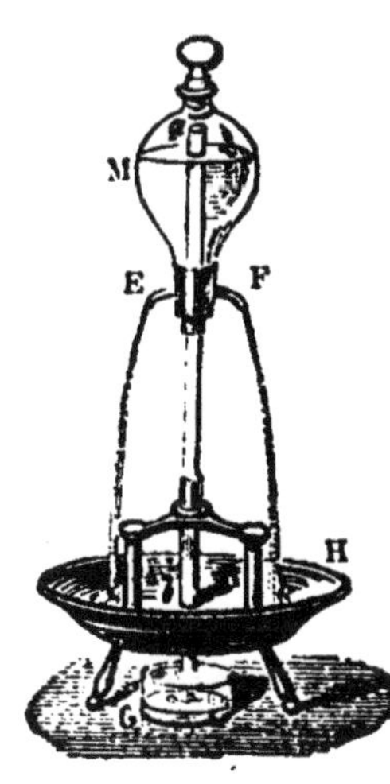

Fig. 57.

L'air contenu dans le vase M communiquant avec l'air extérieur fait équilibre à la pression atmosphérique, qui tend à s'opposer en E et en F à l'écoulement du liquide. L'eau s'écoule donc par ces orifices en vertu de sa pesanteur; mais cette eau, tombant dans le vase II, ne tarde pas à boucher l'orifice *b*; alors l'air intérieur ne communique plus avec l'air extérieur, et bientôt l'écoulement s'arrête. Peu à peu l'eau passe du vase II dans un autre vase G par une petite ouverture. Aussitôt que l'orifice *b* est débouché, l'air intérieur communique de nouveau avec l'air extérieur, et l'écoulement recommence. Chaque fois que l'écoulement cesse, il y a équilibre entre la pression atmosphérique, qui, à l'extérieur, s'oppose à l'écoulement, et la force de l'air intérieur dilaté, augmentée de la pesanteur du liquide.

CHAPITRE IX.

Raréfaction et compression des gaz. — Machine pneumatique. — Diverses machines pneumatiques. — Expériences faites à l'aide de la machine pneumatique. — Machine de compression. — Pompe de compression. — Expériences faites au moyen de la compression de l'air. — Machines soufflantes, soufflets, ventilateurs.

*** Raréfaction et compression des gaz.** — Les gaz sont essentiellement compressibles et élastiques : c'est-à-dire que, dans un vase bien fermé, on peut faire tenir une quantité de gaz très variable. On nomme *machines pneumatiques* les appareils destinés à enlever l'air et les gaz des vases qui les renferment, et *machines de compression* les appareils qui permettent d'introduire dans un vase une quantité croissante de gaz.

Machine pneumatique. — La *machine pneumatique* est destinée à raréfier l'air ou tout fluide aériforme contenu dans un récipient, ce qui est souvent nécessaire dans certaines expériences de physique, de chimie ou d'histoire naturelle.

On dit ordinairement que cette machine sert à faire le *vide;* mais, s'il est vrai qu'on enlève une très grande quantité de l'air que contient un récipient, on ne peut jamais tout enlever, comme on le verra bientôt : on n'obtient donc pas rigoureusement le vide, on raréfie seulement l'air. Cette machine fut inventée en 1650 par Otto de Guéricke à Magdebourg. Depuis, elle a reçu de nombreuses modifications.

La machine pneumatique (*fig.* 58) se compose aujourd'hui de deux corps de pompe placés verticalement sur une table et communiquant tous deux par un même canal avec le centre de la *platine :* on appelle ainsi un plateau métallique horizontal surmonté d'un plateau de verre bien dressé. Sur la platine on place le *récipient* dans le-

quel on veut raréfier l'air. Ce récipient est ordinairement
une cloche de cristal, dont les bords sont parfaitement
dressés, de manière à bien s'appliquer sur la platine. Il
faut, malgré cela, mettre sur les bords du récipient du
suif ou tout autre corps gras : sans cette précaution il
resterait toujours quelque petite ouverture par laquelle
l'air extérieur pénétrerait. Sur le trajet du canal faisant

Fig. 58.

communiquer les pompes avec le récipient est une éprouvette contenant un petit manomètre, construit d'après le
principe de Mariotte : il indique après chaque coup de
piston la force élastique de l'air qui reste dans le récipient.
Les tiges des pistons sont à crémaillères : les dents de ces
crémaillères s'engrènent avec les dents d'une roue placée
entre les deux tiges. L'axe de cette roue porte un levier
du premier genre à bras égaux. En abaissant alternativement l'une et l'autre extrémité de ce levier, on fait alter-

nativement monter et descendre les pistons : pendant qu'un piston descend, l'autre monte. Enfin, sur le trajet du canal est une clef, à l'aide de laquelle on peut : 1° établir la communication entre le récipient et le corps de pompe, ce qui doit toujours avoir lieu pendant qu'on manœuvre les pistons ; 2° interrompre la communication du récipient et des corps de pompe, ce qui est indispensable si l'on veut conserver longtemps le vide : sans cette précaution l'air réussirait à se glisser par les pompes dans le récipient ; 3° mettre en communication le récipient avec l'air extérieur : quand une expérience est terminée, il est impossible d'enlever le récipient; on le briserait plutôt, tellement la pression atmosphérique le maintient serré sur la platine : avant d'essayer de l'enlever, il faut donc y laisser pénétrer l'air extérieur.

La figure 59 représente une coupe de la machine pneumatique, corps de pompe, manomètre et récipient. Dans le corps de pompe AB se meut un piston, à travers lequel est pratiquée une ouverture fermée par la soupape S, qui s'ouvre de bas en haut. Cette soupape consiste en une petite rondelle métallique qui retombe par son poids; mais, comme ce poids est très faible, la moindre force agissant de bas en haut soulève la soupape, et pour qu'elle reste toujours bien horizontale, la rondelle est surmontée d'une petite tige verticale passant dans un anneau. A la partie inférieure du corps de pompe est une ouverture conique fermée par un cône tronqué S'. Cette soupape

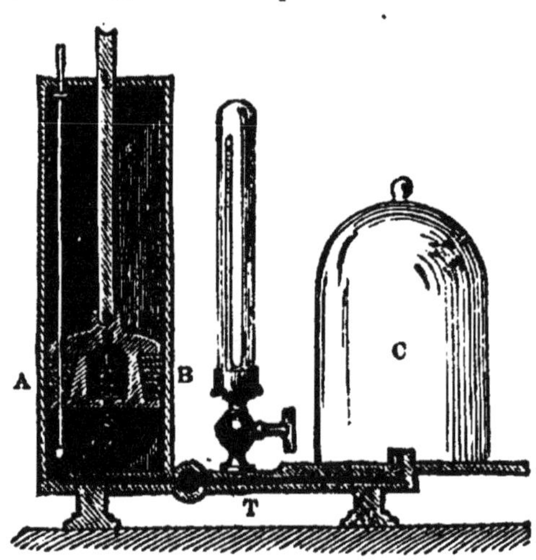

Fig. 59.

conique est surmontée d'une tige traversant librement le piston et dépassant légèrement le couvercle du corps de pompe ; et comme la tige adhère à frottement dans la paroi du piston, on peut soulever celui-ci sans la soulever en même temps, et, par conséquent, sans ouvrir la soupape. Dès qu'on a soulevé le piston d'un millimètre ou deux, un bouton métallique adapté à la tige, dans l'intérieur du corps de pompe, est arrêté contre la paroi supérieure et empêche la tige de monter davantage ; mais la tige et le piston n'étant pas soudés ensemble, en continuant à tirer le piston, on continue à le monter, bien que la tige soit arrêtée. Réciproquement, dès que l'on descend le piston d'un ou deux millimètres, le cône tronqué S' ferme l'ouverture ; et si l'on continue à appuyer sur le piston, il descend jusqu'au bas du corps de pompe en glissant sur la tige. On voit ainsi que la soupape du corps de pompe est ouverte pendant toute l'ascension du piston et fermée pendant sa descente. Le corps de pompe communique par le canal T avec le récipient C posé sur la platine.

Quand on soulève le piston, la soupape S reste fermée, et la soupape S' ouverte ; l'air du récipient se dilate de manière à occuper à la fois le récipient et le corps de pompe ; quand on descend le piston, la soupape S' reste fermée, et la soupape S s'ouvre par la compression de l'air du corps de pompe ; cet air s'échappe à travers le piston pendant la descente. Chaque fois qu'on relève et qu'on abaisse le piston, les mêmes phénomènes recommencent. Il est facile de juger de suite qu'on n'obtiendra jamais le vide exact. En effet, quand on soulève le piston, l'air du récipient occupe à la fois le récipient et le corps de la pompe, et quand on descend le piston, on ne chasse de tout cet air que la quantité contenue dans le corps de pompe : donc il en reste encore dans le récipient.

Le manomètre de la machine pneumatique est enfermé dans une éprouvette communiquant avec le récipient par un canal et fermée par un robinet. Ce manomètre se compose d'un tube recourbé à branches d'égale longueur (environ 3 décimètres); l'une d'elles est fermée supérieurement, et l'autre est ouverte. Le mercure remplit entièrement la branche fermée et vient jusqu'à la partie inférieure de la branche ouverte. En raréfiant l'air du récipient, on raréfie en même temps l'air de l'éprouvette, et quand cet air ne peut plus soutenir la hauteur du mercure, le métal baisse dans la branche fermée et monte dans la branche ouverte. Si l'on pouvait obtenir le vide exactement, le mercure serait au même niveau dans les deux branches; mais, comme on l'a vu précédemment, on ne saurait y parvenir. La force élastique du peu d'air qui reste est toujours exprimée par la différence de hauteur entre les deux niveaux de mercure : avec une bonne machine pneumatique on arrive à n'avoir pour différence que quelques millimètres. Entre le piston et le manomètre est placée la clef de la machine. Les usages de cette clef ont déjà été indiqués.

* **Diverses machines pneumatiques.** — On construit actuellement un grand nombre de machines pneumatiques diverses faisant le vide plus ou moins rapidement et plus ou moins complètement. Nous ne pouvons les décrire.

L'industrie utilise en maintes circonstances de grandes machines pneumatiques mises en mouvement par des machines à vapeur. Ainsi, dans les sucreries, on fait le vide dans les chaudières de concentration du sirop pour déterminer l'ébullition à une température moins élevée; dans les fabriques de drap, on emploie le vide pour faire passer à travers les tissus le gaz enflammé destiné à les flamber.

On a fait fonctionner pendant plusieurs années, aux environs de Paris, un *chemin de fer atmosphérique*, mis en mouvement par la pression de l'air sur un piston derrière lequel on avait fait le vide.

Expériences faites à l'aide de la machine pneumatique. — La machine pneumatique sert à de nombreuses expériences. Celles que nous allons citer se rapportent à la pesanteur, ou prouvent soit que l'air est nécessaire à la respiration et à la combustion, soit que les gaz tendent continuellement à se dilater. Il en est encore d'autres qui seront indiquées à mesure qu'on avancera dans l'étude de la physique et de la chimie.

Fig. 60.

* 1° *Tous les corps tombent avec la même vitesse dans le vide.* Nous avons décrit cette expérience à la page 15.

2° *Poids d'un litre d'air.* On prend un ballon de verre muni d'un ajutage de cuivre et d'un robinet; on y fait le vide à l'aide de la machine pneumatique et on le pèse (*fig.* 60); on ouvre le robinet; l'air pénètre, et on pèse de nouveau le ballon; puis on divise la différence des deux pesées par le nombre de litres que contient le ballon : le quotient est le poids d'un litre d'air; nous avons vu qu'il est de $1^{gr},3$ quand l'air est à la température de 0°, et à la pression atmosphérique moyenne.

3° *La pression atmosphérique s'exerce dans tous les sens à la surface des corps.* Pour s'assurer que la pression atmosphérique s'exerce dans tous les sens à la surface des corps, on se sert des hémisphères de Magdebourg. Ce petit appareil (*fig.* 61), inventé par Otto de Guéricke, se compose de deux demi-sphères de cuivre A, B; quand elles sont superposées, elles forment une sphère creuse. L'hémisphère inférieur peut, à l'aide d'un tube T, être vissé au centre de la platine d'une machine pneumatique,

Fig. 61.

sur l'extrémité du canal. Tant qu'il y a de l'air dans les hémisphères, cet air fait équilibre à la pression extérieure, et il suffit, pour les séparer, de soulever l'hémisphère supérieure; mais si, à l'aide de la machine pneumatique, on a enlevé l'air que contenait la sphère creuse, il faut, pour en séparer les parties, vaincre une force égale à celle qui serait nécessaire pour soulever une colonne de mercure ayant pour base deux grands cercles de la sphère et pour hauteur l'élévation du mercure dans le baromètre, ou environ $0^m,76$. Quand on a raréfié l'air des hémisphères, on ferme un robinet qui traverse le tube, on dévisse l'appareil de dessus le canal de la machine, puis on y adapte un petit pied. Alors deux personnes peuvent prendre l'une le pied de l'hémisphère inférieur, l'autre un anneau C attaché à l'hémisphère supérieur, et dans quelque position qu'on tienne l'instrument, on éprouve la même difficulté à séparer les hémisphères : ce qui prouve que la pression atmosphérique s'exerce dans tous les sens à la surface des corps.

4° *Pluie de mercure.* A la partie supérieure d'un cylindre de cristal AB (*fig.* 62) est un godet de métal C, dont le fond est une rondelle de cuir très épaisse. On remplit ce godet de mercure; le cuir, étant également comprimé par l'air sur chacune de ses deux faces, ne supporte que le poids du mercure. Mais si, à l'aide de la machine pneumatique, on enlève l'air du tube par l'ajutage D, la pression atmosphérique agit tellement sur le mercure, qu'il passe à travers les pores du cuir, et qu'il tombe au fond du tube en une pluie très fine.

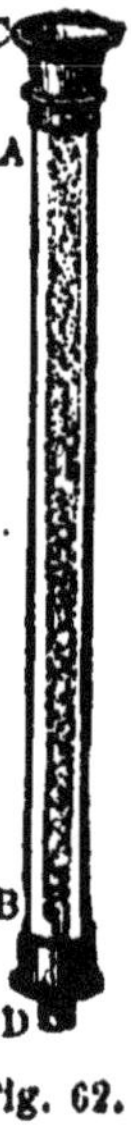

5° *Crève-vessie.* On place sur la platine de la machine pneumatique un manchon de verre fermé supérieurement par une vessie bien tendue. Tant qu'il y a de l'air dans le manchon, la vessie reste horizontale, parce que l'air intérieur fait équilibre à l'air extérieur; mais dès qu'on retire l'air du manchon, la vessie se creuse sous le poids de l'air extérieur, et bientôt elle éclate : l'air se précipite avec tant de force qu'il en résulte une détonation.

Fig. 62.

6° *Jet d'eau dans le vide.* A l'aide de la machine pneumatique on fait le vide dans l'appareil M (*fig.* 63), puis on place le pied de cet instrument dans l'eau : dès qu'on ouvre le robinet, la pression extérieure fait jaillir l'eau avec force par le tube H.

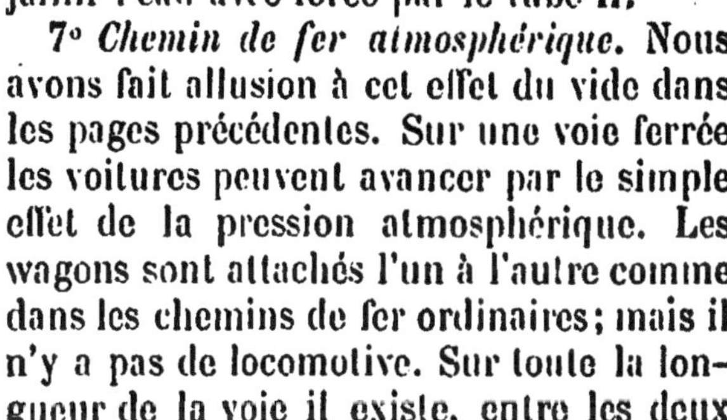

7° Chemin de fer atmosphérique. Nous avons fait allusion à cet effet du vide dans les pages précédentes. Sur une voie ferrée les voitures peuvent avancer par le simple effet de la pression atmosphérique. Les wagons sont attachés l'un à l'autre comme dans les chemins de fer ordinaires; mais il n'y a pas de locomotive. Sur toute la longueur de la voie il existe, entre les deux rails, un tube de fonte. Une tige descend du premier wagon et se termine par un piston qui joue dans le tube de fonte. A l'aide d'énormes machines pneumatiques on fait le vide en avant du piston : l'air extérieur pousse le piston sur l'autre face, et cette pression est suffisante pour faire avancer rapidement tout le convoi.

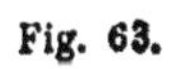

Fig. 63.

A Saint-Germain-en-Laye, près Paris, on a vu une application de ce système : les wagons du chemin de fer, arrivés au bas de Saint-Germain, gravissaient une pente assez forte par le simple effet de la pression atmosphérique.

On a renoncé, pour les chemins de fer, à ce système, qui était trop coûteux. Mais il est utilement employé pour envoyer rapidement des lettres ou de légers paquets à de grandes distances. On les met dans une boîte qui remplit exactement la capacité du tube de fonte : l'air presse cette boîte par derrière et la pousse, quand le vide est fait en avant par la machine.

8° L'air est nécessaire à la respiration. On place un oiseau sous le récipient de la machine pneumatique : dès qu'on raréfie l'air, l'animal éprouve un malaise; bientôt il tombe et ne tarde pas à périr. Si l'on a soin de laisser rentrer l'air avant qu'il expire, l'oiseau se relève et se remet bientôt du malaise qu'il a éprouvé.

9° L'air est nécessaire à la combustion. On place sous le

récipient de la machine pneumatique une bougie allumée : dès qu'on raréfie l'air, la flamme vacille, pâlit et s'éteint, si l'on tarde trop à rendre au récipient l'air extérieur.

10° *Les gaz ont une grande expansibilité.* À une vessie

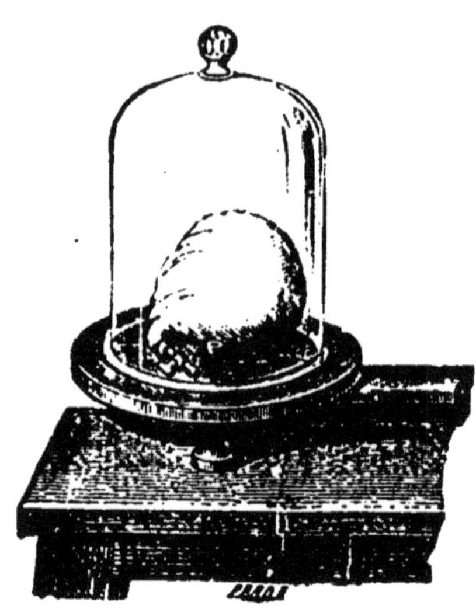

Fig. 64.

mouillée on adapte un tube de cuivre muni d'un robinet. Le robinet étant ouvert, on chasse une grande quantité d'air en aplatissant cette vessie. On ferme le robinet et on place cet appareil sous le récipient de la machine pneumatique (*fig.* 64). À mesure que l'air du récipient est raréfié, l'air de la vessie se dilate et finit par la gonfler entièrement : ce qui prouve qu'il tendait toujours à se dilater, et qu'il en était empêché par la pression de l'air extérieur.

Machine de compression. — La *machine de compression* sert à comprimer l'air ou tout autre gaz dans un récipient. Cette machine est construite sur le modèle de la machine pneumatique ; elle ne diffère de celle-ci que : 1° par la disposition des soupapes, qui s'ouvrent de haut en bas ; 2° par le récipient, qui est vissé solidement sur le canal au lieu d'être posé simplement sur la platine ; 3° par le manomètre, qui consiste en un tube de verre fermé supérieurement et plongeant par l'extrémité inférieure dans une cuvette contenant du mercure. Le tube contient de l'air, qui fait équilibre à la pression extérieure : de sorte que le niveau du mercure est le même dans le tube et dans la cuvette. Quand on comprime l'air dans le récipient, on le comprime en même temps sur le mercure de la cuvette : le liquide monte alors dans le tube et réduit suc-

6.

cessivement l'air à la moitié, au tiers, au quart de son volume primitif, lorsque la pression devient égale à 2, 3 et 4 atmosphères. Ce manomètre, comme on le voit, est fondé sur la loi de Mariotte.

Fig. 65.

Pompe de compression. — Au lieu de la machine de compression, on emploie souvent de préférence une simple *pompe de compression*. Cette pompe (*fig.* 65) se compose d'un cylindre CD et d'un piston massif P. Le cylindre est muni d'une ouverture L, située exactement au-dessous du piston, quand celui-ci est au haut de sa course. A la partie inférieure du cylindre est une soupape S s'ouvrant de haut en bas, et un écrou ou pas de vis V, qui permet d'adapter cet instrument sur les récipients où l'on veut comprimer l'air. Quand on descend le piston, on comprime l'air, la soupape S s'ouvre, et l'air passe dans le récipient; quand on relève le piston, l'air du récipient ferme la soupape S, le corps de pompe est vide jusqu'à ce que le piston dépasse l'ouverture L, par laquelle l'air s'introduit de nouveau dans le cylindre.

Expériences faites au moyen de la compression de l'air. — La *compression de l'air* sert à de nombreuses expériences. La pompe foulante peut en être regardée comme une première application. On en trouverait une seconde dans le réservoir à air, dont il a été question plus haut. La pompe de compression sert, en troisième lieu, à comprimer les gaz dans un liquide, comme serait, par exemple, le gaz acide carbonique dans l'eau, quand on veut obtenir les eaux de Seltz artificielles. Enfin on peut encore citer, parmi d'autres applications, la fontaine de compression, le fusil à vent, la fontaine de Héron, * le télégraphe pneumatique.

1° *Fontaine de compression.* La fontaine de compression se compose d'un vase de cuivre (*fig.* 66), dans lequel on met de l'eau jusqu'à une certaine hauteur AB. On visse sur l'ouverture C un tube FD plongeant jusqu'au fond du vase et muni d'un robinet R. À l'aide de la pompe de compression, on introduit par le tube FD une grande quantité d'air, qui vient s'ajouter en M à celui qui y était déjà. Après avoir fermé le robinet R, on enlève la pompe de compression et on la remplace par un petit ajutage *e*. Si l'on vient ensuite à ouvrir le robinet, l'eau jaillit avec violence en remontant par le tube FD. En admettant que l'air comprimé dans la fontaine ait une force de 5 atmosphères, l'eau du tube n'éprouve de haut en bas que la pression de l'atmosphère : donc elle doit jaillir avec une force de 4 atmosphères. A mesure que l'eau s'écoule, le jet diminue de hauteur, parce que l'air du vase occupe plus de place et perd de son élasticité.

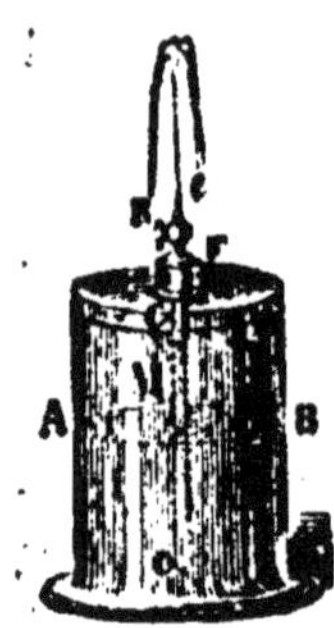

Fig. 66.

2° *Fusil à vent*. La crosse de ce fusil est creuse et métallique ; on la recouvre de bois à l'extérieur pour simuler une crosse ordinaire. On comprime de l'air dans cette crosse à l'aide d'une pompe foulante, puis on introduit une balle dans un canon. Quand on lâche la détente, le chien frappe sur une tige communiquant avec une soupape placée entre la crosse et le canon ; le choc ouvre un instant cette soupape, une petite quantité d'air comprimé s'échappe et pousse la balle avec d'autant plus de violence que l'air était plus fortement comprimé. Puisque la soupape ne s'ouvre qu'un instant quand le chien frappe sur la tige, on conçoit qu'il est possible de lancer plusieurs balles de suite sans recharger la crosse ; mais la force de projection ira en diminuant à mesure que diminuera la compression de l'air contenu dans la crosse.

3° *Fontaine de Héron*. La fontaine de Héron porte le nom de son inventeur, qui vivait à Alexandrie 120 ans avant l'ère chrétienne. Elle se compose (*fig.* 67) de deux globes de verre N et M et d'un vase de métal R. Trois tubes font communiquer ces vases entre eux. En dévissant momentanément le tube du milieu AB, on introduit de l'eau dans le vase M. Pour faire jaillir maintenant ce liquide par le tube AB, il suffit de verser de l'eau dans le vase R. En effet, cette eau descend par le tube CD dans le troisième vase N, et chasse l'air de ce vase par le tube FE dans le deuxième vase M. Cet air, venant s'ajouter à celui que contenait déjà le vase, acquiert une force supérieure à la pression atmosphérique et fait jaillir l'eau par le tube AB dès qu'on ouvre le robinet S.

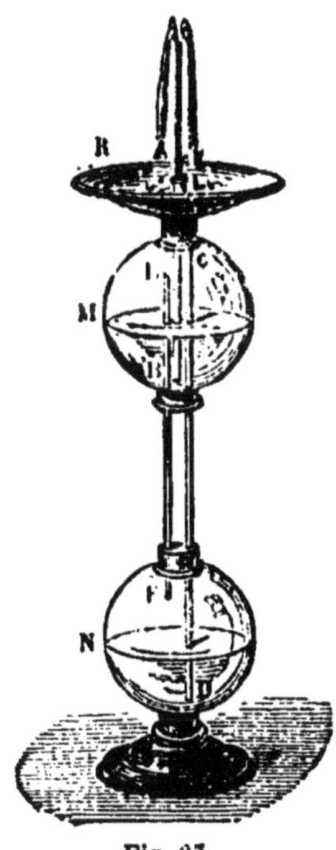
Fig. 67.

* *4° Télégraphe pneumatique.* Supposez que, dans le chemin de fer atmosphérique du Pecq à Saint-Germain, on ait injecté de l'air comprimé d'un côté du piston : ce piston aurait été poussé par la pression de l'air et se serait mis en mouvement ; on aurait eu un chemin de fer à air comprimé. Ce système est employé en petit à Paris pour le transport des dépêches d'un bout à l'autre de la ville ; ce système de communication est entièrement souterrain, la boîte aux dépêches étant attachée au piston dans l'intérieur même du tuyau.

Machines soufflantes. — A côté de la machine de compression se placent les *machines soufflantes*, appareils destinés à projeter des courants d'air dans un foyer pour activer la combustion, ou dans une salle pour en renouveler l'air. Les machines principalement employées sont : le *soufflet* et le *ventilateur*. Les *trompes* sont aussi des machines soufflantes, où l'air est poussé, par la chute de colonnes d'eau, dans un tuyau vertical.

Soufflets. — Les *soufflets* sont des appareils qui puisent l'air au sein de l'atmosphère pour le projeter en un jet rapide sur un corps en ignition.

1° *Soufflet d'appartement.* La construction du soufflet simple est connue de tout le monde : l'*âme du soufflet* est une soupape ou rondelle en cuir s'ouvrant de dehors en dedans. Lorsqu'on écarte les parois du soufflet, la pression atmosphérique ouvre cette soupape, et l'air pénètre dans l'intérieur de l'instrument ; quand on rapproche les parois, l'air comprimé ferme la soupape et s'échappe par la tuyère.

2° *Soufflet de forge.* Le soufflet employé par les forgerons et par les serruriers (*fig.* 68) a deux cavités ou chambres intérieures A, B, comme certains soufflets d'appartement ; la tuyère T est ajustée à la seconde chambre B ; la première communique avec la seconde à l'aide d'une soupape s'ouvrant à l'intérieur de celle-ci. L'air comprimé dans la première chambre, quand on tire la tringle V, passe par la soupape

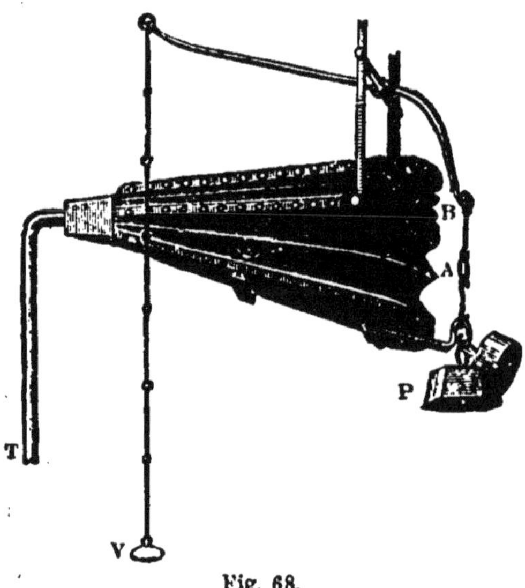

Fig. 68.

dans la deuxième et s'échappe sur le foyer par la tuyère, même quand on abandonne la tringle pour laisser s'écarter les parois de la première chambre au moyen des poids P et introduire ainsi une nouvelle quantité d'air extérieur. Ce soufflet est préférable au précédent : on obtient de la sorte sur le foyer un jet d'air continu.

3° *Soufflet à piston.* Dans les usines où l'on a besoin de températures très élevées, et par conséquent de courants d'air très énergiques pour activer le feu des fourneaux, on se sert de machines soufflantes à piston, qui sont mues par des roues hydrauliques ou par des machines à vapeur.

Une machine soufflante à piston se compose d'un corps de pompe en fonte, dans lequel se meut un piston plein, et qui est muni à son extrémité inférieure de deux soupapes s'ouvrant en sens contraire. Quand le piston monte, la soupape qui s'ouvre de dehors en dedans laisse entrer l'air; quand il baisse, elle se ferme, et l'autre s'ouvre par la pression de l'air qu'elle laisse échapper par une tuyère. L'important est d'avoir un jet toujours égal. On y parvient en faisant d'abord arriver l'air dans un cylindre (*fig.* 69), où joue un piston P convenablement chargé de poids. Quand l'air chassé du corps de pompe arrive en abondance par le conduit A sous le piston du cylindre, il le soulève; quand il cesse d'arriver aussi abondamment, le piston du cylindre retombe et chasse dans la tuyère T l'air accumulé précédemment au-dessous : c'est un régulateur qui permet à peine à la vitesse d'échappement quelques variations insensibles.

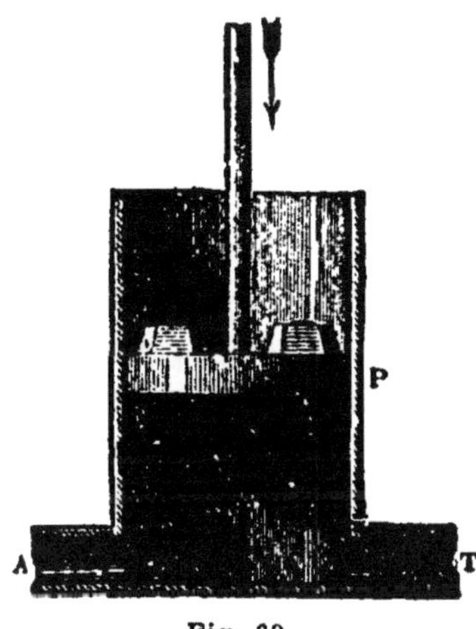

Fig. 69.

Ventilateurs. — On appelle *ventilateurs* des appareils destinés à mettre en mouvement des quantités d'air plus ou moins grandes, soit pour produire de la fraîcheur, soit pour renouveler l'air d'une salle. Les ventilateurs sont très utiles partout où il y a affluence de personnes, dans les écoles, les prisons, les salles d'hôpitaux, les galeries des mines, etc. Tout corps ayant une grande surface et possédant un mouvement rapide communique ce mouvement aux molécules d'air environnantes. Qu'une personne marche rapidement dans une chambre, elle produit un vent frais, qui est désagréable en hiver pour ceux qui occupent la même salle, et qui ne tardent pas à dire à celle qui marche : « Vous nous faites du vent. » L'éventail est un ventilateur bien connu.

Dans les écoles et les ateliers, quelquefois même dans

les appartements, on adapte à une vitre un cercle de métal (*fig.* 70) muni de lames concentriques obliquement disposées. La différence de densité entre l'air extérieur et l'air intérieur, qui viennent frapper les lames des deux côtés, suffit pour imprimer au cercle un mouvement de rotation : l'air intérieur

Fig. 7°.

s'échappe, parce qu'il est plus léger, et l'air extérieur plus pur le remplace.

Dans les mines on se sert de ventilateurs à force centrifuge, qui sont composés d'une caisse dans laquelle on fait mouvoir rapidement un essieu autour duquel sont fixées des ailes. Celles-ci communiquent à l'air leur mouvement de rotation. En vertu de la force centrifuge, les molécules d'air s'éloignent d'autant plus rapidement que la rotation a plus de vitesse, et sont conduites, par un tube de bois ou de métal, dans la galerie ou la salle dont on veut renouveler l'air.

CHAPITRE X.

Hydrostatique.

Effets de la pesanteur des liquides. — Conditions d'équilibre des liquides. — Pression des liquides sur le fond des vases. — Pression des liquides de bas en haut. — Paradoxe des liquides. — Rupture d'un tonneau par la pression d'un filet d'eau. — Pression latérale. — Tourniquet hydraulique. — Équilibre des liquides dans des vases communiquants. — Niveau des mers, cours des fleuves. — Sources, fontaines jaillissantes. — Applications de l'équilibre des liquides. — Presse hydraulique.

Effets de la pesanteur des liquides. — Les liquides, en vertu de leur pesanteur, produisent certains effets qui méritent d'être étudiés. Cette étude se divise en *hydrostatique* et *hydrodynamique* : *l'hydrostatique* s'occupe de l'équilibre des liquides et des pressions qu'ils exercent contre les parois des vases ; *l'hydrodynamique* étudie les mouvements des liquides et est du ressort de la mécanique.

En hydrostatique, on accorde généralement aux liquides les trois propriétés suivantes :

1° *Les molécules des liquides jouissent d'une mobilité parfaite.*

Cependant les molécules ont entre elles une certaine adhérence, qui varie suivant la nature des liquides, et qui les rend plus ou moins visqueux. Cette adhérence est plus grande dans l'huile que dans l'eau : aussi l'eau est-elle plus mobile que l'huile.

2° *Les liquides transmettent intégralement et dans tous les sens les pressions qu'ils supportent.*

Soit un vase de forme quelconque (*fig.* **71**), rempli d'eau ou de tout autre liquide, et à chaque paroi du vase une ouverture cylindrique égale, fermée par un piston : si l'on exerce sur le piston supérieur une pression de 30 kilogrammes, les quatre autres pistons s'écartent, et pour les maintenir il faut appliquer à chacun d'eux un effort de

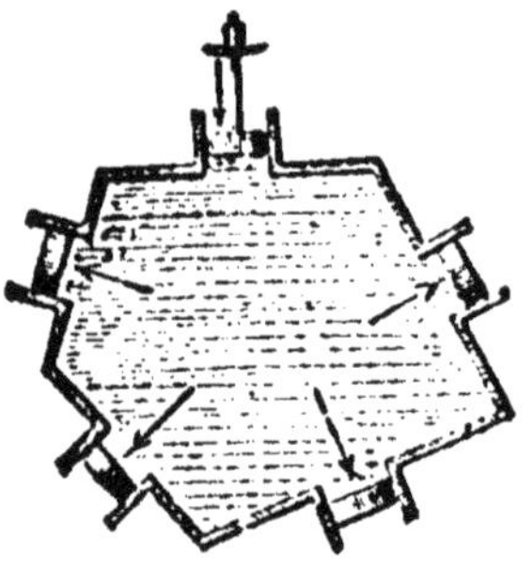

Fig. 71.

30 kilogrammes : donc la pression s'est transmise intégralement de haut en bas, de droite à gauche, d'avant en arrière, etc. Si l'une des ouvertures avait une surface double des autres, il faudrait à ce piston une résistance double pour le maintenir en équilibre. Toutefois, cette expérience ne donne exactement le résultat indiqué que si le liquide n'est pas soumis à la pesanteur. Or, tous les liquides sont pesants : il faudra donc, en supposant une force de 30 kilogrammes qui presse le piston supérieur, appliquer à chacun des quatre autres pistons 30 kilogrammes, plus le poids de la petite colonne liquide qui appuie sur sa surface.

3° *Les liquides sont très peu compressibles.*

Les liquides diminuent de volume quand on les comprime; mais cette diminution est très faible et peut être négligée dans les expériences ordinaires. Ainsi, l'eau diminue seulement de 48 à 51 millionièmes de son volume pour une pression égale à une atmosphère; le mercure, de 5 millionièmes; l'éther sulfurique, de 133 millionièmes.

Pour s'assurer de la compressibilité de l'eau on prend un *piézomètre*. C'est un petit réservoir B (*fig.* 72) terminé par un tube étroit A. On remplit d'eau l'instrument jusqu'en C; et, comme l'eau est incolore, ce qui ne permettrait pas de distinguer facilement son niveau dans le verre, on introduit au-dessus un petit *index* de mercure, qui

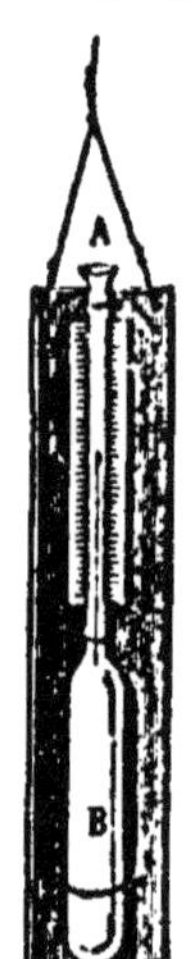

Fig. 72.

restera sur l'eau, parce que le tube est trop étroit pour livrer passage à la fois à l'eau et au mercure; or, le mercure ne saurait descendre, à moins que l'eau ne puisse en même temps monter pour occuper la place du métal. Qu'à l'aide d'un piston on établisse ensuite une pression dans le tube : si l'eau est comprimée, le mercure s'abaissera; toutefois on n'en pourra conclure que l'eau a diminué de volume que s'il est démontré que le réservoir lui-même n'a pas cédé à la pression et n'est pas devenu plus large. Pour ne pas craindre l'élargissement des parois, il faut qu'elles soient comprimées avec la même force en dedans et en dehors. On obtient ce résultat en plaçant le piézomètre dans un vase plein d'eau, convenablement fermé; au moyen d'un piston pressé par une vis on comprime l'eau de ce second vase, qui transmet intégralement en dehors et en dedans du piézomètre la pression éprouvée, et l'index de mercure descend : donc l'eau du piézomètre a diminué de volume. Le tube A est gradué, ce qui permet de mesurer cette diminution.

Pour mesurer la force avec laquelle l'eau a été comprimée, on met dans le vase, à côté du piézomètre, un petit *manomètre* de la même forme que celui qui est adapté à la machine de compression.

Conditions d'équilibre des liquides. — Les liquides ont des *conditions d'équilibre* différentes de celles des solides : cela tient à la mobilité de leurs molécules.

1° Si un liquide n'était soumis ni à la pesanteur, ni à aucune autre force que son attraction moléculaire, il prendrait une forme sphérique. Ainsi, une quantité d'eau placée au milieu d'une chambre sans être contenue dans aucun vase, ne tomberait pas, si la terre ni aucun corps ne l'attirait; elle resterait en équilibre au milieu de la chambre, et ses molécules prendraient toujours la forme sphérique en vertu de leur attraction mutuelle.

2° Tous les liquides, étant attirés par la terre, ne peuvent rester en équilibre que s'ils sont contenus dans des vases à parois résistantes; ils prennent la forme des vases qui les contiennent, et leur face supérieure, perpendiculaire à la pesanteur, est par conséquent horizontale. Cette surface des liquides est regardée comme plane sur une petite étendue, mais elle est réellement convexe. Comme on l'a déjà vu, la convexité de la mer est évidente : quand on regarde s'éloigner un navire, le corps du navire disparaît avant les mâts (*fig.* 73).

Fig. 73.

3° Si un liquide déjà soumis à la pesanteur l'était encore à une autre force ayant une direction différente, la face libre ne saurait être perpendiculaire ni à la pesanteur ni à cette force étrangère ; elle serait perpendiculaire à la *résultante*[1] de ces deux forces. Quand une masse liquide est en repos, il faut que chacune de ses molécules soit également comprimée dans tous les sens : car, si la pression était plus forte dans un sens que dans un autre, la molécule, étant très mobile, obéirait à la force la plus grande et se déplacerait, ce qui détruirait l'équilibre.

On peut donc résumer ainsi les conditions d'équilibre des liquides :

1° *La surface libre doit être perpendiculaire à la résultante de toutes les forces qui sollicitent le liquide;*

2° *Chaque molécule considérée isolément doit éprouver en tout sens des pressions égales et contraires.*

Dans un même vase plusieurs liquides de différentes densités, et n'ayant aucune action chimique l'un sur l'autre, se superposent par ordre de densité. Ainsi, en agitant dans un même vase du mercure, de l'eau et de l'huile, et en abandonnant ces liquides à eux-mêmes, le mercure se place au fond du vase, l'eau se met au-dessus du mercure et l'huile au-dessus de l'eau; les faces supérieures de ces liquides sont parallèles.

1. Voyez page 34.

Pression des liquides sur le fond des vases. — La pression exercée par un liquide sur le fond d'un vase est égale au poids d'une colonne verticale de ce liquide qui aurait pour base le fond du vase et pour hauteur la profondeur du liquide. Elle est indépendante de la forme du vase; elle ne dépend que de la surface de la base, de la hauteur et de la densité du liquide, ce que démontre l'appareil inventé par le physicien français Haldat (*fig.* 74).

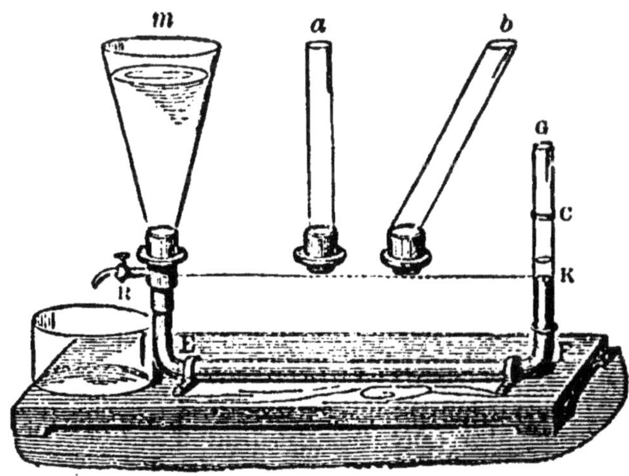

Fig. 74.

Un tube coudé EF est terminé à l'une de ses extrémités par un robinet R, sur lequel on peut visser successivement plusieurs vases sans fond de forme différente *m*, *a*, *b*, mais de base égale. On verse du mercure dans le tube jusqu'au niveau du robinet, puis on visse l'un des vases; on y verse de l'eau ou tout autre liquide, et on marque le niveau du mercure dans l'autre branche G du tube à l'aide d'un petit anneau mobile C, qui sert de repère. Quel que soit le vase que l'on emploie ensuite, en versant une égale hauteur du même liquide, la pression sur la surface du mercure sera toujours la même, puisque le mercure montera toujours dans l'autre branche du tube jusqu'à la même hauteur. Le robinet R sert à faire écouler de chaque vase le liquide après l'expérience.

Pression des liquides de bas en haut. — La pression que les liquides exercent sur le fond des vases réagit de bas en haut en vertu du principe d'égalité de pression : c'est ce qu'on appelle *poussée des liquides*. On la sent parfaitement en plongeant la main horizontalement dans l'eau, et mieux encore dans le mercure. La pression de bas en haut se vérifie par une expérience très simple. On ferme un cylindre de verre sans fond, en appliquant avec la main une lame de verre à sa base; on plonge ainsi le cylindre de verre dans un vase plein d'eau. Si le verre est bien dressé, l'eau ne pénètre pas dans le cylindre; on retire la main, et la lame de verre ne tombe pas : donc elle est soutenue par la pression du liquide. On peut verser de l'eau dans le cylindre presque jusqu'au niveau extérieur sans que la lame tombe; on arriverait même exactement à ce niveau, si la lame n'avait aucun poids : donc la pression de bas en haut est égale à la pression verticale de haut en bas.

Paradoxe des liquides. — Un vase n'exerce jamais sur le plateau d'une balance qu'une pression égale au poids du vase, plus le poids du liquide qu'il contient : de sorte qu'il peut arriver que la pression du liquide sur le fond du vase soit plus grande que la pression accusée par le liquide et le vase sur le plateau d'une balance.

Soit un vase cylindrique ABCD (*fig.* 75) surmonté d'un goulot étroit LK, et un liquide versé jusqu'en I : la pression supportée par la base est la même que si le vase avait la forme GHCD; mais cette pression ne saurait être sensible à la balance. En effet, les liquides transmettent intégralement les pressions dans tous les sens : la pression exercée sur la face inférieure se trouve transmise de bas en haut à la face supérieure AB. Ces deux pressions tendent à briser le vase; mais si les parois résistent, leur effet est nul et ne saurait être apprécié par

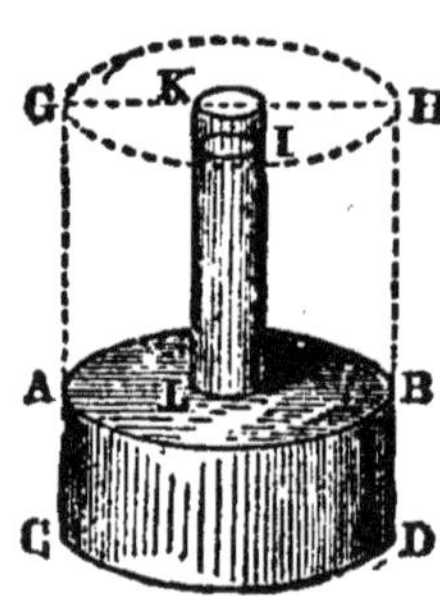

Fig. 75.

pressions tendent à briser le vase; mais si les parois résistent, leur effet est nul et ne saurait être apprécié par

la balance. On appelle quelquefois ce singulier phénomène *paradoxe des liquides.*

Rupture d'un tonneau par la pression d'un filet d'eau.

Fig. 76.

— Il résulte de ce qui précède qu'on peut faire éclater un tonneau plein d'eau par l'addition d'une petite quantité de ce liquide. Pour cela on adapte à la face supérieure (*fig.* 76) un tube BA long et étroit, que l'on remplit d'eau jusqu'à un point quelconque E : la pression à l'intérieur du tonneau est la même que s'il avait partout jusqu'en E la largeur CD de sa base. Cette pression énorme le fait rompre.

Pression latérale des liquides.

— Les liquides exercent aussi une pression sur les parois latérales d'un vase et tendent ainsi à les écarter : cette pression est égale au poids d'une colonne de liquide prise perpendiculairement à la paroi, ayant pour base la paroi même ou telle partie de la paroi qu'on voudrait considérer isolément, et pour hauteur l'élévation du liquide au-dessus du centre de la paroi.

Comme conséquence pratique, il faut veiller avec le plus grand soin sur les moindres fissures dans les grands réservoirs d'eau : autrement le poids du liquide ne tarderait pas à faire brèche dans la maçonnerie.

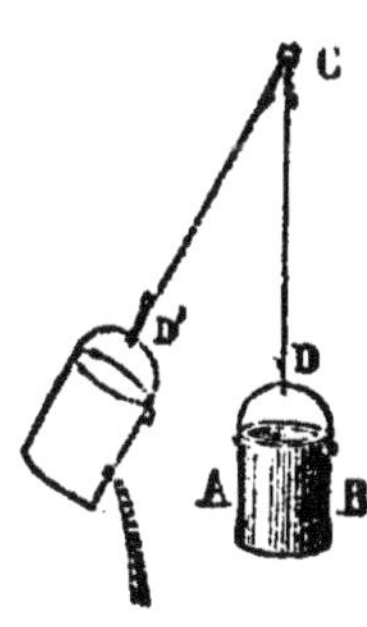

Fig. 77.

On appelle *vases à réaction* des vases mobiles qui éprouvent un mouvement de recul si, par un point quelconque de leurs parois latérales, on donne issue aux liquides qu'ils contiennent.

Si l'on suspend (*fig.* 77) un vase plein BA par un fil D, le fil sera vertical, puisque les parois sont également comprimées en B et en A. Mais si l'on établit une ouverture en B, le liquide s'écoule, et la pression qui continue en A fait prendre à l'appareil une position inclinée CD'.

Tourniquet hydraulique. — Le tourniquet hydraulique en est un autre exemple. Cet instrument se compose
d'un vase M (*fig.* 78) mobile autour de deux pivots A et B

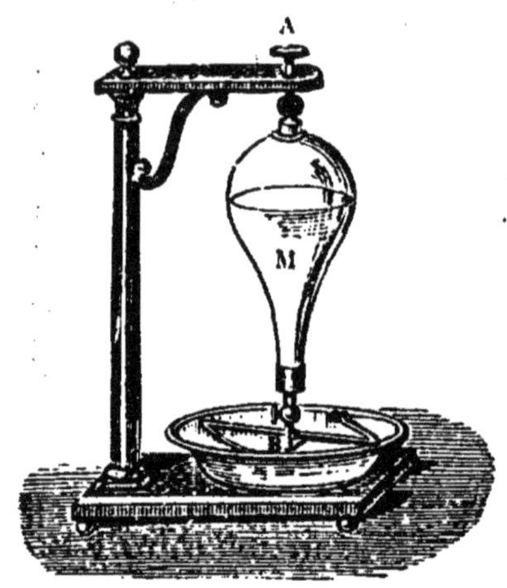

Fig. 78.

placés verticalement; le
vase communique par un
robinet avec un tube horizontal, dont les deux extrémités sont ouvertes, mais
dirigées en sens contraire.
Quand on ouvre le robinet,
l'eau contenue dans le vase
s'échappe par les extrémités
du tube, et celui-ci tourne
en sens inverse de l'écoulement du liquide.

L'échappement d'un gaz
dans les mêmes conditions
donnerait lieu aux mêmes phénomènes. On explique ainsi
et la fusée qui monte en l'air quand on met par en bas le
feu à la poudre, et le recul d'une arme à feu que l'on décharge; c'est un effet de réaction produit par le dégagement des gaz.

**Équilibre des liquides dans des vases communi-
quants.** — L'équilibre des liquides dans des vases com-

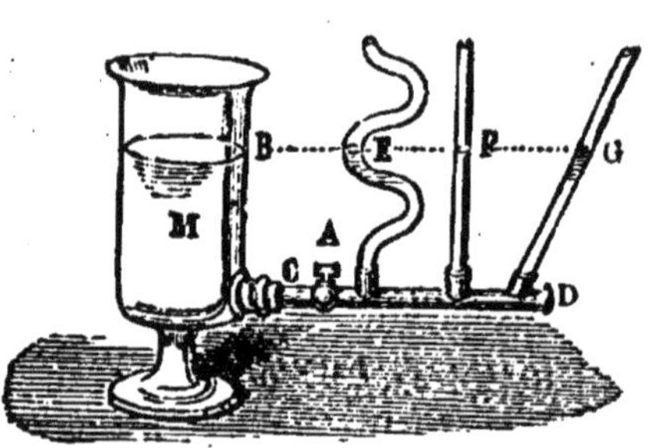

Fig. 79.

muniquants offre deux
cas à considérer : 1° ou
les liquides sont d'égale
densité; 2° ou ils sont de
densité différente.

1° *Quand les liquides
sont d'égale densité, les
niveaux appartiennent
au même plan horizontal.*

Un vase de verre M
(*fig.* 79) communique par un tube de cuivre CD avec plusieurs tubes, E, F, G, de formes différentes. Le tube CD
est fermé par un robinet A; en versant dans le vase un

liquide et en ouvrant le robinet A, les niveaux B, E, F, G, appartiennent tous au même plan horizontal. Pour bien distinguer les niveaux, on prend un liquide coloré.

En se servant de l'appareil qui suit, on démontrerait la loi pour deux liquides dont la densité serait inégale.

2° *Quand les liquides sont de densité différente, les hauteurs des niveaux sont en raison inverse des densités.*

Soit un tube recourbé BAD (*fig.* 80) : on verse de l'eau dans une branche B, et du mercure dans l'autre : l'eau 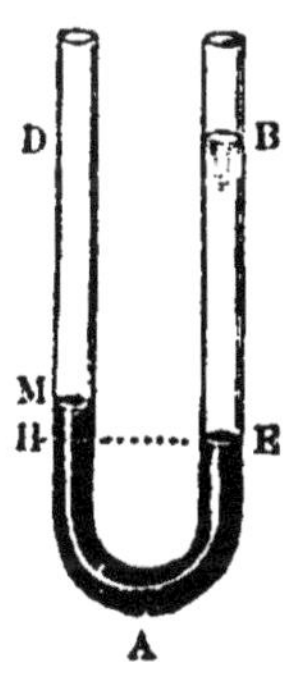 occupe la partie BE, et le mercure la partie EAM. Le niveau du mercure est plus bas en E qu'en M par la pression de l'eau BE; un plan horizontal passant par E couperait le mercure dans l'autre branche en H. Or, d'après ce que l'on a vu précédemment, la quantité de mercure EAH est en équilibre : donc, d'une part, le mercure MH, et d'autre part, l'eau BE, se font aussi équilibre; la colonne de mercure est 13 fois $\frac{1}{2}$ plus petite que la colonne d'eau BE, et le mercure est

Fig. 80.

13 fois $\frac{1}{2}$ plus dense que l'eau : donc les hauteurs des colonnes MH et BE sont en raison inverse des densités des liquides.

Les mers, les lacs, les rivières, les sources, les jets d'eau naturels, la distribution de l'eau dans les villes, s'expliquent par la théorie des vases communiquants.

Niveau des mers, cours des fleuves. — Toutes les mers communiquent entre elles, sauf la mer Caspienne: elles ont donc le même niveau, du moins à la même latitude. De ce qui a été dit sur les conditions d'équilibre des liquides, on avait conclu jusqu'à nos jours que la convexité de la mer ne saurait appartenir à une sphère, puisque la force centrifuge, plus grande à l'équateur qu'aux pôles, exigeait dans les régions équatoriales un niveau plus élevé. On faisait remarquer encore que, certaines côtes étant bordées de montagnes, l'attraction de ces montagnes devait élever sur les côtes le niveau de la mer, en sorte que la mer Rouge aurait été de près de dix mètres plus élevée que la Méditerranée. Le percement de l'isthme de Suez a victorieusement démontré que le niveau des deux mers était le même, et les récentes études faites en vue du percement de l'isthme de Panama ont donné un résultat semblable entre la mer des Antilles et l'Océan Pacifique. Il n'en est pas de même de la mer Caspienne, ni de la mer d'Aral, qui ne communiquent ni entre elles ni avec d'autres mers : le niveau de la première serait de 16 mètres plus bas que celui de la mer Noire.

L'eau des fleuves coule vers la mer, parce que le niveau de la mer est plus bas. L'eau de la mer est salée et par conséquent plus dense que l'eau douce des fleuves : aussi à l'embouchure des fleuves, à une certaine distance de la mer, l'eau salée occupe-t-elle le fond des fleuves, et l'eau douce la surface. A ces endroits, les fleuves, au lieu de couler sur un lit de sable, coulent sur un lit d'eau salée.

C'est du niveau de la mer que l'on évalue la hauteur, autrement dit l'*altitude*, des différents points du globe: car ce niveau n'éprouve au plus que des variations insignifiantes.

Sources, fontaines jaillissantes. — Les eaux de pluie, en filtrant à travers les différentes couches de terre perméables, remplissent des cavités quelquefois très grandes dans l'intérieur des montagnes; ces eaux se creusent ensuite dans des terres imperméables des conduits inclinés, qui se prolongent parfois à de grandes distances. Si plus tard la terre, devenant perméable, permet à l'eau de sourdre jusqu'à la surface, l'eau sortira par l'ouverture, et quelquefois même jaillira, parce qu'elle tend à remonter à la hauteur du niveau qu'elle a dans le réservoir de la montagne. Toutefois elle ne parviendra jamais à ce niveau, pas plus que dans les jets d'eau et dans les fontaines artificielles, ce qui tient à plusieurs causes : 1° au frottement de l'eau dans le canal et dans

7.

le tube du puits; 2° au frottement de l'air; 3° à ce que, dans un jet vertical, les molécules supérieures diminuent la force ascensionnelle des molécules inférieures, sur lesquelles elles retombent.

Applications de l'équilibre des liquides.—L'homme a cherché à imiter la nature, quand il a construit les écluses des canaux, percé des puits artésiens, ou fait sourdre les fontaines artificielles, et il a fait d'heureuses applications des conditions d'équilibre avec le niveau d'eau et le niveau à bulle d'air.

1° *Écluses.* Les écluses sont des bassins artificiels qui servent, dans la navigation par les canaux, à élever les bateaux d'un niveau plus bas à un niveau plus élevé, ou réciproquement. Pour cela, on ouvre une petite porte de bois nommée *vanne*, qu'on peut baisser et élever à volonté. L'eau passe d'un bassin dans l'autre et soulève ou abaisse le bateau. Quand le niveau est le même dans les deux bassins, on ouvre les portes de l'écluse, et le bateau passe.

2° *Puits artésiens.* En creusant la terre à des profondeurs plus ou moins considérables, on rencontre les nappes d'eau qui la sillonnent dans son intérieur, et si l'on fait plonger un tube dans la nappe, l'eau vient s'épancher ou jaillir à la surface. Ce sont là les *puits artésiens*, ainsi nommés de ce que l'usage s'en est d'abord répandu dans l'Artois. Les terrains formés de couches mobiles, comme les sables, les terres pierreuses, etc., ne peuvent contenir une nappe d'eau; on n'en rencontre que dans les bancs d'argile, de granit ou d'autres terrains imperméables. L'eau du puits artésien de Grenelle, à Paris, vient d'une profondeur de 548 mètres et a une température constante de 27 degrés.

3° *Fontaines artificielles.* Les fontaines artificielles sont fondées sur les mêmes propriétés que les fontaines naturelles. Pour avoir un jet d'eau dans un jardin, il faut qu'il y ait un réservoir placé à une hauteur d'autant plus grande qu'on désire un jet plus élevé. Ce réservoir est

rempli naturellement par les eaux de pluie, ou artificiellement soit à l'aide de pompes, soit par tout autre moyen.
Un tuyau de plomb ou de zinc descend de ce réservoir,
passe sous terre et s'ouvre au milieu du jardin. Un robinet permet de laisser jaillir l'eau ou d'arrêter le jet à
volonté.

4° *Niveau d'eau.* Parmi les instruments qui ont été
construits sur le principe de l'équilibre des liquides, les
plus usités sont le *niveau d'eau* et le *niveau à bulle d'air.*

Le *niveau d'eau* sert à niveler les terrains, à tirer une
ligne horizontale, à mesurer la différence de hauteur de
deux points voisins. Il se compose de deux tubes de verre
A et B (*fig.* 81) communiquant entre eux par un tube

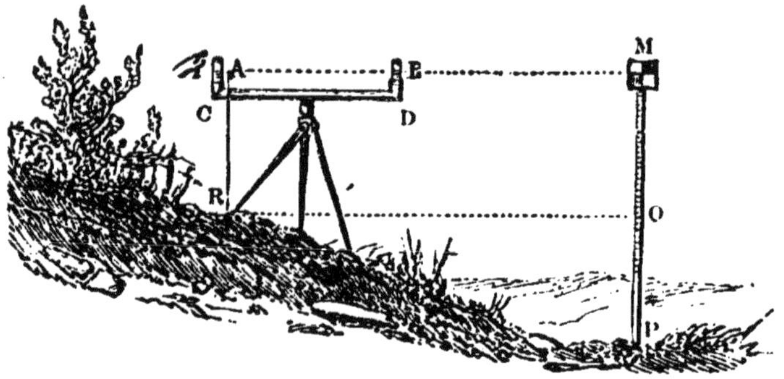

Fig. 81.

métallique CD. On introduit dans l'appareil de l'eau colorée; cette eau, d'après les conditions d'équilibre dans
les vases communiquants, aura ses niveaux A et B sur un
même plan horizontal. Pour mesurer la différence de
hauteur entre le point R et le point P, on regarde en A
de manière à voir à la fois les deux niveaux sur un même
plan, et l'on fait enfoncer ou élever en P une tige surmontée d'un carton, jusqu'à ce que le point de repère M
soit sur la ligne AB. À l'aide du fil à plomb on mesure les
hauteurs AR et MP : la différence entre ces deux lignes
sera OP, ou l'élévation du point R au-dessus du point P.

5° *Niveau à bulle d'air.* Le *niveau à bulle d'air* sert
à reconnaître la position horizontale d'une petite surface

plane, et à mesurer la différence de hauteur de deux points voisins.

L'instrument se compose simplement d'un tube de verre plein d'eau, mais contenant encore une bulle d'air, qui se dirige toujours du côté le plus élevé du tube, et qui ne se tient au milieu de sa longueur que lorsque le tube est parfaitement horizontal. Le tube est enfermé dans un étui de cuivre; une fente permet de voir la position de la bulle d'air.

Pour reconnaître si la surface d'une table est horizontale, il faut placer l'instrument sur la table dans deux directions différentes : la table sera horizontale, si, dans chacune de ces directions, la bulle d'air est au milieu du tube. On se sert souvent de deux niveaux à bulle d'air soudés perpendiculairement l'un à l'autre : de cette manière, une seule expérience suffit pour reconnaître une surface horizontale : il faut que chaque bulle d'air soit au milieu du tube qui la contient.

Pour mesurer la différence de hauteur entre deux points voisins, on emploie souvent, à la place du niveau d'eau, une lunette mobile à l'aide d'une vis et portant un niveau à bulle d'air. Cette lunette sera parfaitement horizontale quand la bulle d'air sera au milieu du tube.

6ᵉ *Distribution des eaux d'une ville.* La théorie du niveau de l'eau dans les vases communiquants explique : 1° comment, à l'aide de canaux souterrains, on peut faire traverser l'eau à une vallée, ainsi qu'on l'a fait en amenant les eaux de la Vanne à Paris : il suffit que le point d'où elle tombe soit plus élevé que la pente opposée; 2° comment, dans une ville, l'eau se distribue dans les maisons et à tous les étages : elle part d'un réservoir placé à une hauteur supérieure à celle des maisons; 3° comment, enfin, l'eau de la Seine, élevée à une hauteur convenable, à Marly, par un système de 16 pompes mises en mouvement par quatre roues hydrauliques, peut ensuite, par des canaux souterrains, remplir le vaste réservoir de Versailles, dont la capacité est de 1270 hectolitres.

Presse hydraulique. — Pour obtenir de fortes pressions avec une force assez faible, on se sert de la *presse hydraulique*, qui a pour principe la transmission intégrale des pressions par les liquides (p. 89). Cet instrument, imaginé par Pascal et réalisé à Londres, en 1796, par Bramah, est très fréquemment employé dans l'industrie, pour comprimer les draps, les cotons, les papiers, etc., pour exprimer le sucre de la betterave, pour extraire l'huile de différentes graines, etc.

La presse hydraulique se compose de deux cylindres A et D (*fig*. 82) de différents diamètres et communiquant

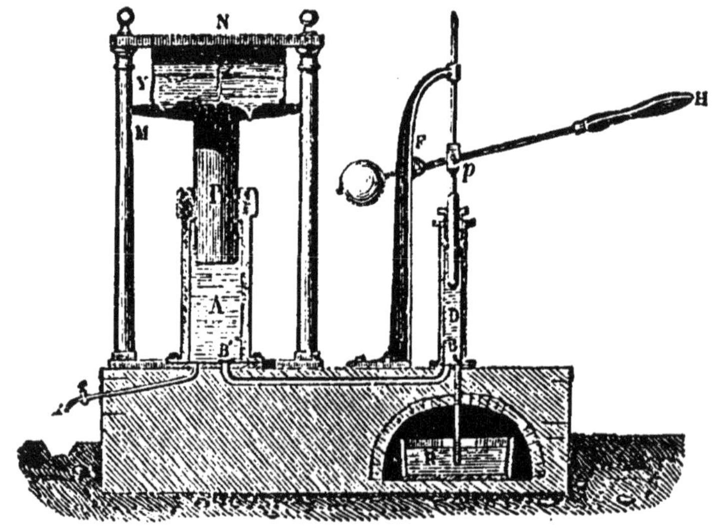

Fig. 82.

ensemble par un tube horizontal. Si l'on verse de l'eau dans ces cylindres, elle se met à la même hauteur en A et en D. Dans le grand cylindre est un piston P surmonté d'une plaque de fonte M; au-dessus, et à une certaine distance de M, se trouve une autre plaque de fonte N; celle-ci est maintenue fixe à l'aide de supports particuliers. Le petit cylindre D contient également un piston p. Si l'on appuie sur ce petit piston p, il descend, l'eau passe dans le cylindre A et soulève le grand piston; la plaque M se rapproche ainsi de la plaque fixe N, et si l'on a mis entre ces deux plaques un corps quelconque Y, il est comprimé. Au lieu d'appliquer la force directement sur le petit piston, on peut la transmettre à l'aide d'un levier FH mobile autour du point F. En admettant que le bras de levier FH soit 10 fois plus long que le bras Fp, un effort de 30 kilogrammes en H transmettra au piston p un effort 10 fois plus grand ou un effort de 300 kilogrammes. Supposons maintenant que le grand piston soit invariablement fixé dans la position qu'il occupe, et que, dans son épaisseur, on découpe un petit piston égal à p, il est clair qu'il faudrait pour le maintenir en équilibre un effort de 300 kilogrammes. Donc le grand piston étant mobile, il faudra, pour l'empêcher de monter, autant de fois 300 kilogrammes que la base de ce piston contient de fois l'autre base. Supposons que le grand piston contienne 25 fois le petit piston, la pression de 300 kilogrammes en p vaudrait 25 fois 300 kilogrammes ou 7 500 kilogrammes en P. Ainsi, avec une force très ordinaire, un simple effort de 30 kilogrammes en H, on comprime le corps situé entre les deux plateaux avec une force de 7 500 kilogrammes.

Mais, dès que l'on cesse la pression en H, l'eau revient, et la pression cesse en P. Pour empêcher l'eau de revenir dans le petit cylindre, on met en B′ une soupape, qui s'ouvre de bas en haut : elle laisse passer l'eau dans le grand corps de pompe et l'empêche de rentrer dans le premier. On peut, à l'aide de cette soupape, laisser comprimés les corps aussi longtemps qu'on le juge convenable.

Nous avons supposé tout à l'heure que le grand cylindre contenait 25 fois le petit : d'où l'on peut conclure que, lorsque le piston p est au bas de sa course, P s'est élevé d'une quantité 25 fois plus faible que l'espace parcouru par le petit piston. Pour soulever davantage la plaque M, il faudrait enlever le petit piston et remplir d'eau le petit corps de pompe. Au lieu de cela, on fait du cylindre D un corps de pompe qui communique par un tube avec l'eau d'un vase ou une prise d'eau quelconque R. Quand on abaisse *p*, l'eau passe dans le corps de pompe A. Quand soulève *p*, l'eau du grand corps de pompe ferme la soupape B', et la pression atmosphérique soulève l'eau du vase R, qui passe dans le petit corps de pompe.

Il fallait empêcher l'eau de filtrer entre le piston et la paroi du corps de pompe. Bramah a creusé dans cette paroi une gorge circulaire, qui est occupée par une garniture annulaire de cuir formant comme une rigole renversée. Plus la pression est forte, plus l'eau de la rigole comprime d'un côté le bord interne du cuir contre le piston, de l'autre le bord externe contre le corps de pompe, en sorte que la moindre filtration devient impossible.

Une modification récente ajoute encore à la force de compression. Quand la pompe foulante ne peut plus fonctionner, on fait pénétrer dans le gros corps de pompe un cylindre d'acier, qui en traverse la paroi, et que pousse en avant une vis mue à l'aide de poignées par une roue d'un assez grand diamètre.

Lorsque les corps sont comprimés avec une grande force entre les plaques M et N, on ne peut les retirer qu'en laissant d'abord écouler l'eau du grand cylindre : c'est pour cela qu'on place à la partie inférieure un tube et un robinet : quand on ouvre le robinet, l'eau s'écoule.

Une compression trop forte pourrait déchirer les conduits de la presse hydraulique. On évite cet accident par l'emploi de soupapes de sûreté[1].

* Les *ascenseurs hydrauliques*, qu'on rencontre aujourd'hui dans un grand nombre de maisons pour porter les voyageurs aux étages supérieurs, ne sont autre chose que d'immenses presses hydrauliques. Seulement, ici il n'y a plus de petit piston. L'eau arrive sous le grand piston par un petit tuyau venant d'un réservoir placé à

---

1. Voir la construction de ces soupapes à la description de la chaudière d'une machine à vapeur.

une grande hauteur (à Paris, ce sont les réservoirs d'eau de la ville); c'est la pression de l'eau, due à la grande hauteur du réservoir, qui remplace la poussée du petit piston.

CHAPITRE XI.

Pesanteur spécifique des corps. — Principe d'Archimède. — Corps flottants; leurs conditions d'équilibre. — Densité et poids spécifique des corps. — Procédé pour trouver le poids spécifique des corps. — Poids spécifique des solides, des liquides et des gaz. — Aréomètres. — Tables de densités relatives ou poids spécifiques. — Causes de l'élévation des vapeurs. — Aérostats.

Pesanteur spécifique des corps. — Si l'on compare entre eux les différents corps, l'on s'aperçoit facilement qu'ils n'ont pas tous le même poids sous le même volume. Rapporter à l'un d'eux le poids de chacun des autres, c'est établir ce qu'on appelle son *poids* ou sa *pesanteur spécifique.*

Principe d'Archimède. — *Tout corps plongé dans un fluide perd de son poids le poids du volume de fluide qu'il déplace.*

On vérifie ce principe à l'aide de la balance hydrostatique et de l'appareil d'Archimède[1]. La *balance hydrostatique (fig.* 83) est une balance ordinaire ayant chacun de ses plateaux muni d'un crochet pour suspendre les corps. L'*appareil d'Archimède* se compose de deux cylindres métalliques, l'un creux, l'autre F qui est plein; ils sont construits de manière que le cylindre plein entre à frottement dans le cylindre creux et le remplisse exactement. On suspend le cylindre vide au-dessous du plateau A, et le cylindre plein F au-dessous du cylindre vide. On obtient l'équilibre en mettant des poids dans le plateau B, puis on descend le fléau de manière que le cylindre F plonge

[1]. Célèbre géomètre, mort à Syracuse l'an 212 avant J. C.

dans le liquide d'un vase placé au-dessous : aussitôt la balance penche du côté des poids, ce qui prouve d'abord que F est plus léger dans le liquide que dans l'air. Pour rétablir l'équilibre, il suffit de remplir exactement du même liquide le cylindre creux : d'où l'on peut conclure que le cylindre F a perdu de son poids le poids du liquide que contient l'autre cylindre ; or, cette quantité de liquide représente exactement le volume du cylindre F : donc celui-ci a perdu de son poids le poids du liquide qu'il a déplacé.

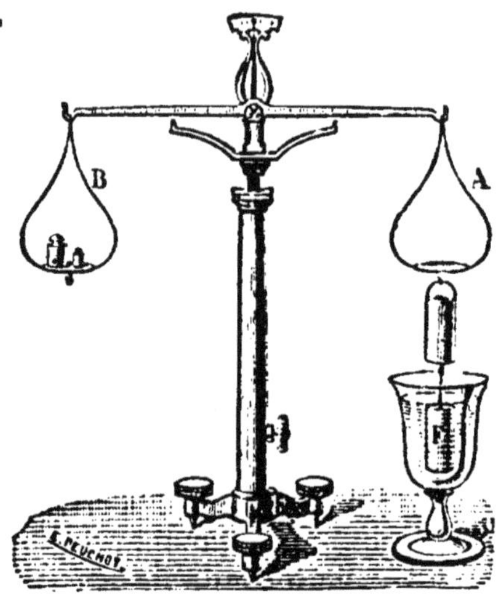

Fig. 83.

Ce principe est vrai, non seulement pour tous les liquides, mais aussi pour les gaz et les vapeurs : ainsi, tout corps plongé dans l'air perd de son poids le poids de l'air qu'il déplace.

L'appréciation exacte des poids en est d'autant plus difficile. En effet, si l'on pèse dans une balance ordinaire du coton avec des poids de cuivre, le coton et le cuivre perdent chacun le poids de l'air qu'ils déplacent ; or, le coton a un volume plus considérable que le cuivre, et par conséquent il perd plus de son poids : il faudra donc plus d'un kilogramme de coton pour équilibrer un kilogramme de cuivre.

Un autre instrument, le *baroscope*, prouve que le poids des corps est plus considérable dans le vide que dans l'air.

Cet instrument se compose d'une petite balance, à laquelle on suspend, à la place des plateaux, deux boules de cuivre, l'une petite et massive, l'autre grande et creuse ; or, si les deux boules se font équilibre dans l'air, dans le vide, la balance penchera du côté de la boule la plus grande. En effet, dans l'air, chaque boule perd de son poids le poids de l'air qu'elle déplace ; cette perte est plus considérable pour la grande boule que pour la petite : donc, pour qu'il y ait eu équilibre dans l'air, il fallait qu'il y eût un peu plus de cuivre dans la grande que dans la petite.

Corps flottants. — L'équilibre des *corps flottants* est une application du principe d'Archimède. Si l'on place dans l'eau un corps ayant un volume d'un décimètre cube, ce corps perdra de son poids un kilogramme, qui est le poids du décimètre cube d'eau déplacé. Or, il se présente trois cas :

1° Le corps ne pèse lui-même qu'un kilogramme : alors il perd complètement son poids et reste en équilibre au milieu de la masse liquide ;

2° Le corps pèse plus d'un kilogramme ; il en pèse sept : alors, perdant un kilogramme de son poids, il pèse encore six kilogrammes et tombe au fond de l'eau ;

3° Le corps pèse moins d'un kilogramme ; il ne pèse que cent grammes : alors il remonte à la surface de l'eau jusqu'à ce qu'il ne déplace plus que cent grammes d'eau.

Un décimètre cube de fer pesant sept kilogrammes, et le même volume d'eau ne pesant qu'un kilogramme, il devient impossible de faire flotter sur l'eau une boule massive de fer. Mais si la boule de fer pesant sept kilogrammes était creuse et avait un volume de neuf décimètres cubes, en la plongeant dans l'eau elle déplacerait neuf kilogrammes d'eau : par conséquent, elle remonterait à la surface de manière à ne déplacer que sept kilogrammes. Ainsi l'on peut faire flotter les corps les plus denses, pourvu qu'on leur donne un très grand volume relativement à leur poids. On conçoit maintenant comment il est possible de construire des navires métalliques et de doubler de cuivre ceux qui sont construits en bois.

La boule massive de fer, pesant sept kilogrammes et n'ayant qu'un volume d'un décimètre cube, s'enfonce dans l'eau, ainsi qu'on vient de le voir; mais cette boule flotte sur le mercure, car un décimètre cube de mercure pèse treize kilogrammes et demi.

Les corps flottants s'enfoncent d'autant plus que les liquides sont moins denses. Quand un navire remonte un fleuve, il s'enfonce plus dans le fleuve que dans la mer, parce que l'eau douce est moins dense que l'eau salée; quelquefois même on est obligé de diminuer la charge du navire.

On explique de la même manière pourquoi il est plus facile de nager dans la mer que dans une rivière.

Conditions d'équilibre des corps flottants. — Un corps flottant est en équilibre lorsqu'il satisfait aux conditions suivantes :

1° *Le poids du liquide déplacé doit au plus égaler le poids du corps flottant ;*

2° *Le centre de gravité du corps flottant et le centre de poussée[1] doivent être sur la même verticale.*

Ainsi le cylindre de verre A (*fig.* 84), en équilibre dans l'eau, aura sur la même verticale le centre de gravité c du cylindre et le centre de poussée M. Il en est de même pour le cylindre de verre B contenant du plomb à la partie inférieure.

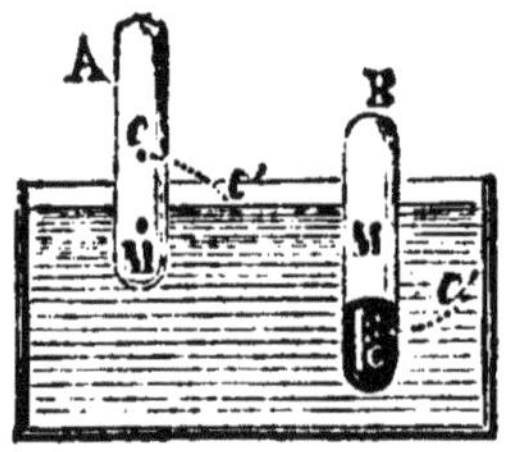

Fig. 84.

En écartant le cylindre A de cette position d'équilibre, le centre de gravité c décrit l'arc cc' : donc il descend : ce n'est pas l'attraction de la terre qui pourra le faire remonter : par conséquent, le cylindre écarté de cette position n'y reviendra pas ; il glissera jusqu'à prendre une position horizontale. Le cylindre A est donc en équilibre instable.

Un corps flottant est en équilibre *instable* quand son centre de gravité est *au-dessus* du centre de poussée.

---

1. On appelle *centre de poussée* le centre des molécules liquides déplacées.

En écartant le cylindre B de sa position, le centre de gravité *c* décrit l'arc *cc'* et monte; l'attraction de la terre le fera descendre : donc le cylindre B reviendra à sa position première; il est en équilibre stable.

Un corps flottant est donc en équilibre *stable* lorsque son centre de gravité est *au-dessous* du centre de poussée.

Cependant on démontre en mécanique que les navires peuvent être en équilibre stable bien que leur centre de gravité soit au-dessus du centre de poussée : il suffit que leur centre de gravité soit au-dessus d'un autre point nommé *métacentre*, et que l'on détermine par le calcul. On conçoit combien, dans l'arrimage des navires, il est important de bien préciser ce point.

Densité et poids spécifique des corps. — La *densité* est, comme on l'a vu, le rapport de la masse au volume. Le *poids spécifique* est le rapport de la densité d'un corps à la densité d'un autre corps pris pour terme de comparaison. *Poids spécifique* devient ainsi synonyme de *densité relative*.

On compare la densité des solides et des liquides à celle de l'eau pure, et la densité des gaz et des vapeurs à celle de l'air sec à 0° et sous une pression de $0^m,76$. Ainsi, dire que le poids spécifique du fer est 7 signifie que la densité du fer est sept fois plus grande que celle de l'eau; dire que le poids spécifique du chlore est de $2\frac{1}{2}$ signifie que la densité de ce gaz est deux fois et demie plus grande que celle de l'air.

Procédé pour trouver le poids spécifique des corps. — Puisque, si l'on prend un égal volume de deux corps, les poids sont directement proportionnels aux densités, c'est-à-dire que, si l'on prend un décimètre cube d'eau et un décimètre cube de fer, le poids du fer est sept fois plus grand que celui de l'eau, et qu'en même temps la densité du fer est sept fois plus grande que celle de l'eau, on peut en conclure qu'au lieu de comparer les densités des corps, on obtient le même résultat en comparant leurs poids sous des volumes égaux.

On obtiendra donc le poids spécifique des solides et des liquides en divisant le poids de ces corps par le poids d'un égal volume d'eau pure.

On obtiendra le poids spécifique des gaz et des vapeurs en divisant le poids de ces corps par le poids d'un égal volume d'air sec à la même température et sous la même pression que ces fluides.

Pour obtenir le poids spécifique d'un gaz relativement à l'eau, il suffit de diviser par 770 le chiffre obtenu relativement à l'air, puisque, à volumes égaux, le poids de l'eau est 770 fois plus grand que celui de l'air (voir p. 52).

Poids spécifique des solides. — On peut déterminer le *poids spécifique des solides* par trois méthodes différentes : 1° avec la balance hydrostatique; 2° avec le flacon bouché à l'émeri; 3° avec l'aréomètre de Nicholson.

1re *Méthode.* On suspend le corps à l'aide d'un fil au-dessous d'un des plateaux de la balance hydrostatique; on pèse ce corps dans l'air, puis dans l'eau. Supposons qu'il pèse 100 grammes dans l'air et 80 grammes dans l'eau : le poids d'un volume d'eau égal au volume de ce corps sera 100 *moins* 80, c'est-à-dire 20, d'après le principe d'Archimède. Le poids spécifique du corps sera donc $\frac{100}{20}$ ou 5.

2e *Méthode.* On se sert d'une balance ordinaire et d'un flacon à large goulot et bouché à l'émeri[1].

On fait trois pesées, qui sont représentées ici par des chiffres, pour mieux faire saisir l'opération : 1° le flacon plein d'eau pèse 500 grammes; 2° le flacon plein d'eau et le corps à côté du flacon pèsent 540 grammes; 3° le

---

1. Ces flacons sont fermés par des bouchons de verre. Entre le goulot et le bouchon on a placé une poudre nommée *émeri*, puis, en frottant le bouchon, on a par cette poudre usé, d'une part, le goulot, d'autre part, le bouchon. L'avantage de ces flacons est de fermer parfaitement, puis de contenir toujours la même quantité de liquide, ce qui n'a pas lieu avec un bouchon de liège; plus on enfonce le liège, moins le flacon contient de liquide, tandis que les bouchons de verre usés à l'émeri s'enfoncent toujours exactement de la même quantité.

corps étant mis dans le flacon, il s'est écoulé un volume d'eau égal à celui du corps; le flacon, le corps et l'eau qui reste dans le flacon pèsent 535 grammes.

La différence des deux premières pesées ou 40 représente le poids du corps; la différence des deux dernières pesées ou 5 représente le poids d'un volume d'eau égal au volume du corps : donc le poids spécifique du corps sera $\frac{40}{5}$ ou 8.

3e *Méthode.* On emploie pour cette méthode un instrument nommé *aréomètre de Nicholson.* Cet appareil se compose d'un cylindre creux de métal A (*fig.* 85), qui est surmonté d'une tige terminée par un petit plateau C. Inférieurement un panier D est fixé au cylindre à l'aide d'un crochet. Au-dessous du panier est une boule de plomb P, servant de *lest,* afin que, plongé dans un liquide, l'aréomètre soit vertical et en équilibre stable. Dans le cas où les corps dont on veut connaître le poids seraient moins denses que l'eau, on recouvre le panier d'un couvercle pour les empêcher de flotter. Ce couvercle est percé de trous pour laisser échapper l'air.

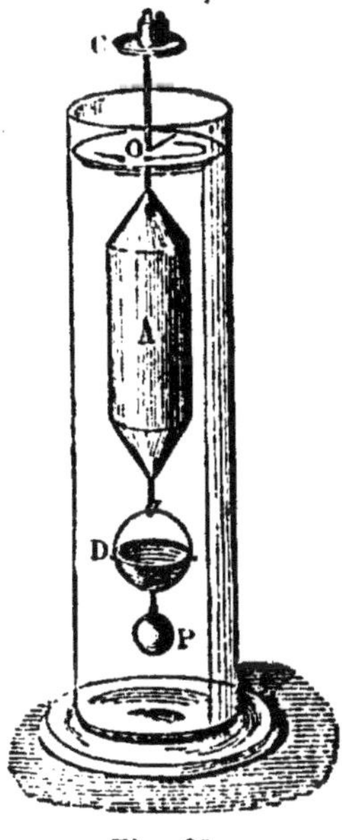
Fig. 85.

Trois opérations sont nécessaires : 1° on plonge l'aréomètre dans l'eau pure, où il s'enfonce jusqu'à une hauteur quelconque; on ajoute des poids sur le plateau C pour *affleurer* l'instrument, c'est-à-dire pour l'enfoncer jusqu'à un certain point O marqué d'avance sur la tige : supposons qu'il ait fallu pour cela 100 grammes ; 2° on affleure l'instrument dans l'eau, le corps dont on cherche le poids spécifique étant sur le plateau : il ne faut que 80 grammes ; 3° on affleure une troisième fois l'aréomètre, le corps étant dans le panier : il faut 85 grammes.

Puisqu'il ne faut que 80 grammes pour l'affleurer dans la deuxième opération, tandis qu'il en fallait 100 dans la première, le corps pèse 100 *moins* 80, c'est-à-dire 20 grammes. Puisqu'il faut 85 grammes dans la troisième opération et seulement 80 dans la deuxième, c'est que le corps dans l'eau perd 85 *moins* 80, c'est-à-dire 5 grammes de son poids, ce qui signifie, d'après le principe d'Archimède, que le poids d'un volume d'eau égal au volume de ce corps pèse 5 grammes. Le poids spécifique du corps sera donc $\frac{20}{5}$ ou 4.

Poids spécifique des liquides. — Les trois méthodes principalement suivies pour déterminer le *poids spécifique des liquides* consistent à employer : 1° la balance hydrostatique; 2° la balance ordinaire; 3° l'aréomètre de Fahrenheit.

1re *Méthode.* On attache un solide au-dessous d'un plateau de la balance hydrostatique, et l'on pèse trois fois ce solide : une fois dans l'air, la deuxième fois dans le liquide, la troisième fois dans l'eau. Dans l'air, il pèse 100 grammes; dans le liquide, 80 grammes ; dans l'eau, 95 grammes.

Puisque ce corps perd 20 grammes de son poids dans le liquide, le poids d'un volume de ce liquide égal au volume du corps est 20 grammes; puisque ce corps perd 5 grammes de son poids dans l'eau, le poids d'un volume d'eau égal au volume de ce corps est 5 grammes. Le poids spécifique du liquide sera $\frac{20}{5}$ ou 4.

2° *Méthode.* On prend un flacon bouché à l'émeri et on le pèse trois fois : la première fois vide, la deuxième fois plein du liquide proposé, la troisième fois plein d'eau. Le flacon vide pèse 500 grammes; le flacon plein du liquide, 600 grammes; le flacon plein d'eau, 520 grammes.

Puisque le flacon seul pèse 500 grammes, et que plein de liquide il en pèse 600, le liquide qu'il contient pèse 100 grammes ; puisque le flacon seul pèse 500 grammes, et que plein d'eau il en pèse 520, l'eau qu'il contient pèse 20 grammes. Le volume d'eau est bien égal au volume

du liquide, car on s'est servi du même flacon, et il est
bouché à l'émeri : donc le poids spécifique du liquide est
$\frac{100}{20}$ ou 5.

3º *Méthode.* On se sert dans cette méthode d'un instrument nommé *aréomètre de Fahrenheit.* Cet appareil a la
même construction que l'aréomètre de Nicholson, si ce

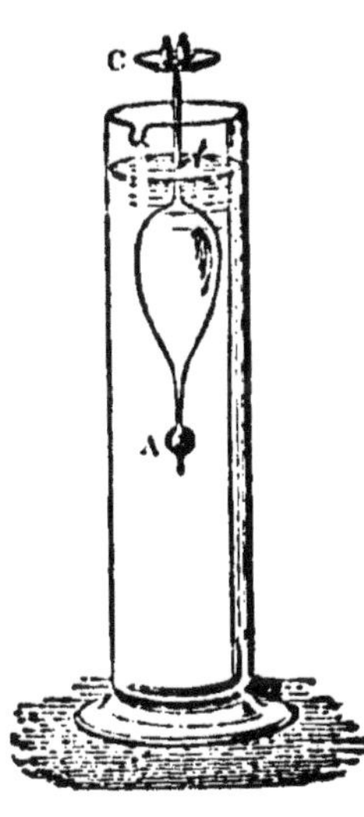

Fig. 86.

n'est qu'il est en verre, et que, au lieu
de panier, il est terminé inférieurement par une petite boule A contenant du lest (*fig.* 86). Il faut que ce
lest soit assez léger pour que l'instrument ne dépasse pas le point d'affleurement dans le liquide le moins dense.

Trois opérations sont nécessaires :
1º peser l'aréomètre avec une balance : supposons qu'il pèse 200
grammes ; 2º affleurer l'aréomètre
dans le liquide proposé : admettons
qu'il faille ajouter 169 grammes sur
le plateau C ; 3º affleurer l'instrument
dans l'eau pure : admettons qu'il
faille pour cela 5 grammes sur le
plateau C.

D'après ce que l'on a vu précédemment de l'équilibre
des corps flottants, le liquide déplacé pèse autant que le
corps et tout ce qu'il contient.

Dans la deuxième opération, le liquide déplacé pèse le
poids de l'aréomètre et les grammes ajoutés au plateau,
c'est-à-dire 200 et 169 ou 369 grammes. Dans la troisième
opération, l'eau déplacée pèse le poids de l'aréomètre,
200 grammes, et les 5 grammes ajoutés au plateau, ce qui
fait 205 grammes. Or, l'aréomètre, s'enfonçant chaque
fois au même point d'affleurement, a déplacé des volumes
égaux du liquide et d'eau. Donc le poids spécifique du
liquide est $\frac{369}{205}$ ou 1,8.

Poids spécifique des gaz. — Pour obtenir le *poids
spécifique d'un gaz*, on prend un ballon de verre muni

d'une garniture métallique : cette garniture contient un robinet ; à l'aide de la machine pneumatique, on retire l'air que contient ce ballon, et on le pèse, puis on le remplit successivement du gaz proposé et d'air, et on le pèse chaque fois.

Supposons que le ballon vide pèse 2000 grammes, le ballon plein du gaz proposé 2018 grammes, le ballon plein d'air 2009 grammes. La différence des deux premières pesées ou 18 est le poids du gaz contenu dans le ballon : la différence de la dernière pesée et de la première ou 9 est le poids du même volume d'air : donc le poids spécifique du gaz est $\frac{18}{9}$ ou 2.

Aréomètres. — Les *aréomètres*, comme on l'a déjà vu, sont de petits appareils flottants qui servent à trouver la pesanteur spécifique des liquides et quelquefois des solides. On les divise : 1° en *aréomètres à volume constant*, qu'on fait toujours enfoncer dans les liquides jusqu'au même point d'affleurement : tels sont l'*aréomètre de Nicholson* et l'*aréomètre de Fahrenheit* ; 2° en *aréomètres à poids constant*, qui ont toujours le même poids, et qui s'enfoncent d'autant moins que les liquides sont plus denses : tels sont le *pèse-sel* ou *pèse-acide de Baumé*, le *pèse-esprit de Baumé*, et l'*alcoomètre centésimal de Gay-Lussac*. Ces trois derniers instruments ne diffèrent entre eux que par la manière dont ils sont gradués : tous trois sont formés d'un tube de verre terminé inférieurement par une sphère creuse au-dessous de laquelle est une petite boule contenant du lest.

Le *pèse-sel* ou *pèse-acide de Baumé (fig. 87)* sert à reconnaître le degré de concentration d'une solution acide ou saline. Pour le construire, on modifie le lest de manière que l'instrument s'enfonce dans l'eau pure jusqu'à la partie supérieure du tube, où l'on marque zéro. Puis on le plonge dans de l'eau salée formée par 85 parties d'eau et 15 parties de sel marin ; comme la dissolution est plus dense

Fig. 87.

8.

que l'eau pure, l'instrument s'enfonce moins, et on marque 15 à l'affleurement. On partage l'intervalle en 15 parties égales, appelées *degrés*, et on continue ces divisions.

Cet instrument n'indique pas le poids spécifique, mais il est très utile dans le commerce : ainsi, l'acide sulfurique ou huile de vitriol, quand il est convenablement concentré, doit marquer 66° à l'aréomètre. Quand on achète l'acide, on l'essaye : s'il marque 55°, c'est qu'il contient trop d'eau, et qu'il faut le concentrer davantage ; mais on ne connaît ni le poids spécifique de l'acide, ni même la quantité d'eau qu'il contient.

Le *pèse-esprit de Baumé* (*fig.* 88) sert à reconnaître le degré de concentration d'une solution alcoolique. On modifie le lest de manière que l'instrument plongé dans de l'eau salée formée par 90 parties d'eau et 10 parties de sel marin affleure au bas du tube, où l'on marque zéro. Puis on le plonge dans l'eau pure, où il s'enfonce plus que dans l'eau salée, et l'on marque 10 à l'affleurement ; on divise la distance de ces deux affleurements en dix parties égales, que l'on nomme également *degrés*, et l'on continue cette graduation. L'alcool (esprit-de-vin) du commerce doit marquer 36°. Si l'on y ajoute de l'eau, il devient plus dense : l'aréomètre s'élève et ne marque plus que 30° ou 20°. On ne peut apprécier ainsi que l'état de concentration ; on ne connaît pas les quantités d'alcool que contiennent les solutions.

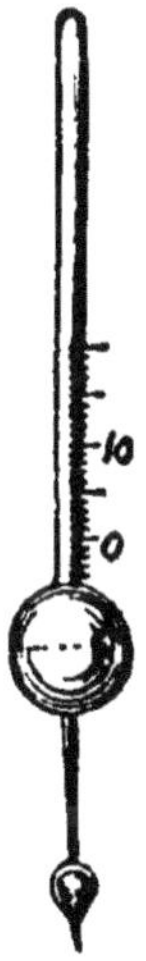

Fig. 83.

L'*alcoomètre centésimal de Gay-Lussac* a sur le précédent l'avantage immense d'indiquer de suite la quantité d'alcool contenue dans les solutions. On modifie le lest de manière que, plongé dans l'alcool parfaitement pur, l'affleurement se fasse au haut du tube, où l'on marque 100. On marque 0 à l'endroit où l'instrument affleure dans l'eau pure. Pour obtenir chacun des degrés intermédiaires, il faut encore une série d'expériences : ainsi, pour obtenir le degré 60, on plonge l'aréomètre dans un liquide formé de 60 volumes d'alcool additionnés d'assez d'eau pour faire 100 volumes; pour obtenir le degré 70, on plonge l'instrument dans un mélange renfermant de même 70 pour 100 d'alcool, et ainsi de suite. Les degrés ne sont pas égaux, mais ils expriment les centièmes d'alcool que contiennent les liquides : ainsi, en plongeant cet instrument dans l'alcool du commerce, s'il s'arrêtait au degré 75, on en conclurait que le liquide ne contient d'alcool que les 75 centièmes de son volume.

Tables de densités relatives ou poids spécifiques. — Le poids spécifique des corps est un caractère distinctif souvent utile pour reconnaître les espèces minérales. Aussi a-t-on construit des tables de poids spécifiques, dont le principal usage est de déterminer le poids d'un corps quand on en a le volume, ou réciproquement de déterminer le volume d'un corps quand on en connaît le poids.

1° On demande le poids d'une masse de fer forgé dont le volume est 49 décimètres cubes?

Un égal volume d'eau pèse 49 kilogrammes, puisque le kilogramme est précisément le poids d'un décimètre cube d'eau. Or, la densité du fer est 7,79 fois plus grande que celle de l'eau : donc en multipliant le poids de l'eau, 49 kilogrammes, par le poids spécifique du fer 7,79, on a 381 kilogrammes 7 hectogrammes pour le poids de la masse de fer.

2° On demande le volume de 67 kilogrammes 980 grammes de mercure?

Un égal poids d'eau aurait un volume de 67 litres 98 centilitres; or, le mercure, étant 13,596 fois plus dense que l'eau, occupera un volume 13,596 fois moindre. Il faut donc diviser 67,980 par 13,596, ce qui donne 5 litres pour le volume du mercure.

Poids spécifique de différents corps.

Eau distillée,	1	Cuivre laminé ou forgé,	8,950
Alcool pur,	0,795	Argent,	10,470
Huile d'olive,	0,915	Plomb,	11,350
Eau de mer,	1,026	Mercure,	13,596
Fer,	7,788	Or forgé,	19,360

Causes de l'élévation des vapeurs. Aérostats. —
Pour qu'un corps s'élève dans l'air au lieu de tomber, il
faut que son poids soit moindre que celui du volume d'air
qu'il déplace. Ainsi, les vapeurs, la fumée, etc., ne montent que parce que leur poids, sous le même volume, est
moindre que celui de l'air.

Ce fut en 1783 seulement qu'on fit l'application de ce
principe, depuis longtemps reconnu, en inventant les premiers *aérostats.*

Il y a deux espèces
d'aérostats : les uns,
remplis d'air dilaté par
la chaleur, s'appellent
souvent *montgolfières;*
les autres, appelés *bal-
lons,* sont remplis d'hy-
drogène pur ou d'hy-
drogène carboné (gaz
d'éclairage).

Montgolfières. —
Les *montgolfières* doi-
vent leur nom aux in-
venteurs, les frères
Montgolfier, fabricants
de papier à Annonay
(1782). Ce sont des en-
veloppes sphéroïdales
de baudruche ou de taf-

Fig. 89.

fetas, dont la partie inférieure est maintenue ouverte par
un cercle de bois ou de fil de fer (*fig.* 89). On enflamme
au centre de ce cercle de la filasse imbibée d'alcool (esprit-

de-vin) : la chaleur dilate l'air et en chasse du ballon la plus grande partie; l'appareil monte, lorsque le poids de l'enveloppe et du peu d'air chaud qu'il contient est moindre que celui de l'air froid déplacé.

Ballons. — Quelques mois après la découverte des montgolfières, Charles, célèbre physicien à Paris, remplaça l'air chaud par le gaz hydrogène froid. Ce gaz est environ 14 fois moins dense que l'air. L'enveloppe sphéroïdale (*fig*. 90) de taffetas, recouverte d'un vernis au caoutchouc, est allongée inférieurement et terminée par un tube étroit; on aplatit l'enveloppe pour en chasser l'air autant que possible, puis on introduit par l'appendice inférieur du *ballon* un tube communiquant avec un gazomètre[1]; le gaz pénètre dans l'aérostat et le gonfle.

Fig. 90.

Le gaz d'éclairage est d'un prix bien inférieur à celui de l'hydrogène pur, mais d'une densité beaucoup plus forte, quoique toujours moindre que celle de l'air. C'est cependant le gaz le plus employé aujourd'hui. Les aérostats sont nécessairement beaucoup plus grands; mais l'économie résultant de l'emploi du

---

1. Grande cloche pleine de gaz et plongeant dans l'eau par son ouverture inférieure : le gaz, comprimé par le poids de la cloche, s'échappe par un tuyau, dès qu'on ouvre le robinet.

gaz d'éclairage compense l'augmentation des frais de l'enveloppe.

La nacelle où se placent les voyageurs est attachée par des cordes de soie à un réseau également en soie, et dont les mailles serrées enveloppent la partie supérieure du ballon. Une soupape établie à la partie supérieure est munie d'une corde, qui pend dans la nacelle. Enfin les voyageurs emportent une certaine quantité de sacs de sable, qui servent de *lest*.

Pour qu'un aérostat monte, il faut que le poids de l'aérostat, du gaz qu'il contient, des cordages, de la nacelle, des voyageurs, etc., soit moindre que le poids de l'air déplacé. Comme les couches d'air sont d'autant moins denses qu'elles sont plus éloignées de la surface de la terre, il arrivera toujours un moment où le poids de l'aérostat et de tout ce qu'il contient sera égal au poids de l'air déplacé; alors l'appareil sera en équilibre, comme le seraient des poids égaux dans les bassins d'une balance. Si l'enveloppe était complètement imperméable, l'aérostat monterait ou descendrait suivant les variations de la pression atmosphérique, mais ne reviendrait jamais à la surface du sol; or, toutes les enveloppes sont plus ou moins perméables, c'est-à-dire qu'elles se laissent pénétrer peu à peu par l'air extérieur, qui se mélange avec le gaz intérieur, en sorte que l'appareil, au bout d'un temps variable, redescendrait de lui-même et toucherait enfin la terre.

Mais l'aéronaute peut à son gré monter ou descendre. A chaque instant l'ascension se constate à l'aide d'un baromètre, qui indique les diminutions graduelles de la pression atmosphérique. Quand la force ascensionnelle diminue, on jette du sable : l'appareil, devenant ainsi plus léger, monte de nouveau. Pour descendre, on tire la corde de la soupape; le gaz s'échappe et l'air pénètre : l'appareil, devenant ainsi plus lourd, descend. Pour ralentir la chute, pour l'arrêter ou même pour remonter, il suffit de jeter plus ou moins de lest.

Quelquefois une personne quitte le ballon et descend au moyen d'un autre appareil nommé *parachute*, qui consiste en une toile circulaire percée d'une petite ouverture au centre et attachée par la circonférence à l'aide de cordes à une petite corbeille servant de nacelle. Ce parachute est attaché au ballon à l'aide d'une corde et d'une poulie : quand un voyageur veut quitter le ballon, il se place dans la nacelle du parachute; on lâche la corde, l'air ouvre la toile circulaire et amortit la chute. La petite ouverture placée au centre de la toile laisse échapper l'excès d'air : on évite ainsi les oscillations, qui seraient quelquefois très dangereuses.

En 1794, à la bataille de Fleurus, on se servit d'un ballon retenu par des cordages : l'observateur, placé dans la nacelle, transmettait à l'aide de signaux convenus les mouvements de l'ennemi. En 1804, Gay-Lussac s'éleva à environ 7000 mètres de hauteur : le baromètre était descendu à 32 centimètres; la température, qui était de 31 degrés centigrades à la surface de la terre, était ramenée à 10 degrés au-dessous de zéro. Gay-Lussac partit de la cour du Conservatoire des arts et métiers et descendit près de Rouen après six heures de traversée. En 1852, MM. Bixio et Barral se sont élevés environ à la même hauteur que Gay-Lussac et ont éprouvé un froid de 39° au-dessous de zéro. En 1875, MM. Sivel, Crocé-Spinelli et Gaston Tissandier se sont élevés jusqu'à 8600 mètres; mais ce dernier seul a survécu à cette périlleuse ascension, ses compagnons ayant succombé à l'asphyxie dans les hautes régions de l'atmosphère.

Dans les voyages aérostatiques, on estime les hauteurs à l'aide du baromètre et du calcul.

De nombreux essais ont été faits pour diriger les aérostats comme on dirige un navire : c'est le problème de la navigation aérienne. *Pendant longtemps tous les efforts ont échoué. Enfin, en 1884, après bien des tentatives vaines, les capitaines français Krebs et Renard sont parvenus à diriger à leur gré un ballon allongé, mu par une hélice mise en mouvement à l'aide d'une machine dynamo-électrique. Il semble donc qu'aujourd'hui le problème de la direction des aérostats soit résolu.

CHAPITRE XII.

Chaleur.

Chaleur. — Phénomènes que présentent les corps en changeant de température : sensations de chaud et de froid, dilatation et contraction, changement d'état. — Thermomètres. — Thermomètres à liquides. — Thermomètres à gaz : thermomètre à air; thermomètre différentiel de Leslie; thermomètre différentiel de Rumford. — Thermomètres à solides : pyromètre de Wedgwood; pyromètre de Brongniart; thermomètre de Bréguet. — Unité de chaleur, calorie. — Transformation du travail en chaleur, transformation de la chaleur en travail.

Chaleur. — On appelle *chaleur* la cause qui produit sur nos organes la sensation de chaud et de froid. *Sur les corps inertes la chaleur produit plusieurs effets, que nous avons à étudier, tels que l'échauffement, la dilatation, la fusion, la vaporisation. Elle produit aussi des effets de *combinaison* et de *décomposition*, dont l'étude est du ressort de la chimie.

Phénomènes que présentent les corps en changeant de température. — Lorsqu'on chauffe ou qu'on refroidit un corps, il présente trois phénomènes principaux : 1° il fait éprouver au contact une sensation de chaud ou de froid; 2° il se dilate ou se contracte; 3° il change d'état.

1° *Sensations de chaud et de froid.* Les *sensations de chaud et de froid* ne sont que des sensations relatives. Un corps nous paraît chaud quand sa température est supérieure à celle de l'organe qui le touche; il paraît froid si sa température est inférieure à celle de l'organe.

2° *Dilatation et contraction*. Un corps augmente de volume, ou se *dilate*, quand on le chauffe; il diminue de volume, ou se *contracte*, quand on le refroidit.

On démontre la dilatation des solides au moyen de l'anneau de S'Gravezende. Ce petit appareil (*fig.* 91) se compose d'un anneau métallique I, à travers lequel passe facilement une sphère également métallique B. Cette sphère est suspendue à une tige CC à l'aide d'une petite chaîne. L'anneau peut être maintenu à diverses hauteurs le long de la tige CC à l'aide de la vis A. En D se trouve une lampe à alcool. On descend l'anneau au-dessous de la mèche de la lampe, de manière à chauffer la sphère sans chauffer l'anneau. Si on relève la vis A, la sphère ne traverse plus l'anneau : donc elle s'est dilatée par la chaleur. Après quelques minutes, la sphère passe de nouveau à travers l'anneau : donc elle s'est contractée en se refroidissant.

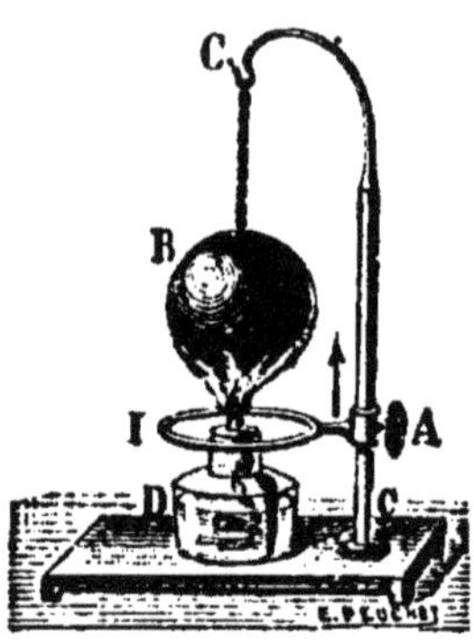

Fig. 91.

On démontre la dilatation des liquides à l'aide d'une grosse boule de verre terminée par un tube étroit. On remplit la boule et une partie du tube avec le liquide proposé : le liquide monte dans le tube quand on chauffe la boule, et il descend quand on la refroidit. On peut même, à l'aide de cet instrument, prouver la dilatation du verre. Quand on plonge la boule dans l'eau chaude, le liquide descend d'abord dans le tube; mais, bientôt après, il monte à une hauteur plus grande qu'avant l'expérience. Dans le premier moment le liquide descend, parce que le verre, en s'échauffant le premier, se dilate et augmente la capacité de la boule; mais le liquide, venant à s'échauffer à son tour, se dilate aussi; et, comme sa dilatation est de beaucoup supérieure à celle du verre, il dépasse le niveau qu'il avait avant l'expérience. On remarquerait de même que si l'on plongeait la boule dans l'eau froide, le liquide monterait dans le tube pendant les premiers instants, et qu'il redescendrait ensuite.

On démontre la dilatation des gaz en prenant un long tube de verre terminé à une extrémité par une petite boule et ouvert à l'autre extrémité. On introduit dans le tube une goutte de mercure. Cet index s'éloigne de la boule quand on la chauffe; il s'en approche quand on la refroidit.

3° *Changement d'état.* Si le changement de température est assez considérable, beaucoup de corps changent d'état. Ainsi par le refroidissement l'eau devient solide, par la chaleur elle se vaporise.

Thermomètres. — * On nomme *thermomètre* un instrument destiné à indiquer les variations du chaud et du froid : ces variations sont traduites par des nombres, qui indiquent la *température.*

On fait journellement usage de l'impression que les corps produisent sur nous par le contact pour juger de leur température. Avant d'entrer dans un bain, on a soin d'y plonger la main, pour s'assurer de la température de l'eau. Lorsqu'on sort d'un appartement, on juge chaque fois de la température de l'air par l'impression qu'on éprouve. Ce genre de thermomètre serait certainement le plus commode; mais il n'est malheureusement pas exact, parce que la température des organes et leur sensibilité sont variables : il arrive souvent que deux personnes en sortant trouvent, l'une qu'il fait chaud, l'autre qu'il fait froid; les caves très profondes restent à peu près à une température invariable, cependant elles nous paraissent très chaudes en hiver et très froides en été.

Le changement d'état des corps serait un thermomètre infiniment plus exact. Dans l'hiver, on se sert quelquefois du changement d'état de certains corps, tels que la solidification de l'huile ou la congélation de l'eau, pour apprécier la température; dans l'été, on juge quelquefois de la chaleur par la consistance du beurre ou du suif. Mais ce serait une recherche longue et pénible, s'il fallait, par exemple, pour trouver la température d'un four, essayer si cette chaleur est capable de faire bouillir l'eau ou le mercure, de fondre le plomb ou l'étain.

Puisque des deux procédés qu'on vient d'examiner, le premier doit être rejeté parce qu'il n'est pas exact, et le second parce qu'il n'est pas commode, il ne reste qu'un moyen, c'est de mesurer la chaleur par les changements de volume des corps. A cet effet, on peut se servir indistinctement de *thermomètres à liquides, à gaz* ou *à solides*. Le thermomètre à liquides est le plus employé.

Thermomètres à liquides. — Le mercure et l'alcool sont les seuls liquides qui servent à la construction des thermomètres. Le mercure a pour avantage de ne bouillir qu'à une chaleur très grande, et l'alcool de ne pas se congeler par des froids très considérables : le premier servira donc à mesurer les températures élevées, et le second les températures très basses. L'alcool, qui est incolore, se distinguerait difficilement dans le verre ; on le colore à l'aide d'une petite quantité d'orseille.

Pour construire un thermomètre, on choisit un tube bien *calibré*, c'est-à-dire ayant partout exactement le même diamètre intérieur, ce que l'on reconnaît en promenant une goutte de mercure dans toute la longueur du tube : si le tube est bien calibré, le mercure aura toujours la même longueur. Le tube est terminé et fermé à une extrémité par un réservoir en forme de sphère, de cylindre ou de spirale. Tantôt, à l'aide d'une lampe d'émailleur, on ferme en la soudant une extrémité du tube, et, après l'avoir chauffée à blanc, on presse une bouteille de caoutchouc attachée à l'autre extrémité : cette bouteille produit l'effet d'un soufflet ; l'air comprimé étend le verre ramolli et forme ainsi une boule ; tantôt on soude à l'extrémité du tube un cylindre d'un diamètre plus considérable que celui du tube, ou bien enfin on se contente de la fermer et de la tourner en spirale.

Pour remplir le thermomètre, on soude à la partie ouverte du tube *t* un petit réservoir C (*fig.* 92), que l'on rem-

plit d'alcool ou de mercure. Si l'on chauffe le réservoir B,
l'air se dilate et traverse le liquide contenu en C ; si l'on
refroidit ensuite le réservoir, quelques gouttes descendent
en B par la pression atmosphérique. On
chauffe alors cette petite quantité de
liquide jusqu'à ébullition : les vapeurs,
en se dégageant, chassent l'air et l'humidité ; et lorsqu'on refroidit le réservoir,
il se remplit entièrement ainsi que le
tube. On enlève le récipient C, on chasse
assez de liquide pour qu'à la température
ordinaire il ne remplisse que le tiers environ du tube, puis on soude l'extrémité
ouverte. Si l'on ne veut pas laisser d'air
dans le thermomètre, on chauffe le liquide
de manière qu'il occupe entièrement le
tube pendant qu'on le ferme.

Après la construction du thermomètre,
il arrive quelquefois qu'on a laissé une
petite bulle d'air dans le réservoir : on

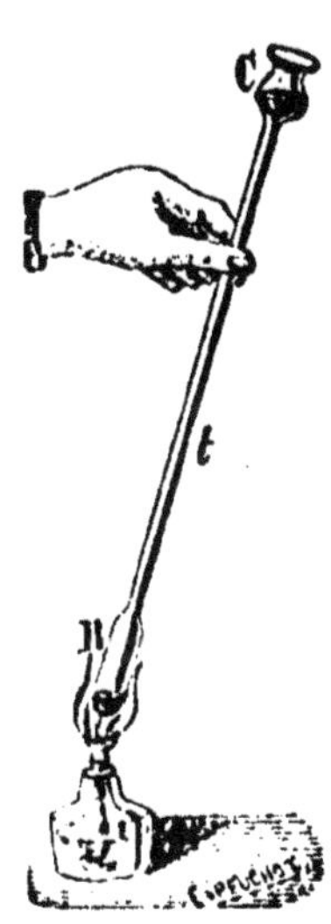

Fig. 92

peut facilement la chasser, en attachant une ficelle à l'extrémité opposée au réservoir, et en tournant rapidement
la ficelle : la force centrifuge, plus grande sur le liquide
que sur l'air, chassera le liquide du côté du réservoir, et
l'air viendra au sommet du liquide.

Les deux points fixes adoptés en France dans la graduation du thermomètre sont la température de la glace fondante et celle de la vapeur d'eau bouillante, parce que,
comme nous le verrons plus loin, tout corps qui change
d'état a une température constante. On laisse quelque
temps le thermomètre dans un vase rempli de neige ou de
glace pilée, une petite ouverture pratiquée à la partie
inférieure du vase laissant écouler l'eau à mesure que la
glace fond ; le liquide du thermomètre descend, et on
marque sur le tube l'endroit où il s'arrête. On plonge
ensuite le thermomètre dans un vase où l'on fait bouillir
de l'eau ; mais, comme la température de l'eau, si elle

n'était pas pure ou si le vase n'était pas métallique, pourrait être plus élevée que celle de la vapeur, le vase est ordinairement surmonté d'un tube, dans lequel est maintenu l'instrument, de sorte que la vapeur l'enveloppe entièrement; on marque encore l'endroit où s'arrête le liquide dilaté[1].

Fig. 93.

Les deux points extrêmes étant ainsi obtenus, on attache le thermomètre (*fig.* 93) sur une planchette, et l'on procède à la graduation de l'échelle, c'est-à-dire à la division en parties égales de l'intervalle compris entre ces deux points.

Les échelles les plus usitées sont : l'*échelle centigrade*, dont l'usage se généralise, et l'*échelle Réaumur*.

Pour l'*échelle centigrade*, on marque 0 à la température de la glace fondante, 100 à la température de la vapeur d'eau bouillante; on partage l'intervalle en 100 parties égales, et l'on continue ces divisions au-dessus de 100 et au-dessous de zéro.

Pour l'*échelle Réaumur*, on marque 0 à la température de la glace fondante, 80 à la température de la vapeur d'eau bouillante; on partage l'intervalle en 80 parties égales, et l'on continue ces divisions au-dessus de 80 et au-dessous de zéro.

Voici les rapports existant entre les deux échelles : 100 degrés centigrades valent 80 degrés Réaumur : donc 1 degré centigrade vaut $\frac{80}{100}$ ou $\frac{8}{10}$ ou $\frac{4}{5}$ Réaumur; et réciproquement, 1 degré Réaumur égale $\frac{5}{4}$ centigrade.

1. Si le thermomètre est à alcool, il ne faut pas l'exposer à la vapeur d'eau bouillante, à moins que le verre ne soit partout très épais, car la force élastique de la vapeur d'alcool briserait l'instrument. Ordinairement, on le plonge dans de l'eau tiède avec un thermomètre à mercure déjà gradué, et on marque le degré indiqué par le thermomètre à mercure.

Par conséquent :

Pour convertir les degrés centigrades en degrés Réaumur, il faut multiplier les centigrades par $\frac{4}{5}$.

Pour convertir les degrés Réaumur en degrés centigrades, il faut multiplier les Réaumur par $\frac{5}{4}$.

L'Angleterre emploie le thermomètre de Fahrenheit, dû au physicien de ce nom. Les deux points fixes sont la température obtenue par un mélange à poids égaux de sel ammoniac pilé et de glace, et la température de l'eau bouillante ; l'intervalle est divisé en 212 degrés égaux, le zéro de notre thermomètre correspondant au 32° degré du thermomètre anglais : d'où il suit que 180° Fahrenheit = 100° centigrades ; et, par conséquent, 1 degré Fahrenheit vaut $\frac{5}{9}$ de degré centigrade, et un degré centigrade $\frac{9}{5}$ de degré Fahrenheit.

Dans l'énoncé des températures, on appelle *plus* (+) les températures au-dessus de zéro, et *moins* (—) celles qui sont plus basses : ainsi, le mercure se congèle à — 40 degrés centigrades, ce qui signifie que le mercure se congèle à 40 degrés au-dessous de zéro.

Lorsqu'un thermomètre est gradué depuis un ou deux ans, on remarque que quand on le plonge de nouveau dans la glace fondante le liquide ne descend pas tout à fait au zéro, ce qui semblerait indiquer que le réservoir a diminué de capacité. Pour corriger ce déplacement du zéro, il est inutile d'établir une nouvelle graduation ; il suffit de marquer le nouveau zéro, et, dans l'appréciation des températures, de tenir toujours compte de la distance qui sépare les deux zéros.

La sensibilité d'un thermomètre à liquide dépend : 1° du rapport entre la capacité du réservoir et le diamètre du tube : plus le réservoir est grand et le tube étroit, plus l'instrument est sensible ; 2° de la nature du liquide : plus le liquide se dilate rapidement, plus la sensibilité est grande, et, par conséquent, l'alcool donne un thermomètre plus sensible que le mercure ; 3° de la forme du réservoir : plus la surface du réservoir est grande, relativement au volume du liquide, plus le liquide s'échauffe ou se refroidit rapidement. C'est ainsi qu'à volumes égaux le réservoir en spirale est plus sensible que le réservoir cylindrique, et celui-ci plus sensible que le réservoir sphérique.

Thermomètres à gaz. — L'air est le seul gaz dont on se serve pour les thermomètres. Les principaux thermomètres à gaz sont : le *thermomètre à air*, le *thermomètre différentiel de Leslie*, le *thermomètre différentiel de Rumford*.

Le *thermomètre à air* sert à apprécier de légères variations de température. Il se compose d'un long tube de verre terminé par une boule. On chauffe légèrement le réservoir et l'on plonge l'extrémité ouverte du tube dans du mercure. Dès qu'une goutte de mercure s'est introduite dans le tube, on le retire; cet index de mercure s'approche de la boule à mesure que l'air intérieur se refroidit, et il finit par rester stationnaire. Quand on chauffe la boule, l'index s'éloigne; quand on la refroidit, il se rapproche. On gradue cet instrument par comparaison avec un bon thermomètre à mercure.

Les *thermomètres différentiels* ont pour but d'indiquer les différences de température entre deux corps ou deux milieux.

Le *thermomètre différentiel de Leslie* se compose d'un tube de verre ABDC (*fig.* 94) terminé en A et en C par deux boules. La partie EBDF est remplie d'acide sulfurique coloré. Tant que les deux boules sont à la même température, l'air contenu dans chacune d'elles exerce la même pression dans les deux branches, et le liquide se maintient au même niveau ; mais si la boule C est à une température supérieure à celle de la boule A, le liquide baisse dans la branche CD

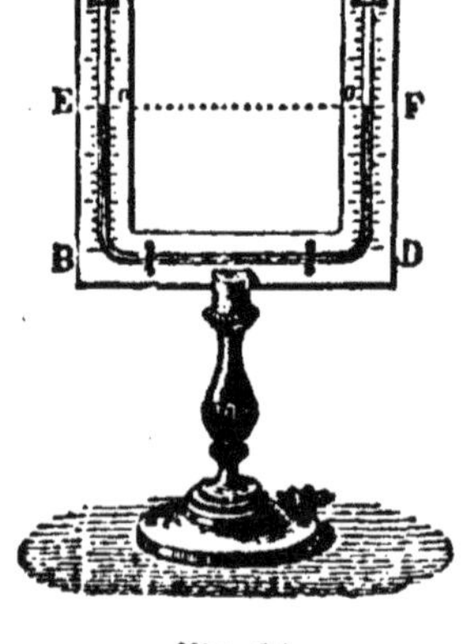

Fig. 94.

et monte dans la branche AB. Pour graduer cet instrument, on maintient les deux boules à la même température, et l'on marque 0 aux deux niveaux; puis l'on maintient une boule à une température de 10° supérieure à celle de l'autre, et l'on marque 10 aux deux niveaux; ensuite on partage la distance du zéro au degré 10 en 10 parties égales, et on continue ces divisions. D'après cette construction, on conçoit que si les deux boules étaient à 60°, l'instrument marquerait 0, et que si une boule était à 60°, et l'autre à 50°, il marquerait 10. Il n'indique donc jamais que la différence de température des deux boules.

Le *thermomètre différentiel de Rumford* ne diffère du précédent qu'en ce que la branche horizontale BD est très longue, et les branches verticales AB, DC, très courtes; au lieu d'une grande quantité de liquide, il n'y en a qu'une goutte formant un index. La graduation est établie sur la branche horizontale. Quand l'air de chaque boule a la même force élastique, l'index occupe le milieu de la branche, où l'on marque 0 à chaque extrémité de l'index. Ensuite on chauffe une boule à 10° de plus que l'autre; l'index s'éloigne de la boule qui est le plus chauffée, et l'on marque 10 à l'endroit où le liquide s'arrête.

Thermomètres à solides. — Les *thermomètres à solides* servent ordinairement à déterminer des températures assez élevées pour fondre le verre : on les appelle alors *pyromètres*. Les deux principaux pyromètres sont celui de Wedgwood et celui de Brongniart. Un autre thermomètre à solides est, au contraire, très sensible et peut servir à distinguer de légères variations de température : c'est le *thermomètre de Bréguet*.

Le *pyromètre de Wedgwood* est fondé sur la propriété singulière que présente l'argile de prendre un volume d'autant moindre qu'elle a été exposée à une température plus élevée. Il se compose d'un plateau de cuivre (*fig.* 95), sur lequel sont soudées deux règles, qui laissent entre elles une *rainure* ou *jauge*, divisée en deux parties qui se font suite, et plus large à une extrémité qu'à l'autre. De petits cylindres d'argile, séchés à une température de 500°, sont construits de manière à ne pouvoir pénétrer qu'à la première division de la jauge du côté de l'ouverture la plus large. Pour connaître la température d'un four, on y introduit un de ces petits cylindres, qui alors se contracte; quand on le retire, il se refroidit, mais reste contracté; on le présente à la jauge, et il avance d'autant plus loin qu'il a subi une plus haute température. La longueur des deux règles est de 30 centimètres; la différence entre les distances des deux extrémités est de 3 millimètres; la distance moyenne est de 10 millimètres; chaque règle est partagée en 240 parties égales, le zéro correspondant au plus grand écartement des deux règles.

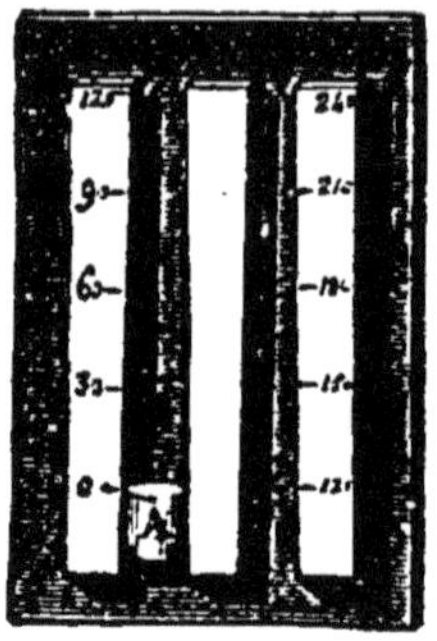

Fig. 95.

Wedgwood avait estimé que le zéro de son pyromètre valait 500° centigrades, et que chaque degré valait 72° centigrades; mais ces données sont fort éloignées de l'exactitude.

Le *pyromètre de Brongniart* consiste dans un support de porcelaine contenant une rainure à talon; deux cylindres s'engagent à la suite l'un de l'autre dans la rainure : le premier est une petite barre métallique, fer, platine ou argent, appuyée contre le talon de la rainure; le second, une tige de porcelaine, qui repose, d'un côté, contre le métal, et qui, de l'autre, fait agir un petit levier destiné à mouvoir une aiguille sur un cadran. La porcelaine se dilatant partout également, la dilatation du métal agit seule sur l'aiguille[1].

Le *thermomètre à solides de Bréguet* est très sensible; il est destiné à mesurer les mêmes températures que le

---

1. Les pyromètres de Wedgwood et de Brongniart ne peuvent donner que des températures approximatives. Il en est de même du *pyromètre à air* inventé par Pouillet.

    9.

mercure ou l'alcool. Le principe de cet instrument est fort simple : c'est que l'argent éprouve par un changement de température un changement de volume beaucoup plus considérable que le platine. On soude ensemble trois rubans superposés et très minces, argent, or et platine : le ruban d'or, situé entre les deux autres, sert à faciliter les soudures. On passe le tout au laminoir, de manière à obtenir un ruban AB dont l'épaisseur ne soit que $\frac{1}{40}$ de

Fig. 96.

millimètre. On roule ce ruban en hélice, et l'on attache l'extrémité supérieure (*fig.* 96) à une tige fixe. L'extrémité inférieure B est entièrement libre et supporte une aiguille horizontale. Suivant les changements de température, l'hélice s'enroule ou se déroule, et l'aiguille tourne dans un sens ou dans un autre sur un cadran gradué, par comparaison, d'après un bon thermomètre à mercure. Ce thermomètre est si léger qu'on doit le conserver sous une cloche pour le préserver de l'agitation de l'air. On lui donne quelquefois la forme d'une montre.

Unité de chaleur, calorie. — Pour échauffer un litre d'eau depuis 0° jusqu'à 100°, il faut moins longtemps que pour échauffer du même nombre de degrés vingt litres d'eau placés sur le même feu. Il en faut conclure que vingt litres d'eau à 100° renferment une *quantité* de chaleur plus grande que celle qui est contenue dans un seul litre à 100°. Quand on considère l'état calorifique d'un corps, on a donc à examiner sa *température* et la *quantité de chaleur* qu'il a fallu fournir à ce corps pour le porter à cette température.

*La *température* se mesure à l'aide des thermomètres.

*La *quantité de chaleur* se mesure avec une unité nommée *calorie*. La *calorie* est la quantité de chaleur qu'il faut fournir à un kilogramme d'eau pour l'échauffer de un degré centigrade. Si donc on a échauffé 20 kilogrammes d'eau, depuis 17° jusqu'à 48°, on en conclut qu'on a fourni à cette eau une quantité de chaleur égale à $20 \times (48 - 17)$ ou 620 calories.

***Transformation du travail en chaleur.** — Nous constatons que si l'on frotte deux corps l'un contre l'autre, ces corps s'échauffent; de même une balle de fusil qui vient frapper violemment une cible est portée à une température élevée. D'où vient la chaleur produite en ces circonstances, puisqu'il n'y a pas de feu?

Pour le voir, remarquons que la personne qui produisait le frottement a *travaillé* sans aucun résultat utile apparent; il est naturel de supposer que c'est le *travail* accompli par cette personne qui a donné naissance à la chaleur, c'est-à-dire qui s'est *transformé* en chaleur. De même, la balle du fusil avait une grande vitesse; elle avait la possibilité de se transporter, grâce à cette vitesse, à une distance assez considérable, c'est-à-dire la possibilité d'accomplir un travail utile. Et voilà qu'après le choc toute cette vitesse a disparu : la balle est tombée sur place, et elle a perdu la possibilité d'accomplir le travail de son transport à distance. Là encore il y a donc du travail perdu : nous admettons que ce travail perdu s'est transformé en chaleur, qu'il a donné naissance à de la chaleur.

Des mesures précises ont permis de mesurer la quantité de chaleur qui prend naissance chaque fois qu'un travail est perdu. Quand une quantité de travail égale à 425 kilogrammètres[1] disparaît, il apparaît à la place une quantité de chaleur égale à une calorie. Ce nombre 425 représente ce qu'on nomme l'*équivalent mécanique*

---

1. Le *kilogrammètre* est la quantité de travail que l'on effectue quand on soulève un poids d'un kilogramme à un mètre de hauteur. Une quantité de travail de 425 kilogrammètres est celle qui correspond à un poids de 425 kilogrammes élevé à 1 mètre de hauteur, ou à un poids de 1 kilogramme élevé à 425 mètres, ou encore à un poids de 85 kilogrammes élevé à 5 mètres, etc.

de la chaleur : cela signifie la quantité de travail qui *équi-vaut* à une quantité de chaleur d'une calorie.

*** Transformation de la chaleur en travail.** — Inversement, dans certaines circonstances, la chaleur contenue dans un corps peut donner naissance à un travail mécanique ; alors cette chaleur a disparu, et le travail accompli est apparu à sa place. On dit que la chaleur s'est *transformée* en travail. Cette transformation est exactement inverse de la précédente, et elle est réglée par le même nombre *équivalent*. Quand une quantité de chaleur égale à *une* calorie vient à disparaître par suite de sa transformation en travail, elle a produit une quantité de travail de 425 kilogrammètres, c'est-à-dire capable de soulever un poids de un kilogramme à 425 mètres de hauteur.

La *transformation de la chaleur en travail* est la source de tous les travaux que nous voyons s'accomplir à la surface du globe. Une chute d'eau produit du travail ; mais l'eau de cette chute a été soulevée par la chaleur du soleil, qui a réduit en vapeur l'eau de la mer et l'a ensuite déversée en pluie sur les hauteurs. Le travail accompli par une machine à vapeur provient de la chaleur qui résulte de la combustion du charbon dans son foyer. Le travail de nos bras vient de la chaleur produite dans notre corps par la respiration ; ici le combustible est constitué par nos aliments.

CHAPITRE XIII.

Chaleur rayonnante. — Rayonnement à travers le vide; expérience
de Rumford. — Direction, vitesse, intensité de la chaleur rayonnante. — Son action à la surface des corps : corps diathermanes; corps athermanes. — Pouvoir rayonnant ou émissif. —
Pouvoir absorbant. — Équilibre mobile de température entre
les corps à distance. — Pouvoir réflecteur. — Réflexion de la
chaleur. — Réflexion apparente du froid. — Rapports entre les
pouvoirs émissif, absorbant, réflecteur. — Appareil de Melloni.
— Application des principes précédents; couleur des vêtements,
des poêles et des cheminées; vases destinés à chauffer les liquides; poêles métalliques et poêles de faïence; procédé pour
hâter la fusion de la neige. — Pouvoir conducteur ou conductibilité des solides, des liquides, des gaz pour la chaleur. —
Conséquences pratiques de la conductibilité.

Chaleur rayonnante. — On appelle *chaleur rayonnante* la chaleur qui émane en ligne droite de tous les
corps et dans toutes les directions. Que l'on approche la
main d'un bloc de fer chauffé au rouge, on sent la chaleur
aussi bien au-dessus du bloc qu'au-dessous, aussi bien
à droite qu'à gauche; la chaleur qui émane ainsi de ce
bloc dans toutes les directions est la chaleur rayonnante.

Il a été reconnu depuis longtemps que les propriétés de
la chaleur rayonnante sont identiques à celles de la lumière : c'est de part et d'autre le résultat d'un mouvement
vibratoire imprimé de proche en proche aux molécules de
l'espace qui sépare les corps, absolument comme pour le
son. Mais le son s'éteint dans le vide, et le vide n'arrête
la propagation ni de la lumière ni de la chaleur. Voilà
pourquoi la physique moderne admet un fluide impondérable, l'*éther*, qui est répandu aussi bien dans le vide que
dans l'air, et que mettent en vibration les rayons calorifiques et lumineux.

Rayonnement à travers le vide. — Le vide ne saurait faire obstacle au *rayonnement* de la chaleur. Qu'on

place un thermomètre dans un ballon en verre, et qu'on y fasse le vide : en approchant du ballon un corps chaud, on voit monter le thermomètre.

Le physicien Rumford a démontré la propriété du rayonnement à travers le vide par une expérience aussi probante que simple. A l'une des extrémités d'un tube barométrique on soude un ballon de verre, dont le centre est occupé par un thermomètre. Si l'on remplit l'appareil de mercure, qu'on le renverse dans une cuvette pleine du même métal, et qu'ensuite on détache le ballon en fondant et en fermant le verre au-dessus du niveau liquide, on verra monter le mercure du thermomètre dès qu'on plongera le ballon dans de l'eau chaude.

Direction de la chaleur rayonnante. — La chaleur rayonnante se propage en ligne droite tant qu'elle reste dans le même *milieu*[1]. On s'en assure en plaçant un thermomètre à une certaine distance d'un corps chaud : si l'on met un petit écran entre le thermomètre et le corps, on intercepte la chaleur, et le mercure ne monte pas.

Mais la chaleur rayonnante change de direction quand elle passe d'un milieu dans un autre, par exemple, quand de l'air elle passe dans le verre ou dans l'eau. Cette déviation s'appelle *réfraction*. La réfraction de la chaleur suit les mêmes lois que la réfraction de la lumière.

Vitesse de la chaleur rayonnante. — La *vitesse de la chaleur rayonnante* est immense : on n'a jamais pu la mesurer directement; mais il est certain qu'elle est la même que celle de la lumière.

Intensité de la chaleur rayonnante. — L'*intensité de la chaleur rayonnante* dépend : 1° de la température du corps rayonnant; 2° de la nature du corps rayonnant et de sa surface; 3° de la direction des rayons par rapport à la surface rayonnante; 4° de la distance du corps rayonnant à celui qui reçoit les rayons de chaleur.

1. On appelle *milieu* la substance dans laquelle le corps est plongé. Ainsi nous vivons dans l'air, les poissons vivent dans l'eau : l'air est notre *milieu*, l'eau est le *milieu* des poissons.

L'intensité de la chaleur rayonnante est d'autant plus grande que le corps qui rayonne est à une température plus élevée. Ainsi, à égale distance, on sent mieux la chaleur d'un bloc de fer chauffé à blanc que celle d'un bloc de même dimension, mais chauffé au rouge sombre.

L'intensité de la chaleur rayonnante dépend du corps même qui rayonne et de sa surface, comme on le démontrera plus loin en traitant du *pouvoir rayonnant* ou *émissif*.

Plus la direction des rayons est oblique à la surface rayonnante, plus l'intensité de la chaleur rayonnante est faible.

L'intensité de la chaleur rayonnante est en raison inverse du carré des distances : en sorte que si l'on expose un thermomètre devant un corps chaud, il recevra 9 fois moins de calorique à une distance 3 fois plus grande du corps rayonnant. Par conséquent, si la terre était 5 fois plus éloignée du soleil, l'intensité de la chaleur solaire serait 25 fois plus faible.

Chaleur rayonnante tombant à la surface des corps. — Lorsque la chaleur rayonnante rencontre sur son passage un corps étranger à celui dans lequel elle se meut, il peut arriver deux cas : 1° ou le corps livre passage à la chaleur, et on l'appelle *diathermane;* 2° ou le corps intercepte la chaleur, et on l'appelle *athermane.*

Corps diathermanes. Le sel gemme, le verre, l'eau et la plupart des liquides en nappes minces, l'air et les gaz sont des *substances diathermanes.* Il n'est personne qui n'ait éprouvé la diathermanéité du verre ; qui n'ait, par exemple, senti au printemps la chaleur du soleil à travers les vitres, tandis que le verre même reste froid. C'est précisément cette propriété qui fait employer le verre dans la construction des *serres chaudes.*

Remarquons, d'ailleurs, qu'aucune substance ne livre passage à tous les rayons de chaleur : il y en a toujours un certain nombre d'interceptés. On peut s'en assurer en plaçant un thermomètre très sensible à une certaine distance d'une source constante de chaleur ; puis, après avoir constaté l'effet produit sur le thermomètre, on met entre la source de chaleur et le thermomètre une lame de verre ou de toute autre substance diathermane. La chaleur, pour arriver au thermomètre, devra traverser cette lame ; mais la température ne sera pas aussi élevée dans la seconde expérience que dans la première, ce qui prouve que toute la chaleur n'a pu passer. Plus l'élévation du thermomètre dans la seconde expérience se rapproche de la première, plus la substance employée est diathermane. Les rayons de chaleur qui ne traversent pas le corps sont les uns absorbés, les autres renvoyés.

Corps athermanes. Les métaux, le bois, les pierres, etc., sont des *substances athermanes*, c'est-à-dire qu'elles interceptent la chaleur. Ces substances absorbent une certaine quantité de la chaleur qui tombe à leur surface et renvoient le reste.

Parmi les rayons renvoyés, il en est qui le sont suivant une direction particulière : on les appelle *réfléchis*, et le phénomène s'appelle *réflexion;* les autres sont renvoyés dans toutes les directions : on les appelle *dispersés*, et le phénomène s'appelle *dispersion* ou *diffusion*.

La chaleur absorbée se transmet dans le corps de molécule à molécule avec une rapidité plus ou moins grande, puis le corps la laisse échapper au dehors, afin de se mettre en équilibre de température avec les corps voisins.

De là quatre pouvoirs, que l'on distingue dans les corps au point de vue de la chaleur : le pouvoir *rayonnant* ou *émissif*, le pouvoir *absorbant*, le pouvoir *réflecteur* et le pouvoir *conducteur*.

Pouvoir rayonnant ou émissif. — On appelle *pouvoir rayonnant* ou *émissif* la propriété qu'ont les corps d'envoyer, en ligne droite et dans toutes les directions, une quantité plus ou moins grande de la chaleur qu'ils possèdent.

Pour déterminer le pouvoir émissif des corps, on se sert des cubes de Leslie, d'un miroir concave et d'un thermomètre différentiel. Les cubes de Leslie (*fig.* 97) sont des vases cubiques dont les quatre faces latérales sont de différentes substances : par exemple, une de ces faces sera de cuivre, une autre de zinc, une autre de fer, etc. On

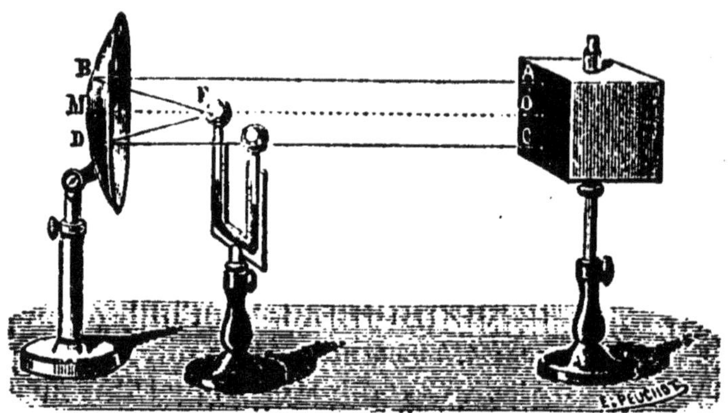

Fig. 97.

remplit d'eau chaude un de ces cubes et on le place devant un miroir concave M, comme l'indique la *fig.* 97. L'axe du miroir est perpendiculaire sur le milieu de la face AC. Au foyer F du miroir est une des boules du thermomètre différentiel. Les rayons AB, CD, émis par la face AC, sont réfléchis par le miroir sur la boule placée en F ; l'effet produit sur cette boule est ainsi bien plus considérable que si le miroir n'existait pas; car la boule ne recevrait alors que les rayons directs, tels que OM. Après avoir examiné l'effet produit sur le thermomètre, on recommence la même expérience en présentant au miroir une autre face du cube. Si l'on a soin : 1° de se servir toujours du même miroir et du même thermomètre; 2° de placer le cube toujours à la même distance du miroir; 3° d'avoir, au commencement de chaque expérience, la face rayonnante à la même température, on pourra juger des différents pouvoirs émissifs par les effets différents obtenus sur le thermomètre.

Il n'est pas nécessaire que la face soit entièrement de la substance sur laquelle on veut expérimenter : ainsi, il est

inutile d'avoir une face d'argent, une face d'or, etc.; il
suffit d'avoir une face dorée ou argentée. On peut également chercher le pouvoir rayonnant du papier, des couleurs, du noir de fumée, etc.; il suffit de recouvrir une
des faces du cube de l'une de ces substances.

En exprimant par 100 le pouvoir rayonnant du noir de
fumée, on arrive à former le tableau suivant :

Noir de fumée,	100	Plomb terne,	45
Papier,	98	Plomb décapé,	19
Cire à cacheter,	95	Fer poli,	15
Verre blanc,	90	Or,	4

Pouvoir absorbant. — On appelle *pouvoir absorbant*
la propriété qu'ont les corps d'absorber une quantité plus
ou moins considérable de la chaleur rayonnée par les
autres corps, et qui tombe à leur surface.

Pour déterminer le pouvoir absorbant des corps, on
place devant un miroir concave une source de chaleur,
telle qu'un vase contenant de l'eau à 100 degrés ; cette
source de chaleur doit être la même dans chaque expérience. On expose au foyer du miroir l'une des boules du
thermomètre différentiel ; on recouvre cette boule de noir
de fumée, d'une feuille mince d'or, d'argent, de papier, etc., et, suivant qu'on a employé l'une ou l'autre de
ces substances, la boule absorbe plus ou moins de chaleur, puisque le thermomètre indique chaque fois un effet
différent. On trouve ainsi que le pouvoir absorbant des
corps est en raison directe de leur pouvoir émissif, c'est-
à-dire que les corps qui rayonnent facilement la chaleur
sont aussi ceux qui l'absorbent en plus grande quantité.

Plus les rayons de chaleur tombent obliquement sur un
corps, plus celui-ci en réfléchit, et, par conséquent, moins
il en absorbe. A midi, dans l'hiver, le soleil est beaucoup
plus bas qu'en été : aussi les rayons solaires tombent-ils
plus obliquement sur la terre, et c'est en grande partie
pour cette raison que la température est alors plus
basse.

Équilibre mobile de la température entre les corps à distance. — Si l'on suppose dans une même salle plusieurs corps à différentes températures, tous ces corps rayonnent de la chaleur, et chacun d'eux absorbe une partie de la chaleur rayonnée par les autres.

Il peut arriver trois cas : 1° un corps rayonne plus de chaleur qu'il n'en absorbe : ce corps se refroidit ; 2° un corps rayonne moins de chaleur qu'il n'en absorbe : ce corps s'échauffe ; 3° un corps rayonne une quantité de chaleur égale à celle qu'il absorbe : ce corps ne change pas de température.

Un corps qui se refroidit dans un milieu moins chaud obéit à la loi suivante, donnée par Newton : les abaissements de température d'un corps pendant l'unité de temps sont proportionnels aux excès de sa température sur celle du milieu environnant. Mais cet excès ne doit pas dépasser 20° au plus.

Pouvoir réflecteur. — On appelle *pouvoir réflecteur* la propriété qu'ont les corps de réfléchir une quantité plus ou moins considérable de la chaleur tombant à leur surface.

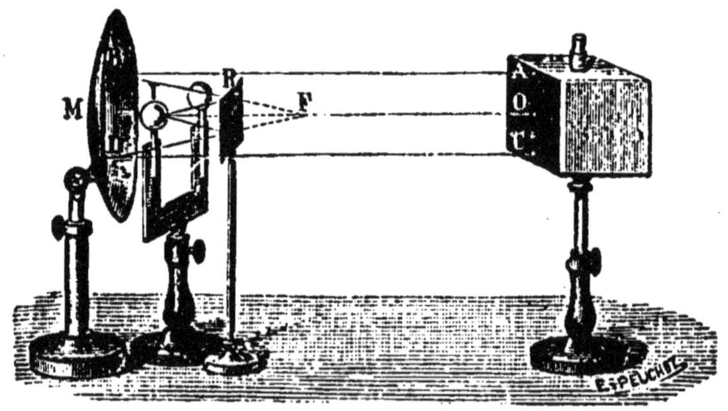

Fig. 98.

Pour déterminer le pouvoir réflecteur des corps, on place devant un miroir concave M (*fig.* 98) une source constante de chaleur, telle qu'un vase contenant de l'eau bouillante. Les rayons AB, CD, émis par la face AC, iraient, après avoir subi la réflexion du miroir M, se couper au foyer F; mais si l'on place en R un petit miroir plan, les rayons réfléchis déjà par le miroir M le sont encore par le miroir R, et se coupent en I, au lieu de se couper en F. On place en I une boule du thermomètre différentiel et l'on exécute plusieurs expériences, en remplaçant chaque fois le miroir R par un miroir d'une substance différente ; les différents effets que l'on obtient du thermomètre ne peuvent être attribués qu'aux différents pouvoirs réflecteurs des miroirs en R.

En représentant par 100 le pouvoir réflecteur du cuivre jaune, on forme le tableau suivant :

Cuivre jaune,	100	Plomb,	60
Argent,	90	Verre,	10
Étain,	80	Noir de fumée.	0
Acier,	70		

Réflexion de la chaleur. — *La réflexion de la chaleur a lieu d'après les deux lois suivantes :*

Première loi : *L'angle de réflexion est égal à l'angle d'incidence.*

Deuxième loi : *Le rayon incident et le rayon réfléchi sont dans un même plan perpendiculaire à la surface réfléchissante.*

Soit EF (*fig.* 99) la surface d'un miroir, AC le rayon incident, c'est-à-dire qui tombe sur le miroir, et CB le rayon réflé-

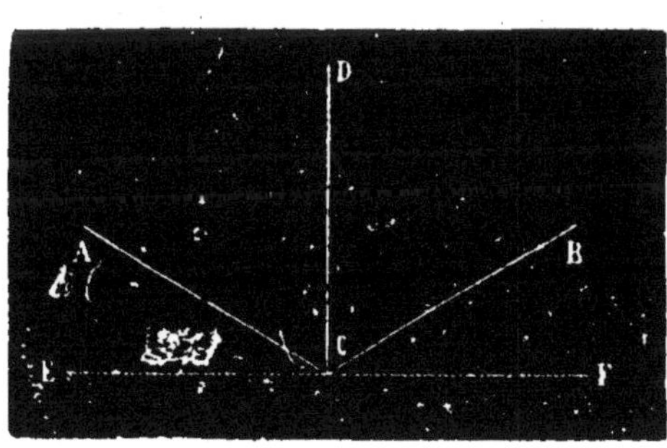

Fig. 99.

chi; soit DC la *normale* ou perpendiculaire sur le miroir EF au point d'incidence C. L'angle ACD formé par le rayon incident et la normale est l'angle d'incidence.

L'angle DCB formé par le rayon réfléchi et la normale est l'angle de réflexion.

On pourrait démontrer directement les deux lois; mais, comme elles seront démontrées pour la lumière, il suffit de prouver que la chaleur suit les mêmes lois que la lumière. Pour cela, on met en face l'un de l'autre deux miroirs concaves A et B (*fig.* 100). En plaçant au foyer du miroir A

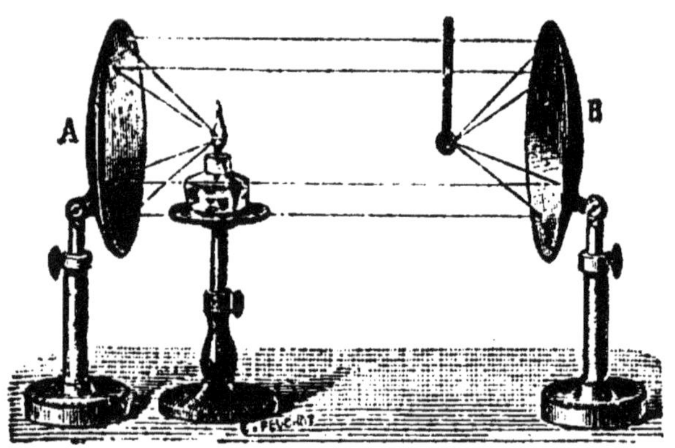

Fig. 100.

la flamme d'une lampe, et au foyer de l'autre un carton blanc ou un verre dépoli, on voit la lumière se concentrer au foyer du miroir B, et en remplaçant le verre dépoli par un thermomètre, on voit que la chaleur se concentre précisément au même endroit que la lumière. Donc la chaleur et la lumière suivent les mêmes lois de réflexion.

On peut même placer au foyer du miroir A un réchaud plein de charbon rouge et au foyer du miroir B de l'amadou; cet amadou ne tarde pas à s'allumer, bien que les miroirs soient à une distance de trois à quatre mètres : de là les *miroirs ardents*. Buffon enflammait à 68 mètres de distance une planche goudronnée : ce qui a rendu vraisemblable le récit de Tite-Live d'après lequel Archimède incendiait les vaisseaux romains du haut des murs de Syracuse.

Réflexion apparente du froid. — Si l'on remplace les charbons ardents par de la glace, et l'amadou par un thermomètre, ce dernier indique un abaissement de température. Cette expérience avait d'abord fait croire qu'il existait des rayons *frigorifiques*, comme il existe des rayons de chaleur, et l'on admettait une *réflexion apparente du froid*. Aujourd'hui on se rend parfaitement compte de cette observation par l'équilibre mobile des températures. Le thermomètre et la glace rayonnent tous deux de la chaleur ; mais la glace en absorbe plus qu'elle n'en rayonne, et le thermomètre, au contraire, en rayonne plus qu'il n'en absorbe : c'est pourquoi il se refroidit.

Rapports entre les pouvoirs émissif, absorbant, réflecteur. — Plus un corps absorbe de chaleur, moins il en réfléchit : par conséquent, le pouvoir réflecteur est en raison inverse du pouvoir absorbant. Or, le pouvoir absorbant est, ainsi qu'on l'a déjà vu, en raison directe du pouvoir rayonnant. Donc le pouvoir réflecteur est en raison inverse des deux pouvoirs absorbant et rayonnant.

Toutes les causes qui modifient l'un de ces pouvoirs modifient nécessairement les deux autres. Ainsi, toutes les causes qui augmentent le pouvoir rayonnant augmentent le pouvoir absorbant et diminuent le pouvoir réflecteur.

Une surface rugueuse rayonne plus de chaleur et en réfléchit moins qu'une surface polie.

Appareil de Melloni. — Pour étudier la chaleur rayonnante et ses lois, on peut se servir, au lieu de miroirs concaves sphériques, de l'*appareil de Melloni* (fig. 101). Sur une règle horizontale AB ayant pour longueur un mètre et divisée en millimètres, sont disposés à des distances qu'on peut varier : 1° une source de chaleur, une lampe L, de Locatelli, par exemple, ou un fil de platine chauffé à blanc par une lampe à alcool ; 2° un écran percé à son centre d'un trou qui permette le passage du rayon ; 3° un support sur lequel on puisse placer un corps C que traverserait le rayon calorifique ; 4° un thermomètre multiplicateur P, pile thermo-électrique, qui consiste dans une série de barreaux de bismuth soudés à des barreaux d'antimoine ; il donne naissance à un courant en présence d'un corps chaud agissant sur l'une des deux faces de ses soudures, et les extrémités, mises en communication avec les fils d'un galvanomètre G[1], feront dévier avec plus ou moins

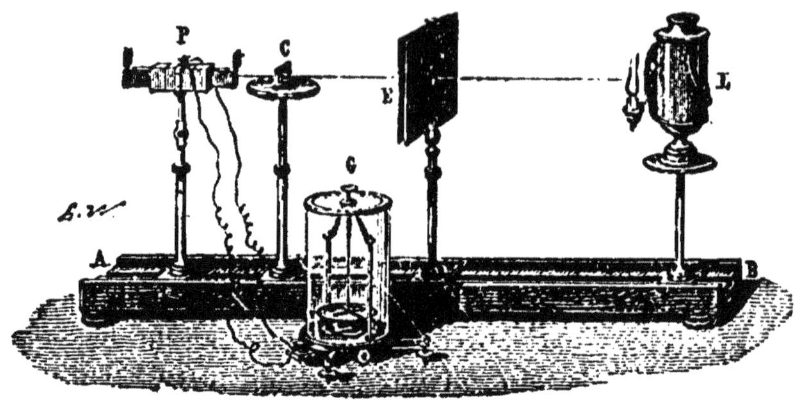

Fig. 101.

d'énergie l'aiguille aimantée. L'appareil de Melloni démontre la direction de la chaleur rayonnante, le pouvoir émissif des différents corps, leur pouvoir absorbant et leur diathermanéité, et même les lois de la réflexion de la chaleur. Dans les deux premiers cas, ce sera par la déviation plus ou moins grande du galvanomètre; dans le troisième, on fera traverser au rayon calorifique le corps diathermane C, avant ou après l'écran E; dans le quatrième, on reçoit le rayon sur un miroir qui le renvoie au thermo-multiplicateur[2], et celui-ci est isolé par un écran des rayons directs qui lui viendraient de la source de chaleur.

. **Applications des pouvoirs émissif, absorbant et réflecteur.** — Les pouvoirs émissif, absorbant et réflecteur des corps ont de nombreuses applications dans les usages de la vie. Il résulte de ce qui va suivre que l'usage n'est pas toujours conséquent avec les principes.

1° *Couleur des vêtements.* * Une étoffe blanche a.

1. Les différentes piles électriques et le galvanomètre se trouveront décrits dans les chapitres sur l'électricité.

2. Mais alors le thermo-multiplicateur ne doit plus être en ligne droite, de sorte qu'il y ait un rayon incident et un rayon réfléchi.

pour la chaleur solaire, un pouvoir absorbant moindre que celui d'une étoffe noire : les vêtements blancs sont donc, en été, préférables aux vêtements noirs. En hiver, il faut préférer les vêtements noirs, dont le pouvoir absorbant est plus grand; si, par hasard, le soleil se montre, on en absorbe ainsi beaucoup mieux les rayons.

2° *Couleur des poêles et des cheminées.* Les poêles doivent rayonner facilement la chaleur : par conséquent, ils devraient toujours être de couleur foncée et avoir une surface rugueuse.

Les cheminées ne doivent pas absorber la chaleur, mais au contraire la réfléchir dans l'appartement : l'intérieur d'une cheminée devrait donc être toujours blanc et poli; la porcelaine blanche est très avantageusement employée.

3° *Vases destinés à chauffer les liquides.* Pour absorber facilement la chaleur, les vases destinés à chauffer l'eau, tels que les marmites et les pots, ne devraient pas être brillants en dehors; il vaudrait mieux qu'ils fussent ternes, dépolis et recouverts extérieurement de noir de fumée : à ce point de vue, c'est donc à tort que l'on nettoie la face extérieure et intérieure de ces vases. Mais quand on les retire noirs du feu, le liquide qu'ils contiennent se refroidit plus rapidement, vu que, le brillant de leur surface ayant naturellement disparu, ils rayonnent la chaleur avec une plus grande facilité. Le refroidissement serait d'autant plus lent qu'ils seraient mieux polis à l'extérieur, parce qu'ils conduiraient ainsi plus mal la chaleur.

4° *Poêles métalliques et poêles de faïence.* Les poêles métalliques se chauffent facilement et se refroidissent avec la même rapidité; ces poêles conviennent principalement aux personnes qui ne restent que peu de temps chez elles : en quelques minutes une salle est chauffée.

Les poêles de faïence sont très longs à s'échauffer et sont ensuite très longs à se refroidir; ils conviennent aux personnes qui restent constamment chez elles. Il y a de grands poêles de faïence qui, une fois chauds, exigent une journée entière pour se refroidir.

5° *Procédé pour hâter la fusion de la neige.* Si l'on expose au soleil deux boules de neige, l'une recouverte d'un morceau de drap blanc, l'autre d'un morceau de drap noir, on voit que la neige qui est sous le drap noir fond beaucoup plus rapidement que celle qui est sous le drap blanc; cela tient à ce que le pouvoir absorbant du drap noir est plus considérable que celui du drap blanc. C'est ainsi que dans les campagnes on active quelquefois la fusion de la neige en la recouvrant d'une petite quantité de terre : la couleur de la terre étant foncée, le pouvoir absorbant devient ainsi plus considérable.

Pouvoir conducteur. — Le *pouvoir conducteur*, ou la *conductibilité des corps pour la chaleur*, est la facilité plus ou moins grande avec laquelle ils transmettent la chaleur d'une molécule à la molécule suivante.

Tous les corps n'ont pas la même conductibilité : ainsi, que l'on maintienne quelques instants une tige de verre au-dessus de la flamme d'une lampe à alcool, on fond le verre, sans se brûler, à deux centimètres de l'endroit que l'on touche, tandis qu'on ne saurait, sans se brûler, chauffer au rouge l'extrémité d'une tige de cuivre beaucoup plus longue que l'on tiendrait à la main par l'autre extrémité.

Conductibilité des solides. — On mesure la différence de *conductibilité des solides* à l'aide de l'appareil d'Ingenhousz. Cet instrument se compose d'une boîte métallique B, munie d'un manche A (*fig.* 102) ; de l'une des faces sortent des tiges D, E, F, G, H, de différentes substances. On trempe toutes ces tiges dans un corps gras fondu, tel que du suif ou de la cire ; quand on les retire, une couche du corps gras reste figée à la surface. On verse de l'eau chaude dans la boîte : la tige qui conduit le mieux la chaleur est celle qui fond le corps gras sur une plus grande longueur. On peut remplacer les tiges D, E,

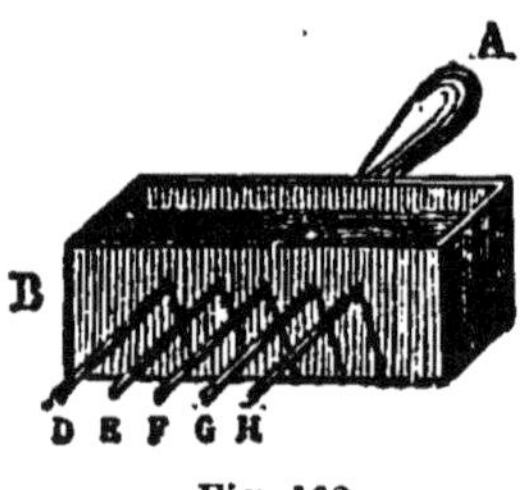

Fig. 102.

10.

F, G, H, par d'autres; mais, pour que les expériences soient comparables, il faut toujours recouvrir les tiges du même corps gras, et mettre chaque fois dans la boîte de l'eau à la même température.

On peut encore déterminer la conductibilité des solides en creusant dans une barre de chaque solide des cavités équidistantes, en remplissant ces cavités de mercure et en plongeant dans chacune d'elles la boule d'un thermomètre; si l'on expose ensuite une extrémité de la barre à la flamme d'une lampe, la rapidité plus ou moins grande avec laquelle l'action de la chaleur se transmettra aux différents thermomètres indiquera naturellement les différences de conductibilité. C'est par ce procédé qu'a été formé le tableau suivant, la conductibilité de l'argent étant exprimée par 1000 :

Argent,	1000	Fer,	119
Cuivre,	776	Plomb,	85
Or,	552	Marbre,	21
Zinc,	190	Porcelaine,	12
Étain,	144	Terre de brique,	11

Les métaux, en général, conduisent bien la chaleur. Le charbon ne la conduit bien que lorsqu'il a subi pendant sa préparation une haute température : ainsi, le coke est bon conducteur, et le charbon de bois mauvais conducteur du calorique. La laine, la soie, la paille, le soufre, le bois, les briques, etc., sont mauvais conducteurs.

Conductibilité des liquides. — Les liquides, excepté le mercure, conduisent mal la chaleur. Cependant, si l'on réfléchit que l'eau d'un vase placé sur le feu ne tarde pas à s'échauffer dans toute sa masse, on serait tenté de croire que l'eau du moins est un bon conducteur de la chaleur. Ce serait une erreur. La masse d'eau s'échauffe parce que les molécules inférieures, qui s'échauffent les premières, se dilatent, deviennent ainsi plus légères et montent, tandis que les molécules supérieures, froides et plus denses, descendent. De là un double courant : pour le rendre visible, il suffit de mêler à l'eau de la sciure de bois ou une poudre quelconque assez légère pour rester longtemps en suspension : on voit la poudre ou la sciure descendre avec le courant froid et monter en même temps avec les molécules que la chaleur a dilatées.

Si, au contraire, l'on verse avec précaution sur l'eau de l'alcool, qui restera au-dessus en vertu de sa densité plus faible, on peut enflammer cet alcool et remarquer, à l'aide d'un petit thermomètre, que l'eau à une faible distance au-dessous de la flamme ne change pas de température, ce qui rend évidente la mauvaise conductibilité des liquides.

Conductibilité des gaz. — Les gaz, comme les liquides, conduisent très mal la chaleur. Cependant, lorsqu'on ouvre la porte d'une chambre bien chauffée, on sent tout de suite le froid extérieur, comme si l'air de la salle avait abandonné sa chaleur à l'air extérieur. C'est encore le phénomène du double courant. L'air intérieur, étant chaud et dilaté, devient, par conséquent, plus léger que l'air extérieur : quand on ouvre la porte, l'air chaud sort de l'appartement, et l'air froid y entre de l'extérieur.

Les gaz s'échauffent par double courant, comme les liquides. On s'amuse quelquefois à rendre visible ce double courant le long des tuyaux de poêles : de petits moulins de papier y tournent, mis en mouvement par le courant ascendant d'air chaud et le courant descendant d'air froid. C'est le principe du ventilateur des écoles et des appartements.

Conséquences pratiques de la conductibilité. — Les couvertures de laine sont plus chaudes que celles de coton, parce que les premières, étant mauvaises conductrices, se laissent difficilement traverser par la chaleur du corps, qui, ainsi, ne peut se perdre à l'extérieur.

Les fourrures et les édredons nous conservent la chaleur, parce qu'ils contiennent une couche d'air dont le déplacement est sinon impossible, du moins difficile.

L'air conduisant mal la chaleur, il suffit, pour conserver la température d'une salle, d'empêcher l'air intérieur de communiquer librement avec l'air extérieur. C'est là l'utilité des doubles portes et des doubles fenêtres. Les appartements ainsi fermés sont chauds en hiver et froids en été, c'est-à-dire qu'ils conservent la température intérieure.

Des corps à la même température paraissent plus chauds ou plus froids les uns que les autres quand on les touche. Le marbre, par exemple, paraîtra plus froid que le bois : c'est que le marbre, meilleur conducteur, absorbe instantanément notre chaleur.

De même, les carreaux de terre sont plus froids que les parquets de bois, parce que les carreaux conduisent mieux la chaleur et l'enlèvent par conséquent aux corps avec lesquels ils se trouvent en contact. On recouvre les carreaux et même les parquets de tapis ou de paillassons ; la laine et la paille étant mauvaises conductrices, empêchent la chaleur de passer des pieds dans le sol.

Pendant l'été, on conserve la glace dans les *glacières* (*fig*. 103), excavations souterraines garnies de murs, et

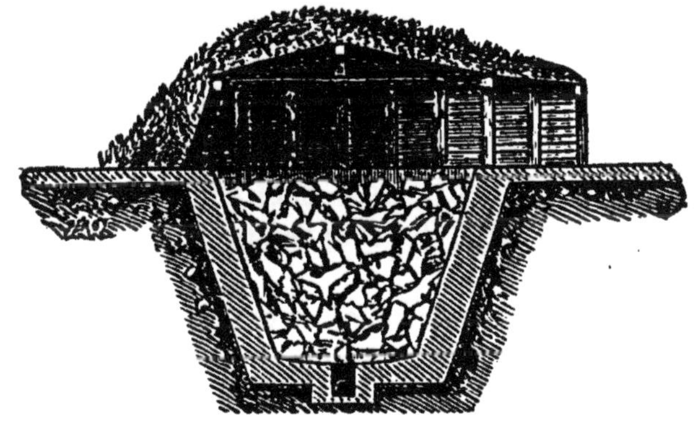

Fig. 103.

dont la toiture est recouverte de plusieurs couches de paille et de gazon. On peut la conserver dans les appartements en l'enveloppant de flanelle ou de paille, de couvertures de laine, etc., qui conduisent mal la chaleur. C'est par le même principe que l'on couvre de paille pendant la gelée les robinets des fontaines ou certains arbustes sensibles au froid.

CHAPITRE XIV.

Dilatation des corps par la chaleur; leur contraction par un abaissement de température. — Dilatation des solides. — Dilatation des liquides. — Dilatation des gaz. — Applications de la dilatation et de la contraction des corps par un changement de température. — Maximum de densité de l'eau. — Dilatation de l'eau lorsqu'elle se congèle.

Dilatation des corps par la chaleur; leur contraction par un abaissement de température. — Quand on chauffe un corps, il augmente de volume ou se dilate; quand on le refroidit, il diminue de volume ou se contracte. L'augmentation de longueur est la *dilatation linéaire;* l'augmentation de surface est la *dilatation superficielle;* l'augmentation de volume est la *dilatation cubique.*

On a déterminé, à l'aide d'appareils ingénieux, de quelle quantité un corps se dilate par unité de longueur et par degré de température : le nombre trouvé pour chaque corps est ce qu'on appelle son *coefficient de dilatation.* Il y a, par conséquent, trois coefficients de dilatation : le *coefficient linéaire,* le *coefficient superficiel* et le *coefficient cubique.*

Le *coefficient linéaire* d'un corps est la quantité dont 1 mètre de ce corps s'allonge quand sa température s'élève d'un degré. Le *coefficient superficiel* d'un corps est la quantité dont un mètre carré de ce corps augmente de surface quand sa température s'élève d'un degré. Le *coefficient cubique* d'un corps est la quantité dont 1 mètre cube de ce corps augmente de volume quand sa température s'élève d'un degré.

On démontre que le coefficient superficiel est très approximativement le double du coefficient linéaire, et que le coefficient cubique en est très approximativement le triple : aussi dit-on communément que la dilatation cubique est triple de la dilatation linéaire.

Supposons qu'une substance quelconque ait pour coefficient linéaire $\frac{1}{500}$: cela signifie que 1 mètre de cette substance à 0° s'allonge de 1 cinq centième de mètre ou d'un cinquième de centimètre quand on le chauffe jusqu'à 1°. Le coefficient superficiel, étant le double du coefficient linéaire, sera $\frac{2}{500}$, c'est-à-dire que 1 mètre carré de cette substance à 0° augmente de 2 cinq centièmes de mètre carré quand on le chauffe à 1°. Le coefficient cubique, étant le triple du coefficient linéaire, sera $\frac{3}{500}$, c'est-à-dire que 1 mètre cube de cette substance à 0° augmente de 3 cinq centièmes de mètre cube quand on le chauffe jusqu'à 1°. Il est, d'ailleurs, évident que si la température s'élevait de 15 degrés, par exemple, et si le corps avait 5 mètres, il faudrait multiplier le coefficient par 15 et par 5, afin d'avoir la dilatation totale.

Dilatation des solides. — Supposons que l'on ait mesuré avec exactitude la longueur d'une barre solide à 0° et à une température quelconque, 50° par exemple : la différence entre les deux longueurs sera évidemment l'augmentation que la barre a due à la chaleur. Or, il est facile de comprendre que si l'on divise cette différence par le nombre d'unités de chaleur et par le nombre d'unités de longueur de la barre, le quotient indiquera de combien elle augmente pour un seul degré de température et pour une seule unité de longueur, c'est-à-dire quel est le coefficient de dilatation linéaire.

Trois mètres d'un corps A à 0° deviennent $3^m,25$ à une température de 80°. La différence entre $3^m,25$ et 3^m ou $0^m,25$ est la dilatation totale des 3^m de A ; par conséquent, la dilatation de 1 mètre sera trois fois plus petite, ou $\frac{0^m,25}{3}$. On connaît ainsi la dilatation d'un seul mètre pour une élévation de température de 80°. Donc, en supposant la dilatation régulière, elle sera 80 fois plus petite pour un seul degré : elle sera, par conséquent, $\frac{0^m,25}{3\times 80}$ ou $\frac{0^m,25}{240}$ ou $\frac{1}{960}$.

Dans les solides, le coefficient de dilatation est constant pour chaque degré de température entre 0° et 100°; mais il augmente d'une manière variable de 100 à 200°, de 200 à 300°, etc. Voici les coefficients de dilatation linéaire entre 0° et 100°, pour quelques corps d'un emploi fréquent.

Verre,	0,000008613	Or,	0,000011661
Platine,	0,000008842	Cuivre,	0,000017182
Fer,	0,000012205	Zinc,	0,000029417

Dilatation des liquides. — Pour les liquides, comme pour les gaz, ce n'est point le coefficient linéaire que l'on cherche, mais bien le coefficient cubique. La méthode est, d'ailleurs, la même que précédemment. On prend le volume du liquide à 0° et son volume à une température supérieure. On divise ensuite la différence entre les deux nombres par le volume à 0° et par la température au-dessus de 0; ce qui donne bien évidemment le coefficient de dilatation cubique demandé.

Il faut distinguer dans les liquides la dilatation apparente et la dilatation réelle ou absolue : car le vase qui contient le liquide, se dilatant lui-même, fait paraître la dilatation du liquide plus faible qu'elle ne l'est en réalité. La dilatation absolue est égale à la dilatation apparente augmentée de la dilatation du vase.

Chaque liquide a son coefficient de dilatation ; mais ce coefficient n'est uniforme que pour un petit nombre de degrés, et il varie bientôt d'un degré à l'autre avec la température. Le mercure seul a son coefficient (0,0001790) uniforme entre 0° et 100°.

Dilatation des gaz. — *A l'opposé de ce qui a lieu pour les solides et pour les liquides, tous les gaz ont très sensiblement le même coefficient de dilatation. Ce coefficient est, d'ailleurs, beaucoup plus grand que celui des divers solides et que celui des divers liquides. Sa valeur est de 0,00367.

Applications de la dilatation et de la contraction des corps par un changement de température. — La dilatation des solides, des liquides et des gaz par la chaleur, et leur contraction par le froid, permettent d'expliquer les variations des thermomètres, dont il a été question plus haut, et ont donné lieu à plusieurs applications remarquables.

1° *Thermomètres.* Les variations des thermomètres sont dues aux changements de volume des corps. C'est, en effet, la chaleur qui, en agissant sur le mercure ou sur l'alcool, fait monter et descendre le liquide dans le tube.

2° *Barres de fer.* Si deux murailles tendent à s'écarter et sont déjà inclinées d'une façon notable, on parvient à les redresser à l'aide de barres de fer, attachées aux deux murs pendant qu'elles sont à une haute température. Ces barres, en se contractant par le refroidissement, redressent les deux murailles. On a ainsi remis d'aplomb les murs du Conservatoire des arts et métiers, à Paris.

Les clous à river, employés pour assujettir les poutres d'une construction, offrent un phénomène semblable. On les chauffe, ce qui les dilate; ils deviennent plus faciles à river; mais, en outre, ils resserrent en se contractant les poutres qu'ils unissent.

3° *Rails des chemins de fer.* Si les rails des chemins de fer étaient d'une seule pièce d'une station à une autre, ou du moins s'ils étaient soudés bout contre bout, quand ils se dilateraient pendant l'été, ils seraient trop longs et se déformeraient; en se contractant pendant l'hiver, ils deviendraient trop courts. Pour éviter un inconvénient aussi grave, on les sépare par des intervalles suffisants, ou, ce qui est mieux, on fait rentrer les bouts l'un sur l'autre, de sorte qu'ils puissent jouer facilement quand ils se dilatent ou qu'ils se contractent.

4° *Roues des voitures.* Le cercle de fer dont on garnit les roues des voitures est toujours plus petit que la roue. Pour le poser on le chauffe d'abord de manière à le dilater, et on l'applique sur la roue; puis on tourne celle-ci dans l'eau froide : le cercle en se refroidissant serre la roue avec une extrême violence, rapproche ainsi les différentes pièces de bois et tient parfaitement.

5° *Bouchons de verre.* Lorsqu'un bouchon de verre tient trop fortement dans le goulot d'un flacon, on chauffe le goulot avec un charbon rouge, en ayant soin d'en présenter successivement au feu toutes les parties ; le goulot, se dilatant avant le bouchon, devient plus large et permet de déboucher le flacon.

6° *Pendule compensateur.* Le pendule, dont les oscillations règlent les horloges, ayant une lentille en métal avec une tige ordinairement métallique, s'allonge en été sous l'influence d'une température élevée, et comme la durée des oscillations est proportionnelle à la longueur, la marche

des horloges en serait retardée ; au contraire, il se raccourcit en hiver, ce qui accélérerait le mouvement des aiguilles. On remédie à ces divers effets des variations de la température sur les horloges, par l'emploi de pendules compensateurs, dont la longueur est toujours la même, parce qu'ils sont formés de divers métaux, ou que l'on dispose les différentes tiges dont ils se composent de manière que les dilatations se compensent entre elles. Ainsi le pendule compensateur de Leroy (*fig.* 104) est fondé sur ce que la dilatation du cuivre est plus grande que celle du fer. De ses cinq tiges, trois, FF′, FF″, AO, sont en fer, et deux, CC′ et CC′, sont en cuivre. Quand la température s'élève, les trois tiges de fer, ayant leurs points fixes en F et en A, se dilatent de haut en bas et descendent la lentille ;

Fig. 104.

mais les deux tiges de cuivre, ayant leurs points fixes en C′, se dilatent en même temps de bas en haut et la remontent. Pour que la lentille puisse remonter, il faut nécessairement que la tige AO passe librement par la traverse F′F″.

7º *Tirage des lampes, des cheminées et des poéles.* Le tirage des lampes, des cheminées et des poêles, et, par suite, la combustion dans les appartements, dépend du double courant produit par la dilatation de l'air.

Les combustibles employés pour l'éclairage et le chauffage ne brûlent qu'en se combinant avec un des éléments de l'air, nommé *oxygène*[1] : la combustion est donc d'autant plus active que ces corps se trouvent en contact, dans un temps donné, avec une plus grande quantité d'air. Pour obtenir cet effet, on détermine des courants d'air soit par le seul tirage dans les lampes, soit par les soufflets et le tirage dans les cheminées et les poêles ; mais dans les usines, où l'on a besoin d'une très grande quantité de chaleur, on les obtient avec plus d'énergie au moyen d'énormes machines soufflantes, et même quelquefois on a obtenu des températures encore plus élevées en dirigeant sur les combustibles des courants d'air chaud. Dans les conditions ordinaires, lorsqu'on dirige un courant d'air froid sur un corps en combustion, les molécules d'air refroidissent nécessairement le corps, de sorte que si le courant est trop fort, le combustible sera refroidi au-dessous de la température à laquelle il peut brûler. Soufflez modérément sur la flamme d'une bougie, elle brûle avec plus d'énergie ; soufflez plus fort, elle s'éteint.

Dans les lampes d'atelier, l'huile se trouve dans un réservoir supérieur, d'où elle est dirigée vers la mèche ; dans les lampes d'appartement, elle est déposée dans un réservoir inférieur et poussée, par une pompe que met en jeu un mécanisme d'horlogerie ou par toute autre manière, dans un tube effilé qui s'ouvre à la partie inférieure de deux tuyaux en métal rapprochés l'un de l'autre et concentriques. Entre les deux tuyaux est disposée la mèche, qui est également cylindrique et de même calibre. L'huile, arrivée au bas de la mèche, monte en vertu de la capillarité et déborde même par en haut. Cependant l'air,

---

1. Voir la *Chimie.*

qui pénètre au-dessous des tuyaux par des ouvertures ménagées exprès, arrive au haut de la mèche, à l'intérieur et à l'extérieur à la fois, et alimente une combustion vive. On augmente encore le tirage en entourant le bec de la lampe d'un verre cylindrique un peu élevé, sorte de cheminée par laquelle s'échappent les produits de la combustion. C'est à Argand que l'on doit cette disposition ingénieuse, qui épargne une grande perte d'huile, et qui augmente singulièrement la clarté : car, avant lui, faute d'un courant d'air suffisant, l'huile était en partie carbonisée et produisait une fumée épaisse aux dépens de la lumière.

Une cheminée se compose d'une ouverture plus ou moins grande, qu'on appelle *foyer*, et dans laquelle on brûle le combustible, puis d'un conduit ou tuyau, par lequel s'échappent les produits de la combustion. Les gaz résultant de la combustion, étant dilatés par la chaleur, montent rapidement dans le tuyau, et l'air froid se précipite du dehors sur le combustible (*fig.* 105). On augmente le tirage par un rideau en tôle qu'on peut relever ou abaisser à volonté; plus on le baisse, plus le tirage est énergique.

Fig. 105.

Lorsqu'on fait du feu dans une chambre, il s'établit par les fenêtres et par les portes deux courants, l'un à la partie inférieure formé par l'air froid du dehors qui pénètre dans l'appartement, l'autre à la partie supérieure formé par l'air chaud qui s'échappe. On constate la direction de ces deux courants en approchant de la porte la flamme d'une bougie : au plancher, elle se dirige vers l'intérieur; au plafond elle se dirige vers l'extérieur. Ordinairement, on fait arriver l'air nécessaire à la combustion par des conduits particuliers ménagés dans les murs ou sous le plancher; ces conduits pourraient s'ouvrir directement au foyer; mais alors l'air de la salle ne se renouvelant pas deviendrait bientôt insalubre; on les fait passer le long du foyer, afin que l'air s'échauffe, puis on le fait déboucher dans l'appartement, où il se mêle à l'air de la chambre et le renouvelle.

Quand les conduits des cheminées sont larges, il existe dans leur intérieur deux courants inverses, l'un ascendant, entraînant les produits de la combustion, l'autre descendant, composé d'air froid venant du dehors. Souvent on établit en avant et au-dessus du foyer une cloison inclinée; en plaçant la main entre cette cloison et le manteau de la cheminée, on sent parfaitement ce courant d'air froid, qui rejette la fumée dans le conduit principal et l'empêche de se répandre dans la salle, ce qui aurait lieu avec un tirage peu énergique.

Avec les cheminées, les produits de la combustion enlèvent la majeure partie de la chaleur, qui est complètement perdue pour la salle. Dans les poêles, au contraire, les gaz chauds provenant de la combustion traversent des tuyaux de tôle ou de cuivre, souvent très longs, et les échauffent : on obtient donc par leur emploi une quantité de chaleur infiniment plus grande; aussi sont-ils bien plus économiques. Leur tirage est réglé par une clef placée dans le tuyau : pour diminuer le tirage, on ferme la clef à moitié ou aux trois quarts; pour activer le tirage, on l'ouvre entièrement. Il ne faut jamais fermer entièrement la clef, même quand il n'y a plus de fumée, parce que les gaz délétères provenant des braises peuvent encore se répandre dans la chambre et asphyxier les personnes qui s'y trouvent.

Remarquons en passant que les cheminées ne sont pas seulement utiles pour produire de la chaleur, mais aussi pour aérer. L'absence de feu n'empêche pas le tirage, d'où résulte le double courant ascendant et descendant. On obtiendra ainsi une ventilation convenable dans les dortoirs, les classes, les études, les ateliers. C'est encore un des moyens qu'on peut employer pour l'aérage des mines.

Maximum de densité de l'eau. — Quand on refroidit de l'eau chaude, elle diminue de volume jusqu'à 4°; mais si on la refroidit davantage, elle se dilate. A 4° l'eau occupe donc un volume moindre qu'à toute autre température : on dit qu'elle est alors à son maximum de densité.

On détermine le maximum de densité de l'eau à l'aide d'un vase de verre long et étroit, muni de deux thermomètres, l'un à quelques centimètres du bord supérieur, l'autre près du fond du vase; le milieu du vase est entouré d'un cylindre de cuivre, qu'on appelle manchon. On remplit d'eau le vase de verre, en y mettant quelques glaçons : les deux thermomètres marquent 0°. On retire les glaçons et l'on verse un liquide chaud dans le manchon, de manière à chauffer ainsi l'eau par le milieu de sa hauteur : si les molécules chauffées deviennent plus légères, elles devront monter et agir sur le thermomètre supérieur; ou bien, si elles deviennent plus denses, elles tomberont et agiront sur le thermomètre inférieur. Or on remarque d'abord que le thermomètre inférieur indique seul une élévation de température, ce qui prouve que l'eau, à mesure qu'elle s'échauffe, tombe au fond du vase; mais cela n'a lieu que jusqu'à 4°. Après un temps plus ou moins long, l'eau finit par être partout à 4°. Alors, si l'on continue à chauffer le vase par le milieu, le thermomètre supérieur indique seul une élévation de température, ce qui prouve qu'au-dessus de 4° l'eau, en s'échauffant, devient plus légère.

Dilatation de l'eau lorsqu'elle se congèle. — L'eau, en se congelant, se dilate brusquement d'une quantité notable. En effet, les glaçons surnagent : donc ils sont moins denses que l'eau, et, par conséquent, en se congelant, l'eau s'est dilatée. Dans les grands froids, l'eau se prend d'abord sur les bords des lacs, des cours d'eau et des mers. Les lacs et les fleuves se prennent à la surface;

mais le fond reste liquide, et les poissons continuent à y vivre. Au contraire, à une haute latitude les mers se prennent complètement jusqu'à une certaine distance des bords. Quand vient la débâcle, d'énormes masses glacées se détachent entraînant quelquefois avec elles une partie des terrains auxquelles elles étaient attachées. Ce sont les *glaces polaires* ou *banquises*, qui gagnent les mers libres vers le sud, portées en quelque sorte par les flots, à cause d'une moindre densité spécifique.

La dilatation de l'eau, lors de la congélation, est une force très considérable, et souvent il est important d'en tenir compte. Que l'on remplisse d'eau une sphère creuse de cuivre, et qu'après l'avoir bouchée hermétiquement, on la plonge dans un mélange de sel marin et de glace pilée : après un temps plus ou moins long, suivant la grosseur de la sphère, on entend le déchirement du cuivre par la dilatation de l'eau congelée. On peut briser de la même manière un canon de fusil ou de pistolet.

Les *pierres gélives* sont des pierres très poreuses, qui retiennent beaucoup d'eau, une fois qu'elles ont été mouillées. Dans l'hiver, quand cette eau se congèle, la dilatation est si grande que ces pierres sont souvent fendues. On ne doit pas, par conséquent, les employer dans les constructions.

La sève d'une plante, en se congelant, brise les vaisseaux qui la contiennent, et qui ne peuvent se prêter à cette dilatation, de même que l'eau qui remplit complètement une carafe bien bouchée la brise en passant à l'état de glace.

CHAPITRE XV.

Changement d'état des corps; fusion, dissolution, vaporisation, condensation, solidification. — Procédés employés pour changer l'état des corps. — Phénomènes particuliers que présentent certains corps en changeant d'état. — Calorimétrie. — Chaleur de fusion de la glace. — Chaleur de vaporisation de l'eau. — Application de la chaleur de vaporisation. — Mesure de la quantité de chaleur des corps. — Chaleur spécifique des corps.

Changement d'état des corps. — Presque tous les corps, comme on l'a déjà vu, peuvent passer de l'état solide à l'état liquide ou gazeux, et réciproquement, sous la seule influence de la chaleur. Ces divers *changements d'état des corps* portent les noms de *fusion, dissolution, vaporisation, condensation* ou *liquéfaction, solidification* ou *congélation*.

Fusion. — La *fusion* est le passage d'un corps de l'état solide à l'état liquide sous l'influence de la chaleur. Le *point de fusion* est la température à laquelle le solide commence à fondre.

La fusion est soumise aux deux lois suivantes :

Première loi : *Le point de fusion est invariable pour une même substance.* Ainsi, la glace se fond en eau à 0°; mais l'étain pur fond toujours à 230', le plomb à 320°, et le zinc à 450°.

Deuxième loi : *La température d'un corps reste invariable depuis le commencement de la fusion jusqu'à ce que le corps soit entièrement fondu.* Ainsi, pendant la fusion de l'étain, aussi longtemps qu'il reste un morceau d'étain à fondre, la température reste à 230', bien que le vase soit sur le feu : il en est ainsi parce que toute la chaleur est absorbée par l'étain qui reste à fondre, et elle devient *latente*. On a vu l'application qui a été faite de cette loi dans la graduation des thermomètres.

Il est peu de substances réfractaires, c'est-à-dire qu'on

ne puisse fondre : car on est arrivé à produire par le chalumeau à gaz hydrogène et oxygène les températures les plus élevées. Voici le tableau du point de fusion de quelques corps ; nous donnons les résultats récents de M. Violle pour l'argent et les métaux suivants :

Point de fusion.		*Point de fusion.*	
Mercure,	— 40°	Argent,	951
Glace,	0	Or,	1 036
Cire blanche,	68	Cuivre,	1 050
Soufre,	114	Fer, de 1 500 à	1 600
Étain,	230	Platine,	1 775
Plomb,	320	Iridium,	1 950
Zinc,	450		

Comme la présence de matières étrangères influe sur le point de fusion, on trouve dans ce tableau un indice utile de la pureté des corps.

Dissolution. — La *dissolution* est la liquéfaction d'un corps par son contact avec un liquide : ainsi, le sucre, le sel marin, etc., se dissolvent dans l'eau.

Souvent les dissolutions produisent un abaissement considérable de température. Le sel marin, en se dissolvant dans l'eau, la refroidit de plusieurs degrés ; le sulfate de soude, en se dissolvant dans l'acide chlorhydrique, produit un froid assez intense pour congeler de l'eau contenue dans de petits cylindres métalliques placés au milieu de ce mélange réfrigérant. Cet abaissement de température a lieu parce que le solide absorbe de la chaleur pour se dissoudre.

Quelquefois les dissolutions ne donnent pas d'abaissement de température et peuvent même produire le phénomène inverse : cela tient à ce que le solide, par sa combinaison chimique avec le liquide, dégage plus de chaleur qu'il n'en faut pour qu'il se dissolve.

Vaporisation. — La *vaporisation* est le passage d'un corps de l'état liquide à l'état de vapeur. Ce changement d'état peut avoir lieu tantôt plus ou moins lentement et à toute température : on l'appelle *évaporation;* tantôt rapidement et à une température invariable : on l'appelle alors *ébullition*. La température à laquelle un liquide bout sous la pression atmosphérique est le *point d'ébullition*.

Voici le *point normal d'ébullition* de quelques liquides :

Acide carbonique,	— 78°	Alcool,	+ 78,3
Ammoniaque anhydre,	— 35	Eau,	100
Acide sulfureux,	— 10	Mercure,	360
Ether sulfurique,	+· 35,5	Soufre,	440

Condensation. — La *condensation* ou liquéfaction est le passage d'un corps de l'état aériforme, c'est-à-dire de l'état de gaz ou de vapeur, à l'état liquide. Le *point de liquéfaction* varie beaucoup suivant les pressions que supportent les gaz. Quand on comprime fortement un gaz, il exige, pour se liquéfier, un moindre abaissement de température. Quelquefois la condensation exige à la fois une pression énorme et une température très basse.

Solidification. — La *solidification* ou congélation est le passage d'un corps de l'état liquide à l'état solide. Si le corps est liquide à la température ordinaire, le phénomène s'appelle *congélation;* s'il est, au contraire, solide à la température ordinaire, le phénomène s'appelle *solidification*. Le mercure et l'eau se *congèlent*, tandis que le plomb fondu se *solidifie*. Enfin, si le corps, en se solidifiant, affecte toujours la même forme géométrique, comme l'alun ou le bismuth, il y a *cristallisation*.

La solidification est soumise aux deux lois suivantes :

Première loi : *La solidification a toujours lieu à la même température pour le même corps : cette température est la même que celle de la fusion du corps quand il est solide.* Ainsi, le plomb liquide se solidifie toujours dès qu'on le refroidit à 320°, de même que, s'il est solide, il fond dès qu'on le chauffe à cette même température.

Deuxième loi : *La température reste invariable depuis le commencement de la solidification jusqu'à ce qu'elle soit entièrement terminée.* En mettant dans l'eau froide un

11.

vase contenant du plomb fondu, la température s'abaisse d'abord jusqu'à 320°, puis le plomb se solidifie progressi- vement, mais la température reste invariable : c'est que le plomb, en se solidifiant, perd la chaleur latente qu'il avait absorbée en se liquéfiant. Dès que la solidification est complète, la température s'abaisse graduellement.

Cependant de l'eau peut rester liquide jusqu'à — 20°, du phosphore jusqu'à 35°, du soufre jusqu'à 100°, et une dissolution sursaturée d'alun, par exemple, jusqu'à une température assez basse : c'est ce qu'on appelle le phéno- mène de *surfusion*, qui est dû soit à un excès de pression, soit à une complète immobilité, soit à l'absence de l'air dans le liquide, soit à des substances dissoutes. Mais, qu'on agite, qu'on fasse rentrer l'air ou qu'on touche la dissolution avec un cristal du même genre, le liquide se prend en masse, et en même temps toute la chaleur latente reparaît, en ramenant la température au point ordinaire où le corps se solidifie.

Procédés employés pour changer l'état des corps. — Le *changement d'état des corps* s'obtient : 1° par un changement de température : quand on chauffe l'eau, elle se vaporise ; quand on la refroidit, elle se congèle ; et le gaz acide sulfureux se liquéfie, quand on le fait dégager dans un tube plongé dans un mélange réfrigérant ; 2° par un changement de pression : quand on met de l'eau sous le récipient de la machine pneumatique, il se forme des vapeurs à mesure qu'on fait le vide ; en comprimant les vapeurs et les gaz, on les liquéfie ; c'est par sa propre compression que l'on a obtenu liquide le gaz acide carbo- nique, et quand on laisse évaporer le liquide, la plus grande partie se solidifie sous forme d'une neige blanche ; 3° par les actions chimiques : l'eau jetée sur la chaux vive se solidifie en se combinant avec la chaux.

*En soumettant à la fois les gaz à une forte pression et à un grand abaissement de température, on était arrivé à liquéfier la plupart d'entre eux. Six seulement, parmi les- quels l'*oxygène*, l'*hydrogène* et l'*azote*, avaient résisté ; ces six gaz ont été rendus liquides en 1877 : il n'existe donc plus aujourd'hui aucun gaz *permanent*.

Phénomènes particuliers que présentent certains corps en changeant d'état. — Ordinairement un solide que l'on soumet à une élévation de température passe d'abord à l'état liquide, puis à l'état de vapeur. Quelques corps font exception à cette règle : ainsi, l'iode et l'arsenic chauffés dans des vases ouverts passent de suite de l'état solide à l'état de vapeur. On peut toutefois fondre ces corps en les chauffant dans des tubes de verre fermés à la lampe d'émailleur : l'air contenu dans ces tubes, étant chauffé en même temps que le solide, exerce sur ce solide une compression qui l'empêche de se vaporiser.

Le soufre présente des phénomènes très curieux quand on le chauffe graduellement : *il fond d'abord, devient très fluide, puis tellement visqueux qu'il en est presque solide ; à une température plus élevée, il reprend sa fluidité, et entre en ébullition vers 440°. Versé dans l'eau froide quand il coule facilement, il redevient cassant et d'une couleur jaune citron ; tandis que s'il est versé dans l'eau froide quand il coule comme un sirop, il reste mou pendant quelque temps, a une couleur foncée et peut être tiré en fils minces ou servir à obtenir des empreintes. Cet effet disparaît peu à peu, et le soufre redevient cassant comme il l'était avant la fusion.

Calorimétrie. — La *calorimétrie* est la mesure des quantités de chaleur latente nécessaires pour que les corps changent d'état, ou de celles qu'il faut leur fournir pour les échauffer, et qui constituent ce qu'on nomme leurs *chaleurs spécifiques*.

Chaleur de fusion de la glace. — Un kilogramme de glace à 0° absorbe, pour se fondre, 70 calories, c'est-à-dire qu'il faut autant de chaleur pour fondre 1 kilogramme de glace à 0° que pour chauffer 70 kilogrammes d'eau d'un seul degré, ou pour chauffer 1 kilogramme d'eau de 0° à 70°.

En effet, si l'on mélange 1 kilogramme de glace à 0 et

1 kilogramme d'eau à 79°, la glace fond en refroidissant l'eau chaude, et lorsque toute la glace est fondue, on a 2 kilogrammes d'eau liquide à 0°. Par conséquent, 1 kilogramme de glace, en fondant, a refroidi 1 kilogramme d'eau de 79° à 0° : cette glace a donc absorbé 79 calories.

Pour congeler l'eau, il ne suffit pas de la refroidir à 0°; il faut encore lui enlever sa chaleur de fusion. Aussi voit-on que dans l'hiver l'épaisseur de la glace est d'abord très mince; cette épaisseur ne croît que graduellement.

De même, pour fondre la glace, il ne suffit pas de la chauffer à 0°; il faut encore lui donner sa chaleur de fusion : c'est ce qui fait que lors du dégel, quand la température remonte à 0°, toute la neige ne se liquéfie pas instantanément; elle ne peut fondre que graduellement, à mesure qu'elle a absorbé la chaleur latente nécessaire à ce changement d'état.

Chaleur de vaporisation de l'eau. — 1 kilogramme d'eau à 100° exige, pour se réduire en vapeur, 537 calories, c'est-à-dire la quantité de chaleur nécessaire pour chauffer d'un seul degré 537 kilogrammes d'eau.

En effet, si l'on fait bouillir de l'eau dans un vase, et qu'à l'aide d'un tube on conduise la vapeur d'eau bouillante dans l'eau froide d'un autre vase, cette vapeur se liquéfiera, et sa chaleur de vaporisation élèvera la température de l'eau froide. 100 kilogrammes de vapeur d'eau à 100° condensés dans 537 kilogrammes d'eau liquide à 0° donnent 637 kilogrammes d'eau liquide à 100°. Remarquons d'abord que la vapeur, en se condensant, est restée à 100° : elle n'a donc rien perdu de sa chaleur sensible; mais sa chaleur latente a chauffé 537 kilogrammes d'eau de 0° à 100°, ce qui équivaut à 100 fois 537 calories : par conséquent, la centième partie du poids de la vapeur, ou 1 kilogramme, avait 100 fois moins de chaleur, ou 537 calories.

Application de la chaleur de vaporisation de l'eau. — A l'aide de la chaleur de vaporisation on chauffe économiquement l'eau des bains et des lavoirs, et l'air des appartements, des serres, des ateliers, etc. On se contente souvent d'établir, au moyen de tubes métalliques, une circulation d'eau chaude ; et, comme l'eau est de tous les corps celui qui a la plus grande chaleur spécifique, en traversant des poêles de fonte disposés dans chaque pièce, elle échauffe suffisamment l'air qu'ils contiennent dans un de leurs compartiments communiquant librement avec la pièce ; puis l'eau refroidie est ramenée au foyer. Mais si l'on emploie la vapeur d'eau bouillante, la vapeur, en parcourant ces tubes froids, se liquéfie et leur cède sa chaleur de vaporisation ; les tubes chauffés de cette manière transmettent leur chaleur à l'air ou à l'eau, suivant qu'ils sont placés dans l'un ou l'autre milieu.

Quand la distance du foyer aux pièces à chauffer n'est pas très grande, on emploie cependant avec plus d'avantage le chauffage par l'air chaud. Des tuyaux partent du milieu du foyer ; l'air qu'ils renferment s'élève, parce qu'il devient plus léger, se déverse par une ouverture convenable dans les appartements, et est remplacé par l'air froid venu du dehors, qui s'échauffe, à son tour, en traversant les tuyaux.

Mesure de la quantité de chaleur des corps. — Quel que soit l'état d'un corps, il recèle entre ses molécules, indépendamment de la chaleur latente, une certaine quantité de chaleur déterminée par sa masse, sa température et sa nature. Si l'on prend deux masses égales et à égale température, par exemple 3 kilogrammes de mercure à 0° et 3 kilogrammes d'eau à 0°, pour les chauffer toutes deux à une même température de 60°, il faudra 33 fois plus de chaleur à l'eau qu'au mercure : ce que l'on exprime en disant que la capacité calorifique de l'eau est 33 fois plus grande que celle du mercure, ou encore que la chaleur spécifique de l'eau est 33 fois celle du mercure.

Chaleur spécifique des corps. — La chaleur spécifique d'un corps est la quantité de chaleur nécessaire pour élever de 0° à 1° la température d'un kilogramme de ce corps. C'est la chaleur spécifique de l'eau qui sert d'unité, puisque c'est elle qu'on a nommée *calorie*.

On détermine la *chaleur spécifique des corps* de trois manières différentes : 1° par la méthode de refroidissement ; 2° par la méthode des mélanges ; 3° par le calorimètre de glace.

1° La quantité de chaleur que possède un corps entre ses molécules peut être mesurée facilement par la quantité de glace que le corps peut fondre : puisqu'il faut 79 calories pour fondre 1 kilogramme de glace, le corps aura perdu, en se refroidissant jusqu'à la température de la glace fondante, c'est-à-dire jusqu'à 0°, autant de fois 79 calories qu'il aura fondu de kilogrammes de glace.

2° Mélangez ensemble par kilogramme de l'eau à 0° et du fer à 50°, ou de l'eau à 0° et du mercure à 50° : la température finale sera, dans la première expérience 5°,11, dans la seconde, 1°,61 : d'où l'on déduit par le calcul la chaleur spécifique du mercure et du fer, en tenant compte toutefois de la chaleur spécifique du vase qui contient l'eau.

3° Le *calorimètre de glace* (*fig.* 106) se compose de trois boîtes de fer-blanc placées l'une dans l'autre et maintenues à distance par de petits supports métalliques. La boîte intérieure est garnie de trous ; la boîte extérieure communique au dehors par le robinet latéral A, et la boîte moyenne communique à l'extérieur par le robinet R, sans communiquer avec la première boîte. On remplit de glace pilée les intervalles situés entre la première et la seconde, et entre la seconde et la troisième boîte ; enfin on met dans la troisième boîte trouée le corps chaud dont on cherche la capacité calorifique. Ce corps, en se refroidissant jusqu'à 0°, fond de la glace, qui s'écoule par le robinet inférieur. La chaleur extérieure n'aura aucune influence sur cette quantité de glace, puisqu'elle sera arrêtée par la première couche qui la met à l'abri de la température de l'atmosphère, et si l'atmosphère fond la glace de la première couche, le produit s'en écoulera par le robinet latéral.

Pour mesurer le nombre de calories que le corps a perdu

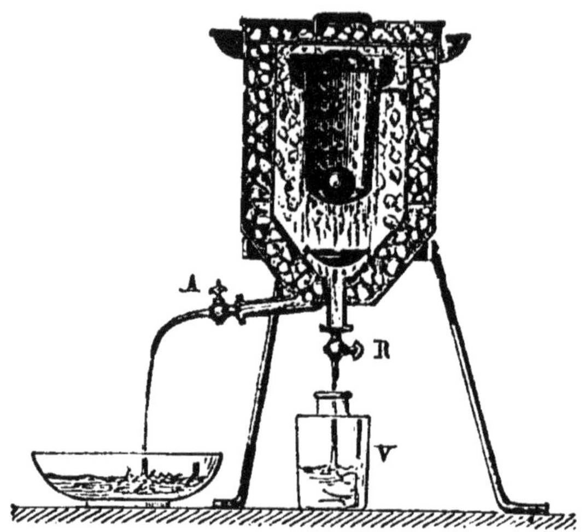

Fig. 106.

en se refroidissant jusqu'à 0°, il suffit de multiplier par **79** le poids de la glace fondue. Il est ensuite facile d'en déduire la chaleur spécifique.

Exemple : 3 kilogrammes d'un corps A chauffé à 60° fondent 5 kilogrammes de glace. On demande d'abord la quantité de chaleur que le corps a perdue en se refroidissant à 0°, ensuite quelle est sa chaleur spécifique ?

Puisque ce corps a fondu 5 kilogrammes de glace, et qu'il faut 79 calories pour en fondre un seul kilogramme, ce corps a perdu 5 fois 79 unités de chaleur ou 395 calories.

Puisque 3 kilogrammes de A ont perdu 395 calories, un seul kilogramme en a perdu 3 fois moins, c'est-à-dire $\frac{395}{3}$. Enfin, si un kilogramme de A a perdu $\frac{395}{3}$ calories en se refroidissant de 60° à 0°, il en aurait perdu 60 fois moins en se refroidissant d'un seul degré. Un seul kilogramme de A aura donc perdu en se refroidissant d'un seul degré $\frac{395}{3 \times 60}$ ou 2,14. On a donc la chaleur spécifique de A = **2,14**.

On a déterminé la chaleur spécifique des gaz par la méthode des mélanges en faisant passer une quantité connue d'un gaz chaud dans un serpentin entouré d'eau froide et en notant de combien de degrés s'est accrue la température de l'eau. L'expérience a prouvé qu'à volume égal tous les gaz simples ont des chaleurs spécifiques égales. Dulong a énoncé une seconde loi, savoir : Deux gaz simples se combinant sans condensation, la chaleur spécifique du composé est, à volume égal, la même que celle des gaz composants.

CHAPITRE XVI.

Vapeurs; leur formation dans le vide. — Maximum de saturation ou de tension des vapeurs. — Tension des vapeurs depuis la température ordinaire jusqu'à l'ébullition. — Tension des vapeurs à une température inférieure à la température ordinaire. — Tension des vapeurs à une température supérieure à l'ébullition. — Densité des vapeurs. — Mélange des vapeurs dans l'air. — Lois des mélanges des gaz et des vapeurs. — Vaporisation. — Évaporation. — Froid produit par l'évaporation. — Ébullition. — Marmite de Papin.

Vapeurs; leur formation dans le vide. — On appelle *vapeurs* les fluides aériformes produits par le changement d'état des solides ou des liquides. Ce changement s'accomplit ordinairement sous l'influence de la chaleur; mais il peut être également provoqué, surtout dans les liquides, par une diminution de pression.

Dans un espace vide, un liquide se réduit instantanément en vapeurs, et la quantité en est d'autant plus grande que l'espace est plus considérable, et la température plus élevée. Leslie l'a démontré par l'expérience suivante. On met sous le récipient de la machine pneumatique un vase de verre contenant une certaine quantité d'acide sulfurique concentré, et au-dessus de ce vase une petite soucoupe métallique contenant un peu d'eau. Cette soucoupe métallique, large et peu profonde, est maintenue au-dessus du vase par trois pieds soudés à la soucoupe. A mesure que la raréfaction s'opère, une partie de l'eau se réduit en vapeur et remplit la totalité du récipient. Le phénomène s'arrêterait là sans l'acide sulfurique, qui absorbe la vapeur à mesure qu'elle se forme, de sorte que de nouvelles quantités d'eau s'évaporent continuellement et sont absorbées à leur tour. Or, l'eau, pour se vaporiser, exige une grande quantité de chaleur latente. La vapeur qui se forme s'empare à cet effet de la chaleur sensible des molécules restées liquides et les refroidit tellement qu'elles se congèlent, en sorte que la même expérience nous montre à la fois la formation des vapeurs et de la glace dans le vide.

Maximum de saturation ou de tension des vapeurs. — *On nomme *pression* ou *tension* d'une vapeur l'effort qu'elle exerce sur les parois du vase qui la renferme, en vertu de son expansibilité. La *tension* d'une vapeur se mesure, comme celle d'un gaz, par la hauteur de la colonne de mercure qu'elle est capable de soulever dans un manomètre.

*Supposons une vapeur renfermée dans un espace clos : si l'on vient à augmenter la capacité du vase, la pression de la vapeur diminue conformément à la loi de Mariotte. Si, au contraire, on diminue la capacité du vase, la pression de la vapeur augmente, conformément encore à la loi de Mariotte. Mais elle ne peut pas augmenter indéfiniment : il arrive un moment où la vapeur se *condense* à l'état liquide, plutôt que d'augmenter de pression ; à ce moment on dit que la tension de la vapeur a atteint sa *tension maximum*. On dit aussi que l'espace est *saturé* de vapeur, c'est-à-dire qu'il renferme toute la vapeur qu'il peut renfermer dans les circonstances de l'expérience. Si, au contraire, la pression de la vapeur est plus petite que la tension maximum, on dit que l'espace n'est pas saturé.

Que, dans un baromètre fait avec un tube plus long que

d'ordinaire, on fasse passer un centimètre au plus d'éther : l'extrémité inférieure étant plongée dans la cuvette, le mercure, s'il était seul, devrait baisser dans le tube et descendre à environ 0^m,76 au-dessus du niveau de la cuvette ; mais l'éther, se trouvant ainsi dans le vide barométrique, se réduit en vapeur et, par sa force élastique, il repousse le mercure à une hauteur moindre que 0^m,76. La force de la vapeur d'éther est ici égale à la pression atmosphérique diminuée de la hauteur du mercure au-dessus du niveau de la cuvette. Si l'on a mis peu d'éther, il n'en restera pas un excès liquide ; alors on verra que : 1° lorsqu'on soulève le tube, la colonne de mercure augmente, ce qui prouve que la vapeur diminue de tension ; 2° lorsqu'on enfonce, au contraire, le tube, la colonne de mercure diminue, ce qui prouve que la tension de la vapeur augmente ; 3° dès que le mercure sera descendu jusqu'à un certain point, si l'on continue à enfoncer le tube, le mercure reste stationnaire, ce qui prouve que la tension de la vapeur n'augmente plus, et en même temps il se forme au-dessus du mercure une couche d'éther liquide, dont l'épaisseur augmentera graduellement ; 4° lorsqu'on relève de nouveau le tube, la couche liquide diminue graduellement, mais le mercure demeure stationnaire tant qu'il reste de l'éther liquide, et enfin, aussitôt que tout l'éther est vaporisé, le mercure s'élève si l'on continue à monter le tube. Cette expérience pouvant être faite avec tout autre liquide, on doit en conclure que, dans un espace vide, une vapeur est à son maximum de tension tant que cette vapeur est en contact avec un excès de liquide.

Tension des vapeurs depuis la température ordinaire jusqu'à l'ébullition. — Pour connaître la tension des vapeurs depuis la température ordinaire jusqu'à l'ébullition, on remplit entièrement de mercure le tube A (*fig.* 107), et on le renverse dans une cuvette à mercure RS ; le mercure s'arrête en F dans le tube, et l'espace AF est vide. On remplit de mercure, à l'exception d'un centimètre, les autres tubes B, C, D, et on achève de remplir le tube B avec de l'éther, le tube C avec de l'alcool, le

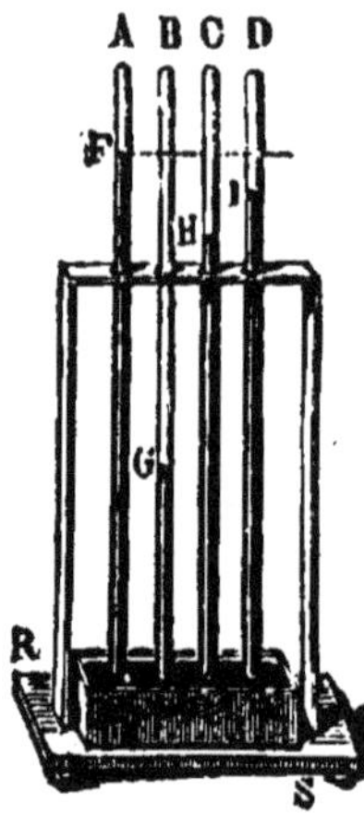

Fig. 107.

tube D avec de l'eau; après avoir aussi renversé ces trois tubes dans la même cuvette, on voit que l'éther, l'alcool et l'eau se trouvant dans le vide barométrique se sont vaporisés en partie et ont fait baisser le mercure en G, en H et en I. Toutes ces vapeurs sont à leur maximum de tension, si dans chaque tube il reste un excès de liquide, et la force élastique de chaque vapeur est la quantité dont le mercure a baissé au-dessous du niveau F dans le baromètre. On voit ainsi qu'à la même température la vapeur d'éther a plus de force que la vapeur d'alcool, et celle-ci plus de force que la vapeur d'eau.

Pour avoir la force élastique d'une vapeur à une température supérieure à celle de l'air environnant, on enveloppe un baromètre et le tube barométrique qui contient la vapeur d'un manchon de verre plongeant dans le mercure de la cuvette, et l'on remplit ce manchon d'un liquide à la température que l'on désire : de cette manière, le mercure aura la même densité dans les deux tubes. La force de la vapeur, d'autant plus grande que la température sera plus élevée, sera toujours exprimée par la différence de hauteur du mercure dans les deux tubes. La vapeur fait équilibre à la pression atmosphérique quand elle déprime la colonne barométrique jusqu'au niveau du mercure dans la cuvette. Pour obtenir cet effet, on reconnaît qu'il faut chauffer la vapeur d'éther à 35°,5, la vapeur d'alcool à 78°,3, et la vapeur d'eau à 100°; or, ces températures sont précisément celles de l'ébullition de ces liquides. On en a conclu que la vapeur de chaque liquide fait équilibre à la pression atmosphérique, quand cette vapeur est chauffée à la température à laquelle son liquide entrerait en ébullition sous la pression atmosphérique.

Tension des vapeurs à une température inférieure à la température ordinaire. — Il a été reconnu que, dans un tube dont les parois sont en divers endroits à des températures différentes, la tension de la vapeur correspond à la température la plus basse. Pour avoir la tension des vapeurs à une température inférieure à celle de l'air environnant, il suffit donc de recourber la partie supérieure du tube barométrique, d'introduire le mercure et le liquide comme dans les autres tubes, et de plonger cette partie recourbée dans un mélange réfrigérant. La différence entre le niveau du mercure dans ce tube et le niveau d'un baromètre exprime la tension de la vapeur à la température du mélange réfrigérant.

Tension des vapeurs à une température supérieure à l'ébullition. — On prend un tube recourbé (*fig.* 108), dont la courte branche A soit fermée, et la longue branche ouverte ; on remplit entièrement de mercure la courte branche et la moitié de la branche ouverte ; on fait passer dans la courte branche une petite quantité d'eau, puis on plonge cet instrument dans un vase CD contenant de l'huile chauffée à plus de 100°. L'eau se réduit en vapeur, et, comme cette vapeur occupe un espace très considérable, elle refoule le mercure dans la branche fermée et le soulève dans la branche ouverte ; la tension de la vapeur fait équilibre à la pression atmosphérique qui agit dans la branche ouverte, plus à la différence entre les deux niveaux du mercure.

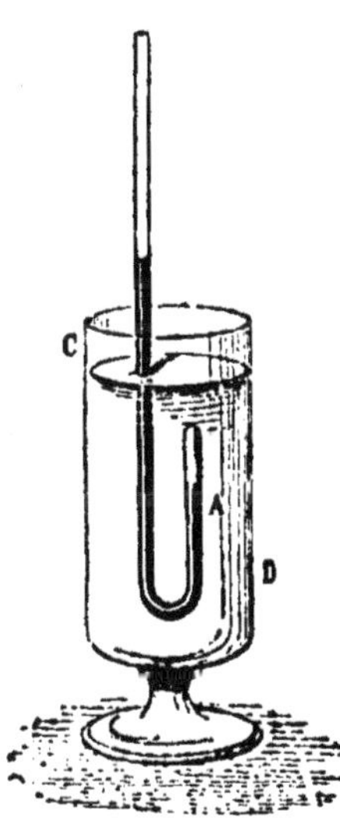

Fig. 108.

Mais, lorsqu'il s'agit de températures très élevées, et par conséquent de pressions très fortes, il faut des appareils plus compliqués, pour connaître exactement la pression et les températures correspondantes. C'est avec le secours de ces appareils que l'on a déterminé la table suivante, qui indique le maximum de la force élastique des vapeurs saturées.

Table de l'élasticité de la vapeur d'eau évaluée en millimètres à diverses températures, soit au-dessous, soit au-dessus de 100°.

Degrés de température.	Élasticité ou pression correspondante.
— 30	$0^{mm},36$
— 20	0 ,81
0	4 ,60
+ 5	6 ,5
+ 10	9 ,16
+ 15	12 ,7
+ 20	17 ,39
+ 25	23 ,7
+ 30	31 ,58
+ 50	91 ,98
+ 100	760 ou 1 atmosphère.
+ 120,6	2 atmosphères.
+ 133,9	3 atmosphères.
+ 144	4 atmosphères.
+ 152,2	5 atmosphères.
+ 198,8	15 atmosphères.

Densité des vapeurs. — La densité des vapeurs diminue quand la température s'élève; mais il y a un point où chaque vapeur commence à se comporter comme un gaz, et où, par conséquent, sa densité devient sensiblement constante.

Voici le tableau des densités de quelques vapeurs, l'air étant pris pour unité ;

Eau,	0,622	Phosphore,	4,420
Alcool,	1,613	Mercure,	6,976
Soufre,	2,203	Iode,	8,716
Éther,	2,586		

Mélange des vapeurs dans l'air. — On a vu précédemment que dans le vide les vapeurs se forment instantanément ; il n'en est pas de même dans l'air ou dans tout autre gaz. L'air exerce une pression plus ou moins grande sur le liquide et l'empêche de se vaporiser aussi facilement que dans le vide ; cependant, après un temps plus ou moins considérable, il y aura dans l'espace rempli d'air autant de vapeur que si cet espace eût été vide. La différence entre la production des vapeurs dans le vide et dans l'air n'existe absolument que dans la durée nécessaire à cette production ; cette durée est d'un seul instant dans le vide et d'un temps plus ou moins considérable dans l'air. Lorsqu'un espace contient à la fois de l'air et de la vapeur, les parois ont à supporter en même temps la force élastique de la vapeur et celle de l'air.

Lois des mélanges des gaz et des vapeurs. — Les lois concernant les mélanges des gaz et des vapeurs sont au nombre de deux et peuvent se résumer ainsi :

Première loi : *Dans un espace rempli d'un gaz ou d'un mélange de plusieurs gaz, il se forme autant de vapeur que si l'espace était vide.*

Deuxième loi : *Lorsqu'un espace contient à la fois un gaz et une vapeur, les forces élastiques de ces fluides s'a-joutent.*

Vaporisation. — On donne, comme on l'a vu précédemment, le nom général de *vaporisation* à la transformation d'un liquide en vapeur. Cette vaporisation peut avoir lieu par *évaporation* ou par *ébullition.*

Évaporation. — L'*évaporation* est la production plus ou moins lente des vapeurs à toute température. Elle se fait par la face supérieure du liquide, et la vapeur a une force beaucoup moindre que la pression atmosphérique. Ce phénomène est, par conséquent, différent de l'ébullition, où la vapeur a toujours une force capable de vaincre soit la pression atmosphérique, soit la pression des gaz et des vapeurs qui pèsent sur la surface du liquide.

A toute température, l'eau s'évapore : ainsi l'eau abandonnée dans un vase disparaît peu à peu ; un linge mouillé sèche, etc. On a cru longtemps que l'air agissait comme dissolvant. Si l'air était réellement la cause de cette production de vapeur, en plaçant un verre d'eau dans le vide, l'évaporation devrait s'arrêter. Au contraire, l'eau tiède entre en ébullition dès les premiers coups de piston; il faut une raréfaction plus avancée si l'eau est plus froide. L'air est donc un obstacle à l'évaporation, au lieu d'en être la cause; mais l'eau triomphe peu à peu de l'obstacle et finit même par se vaporiser complètement.

Voici comment on explique le phénomène : la couche d'eau supérieure absorbe la chaleur des molécules environnantes; les vapeurs qui se forment se placent entre les molécules d'air qui touchent la surface de l'eau ; bientôt cette couche d'air humide est remplacée par une autre couche d'air sec, et la même action recommence.

C'est à l'évaporation que sont dus le séchage ou essorage du linge, et l'agglomération du sel qui se dépose dans les marais salants. Elle est, d'ailleurs, activée : 1° par une élévation de température; 2° par l'étendue de la surface liquide; 3° par la sécheresse de l'air; 4° par le renouvellement rapide des couches d'air en contact avec le liquide.

Froid produit par l'évaporation. — L'évaporation est toujours accompagnée d'un abaissement de température, parce que la chaleur sensible du liquide passe à l'état latent pour la formation de la vapeur.

L'expérience de Leslie (p. 169), qui donne de la glace en même temps que de la vapeur sous le récipient de la machine pneumatique, en est la meilleure preuve. Le froid produit par l'évaporation permet d'obtenir facilement de l'eau fraîche, et même de la glace.

Si l'on expose au soleil une carafe d'eau, entourée d'un linge mouillé, sur une assiette pleine d'eau, l'évaporation emprunte à la carafe sa chaleur, qui devient latente, et l'eau qu'elle contient est refroidie.

On a importé des pays chauds en France les *alcarazas*. Ce sont des vases de terre poreuse. Si on les remplit d'eau, le liquide suinte à travers les pores et s'évapore dans un courant d'air, tandis que la température intérieure s'abaisse de plusieurs degrés.

L'appareil Carré donne de la glace. * Une carafe pleine d'eau communique avec une petite machine pneumatique. Sous l'influence du vide, l'eau s'évapore très rapidement, ce qui amène le refroidissement progressif; au bout de 20 minutes l'eau est assez refroidie pour se congeler.

Ébullition. — *L'ébullition* est un phénomène qui se produit sous l'influence de la chaleur, les bulles de vapeur s'échappant tumultueusement de l'intérieur de la masse liquide. La formation des vapeurs dans le vide est une véritable ébullition.

Si l'on emploie la chaleur pour la produire, il s'établit d'abord le double courant dont nous avons parlé (p. 147) en traitant de la dilatation, et si le vase est de verre, on voit l'air en solution dans le liquide s'échapper sous forme de petites bulles. Plus tard, la couche liquide inférieure se vaporise; des bulles de vapeur s'élèvent dans le liquide et disparaissent avant d'atteindre la face supérieure, parce qu'elles se condensent en traversant des couches dont la température est trop basse : de là ce léger bruit qui fait dire que le *liquide chante*. Enfin, lorsque les couches supérieures sont à une température suffisante, la vapeur s'échappe avec violence en soulevant la masse liquide qui pèse sur elle.

Le *point d'ébullition* d'un liquide dépend : 1° de la pureté du liquide ; 2° de la pression atmosphérique; 3° de la profondeur du liquide ; 4° de la nature du vase.

1° Le point d'ébullition est retardé si le liquide a dissous des substances fixes ou moins volatiles que ce liquide : ainsi, l'eau saturée de sel marin bout à 109°. Le point d'ébullition est, au contraire, avancé quand le liquide tient en solution des substances plus volatiles.

2° Il est évident que le point d'ébullition doit varier avec la pression atmosphérique que la vapeur doit vaincre. On a constaté, par des expériences nombreuses, que l'ébullition est retardée de 1° centigrade quand la pression augmente de 27 millimètres.

3° Il n'est pas moins évident que plus la profondeur du liquide est grande, plus le point d'ébullition est retardé. La vapeur d'eau bouillante devrait avoir une force égale à deux atmosphères, si la profondeur de l'eau était de 32 pieds ou 10ᵐ. La température de la vapeur, au moment de sa production au fond du vase, serait d'environ 121°; mais, cette vapeur se refroidissant successivement en traversant les autres couches liquides, et la face supérieure n'étant qu'à 100°, la vapeur n'aura qu'une température de 100° en s'échappant dans l'air.

4° Le point d'ébullition dépend de la nature du vase : ainsi, dans un vase de verre, l'ébullition de l'eau est retardée de 1°,25. Mais si l'on jette dans l'eau quelques pointes d'un métal qui n'ait point d'action chimique sur le liquide, l'ébullition se fait à la même température que dans un vase de métal. Il est à remarquer que, bien que l'eau pure entre en ébullition dans un vase de verre à 101°,25, la température de la vapeur n'est cependant que de 100°.

Le point d'ébullition de l'eau est de 100° centigrades, pourvu : 1° que l'eau soit pure ; 2° que la pression atmosphérique soit de 0,76 ; 3° que l'eau soit en petite profondeur ; 4° qu'elle soit dans un vase métallique. Voilà pourquoi, dans la graduation des thermomètres, il faut plonger ces instruments dans la vapeur d'eau bouillante et tenir compte de la hauteur barométrique seulement, en se rappelant qu'un changement de 27 millimètres de pression donne un changement de 1° centigrade dans la température d'ébullition : de sorte que, si le baromètre marquait 27 millimètres au-dessus de 0,76, il faudrait noter la température d'ébullition 101°, au lieu de 100°.

Il résulte encore des observations précédentes que l'eau bouillante est moins chaude au sommet d'une montagne que dans une plaine, puisque la pression atmosphérique est moindre au sommet de la montagne.

12.

Marmite de Papin. — Puisque le point d'ébullition est retardé par une augmentation de pression, on peut le retarder à volonté : il suffit pour cela de chauffer le liquide dans la *marmite* ou *digesteur de Papin*, ingénieur français du dix-septième siècle, qui a découvert l'emploi de la force élastique de la vapeur.

Cet appareil (*fig.* 109) se compose d'un vase de cuivre A dont les parois sont très résistantes ; on remplit d'eau

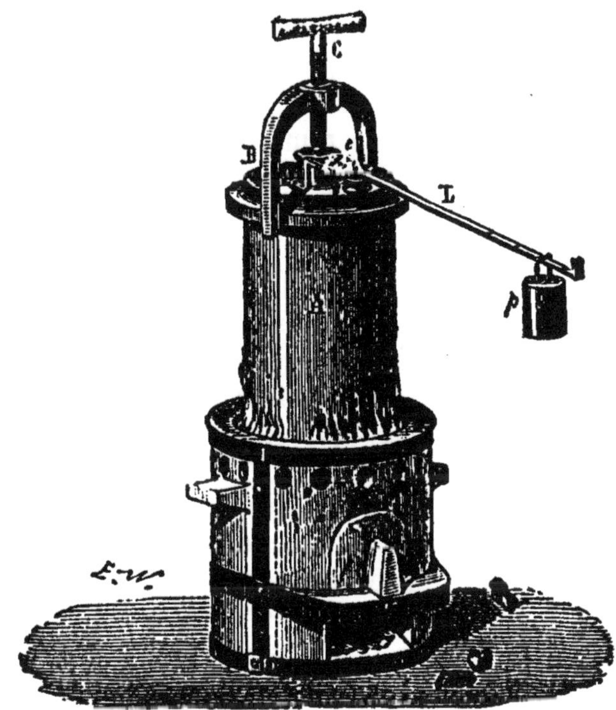

Fig. 109.

environ les deux tiers du vase ; le couvercle B est maintenu fermé à l'aide d'une vis C. Arrivée à 100°, l'eau ne peut bouillir, puisque l'air et la vapeur qui se trouvent au-dessus du liquide ont une tension qui augmente avec la température. Si l'eau ne peut bouillir, il n'y aura aucune perte de chaleur par vaporisation : par conséquent, la température de l'eau s'élèvera graduellement, et l'on atteindra ainsi 120°, 130°, etc. Mais la force de l'air et de la vapeur augmentant sans cesse, il arriverait un moment où le vase éclaterait avec une violence extrême. Pour empêcher cet accident, on ménage dans le couvercle une petite ouverture conique *o*, qui est fermée par une soupape de même forme; un poids *p* attaché à l'extrémité d'un levier *L* passant sur la soupape la maintient fermée avec une force que l'on peut varier à volonté. Quand la tension de la vapeur dépasse la force qui ferme la soupape, celle-ci s'ouvre, et la vapeur s'échappe avec violence : alors l'eau entre en ébullition, et sa température baisse par la perte de chaleur que lui fait éprouver la production des vapeurs. Il est même remarquable que pendant les premiers moments de l'éruption l'on peut tenir impunément la main au milieu de la vapeur qui s'élance en gerbe : * cela tient à ce que la vapeur en sortant augmente considérablement de volume; et l'on sait qu'un gaz qui se détend se refroidit, tandis qu'un gaz que l'on comprime brusquement s'échauffe.

Papin avait inventé sa marmite pour extraire des os la gélatine; mais, une fois l'élasticité de la vapeur reconnue, il comprit la possibilité de l'employer comme force motrice. Les essais qu'il fit lui-même, et que d'autres renouvelèrent après lui, ont amené la construction de nos machines à vapeur modernes. Il fallut un siècle et demi pour perfectionner les appareils et régler une force qui semblait ne promettre à l'industrie son admirable concours qu'au prix des plus redoutables dangers.

CHAPITRE XVII.

Applications de la vapeur. — Machines à vapeur. — Appareil destiné à produire la vapeur. — Précautions de sûreté : tube indicateur, robinets, flotteur indicateur, flotteur d'alarme, soupape de sûreté, manomètre, nettoyage de la chaudière. — Appareil destiné à employer la vapeur comme force motrice. — Appareil pour la transmission du mouvement. — Emploi des différentes machines à vapeur. — Classification des machines à vapeur.

Applications de la vapeur. — Le principe des *applications de la vapeur* comme force motrice avait été mis en lumière dès le milieu du dix-septième siècle par Papin ; son emploi normal et régulier est une des plus belles découvertes de nos jours. C'est la vapeur qui donne aujourd'hui le mouvement aux vaisseaux ainsi qu'aux locomotives des chemins de fer. C'est à elle que sont dus les immenses développements de l'industrie moderne, qui l'a asservie à ses besoins dans une foule de machines de tout genre.

Machines à vapeur. — Les *machines à vapeur* sont des appareils où la vapeur est employée comme force motrice. Elles sont tellement répandues aujourd'hui qu'il n'est plus permis d'ignorer comment on peut obtenir par la simple vaporisation de l'eau des effets si extraordinaires. *Nous avons dit plus haut que l'origine de la force des machines à vapeur est dans la transformation en travail de la chaleur développée dans le foyer par la combustion de la houille.

Les machines à vapeur servent à différents usages. Tantôt elles font mouvoir directement des locomotives sur les chemins de fer, des bateaux sur les fleuves ou des navires sur les mers : elles se déplacent alors avec les corps qu'elles mettent en mouvement, et s'appellent *machines mobiles ;* tantôt elles donnent, sans changer elles-mêmes de place, un mouvement qu'on utilise pour épuiser l'eau dans les mines, pour faire monter l'eau dans les endroits les plus élevés, ou pour faire agir des mécaniques dans les imprimeries, les scieries, les usines et les fabriques de tout genre : on les appelle *machines fixes*.

Toutes ces machines se composent essentiellement : 1º d'un appareil destiné à produire la vapeur, et qu'on appelle *chaudière*; 2º d'un *cylindre* creux ou corps de pompe, dans lequel la vapeur fait exécuter au piston un mouvement de va-et-vient; 3º d'un cylindre plein nommé *arbre de couche*, qui tourne sur son axe par le mouvement de va-et-vient du piston.

C'est la vapeur qui fait mouvoir le piston dans le corps de pompe, et c'est le piston qui fait tourner l'arbre de couche. Si la force produite doit agir sur une locomotive ou un navire, l'arbre de couche se termine par deux roues, qui, dans les locomotives, posent sur les rails, et qui,

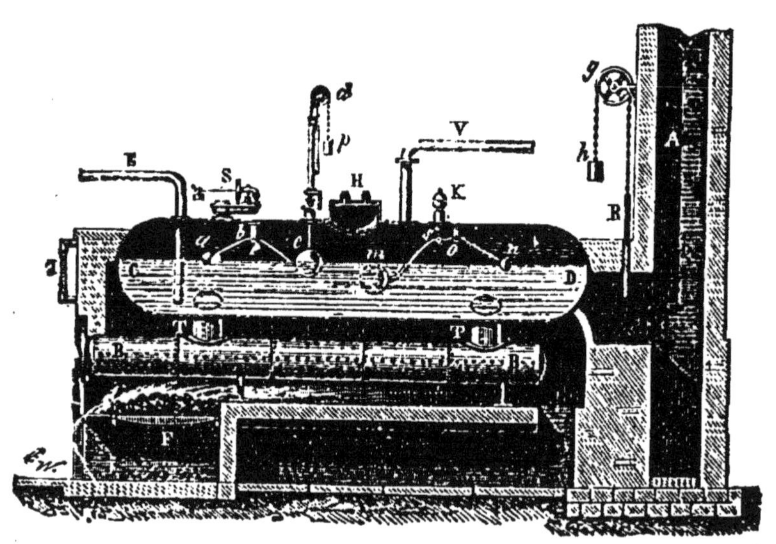

Fig. 110.

dans les navires à roues ou à aubes, plongent dans l'eau; *dans les navires *à hélice*, c'est l'hélice qui est placée à l'extrémité de l'arbre de couche. S'il s'agit d'une mécanique quelconque à mettre en mouvement, l'arbre de couche s'engrène par une roue dentée ou par une courroie sans fin avec les autres rouages de la mécanique.

Appareil destiné à produire la vapeur. — L'appareil destiné à produire la vapeur se compose ordinairement de la *chaudière* et de deux *bouilleurs*.

La *chaudière* CD (*fig.* 110)[1] est un grand cylindre de tôle communiquant par les tubes T, T avec deux autres cylindres plus petits BB, nommés *bouilleurs*, placés au-dessous. La chaudière est remplie d'eau à plus de moitié, et les bouilleurs en totalité; cette eau est introduite par le tube E. La flamme, développée par la combustion dans le foyer F, passe d'abord sous les bouilleurs, puis, en se repliant entre les bouilleurs et la chaudière, revient latéralement par deux autres conduits et s'échappe par la cheminée A. Un rideau R, que l'on peut faire monter ou descendre à volonté à l'aide d'une chaîne, d'une poulie *g* et d'un contrepoids *h*, permet de régler le tirage de la cheminée. La flamme, parcourant ainsi un assez grand trajet, pendant lequel elle est constamment en contact avec les parois de la chaudière et des bouilleurs contenant l'eau, échauffe le liquide, qu'elle fait entrer en ébullition dans les bouilleurs. La vapeur monte dans la chaudière par les tubes T, T, tandis que l'eau de la chaudière descend dans les bouilleurs par ces mêmes tubes. De la chaudière, la vapeur est conduite au piston P (*fig.* 111) par le tube V.

Précautions de sûreté. — Quand on a commencé à employer les machines à vapeur, il est arrivé plusieurs fois que la chaudière a éclaté sous l'action de la vapeur, ce qui a coûté la vie à plusieurs personnes. On a dû prendre dès lors des *précautions de sûreté* contre le retour d'accidents si regrettables, et comme ces accidents étaient le résultat d'une variation dans le niveau de l'eau ou d'un

---

1. La figure 110 représente une section de la chaudière, coupée verticalement par le milieu dans toute sa longueur, et un seul des deux bouilleurs. On donne souvent à la chaudière le nom de *générateur*, parce qu'elle engendre en quelque sorte la vapeur.

excès de tension de la vapeur, ces précautions sont de deux ordres.

La chaudière est ordinairement encastrée à moitié dans une maçonnerie en briques, afin de concentrer le feu du foyer sur la partie qui est occupée par l'eau. Si le niveau de l'eau était plus bas que la maçonnerie, le métal serait *surchauffé*; si le niveau était trop élevé, il n'y aurait plus assez de place pour la vapeur, et, dans les deux cas, une rupture de la chaudière serait à craindre. On s'assure du niveau par le *tube indicateur*, les *robinets*, le *flotteur indicateur* et le *flotteur d'alarme*.

En admettant que le niveau de l'eau fût convenable, s'il y avait un excès de calorique développé, la tension de la vapeur pourrait être assez grande pour faire éclater la chaudière. Les précautions contre cet accident sont la *soupape de sûreté* et les *manomètres*.

Enfin, il pourrait encore arriver que les sels calcaires contenus dans l'eau qui se vaporise se déposassent sur les parois de la chaudière, ce qui exigerait pour chauffer l'eau un plus grand développement de calorique. Or, si l'eau venait à toucher par quelque fissure le métal ainsi surchauffé, elle le refroidirait brusquement, d'une part, et, de l'autre, elle produirait instantanément une quantité de vapeur dont la tension pourrait être trop grande : de là deux causes de rupture pour la chaudière. La précaution la plus sûre, c'est de nettoyer souvent la chaudière par l'ouverture H appelée *trou d'homme*.

Tube indicateur. Le *tube indicateur* I est un tube de cristal communiquant, par deux garnitures métalliques, d'une part avec la vapeur, d'autre part avec l'eau de la chaudière; de cette manière, le niveau de l'eau dans ce tube est le même que dans la chaudière, et le mécanicien qui dirige la machine peut en constater à chaque instant la hauteur.

Robinets. Près du tube indicateur sont placés deux *robinets* à une faible distance l'un au-dessus, l'autre au-dessous du niveau que doit avoir l'eau. De temps en temps on donne un tour de clef à ces robinets : il faut toujours que le robinet supérieur donne de la vapeur, et le robinet inférieur de l'eau. Si le robinet supérieur donnait de l'eau, le niveau serait trop élevé ; si le robinet inférieur donnait de la vapeur, le niveau de l'eau serait trop bas.

Flotteur indicateur. Le *flotteur indicateur* est un levier *abc* mobile autour du point *b*, et portant à chaque extrémité une boule de métal : la boule *a* est petite et massive, la boule *c* est grande et creuse. Le bras de levier *bc* étant plus long que *ba*, la boule *c* tombe dans l'eau ; mais, à mesure qu'elle s'enfonce, elle perd de son poids le poids de l'eau qu'elle déplace, de sorte que bientôt le levier est équilibré : dès lors la boule *c* monte ou descend avec le niveau de l'eau. Cette boule est munie d'une tige terminée extérieurement par une petite chaîne passant sur la poulie *d* et soutenant le contrepoids *p*, lequel indique sur une règle graduée le niveau de l'eau dans la chaudière.

Flotteur d'alarme. Le *flotteur d'alarme*, désigné par *m o n*, est un levier pareil à celui du flotteur indicateur. La grande boule *m* plonge entièrement dans l'eau : de sorte que le niveau dans la chaudière devrait baisser beaucoup pour que le poids de cette boule augmentât d'une quantité considérable. Le levier *om* ferme en *s* une ouverture de la chaudière ; mais lorsque le niveau de l'eau baisse considérablement, le poids de la boule *m* augmente assez pour entraîner la petite boule *n* : alors l'ouverture *s* est libre, et la vapeur, s'échappant en *s*, frappe contre les bords d'une petite cloche de bronze K, qui rend un sifflement très aigu ; en même temps une grande quantité de vapeur passe par un tube dans le foyer. Le flotteur d'alarme prévient ainsi du danger que court la chaudière, et, en attendant que l'on vienne y remédier, il diminue l'action du feu.

Soupape de sûreté. La *soupape de sûreté* S a la même construction que celle qui a été décrite pour la marmite de Papin. C'est un cône tronqué fermant une ouverture de même forme. Un poids attaché à l'extrémité d'un levier ferme cette soupape. En supposant que la force avec laquelle la soupape est fermée soit de 4 atmosphères, chaque fois que la vapeur dépasserait cette force, elle soulèverait la soupape et s'échapperait jusqu'à ce que sa tension ne fût plus que de 4 atmosphères.

Manomètres. Les *manomètres* sont des instruments qui indiquent à chaque instant la force de la vapeur, de sorte qu'on puisse la modérer, si elle mettait en danger les parois de la chaudière.

Un des systèmes de manomètres le plus généralement employés aujourd'hui dans les machines à vapeur est le *manomètre Bourdon*, que nous avons déjà décrit en nous occupant des manomètres (p. 65).

Nettoyage de la chaudière. On voit en II (*fig.* 110) une ouverture circulaire nommée *trou d'homme*. C'est par là qu'un ouvrier peut s'introduire dans la chaudière quand il faut la réparer ou la nettoyer. Les eaux que l'on emploie contiennent plus ou moins de sels calcaires et déposent sur les parois de la chaudière une incrustation : on prévient jusqu'à un certain point cet effet en laissant dans la chaudière des pommes de terre, de l'argile, ou toute autre substance qui empêche l'adhérence du dépôt calcaire; mais on n'en est pas moins obligé de visiter l'intérieur de temps en temps.

Appareil destiné à employer la vapeur comme force motrice. — La vapeur, une fois formée dans la chaudière et les bouilleurs, est conduite dans le cylindre du corps de pompe par le tube V (*fig.* 111), tantôt au-dessus, tantôt au-dessous du piston P. Supposons que, par sa force élastique, la vapeur ait fait monter le piston : il ne suffira pas, pour qu'il redescende, qu'une nouvelle quantité de vapeur arrive en dessus, car le piston serait alors également comprimé sur ses deux faces; il faudra en même temps détruire la vapeur qui vient d'agir sur la face inférieure : pour cela, on la fait communiquer soit avec l'atmosphère, où elle se perd, soit avec le *condenseur*, récipient vide d'air et contenant de l'eau froide, où elle se condense, en sorte que ce qui en reste n'a plus qu'une

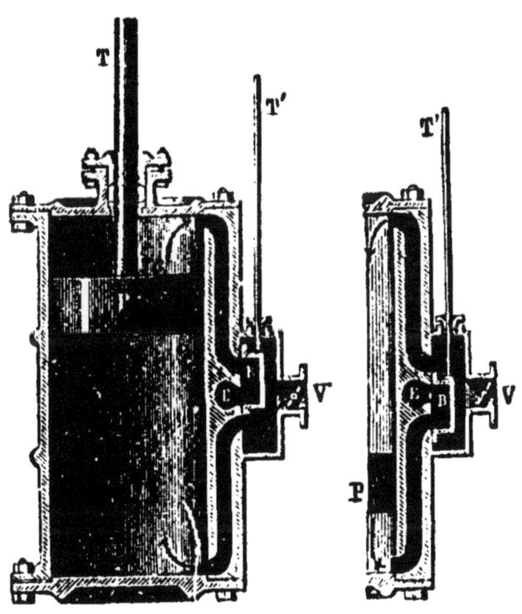

Fig. 111.   Fig. 111 *bis.*

tension égale à la petite tension maximum correspondant à la température de l'eau qu'elle a traversée.

Ainsi la vapeur de la chaudière doit communiquer alternativement avec chacune des deux faces du piston, et la vapeur qui a produit son effet, communiquer avec le dehors. Pour obtenir ce résultat, le conduit V amène la vapeur dans une capacité appelée *boîte à vapeur*, qui communique avec le corps de pompe par deux ouvertures : l'une aboutit au-dessus, et l'autre au-dessous du piston. Dans cette capacité est une pièce mobile appelée *tiroir*, que l'on a reproduite dans le dessin séparé (*fig.* 111 *bis*) à côté de la figure principale, à cause de la position différente du piston.

Le tiroir a varié de forme. Celui que l'on emploie aujourd'hui le plus communément est dit *tiroir à coquille.*

Une plaque B, creusée dans son milieu en forme de coquille aux angles plus ou moins arrondis, se meut dans la boîte à vapeur de manière à fermer alternativement soit l'une soit l'autre des deux communications entre la boîte à vapeur et le cylindre. Une tige T' se relie à l'arbre tournant ; elle en reçoit un mouvement de va-et-vient et le transmet au tiroir. La figure 111 représente le tiroir vers le haut de sa course. Les deux extrémités, l'inférieure et la supérieure, viennent s'appliquer, de manière à les fermer aussi hermétiquement que possible, au-dessus des deux ouvertures qui communiquent avec le cylindre : dès lors, la vapeur de la chaudière, arrivant dans la boîte à vapeur, passe par l'ouverture inférieure au-dessous du piston, qu'elle fait monter, tandis que la vapeur qui est au-dessus du piston va se perdre librement à l'air ou se rend au condenseur par la capacité B du tiroir et par un tube conducteur, dont on voit l'ouverture en E.

Quand le piston est arrivé tout à fait en haut de sa course, il faut, pour le faire marcher en sens contraire, que le tiroir occupe la position qu'il a dans la figure 111 *bis*. Les deux extrémités sont au-dessous des orifices qui communiquent avec le cylindre ; la vapeur vient alors, par l'ouverture supérieure, au-dessus du piston et continue à l'abaisser, tandis que celle qui est au-dessous du piston passe par l'ouverture inférieure dans le tiroir, pénètre dans sa cavité et continue à se diriger au dehors par le tube E, comme il est dit précédemment.

La figure 111 représente le cylindre dans la position verticale ; mais on peut le supposer placé horizontalement, et il est évident que les mouvements seront les mêmes, mais de gauche à droite et de droite à gauche.

Appareil destiné à la transmission du mouvement. — Le cylindre qui contient le piston mis en mouvement par la vapeur peut être disposé, soit verticalement (*fig.* 112), comme habituellement dans les grandes usines, soit horizontalement (*fig.* 113), comme dans les machines des chemins de fer et les machines usuelles.

La figure 112 représente l'appareil destiné à la trans-mission du mouvement dans une *machine à cylindre ver-tical*. La tige du piston communique le mouvement à un

Fig. 112.

balancier AB, et celui-ci le transmet à *l'arbre de couche* G à l'aide d'une *bielle* CD et d'une manivelle DF. Le mou-vement de rotation de l'arbre de couche est régularisé par une grande roue de fonte VV appelée *volant*. Un as-semblage de roues dentées qui s'engrènent ou de cour-roies sans fin multiplie, suivant le besoin, le mouvement obtenu et le dirige dans les différentes parties de l'usine.

Trois tiges attachées au balancier en reçoivent le mouvement en même temps que la bielle ; ces tiges appartiennent à trois pompes : la *pompe à eau froide* RS, la *pompe à air* MN et la *pompe alimentaire* PQ. La pompe à eau froide élève l'eau d'une prise d'eau quelconque et la verse dans un réservoir qui entoure le condenseur. La pompe à air, mise en communication avec le condenseur par une soupape, enlève d'abord l'air qu'il renferme, et la pression atmosphérique y fait jaillir l'eau froide par un tube N plongeant dans l'eau qui l'entoure. La pompe à air, enlevant ensuite l'eau du condenseur échauffée par la vapeur qui s'y est condensée, la verse dans un autre réservoir, et une certaine quantité d'eau froide en prend la place. Enfin la pompe alimentaire chassait dans la chaudière l'eau conduite du condenseur dans le réservoir, où elle avait subi une certaine augmentation de température par la condensation de la vapeur; mais aujourd'hui elle est généralement remplacée par l'*injecteur à vapeur*, et l'eau est comme aspirée naturellement du dehors dans la chaudière par la vapeur intérieure.

La figure 113 représente l'appareil destiné à la trans-

Fig. 113.

mission du mouvement dans une *machine à cylindre horizontal*. En avant du cylindre C on voit la boîte à vapeur qui conduit la vapeur à l'intérieur du cylindre, tantôt en avant, tantôt en arrière du piston. La tige P du piston passe dans un anneau fixe qui en dirige la course; on le voit un peu à la gauche du point P. Au piston est adapté, près de l'anneau, un fer à cheval B terminé par une tige, qui tient lieu de bielle, et qui, à l'aide de la manivelle M, imprime à l'arbre de couche le mouvement de rotation.

L'arbre de couche porte trois roues concentriques : la plus grande V est le volant; la moyenne, garnie d'une courroie sans fin, qui n'est représentée qu'en partie, transmet le mouvement par des engrenages convenables dans toutes les parties d'une usine ou d'un atelier; la plus petite, disposée entre les deux autres, porte une autre courroie sans fin et fait tourner un autre axe RR′ qui met en mouvement la pompe alimentaire P et la pompe à eau froide P′.

Les machines à vapeur n'ont pas toutes un condenseur. Dans les petites machines surtout, la vapeur qui a produit son effet s'échappe par le tiroir dans l'atmosphère, système qui rend inutile la pompe à air. Quelquefois cette vapeur est conduite par un tube E, comme dans la figure 113, dans un réservoir d'eau froide, où elle se condense en partie en échauffant l'eau ; la partie qui n'est pas condensée s'échappe librement au dehors. La pompe alimentaire prend l'eau dans le réservoir, où elle a été conduite par la pompe à eau froide, et où elle a été chauffée par la vapeur qui la traverse, avant de se perdre dans l'air, ce qui produit une économie de combustible.

Emploi des différentes machines à vapeur. — La machine à cylindre vertical, dont les figures 111 et 112 donnent les principales parties, a été inventée par l'Anglais Watt, dont elle porte le nom. Elle a été la première et pendant quelque temps la seule employée dans les manufactures et les usines. Mais une semblable machine exige beaucoup de place et est très coûteuse : aussi n'a-t-elle été conservée que dans les grands établissements, où la place ne manque pas, et dans lesquels la quantité de travail produit est une compensation de la dépense. L'industrie emploie ordinairement la machine à cylindre horizontal (*fig.* 113), dont la disposition a rendu inutile l'énorme pièce de fonte appelée *balancier*. En relevant sur le piston la machine horizontale, on a la machine verticale, qui paraît demander moins de place, mais dont la stabilité est moins grande. Quelquefois, dans cette dernière machine, on rend le corps de pompe mobile en le suspendant par deux tourillons fixes, qui servent de passage à la vapeur, d'une part à son entrée, et de l'autre à sa sortie, ce qui permet d'articuler directement la tige du piston avec la manivelle. Enfin on a essayé de communiquer directement le mouvement par le volant, dont la circonférence peut être garnie d'une courroie sans fin, et dont l'axe sert en quelque sorte d'arbre de couche.

A la ville, pour certains travaux de construction, et à la campagne, pour les travaux d'agriculture, on emploie des machines placées sur un chariot quelconque, que l'on transporte où l'on veut, et qu'on appelle, à cause de cela, des *locomobiles*. Elles rendent déjà d'excellents services, et sont appelées à en rendre tous les jours davantage.

Dans les machines, toujours à cylindre horizontal, employées par les chemins de fer et appelées *locomotives*, toute la longueur de la locomotive (*fig.* 114) est occupée par la chaudière. Il n'y a pas de bouilleurs; mais la flamme et les produits de la combustion traversent dans leur intérieur de nombreux tubes métalliques placés dans la partie de la chaudière occupée par l'eau. Ce système, dû à l'ingénieur Stephenson, présente à la chaleur une grande surface et rend, par conséquent, la vaporisation plus active. En avant de la locomotive et de chaque côté se trouve un cylindre, dans lequel se meut un piston; le mouvement se transmet aux trois paires de roues, qui sont couplées, c'est-à-dire réunies l'une à l'autre par des bielles, de manière à agir ensemble sous l'influence du piston. Le poids de la locomotive, qui porte ainsi deux cylindres pour une seule chaudière, appuie assez fortement les roues sur les

rails pour qu'il s'établisse une espèce d'engrenage, qui
force la locomotive à se déplacer quand les roues tournent. Il faut un mouvement de va-et-vient du piston pour
que la roue exécute une révolution entière, de sorte qu'on
peut facilement apprécier la vitesse de la locomotive en
comptant le nombre de doubles coups de piston ; on aura
avancé d'autant de fois que la longueur de la circon-

Fig. 114.

férence de l'une des roues a été développée. Les machines
des locomotives n'ont pas de condenseur : la vapeur
s'échappe à mesure dans l'air par le même conduit que
la fumée, après avoir produit son effet sur l'une des faces
du piston. C'est ce dégagement brusque de la vapeur qui
détermine un tirage suffisant, malgré la très faible hauteur de la cheminée.

Dans les machines des bateaux à vapeur, le mouvement
est communiqué par un piston horizontal, soit à deux
roues à palettes, soit à une hélice.

Dans le premier système (*fig.* 115), les deux roues à
palettes servent à la fois de force motrice et de volant;
chacune d'elles a, d'ailleurs, son cylindre ou corps de
pompe distinct qui la fait mouvoir. Les palettes coupent

perpendiculairement le fil de l'eau, sur laquelle elles prennent leur point d'appui pour faire avancer le navire.

Fig. 115.

Dans le second système, le mouvement est donné par une hélice, qu'on peut se représenter comme une seule spire de vis, dont les dimensions, toujours assez grandes, dépendent de celles du navire. Cette hélice est installée à l'arrière (*fig.* 117), près du gouvernail et à la partie inférieure du bâtiment, dans le plan de son axe vertical. Un axe la traverse; il est dirigé dans le sens de la longueur et peut tourner entre deux tourillons fixes : son mouvement est dû à l'arbre de la machine, auquel il est lié par des engrenages. L'hélice agit sur l'eau comme une vis agirait dans un écrou fixe, et communique ainsi au bâtiment un mouvement de propulsion rapide.

La spire, au lieu d'offrir dans son développement une surface continue, peut être découpée en quatre ailes obliques, disposées comme les ailes d'un moulin à vent (*fig.* 116). On comprend que, sous une impulsion de deux cent quarante tours par minute, ces ailes, dans leur mouvement accéléré, prendront continuellement sur l'eau un point d'appui, comme font les rames, et détermineront la propulsion du navire.

L'emploi de l'hélice, quelle qu'en soit la forme, offre

13.

plus d'avantage que les roues à palettes pour la navigation sur mer. Il y a d'abord plus de régularité dans son
action. En second lieu, comme elle plonge entièrement
dans l'eau, elle éprouve partout des pressions égales,

Fig. 116.   Fig. 117.

tandis que, dans les gros temps surtout, les roues qui
plongent inégalement, peuvent recevoir chacune une impulsion différente. Ajoutons enfin que, dans les bâtiments
de guerre, la position de l'hélice la met presque complètement à l'abri de tout accident, et qu'elle serait difficilement endommagée par les projectiles de l'ennemi. Il y a
des navires qui peuvent marcher soit à la vapeur, soit à
la voile. Quand ils marchent seulement à la voile, on
remonte l'hélice, qui nuirait au mouvement par son immobilité.

Classification des machines à vapeur. — On peut
classer les machines à vapeur de différentes manières :
1° selon que la vapeur agit dans le cylindre sur une face
seulement ou sur les deux faces du piston ; 2° d'après la
tension de la vapeur ; 3° d'après la force de la machine.

1° Les machines sont *à simple effet* ou *à double effet*,
selon que la vapeur agit sur une face seulement ou sur
les deux faces du piston.

Les machines à simple effet sont celles où la vapeur

n'agit qu'à la face supérieure du piston pour le faire descendre : il faut alors que le piston remonte à l'aide d'un contrepoids placé à l'autre extrémité du balancier. Ces machines sont de plus en plus rarement employées aujourd'hui.

Les machines à double effet sont celles où la vapeur produit les deux mouvements du piston : telles sont celles qui ont été décrites précédemment (*fig.* 112 et 113).

2° Les machines se divisent, d'après la tension de la vapeur employée, en machines *à basse pression, à moyenne pression* et *à haute pression.*

Dans les machines à basse pression, la tension de la vapeur ne dépasse pas 1 atmosphère $\frac{1}{2}$.

Dans les machines à moyenne pression, la tension de la vapeur est entre 3 et 5 atmosphères.

Dans les machines à haute pression, la tension de la vapeur est supérieure à 5 atmosphères.

3° La force d'une machine s'exprime en *chevaux* : on dit une machine de 10 chevaux, de 20 chevaux, etc.

L'unité de force désignée sous le nom de *cheval* ou de *cheval-vapeur* est l'effort nécessaire pour soulever 75 kilogrammes d'un mouvement continu à 1 mètre de hauteur par seconde : ainsi, une machine de 30 chevaux est une machine dont la force égale celle qu'il faudrait pour soulever 30 fois 75 kilogrammes, ou 2250 kilogrammes, à 1 mètre de hauteur pendant chaque seconde. La force d'un cheval-vapeur est à peu près celle d'un cheval ordinaire ; mais la machine à vapeur peut, si besoin est, travailler 24 heures par jour, tandis que le cheval n'en peut travailler que 8.

Dans l'emploi et le jeu des machines, on peut substituer à la vapeur une autre force motrice. Ainsi, dans certaines usines les machines fonctionnent par l'air chaud avec grande économie de combustible. Les ingénieurs qui ont percé les Alpes pour relier la France et l'Italie par un chemin de fer faisaient arriver sur le piston de leurs machines, au lieu de vapeur, de l'air comprimé à l'énorme pression de cent atmosphères. Le moteur à gaz, employé depuis quelques années, fait arriver tour à tour de l'un et de l'autre côté du piston un mélange de quatre-vingt-quinze parties d'air contre cinq de gaz hydrogène carboné ; une étincelle électrique enflamme le mélange ; les produits de la combustion, en se dilatant, chassent le piston et s'échappent ensuite par le tiroir comme fait l'air chaud, l'air comprimé, ou la vapeur qui a produit son effet.

CHAPITRE XVIII.

Hygrométrie. — Hygromètres. — Hygromètre à cheveu ou hygromètre de Saussure. — Hygromètre à corde à boyau. — Méthode hygrométrique chimique. — Conséquences de l'état hygrométrique de l'air (pluie, grêle, rosée, etc.). — Procédé pour éviter les effets du rayonnement nocturne. — Sources de chaleur. — Sources de froid. — Froid produit par l'évaporation : applications. — Mélanges réfrigérants : applications.

Hygrométrie. — * L'*hygrométrie* est la partie de la physique qui se propose de déterminer le degré d'humidité de l'air. On dit que l'air est *humide* quand il est presque saturé ou tout à fait saturé de vapeur d'eau, c'est-à-dire quand il renferme à peu près toute la quantité de vapeur d'eau qu'il est susceptible de renfermer à la température à laquelle il se trouve. On dit, au contraire, que l'air est *sec* quand il est loin d'être saturé, quand il renferme beaucoup moins de vapeur qu'il ne serait susceptible d'en renfermer à la température à laquelle il se trouve.

*Il ne faudrait pas croire qu'un air *plus humide* renferme toujours plus de vapeur qu'un air *plus sec*. En hiver, quand il fait froid, l'air le plus humide, celui qui est saturé, renferme cependant peu de vapeur : car la tension maximum de la vapeur d'eau est faible quand la tem-

pérature est basse. En été, l'air sec contient encore beaucoup de vapeur d'eau : car la tension maximum de la vapeur d'eau à une température élevée est considérable.

* **Hygromètres.** — Les *hygromètres* sont des instruments destinés à mesurer le degré d'humidité de l'air. Ce
degré d'humidité se traduit par un nombre qu'on nomme
état hygrométrique, et qui est le rapport entre la tension
de la vapeur d'eau dans l'air, et la tension qu'il y aurait
si l'air était saturé. On voit, d'après cette définition, que
l'état hygrométrique est au plus égal à 1.

Il existe un grand nombre d'hygromètres différents;
nous n'en indiquerons que quelques-uns.

Hygromètre à cheveu ou hygromètre de Saussure.
— L'*hygromètre à cheveu*, trouvé par le physicien Saussure, est fondé sur la propriété qu'ont les cheveux de
s'allonger par l'humidité et de se raccourcir
par la sécheresse; mais, pour que cet effet
soit très sensible, il faut que les cheveux
soient préalablement dégraissés par un lavage dans de l'eau contenant en solution
une petite quantité de sous-carbonate de
soude.

Quand on a ainsi obtenu un cheveu bien
dégraissé, on fixe en A (*fig.* 118), à l'aide
d'une pince, l'une de ses extrémités; la
pince A peut éprouver de légers déplacements au moyen d'une vis B et d'un ressort
C. L'autre extrémité du cheveu est enroulée
et fixée sur une poulie très mobile sur son
axe. Sur la même poulie, on attache à une
seconde gorge un fil de soie; on enroule ce
fil dans un sens contraire au premier, et on
suspend à son extrémité un contrepoids H.

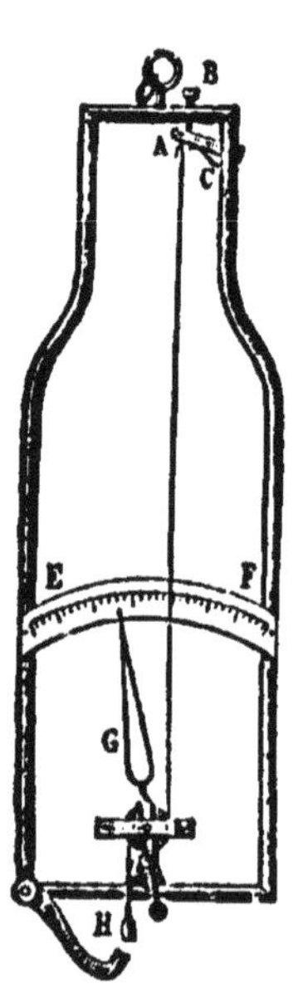

Fig. 118.

L'axe de la poulie porte une aiguille G,
qui parcourt les divisions de l'arc gradué EF.

Quand l'air est sec, le cheveu se raccourcit et fait tourner l'aiguille dans un sens; quand l'air devient humide,

le cheveu s'allonge, et le contrepoids; en descendant, fait tourner la poulie en sens inverse.

Pour graduer l'instrument, on le place sous une cloche contenant de la chaux vive ou toute autre substance capable d'absorber toute l'humidité de l'air ; le cheveu se raccourcit, et quand l'aiguille est stationnaire, on marque 0 à l'endroit où elle s'arrête : c'est l'extrême sécheresse. On met ensuite l'hygromètre sous une cloche dont on a mouillé la face intérieure ; cette eau se réduit rapidement en vapeur, le cheveu s'allonge, et bientôt l'aiguille est de nouveau stationnaire : on marque 100 à l'endroit où elle s'arrête, et on partage l'intervalle de 0 à 100 en 100 parties égales.

* Quand, dans l'air, l'aiguille s'arrête en face de la division 55, on dit qu'il marque 55 degrés d'hygrométrie. Mais il n'en résulte pas que *l'état hygrométrique*, tel que nous l'avons défini, soit égal à 55 centièmes : car les variations de longueur du cheveu ne sont pas proportionnelles aux variations de l'état hygrométrique. Une table de correction, construite par Gay-Lussac, permet de trouver l'état hygrométrique véritable quand on a le degré marqué par l'hygromètre.

Hygromètre à corde à boyau. — Cet instrument est fondé sur la propriété de la corde à boyau, qui se détord par l'humidité et se tord par la sécheresse. Une corde a boyau est fixée par un bout à l'une des extrémités d'un petit cylindre percé latéralement de trous, afin que l'air puisse y circuler librement; l'autre bout de la corde sort du cylindre et supporte une aiguille. Suivant que l'air est plus ou moins humide, la corde se tord moins ou plus et dirige l'aiguille sur un cadran. On peut graduer l'instrument par le même procédé que l'hygromètre de Saussure.

Souvent, au lieu d'une aiguille, la corde porte à son extrémité libre le capuchon d'un capucin : quand l'air est sec, le capuchon se soulève; quand l'air est humide, il s'abaisse, et le capucin se couvre. On peut remplacer le capucin par quelque autre forme, et varier l'instrument de mille manières; mais le principe est toujours le même. Beaucoup de personnes consultent ces hygromètres pour savoir si le temps sera beau ou pluvieux. Le procédé n'est pas infaillible; cependant aux approches de la pluie l'air est ordinairement plus humide.

D'autres substances peuvent être employées dans la construction des hygromètres : car les baleines, les varechs, les vessies de rat, etc., changent aussi de dimension par l'humidité. Le bois est également hygrométrique : ainsi, les portes ferment difficilement par un temps humide. Enfin il est des substances qui augmentent de poids, et même qui se liquéfient par la vapeur d'eau qu'elles absorbent : tels sont le sel marin, la potasse, la chaux, etc.

Méthode hygrométrique chimique. — *L'état hygrométrique* est le rapport qui existe entre la tension actuelle

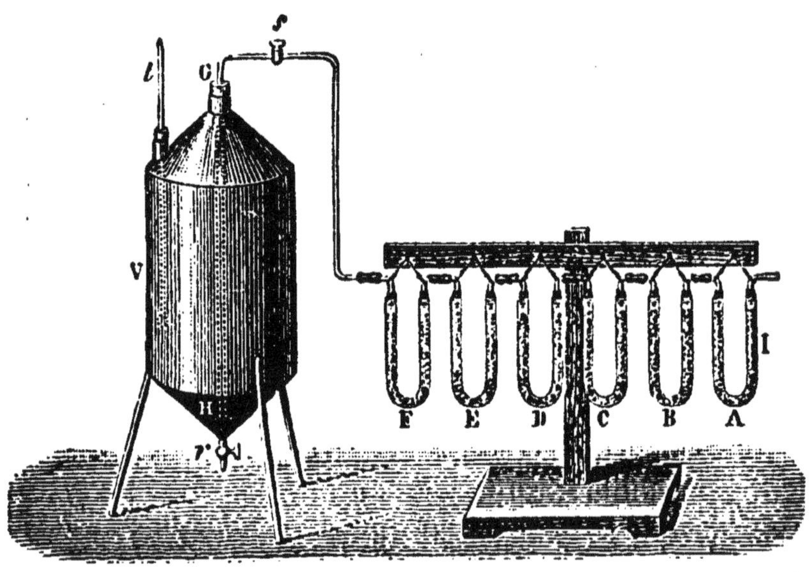

Fig. 119.

de la vapeur d'eau dans l'air et la tension maximum correspondant à la température atmosphérique. Mais, d'après la loi de Mariotte, ce rapport est égal à celui qui existe entre le *poids* de la vapeur contenue dans un volume déterminé d'air et le poids qui y serait contenu si l'air était saturé. Or, la chimie donne un moyen facile de connaître le poids de vapeur contenue dans un volume déterminé d'air. Soit une série de tubes en U (*fig.* 119), reliés ensemble par des tubes conducteurs et communiquant d'un côté par le dernier A avec l'atmosphère, de l'autre par le premier F avec un vase cylindrique en tôle V, qui est plein d'eau. Si l'on fait écouler l'eau par le robinet *r*, le vide fait dans le cylindre aspirera l'air qui traversera les tubes en abandonnant sa vapeur à la pierre ponce imprégnée d'acide sulfurique que ces tubes contiennent. Si on les a pesés avant l'expérience, et qu'on les pèse après, on aura le poids de la vapeur contenue dans un volume d'air égal à la capacité du vase V. D'autre part, la température étant donnée par un thermomètre *t* contenu dans le vase, on peut calculer le poids de la vapeur saturante qui remplirait le vase à cette température. Le rapport des deux poids donne l'état hygrométrique.

Mais il faut opérer lentement avec un cylindre d'une quarantaine de litres, et la température peut varier pendant l'expérience, ce qui devient une légère cause d'erreur.

Conséquences de l'état hygrométrique de l'air. — La présence de la vapeur d'eau dans l'air permet d'expliquer facilement un grand nombre de phénomènes météorologiques, qui sont, pour ainsi dire, de chaque jour.

1° *Brouillards, nuages, pluie.* Les *brouillards* et les *nuages* sont dus à la condensation de la vapeur d'eau que contient l'air. Lorsque la température diminue, cette vapeur repasse à l'état liquide; mais l'air, qui lui sert de milieu, s'opposant à ce que le tout forme une seule masse liquide, il se produit une multitude de globules d'eau très petits et séparés les uns des autres par une couche d'air. Ce sont ces réunions de globules qui forment les brouillards et les nuages. *Si la condensation est faible, les globules sont très petits et restent en suspension dans l'air. Si la température s'élève ensuite, la vapeur se reforme, et le nuage ou le brouillard disparaît : on dit alors que le brouillard monte. Si, au contraire, le refroidissement s'accentue, la condensation augmente, les globules grossissent et tombent rapidement ; s'il s'agit d'un brouillard, on dit qu'il tombe ; s'il s'agit d'un nuage, ce nuage donne de la *pluie*. On voit qu'il n'y a, entre le brouillard et le nuage, aucune autre distinction à établir qu'une distinction de position.

2° *Neige*. La *neige* est le résultat de la congélation de la vapeur d'eau dans les régions élevées de l'atmosphère. Elle est beaucoup moins dense que l'eau : aussi tombe-t-elle avec plus de lenteur. *La neige, qui recouvre le sol en hiver dans les régions froides, a un rôle fort utile : conduisant fort mal la chaleur, elle isole la terre de l'atmosphère et empêche le sol de se refroidir au même degré que l'air. Elle agit comme une véritable couverture. Sous une épaisse couche de neige, les récoltes en terre n'ont rien à craindre de la gelée, même pendant les hivers les plus rigoureux.

3° *Grêle*. La *grêle* est le résultat de la congélation des gouttelettes d'eau. Il tombe souvent, pendant les orages, de forts grêlons, qui sont quelquefois d'une grosseur égale à celle d'un œuf de poule. *Le mécanisme de la formation de la grêle est encore imparfaitement connu.

4° *Verglas*. Le *verglas* est une couche très mince de glace qui recouvre le sol. Il y a production de verglas, lorsque la surface de la terre est assez froide pour que chaque goutte d'une pluie très fine se congèle en la touchant.

5° *Serein*. On donne le nom de *serein* à une petite pluie fine, qui tombe surtout le soir pendant l'été, et sans qu'il y ait de nuages. Le serein résulte de la condensation de la vapeur d'une certaine couche atmosphérique plus élevée, qui s'est liquéfiée par un refroidissement rapide, et qui n'a pu se vaporiser de nouveau avant d'atteindre le sol.

6° *Rosée.* On appelle *rosée* les gouttelettes d'eau que l'on trouve le matin sur les plantes et sur les différents corps. La rosée est due à la condensation de la vapeur d'eau contenue dans l'air quand elle est en contact avec des corps froids.

Pendant le jour, la surface de la terre absorbe plus de chaleur qu'elle n'en rayonne : elle s'échauffe. Pendant la nuit, la terre continue à rayonner de la chaleur; mais elle ne peut en absorber, puisque ni le soleil ni aucun autre corps ne lui en envoient, la chaleur envoyée par la lune et les étoiles étant tellement faible que l'on peut considérer son effet comme nul sur la terre : donc pendant la nuit la surface de la terre se refroidit, et les couches d'air en contact avec le sol se refroidissent aussi, tandis que les couches un peu plus élevées restent sensiblement plus chaudes. En plaçant deux thermomètres, l'un à la surface du sol, l'autre à un mètre ou deux de hauteur, on remarquera, si le ciel est découvert, que pendant la nuit le thermomètre inférieur indique 3, 4, 5, 6 et même 8 degrés de moins que le thermomètre supérieur; mais si le ciel est couvert, les deux thermomètres indiquent à peu près la même température, parce qu'alors la chaleur rayonnée par la terre est interceptée par les nuages, et qu'il s'établit un rayonnement réciproque entre les nuages et la terre. Il est donc certain que pendant la nuit et par un ciel découvert la surface de la terre est plus froide que l'air. *Dès lors les couches d'air humide directement en contact avec le sol se trouvent bientôt saturées de vapeur, et laissent déposer la rosée.

Il n'y a pas de rosée quand le ciel est couvert, parce qu'alors la température de l'air et celle de la terre sont égales. Il n'y a pas de rosée sous les arbres, parce qu'il s'établit un rayonnement réciproque entre la terre et la couronne de l'arbre. Il n'y a pas de rosée par un grand vent, parce que l'air, constamment renouvelé au contact du sol, n'a pas le temps de s'y refroidir assez pour que la condensation se produise. Enfin, on ne trouve pas le matin une égale quantité de rosée sur tous les corps, ce qui prouve évidemment que la rosée ne tombe pas. Ce sont les corps qui se refroidissent le plus rapidement qui ont le plus de rosée.

7° *Givre.* On donne le nom de *givre* ou de *rosée blanche* à ces aiguilles cristallines qui, le matin, recouvrent quelquefois la terre et surtout les plantes. C'est de la rosée congelée par un abaissement suffisant dans la température des corps.

8° *Lune rousse.* On appelle *lune rousse* la lune d'avril et de mai, parce que souvent à cette époque de l'année les bourgeons se gèlent et roussissent quand la lune paraît. L'explication de ce phénomène est simple. Ce n'est certes pas la lune qui roussit par elle-même et perd les bourgeons, comme on le croit communément; mais quand la lune paraît, le ciel est découvert, le rayonnement nocturne considérable, et, par conséquent, la température du sol peut s'abaisser assez au-dessous de celle de l'air pour qu'il gèle sur le sol, tandis qu'il ne gèle pas dans l'air.

Procédé pour éviter les effets du rayonnement nocturne. — Il fallait trouver les moyens d'éviter les effets du rayonnement nocturne, qui peut ainsi faire périr les fruits dans leurs fleurs et jusque dans leurs bourgeons. Pour y parvenir, il suffit de tendre au-dessus des corps, à une certaine distance, une toile, un abri quelconque, même très léger : il s'établit un rayonnement entre les corps et cet abri, ce qui les sauve du rayonnement plus froid de l'atmosphère. Afin de s'en convaincre, qu'on place pendant la nuit sur le sol deux thermomètres, et que l'on tende au-dessus de l'un d'eux un mouchoir, fût-il même très fin : le thermomètre recouvert indiquera une température de 3° et même 4° supérieure à celle de l'autre.

C'est pour la même raison que pendant la nuit il fait

moins froid sous un parapluie qu'à ciel découvert, et moins froid dans les villes qu'à la campagne.

Les jardiniers protègent les plantes qu'ils veulent conserver en leur *cachant le ciel*. Ils les recouvrent, à une certaine distance, de toiles, de paillassons et quelquefois même de simples gazes. * Dans les pays vignobles, quand on redoute une gelée blanche, qui détruirait les boutons naissants de la vigne, on allume de grands feux avec de la paille arrosée de goudron, de façon à répandre au-dessus de la vigne un nuage de fumée, qui constitue un abri suffisant contre le rayonnement nocturne.

Sources de chaleur. — Pour terminer l'étude de la chaleur, il reste à indiquer les principales sources de chaleur ou de froid.

Les principales sources de chaleur sont : 1° le *soleil*, 2° la *terre*, 3° l'*électricité*, 4° les *actions chimiques*, 5° les *actions mécaniques*, telles que le frottement, la percussion, la compression. Mais les différentes sources de chaleur n'émettent pas toutes des radiations de même nature. Tantôt les rayons sont lumineux, tantôt ils sont obscurs. Certains corps, tels que le verre et l'eau, laissent passer les premiers et arrêtent les autres. Le rayon lumineux qui a traversé le verre d'une serre, et qui a été absorbé, devient rayon obscur et ne repassera plus. Enfin les uns et les autres sont inégalement réfractés en traversant une même substance.

1° Le soleil rayonne continuellement de la chaleur.

De toute la chaleur émise par le soleil, la terre n'en reçoit environ que les deux cent quarante millionièmes, et cependant on a calculé que cette quantité suffirait à fondre, en une année, une couche de glace de 14 mètres selon les uns, de 31 mètres selon d'autres, qui recouvrirait toute la surface terrestre. Voulons-nous juger de la puissance calorifique des rayons solaires? En les concentrant au moyen d'une loupe, on peut fondre les métaux et enflammer les substances combustibles (*fig.* 120). Rappelons encore l'incendie des vaisseaux romains par les fameux miroirs d'Archimède.

M. Mouchot a inventé un appareil (*fig.* 121), destiné à utiliser la chaleur solaire pour tous nos besoins domes-

Fig. 120.

tiques. Il se compose d'un miroir concave en métal argenté à la surface, disposé en cône de telle manière que tous les

Fig. 121.

rayons réfléchis convergent dans la longueur de l'axe. Or, l'axe est occupé par un vase noirci à l'extérieur et entouré d'un cylindre de verre, qui laisse passer la chaleur lumineuse et retient la chaleur obscure. On peut s'en servir pour cuire les viandes, pour distiller l'eau-de-vie, pour vaporiser en une demi-heure une masse d'eau jusqu'à une tension de 7 atmosphères, et la vapeur peut ainsi faire marcher une pompe, qui élèverait par heure de 15 à 1800 litres d'eau à une hauteur de 2 mètres.

2° La terre est considérée comme une source de chaleur, parce qu'en la creusant on arrive bientôt à une couche dont la température est invariable, été comme hiver, et que, quand on y pénètre plus profondément, le thermomètre indique une élévation de 1° chaque fois qu'on descend d'environ 30 mètres; d'où l'on a supposé que le centre de la terre est à une température excessivement élevée, et qu'il est peut-être même occupé par une énorme masse de matières en fusion : il n'y aurait alors à la surface qu'une croûte solide d'environ 60 kilomètres d'épaisseur. Ainsi s'expliqueraient et les phénomènes des volcans en éruption, et la chaleur de l'eau qui jaillit des puits artésiens, et celle des *sources thermales*, c'est-à-dire des sources d'eaux chaudes : plus la profondeur d'où elles viennent est grande, plus leur température est élevée. Les caves de l'Observatoire de Paris sont à 27 mètres de profondeur, et la température, depuis cinquante ans, y est constamment de 11°,82.

La couche terrestre s'échauffe en absorbant une plus ou moins grande quantité des rayons solaires selon leur obliquité d'incidence. L'air s'échauffe, à son tour, au contact de la terre; mais le froid règne dans les régions supérieures : car les rayons obscurs réfléchis par la terre sont en grande partie absorbés par la vapeur d'eau, qui les arrête; et, à près de 3 000 mètres d'altitude, on est, sur les montagnes, dans la région des neiges perpétuelles.

3° L'électricité, comme nous le verrons dans la suite, donne quelquefois assez de chaleur pour fondre et volatiliser l'argent, l'or et même le platine.

4° Toutes les combinaisons chimiques directes développent de la chaleur. Outre l'expérience journalière qui se fait dans nos foyers, où le bois et le charbon ne brûlent que par leur combinaison avec l'oxygène de l'air, que l'on verse de l'eau sur de la chaux vive, une certaine quantité d'acide sulfurique dans de l'eau, etc., il y aura une élévation considérable de température. C'est pour cela que le foin s'enflamme quelquefois quand il est humide, et que la fermentation du vin développe une si grande chaleur dans les cuves : dans l'un et l'autre cas, il y a décomposition des matières premières et formation de produits nouveaux, par conséquent combinaison chimique, d'où résulte l'élévation de la température.

C'est encore par les combinaisons chimiques que s'explique la chaleur animale. Il y a combinaison de l'oxygène absorbé par les poumons avec l'excès d'hydrogène et de carbone contenu soit dans nos aliments, soit dans nos tissus, d'où résulte surtout une production d'eau et d'acide carbonique. La chaleur animale est, d'ailleurs, le principe du mouvement. L'homme qui travaille a besoin d'avoir une combustion respiratoire plus active, et par suite il doit manger davantage.

5° Certaines actions mécaniques, le frottement, la percussion, la compression, suffisent aussi pour élever la température des corps.

Le frottement des roues, s'il est rapide et prolongé, peut quelquefois enflammer les voitures : aussi a-t-on soin de graisser convenablement les essieux, surtout dans les wagons de chemins de fer. On allume du feu en frottant l'un contre l'autre deux morceaux de bois sec.

Rumfort, en forant du bronze sous l'eau, trouva que, par gramme de limaille obtenu, le frottement élevait un litre d'eau de 0 à 10°. Davy fondit deux morceaux de glace en les frottant l'un contre l'autre dans une atmosphère au-dessous de zéro. C'est par le frottement que nous obtenons tous les jours l'inflammation du phosphore dans nos allumettes, ce qui exige une température assez élevée.

L'ancien briquet se composait d'un morceau d'acier et d'une pierre très dure que l'on appelle *silex*. Quand on frappait la pierre avec l'acier, de manière à obtenir un frottement rapide, des parcelles de fer se détachaient en s'échauffant fortement et se combinaient avec l'oxygène de l'air. Les étincelles n'étaient, par conséquent, que de l'oxyde de fer qui tombait sur de l'amadou et l'enflammait.

On chauffe fortement une pièce de fer en la frappant à grands coups de marteau.

Enfin, si l'on comprime violemment un gaz dans un corps de pompe de cristal, on voit une flamme jaillir du gaz; de là le principe du briquet à air.

Le briquet à air (*fig.* 122) se compose d'un cylindre fermé à une extrémité et d'un piston qui entre à frottement ; à la face interne du piston l'on attache un morceau d'amadou. Si, après avoir exercé sur le piston une pression brusque, on le retire rapidement, l'amadou est allumé. La combustion de l'amadou est due à la chaleur développée par la compression de l'air.

*Nous avons vu, au début de l'étude de la chaleur, que toutes ces causes de production de chaleur (choc, frottement, compression) proviennent d'une transformation de travail en chaleur.

Fig. 122.

Sources de froid. — Les sources de froid, ou les causes qui peuvent abaisser la température des corps, sont : le *rayonnement*, la *raréfaction de l'air*, l'*évaporation* et les *mélanges réfrigérants*.

Si l'on se rappelle ce qui a été dit précédemment sur les effets du rayonnement et de l'évaporation, on comprendra que ce soient des causes puissantes de refroidissement. On a vu plus haut le rayonnement produire la rosée, le givre, etc., et altérer les plantes.

Que la raréfaction de l'air produise un abaissement de température, c'est ce qu'on peut constater en plaçant le thermomètre de Bréguet sous le récipient de la machine pneumatique : à chaque coup de piston la température diminue. *Ce phénomène est exactement inverse de celui de l'élévation de la température par la compression de l'air dans le briquet à air.

Si donc la compression des gaz dégage de la chaleur, leur expansion produit du froid. Que l'on réunisse deux ballons de verre par un tube à robinet, l'un plein de gaz, l'autre vide : dès que la communication est établie, un thermomètre placé dans le premier ballon indique un abaissement de température.

Froid produit par l'évaporation : applications. — L'évaporation ayant lieu à la température ordinaire aux dépens de la chaleur sensible, et le vase qui contient le liquide n'étant pas une source de chaleur qui puisse compenser cette perte, comme dans l'ébullition, il est évident que la température doit s'abaisser d'autant plus rapidement que l'évaporation est plus instantanée. En sortant du bain, on sent un froid intense, surtout s'il fait du vent, parce que la petite couche d'eau qui mouille le corps se réduit rapidement en vapeur et prend au corps la chaleur nécessaire à ce changement d'état. En se mouillant la peau avec de l'éther, on sent un froid presque aussi intense que si l'on touchait de la glace, parce que l'éther s'évapore très rapidement et absorbe la chaleur de la partie qu'il touche. Enfin l'acide sulfureux liquide s'évapore avec tant de rapidité, que si l'on enveloppe la boule d'un thermomètre à mercure avec du coton sur lequel on verse de l'acide sulfureux liquide, le mercure se congèle.

Il a été dit plus haut (p. 176) comment on peut, pendant l'été, refroidir l'eau en enveloppant la carafe d'une serviette mouillée, et comment, dans les pays chauds, on obtient le même résultat avec les vases que l'on appelle *alcarazas*. Le constructeur Carré a imaginé un appareil qui peut fournir autant de glace que l'on veut par la vaporisation de l'ammoniaque. On chauffe une dissolution d'ammoniaque saturée dans une chaudière A (*fig. 123*),

14.

qui communique par un tube abducteur avec un vase très
résistant B, dans lequel est placé un autre vase C renfermant l'eau à congeler; B et C sont introduits dans un

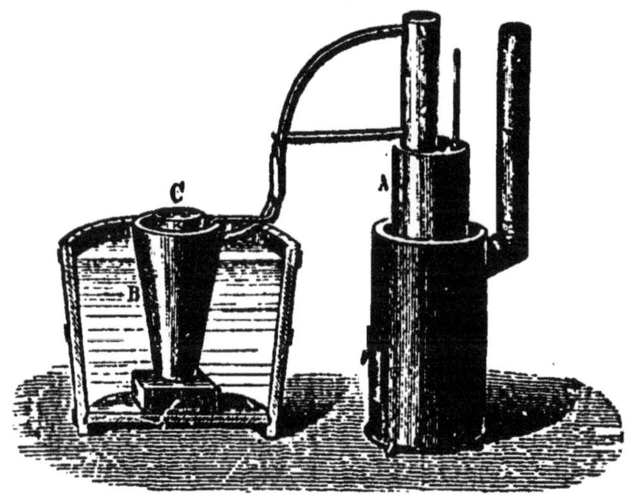

Fig. 123.

baquet contenant de l'eau froide. A 120°, l'ammoniaque a
complètement abandonné la dissolution et s'est liquéfié
dans le vase B par sa propre pression. Si l'on plonge alors
la chaudière A dans un vase plein d'eau froide, le liquide
qu'elle renferme redevient capable de dissoudre le gaz
ammoniac. Dès lors, il se produit une évaporation rapide
de l'ammoniaque liquéfié en B, et cette liquéfaction produit un abaissement considérable de la température :
l'eau du vase C se prend bientôt en glace.

Mélanges réfrigérants : applications. — Les mélanges réfrigérants sont fréquemment employés pour refroidir les corps. Lorsqu'on mélange deux corps qui
changent d'état en se combinant ensemble, il y a nécessairement production de froid, si la chaleur nécessaire au
changement d'état est plus grande que celle qui résulte
de leur combinaison. Or, c'est ce qui arrive si l'on met en
présence soit une partie de sel marin et deux parties de

neige ou de glace pilée, soit cinq parties d'acide chlorhydrique et huit parties de sulfate de soude, soit quatre parties d'acide azotique étendu d'eau et neuf parties de phosphate de soude, etc. On peut abaisser ainsi la température jusqu'à — 30°.

Pour frapper les vins, pour congeler les sirops et faire des glaces, etc., on emploie le mélange de glace pilée et de sel marin. La glace et le sel, pour se liquéfier, exigent beaucoup plus de chaleur qu'ils n'en produisent par leur combinaison : aussi absorbent-ils celle des corps avec lesquels ils sont en contact et maintiennent-ils pendant assez longtemps un froid de quinze à dix-huit degrés.

C'est d'après le même principe qu'on a construit la glacière des familles, avec laquelle on obtient de la glace en toute saison. L'appareil consiste dans un cylindre métallique divisé en quatre parties concentriques. Dans le compartiment central on met l'eau à congeler ; dans le compartiment suivant est le mélange réfrigérant ; le troisième compartiment contient encore de l'eau, et le compartiment extérieur est rempli d'un corps mauvais conducteur pour préserver de la chaleur extérieure l'eau que l'on veut congeler. Le mélange réfrigérant employé consiste en huit parties de sulfate de soude et cinq parties d'acide chlorhydrique.

CHAPITRE XIX.

Magnétisme.

Aimants, magnétisme. — Aimants naturels. — Pôles des aimants. — Aimants artificiels. — Action de la terre sur les aimants. — Préparation des aimants artificiels. — Aimantation sous l'action de la terre. — Action des aimants sur le fer doux. — Action des aimants sur les aimants. — Lois des attractions et des répulsions magnétiques. — Déclinaison de l'aiguille aimantée. — Boussole marine, son usage. — Boussole de poche, boussole d'arpentage. — Inclinaison de l'aiguille aimantée.

***Aimants. Magnétisme[1].** — On nomme *aimants* certains corps qui jouissent d'une manière permanente de la propriété d'attirer le *fer*, l'*acier*, et, plus faiblement, un petit nombre d'autres substances, dites substances magnétiques (*nickel, cobalt, chrome*). Sous le nom de *magnétisme* on désigne l'ensemble des phénomènes que peuvent produire les aimants, et aussi la cause, de nature inconnue, de ces phénomènes.

Les aimants sont *naturels* ou *artificiels*, suivant qu'ils sont donnés par la nature ou produits par l'art.

Aimants naturels. — L'*aimant naturel* ou la *pierre d'aimant* est un minerai composé de fer et d'oxygène, connu en chimie sous le nom d'*oxyde magnétique* et jouissant de la propriété d'attirer principalement le fer et l'acier. Il se trouve en grandes masses dans certaines contrées, surtout en Suède et en Norvège.

***Pôles des aimants.** — Si l'on plonge une pierre d'aimant dans de la limaille de fer, les brins de limaille s'attachent à la pierre, ce qui met en évidence le phénomène d'attraction ; mais ils ne s'attachent pas uniformément sur toute la surface de la pierre : en certains endroits il

---

1. Cette désignation vient du nom grec de l'aimant (μάγνης, *magnès*).

se fixe beaucoup de limaille, en d'autres il ne s'en fixe pas du tout (*fig.* 124). Les endroits où s'attache la limaille

Fig. 124.

en plus grande quantité se nomment les *pôles* de l'aimant; les régions où il ne s'en fixe pas sont les *espaces neutres*. Dans les aimants naturels la répartition des pôles et des espaces neutres est irrégulière.

*Aimants artificiels. — Mais si l'on frotte avec un aimant naturel un barreau d'*acier trempé*, on communique à ce barreau la propriété magnétique : on a obtenu un *aimant artificiel*. Dans un aimant artificiel bien fait il n'y a que deux pôles, un à chaque extrémité, et un seul espace neutre au milieu. La figure 124 montre bien cette disposition. Cette régularité dans la disposition des pôles rend l'étude des phénomènes magnétiques beaucoup plus facile avec les aimants artificiels qu'avec les aimants naturels : aussi les premiers sont-ils employés presque toujours à l'exclusion des autres.

*Action de la terre sur les aimants. — Tout d'abord, il faut constater une seconde propriété des aimants. Suspendons un barreau aimanté à un fil, de manière qu'il se

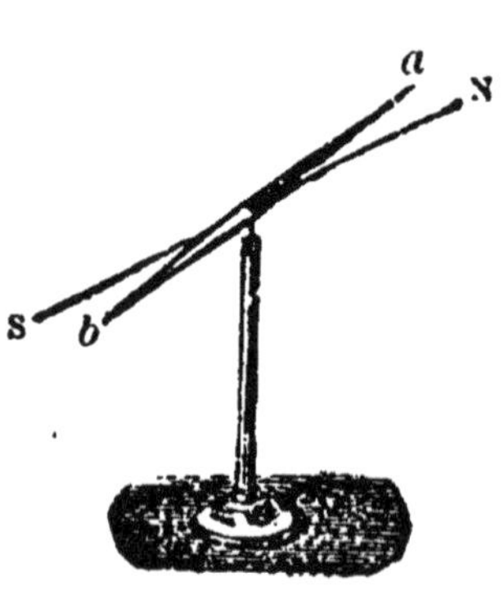

Fig. 125.

tienne dans une position horizontale : nous le voyons tourner sur lui-même, puis s'arrêter dans une direction toujours la même, voisine de celle du nord au sud; on en doit conclure que la terre agit sur l'aimant pour le diriger. Si l'on a marqué de deux signes différents les deux pôles de l'aimant, on voit que c'est toujours le même qui va vers le nord : à ce pôle-là on donne le nom de *pôle austral;*
à celui qui va toujours vers le sud, on donne le nom de *pôle boréal*. Nous n'avons pas à expliquer ici la raison de

ces dénominations en apparence contradictoires ; elles sont dues à une ancienne hypothèse, aujourd'hui abandonnée, sur la cause de l'action de la terre sur les aimants.

Au lieu d'un barreau de fer suspendu à un fil, on peut prendre une *aiguille* en forme de losange allongé ab, reposant sur un pivot. La vérification se fait ainsi plus commodément encore (*fig.* 125).

***Préparation des aimants artificiels.** — Pour communiquer à un barreau d'acier trempé la propriété magnétique, on le frotte avec un aimant naturel, ou mieux avec un autre barreau, déjà aimanté. On s'y prend pour cela de plusieurs manières différentes.

1° *Méthode de la simple touche.* — Soit $a'b'$ (*fig.* 126)

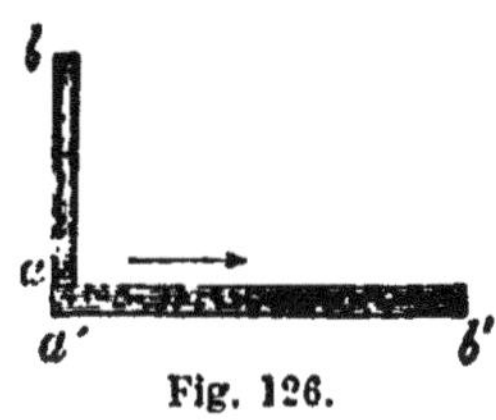
Fig. 126.

un barreau d'acier à aimanter : on place en a' l'un des pôles a d'un aimant, on le fait glisser en b', on l'enlève, et l'on recommence un grand nombre de fois la même opération, toujours de a' en b'. Si l'on met en a' le pôle austral, la barre d'acier aura son pôle boréal en b'.

2° *Méthode de la touche séparée.* On place au milieu x

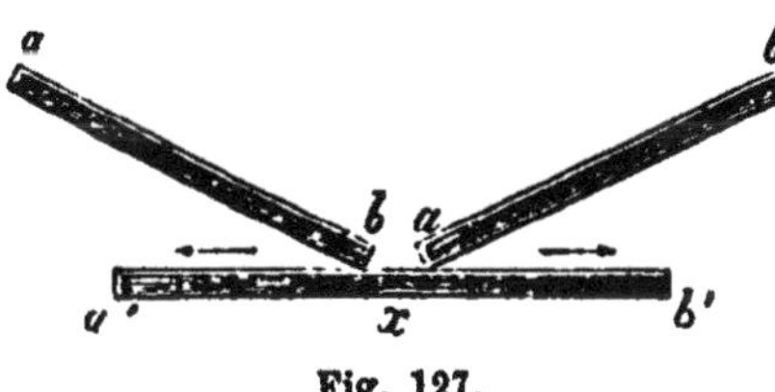
Fig. 127.

(*fig.* 127) du barreau à aimanter les deux pôles de nom contraire de deux aimants, et on fait glisser l'un de x en b', l'autre de x en a' ; on les replace au milieu, et on recommence la même opération. Il faut toujours faire glisser les barreaux du milieu aux extrémités. Les lettres indiquent la disposition des pôles.

3° *Méthode de la double touche.* On place, comme dans la touche séparée, les pôles de nom contraire de deux aimants au milieu du barreau à aimanter ; mais on les maintient à une légère distance l'un de l'autre par un petit morceau de bois ; ensuite on fait glisser ensemble les deux pôles et le morceau de bois qui les sépare d'abord de x en a', puis de a' en b' et enfin de b' en x. On recommence un grand nombre de fois la même opération. Cette aimantation est surtout employée pour les barreaux d'acier qui ont une assez grande épaisseur.

***Aimantation sous l'action de la terre.** — On peut même communiquer la propriété magnétique à l'acier trempé sans le secours d'aucun aimant. Pour cela on prend un barreau d'acier, on le fixe dans la direction voisine de celle du nord au sud, et on le frappe à coups de marteau, de manière à le faire entrer en vibration : la simple influence de la terre suffit pour lui communiquer une faible propriété magnétique. Cette expérience explique comment il se fait que presque tous les objets d'acier que nous pouvons avoir entre les mains sont légèrement aimantés.

***Action des aimants sur le fer doux.** — On nomme *fer doux* le fer pur, dépourvu de charbon, et qui n'est pas susceptible de se tremper comme l'acier. Le fer doux est attiré par l'aimant; mais il ne peut pas, comme l'acier, conserver la propriété magnétique permanente.

Quand on approche un petit cylindre de fer doux ab (*fig.* 128) de l'extrémité d'un aimant AB, ce cylindre est attiré et reste suspendu à l'aimant; mais l'extrémité libre a du petit cylindre devient capable d'en attirer un second $a'b'$, et l'extrémité libre du second cylindre en attire un troisième. On pourra ainsi suspendre un nombre de cylindres plus ou moins grand suivant la force de l'aimant. Si l'on détache le cylindre inférieur, les autres restent; mais si l'on détache le cylindre supérieur, tous les autres se détachent également : donc tous ces cylindres n'étaient aimantés que par l'influence de l'aimant.

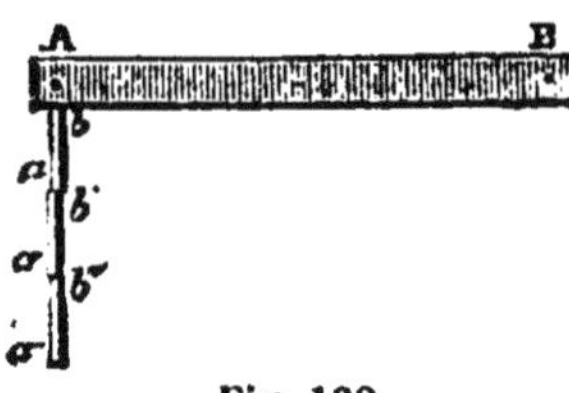

Fig. 128.

On revêt les pôles des aimants d'armures ou pièces de fer doux, qui conservent et augmentent leur intensité magnétique. Ces armures sont aimantées par influence. Elles supportent ordinairement une petite lame de fer doux qu'on appelle *portant*; à ce portant sont attachés des poids plus ou moins considérables, suivant la force des aimants. Les barreaux aimantés sont souvent contournés en fer à cheval; alors on les munit également d'un portant et de poids.

Action des aimants sur les aimants. — Si l'on approche l'un de l'autre deux aimants mobiles AB et *a b* (*fig.* 120), les pôles qui se dirigeraient chacun isolément

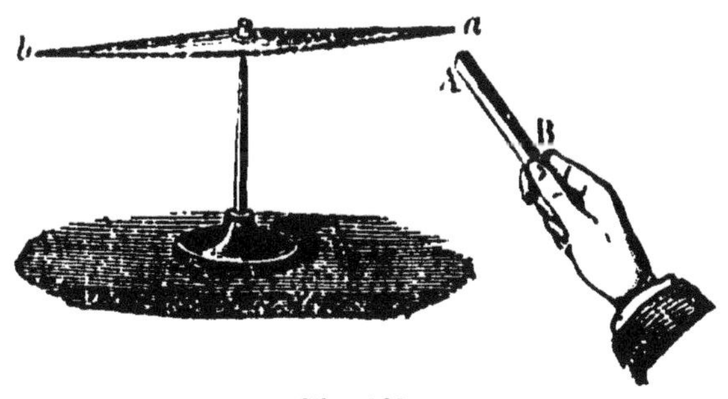

Fig. 129.

vers le nord se repoussent : il en est de même des pôles qui se dirigeraient vers le sud; mais un pôle se dirigeant vers le nord attire un pôle se dirigeant vers le sud. Ces actions magnétiques ont lieu à distance et à travers tout autre corps non magnétique.

D'où il suit que, pour distinguer si une substance magnétique est aimantée, il suffit d'approcher successivement la même extrémité des deux pôles d'un aimant. Si la substance est aimantée, il y aura attraction à un pôle et répulsion à l'autre; si la substance n'est pas aimantée, il y aura attraction aux deux pôles.

De même pour trouver les noms des pôles d'un aimant que l'on ne saurait rendre assez mobile, il suffit de les approcher à distance de l'une des deux extrémités d'un barreau parfaitement mobile. Le pôle nord de l'aimant est celui qui attire le pôle sud du barreau, c'est-à-dire l'extrémité du barreau dirigée vers le nord de la terre.

Lois des attractions et répulsions magnétiques.
— De ces phénomènes d'attraction et de répulsion, on
déduit les deux lois suivantes :

Première loi : *Les pôles de même nom se repoussent, et les
pôles de nom contraire s'attirent :* c'est ce qui est démontré
par les expériences qui précèdent.

Deuxième loi : *Les attractions et répulsions magnétiques
sont en raison inverse du carré des distances :* c'est-à-dire
qu'à une distance trois fois plus grande ces actions sont
neuf fois moins fortes.

***Déclinaison de l'aiguille aimantée.** — On nomme
méridien géographique la direction du nord au sud, et
méridien magnétique la direction que prend l'aiguille aimantée sous l'action de la terre. En général les deux mé-
ridiens ne coïncident pas, c'est-à-dire que l'aiguille
aimantée ne se dirige pas exactement du nord au sud; à
Paris, le pôle austral de l'aiguille est aujourd'hui d'environ 16° 57' à gauche du nord, c'est-à-dire à l'ouest. On appelle *déclinaison* l'angle formé par la méridienne terrestre
et la méridienne magnétique. Cet angle varie suivant les
lieux et suivant les temps. La déclinaison n'est pas la
même à Paris, à Londres, à Saint-Pétersbourg.

Déclinaison à Paris.

1580, 11° 30' à l'est.	1811, 22° 34' à l'ouest.
1663, 0.	1861, 19° 26'.
1785, 22° à l'ouest.	1875, 17° 21'.

On voit, d'après ce tableau, que la déclinaison était
orientale avant 1663, qu'elle était nulle à cette date, et
que, depuis, l'aiguille s'est avancée à l'ouest jusqu'en 1814;
à partir de cette époque, l'angle diminue. Il est probable
que vers l'année 1937 l'aiguille se dirigera de nouveau
exactement du nord au sud, puis la déclinaison rede-
viendra orientale.

Indépendamment de ce changement de déclinaison, on
a trouvé encore que tous les jours l'angle varie légère-

ment suivant les heures. Enfin, en prenant tous les jours
à la même heure l'angle de déclinaison, on reconnaît qu'il
augmente légèrement pendant six mois de l'année, et
qu'il diminue pendant six autres mois.

*Indépendamment des variations de la déclinaison en
un point donné du globe, tel que Paris, on observe que la
déclinaison, mesurée à la même époque, en divers points
du globe, n'a pas partout la même valeur. Des mesures
précises, souvent répétées, permettent de dresser et de
tenir au courant des variations annuelles les *cartes magnétiques*, sur lesquelles sont inscrites les déclinaisons aux
divers points du globe. Nous verrons plus loin l'usage de
ces cartes.

***Boussole marine, son usage.** — La première et la
plus belle application que l'on ait faite de la propriété
une fois reconnue dans un aimant de se diriger toujours
de la même manière est la construction de la *boussole*. Les
anciens, qui ne la connaissaient pas, ne pouvaient na-
viguer qu'en suivant les côtes, et il en fut ainsi jusqu'au
quatorzième siècle. C'est la boussole qui nous a donné
l'Inde, l'Amérique et l'Océanie : car elle a permis au marin
de traverser l'immensité des mers sans craindre un seul
instant de perdre sa route.

*La boussole marine se compose d'une aiguille aimantée
mobile sur un pivot vertical ; la boîte qui porte cette aiguille est suspendue de telle manière que, malgré les
oscillations du navire, l'aiguille reste toujours dans une
position horizontale.

*Pour se servir de la boussole, le navigateur, qui sait
en quel endroit de la mer il se trouve, cherche cet endroit
sur sa carte magnétique, et y trouve inscrite la *déclinaison*
de cet endroit. En prenant alors une direction faisant avec
l'aiguille un angle égal à cette déclinaison, il a la direction du nord au sud, et, par conséquent, tous les points
cardinaux : il lui est donc facile de diriger sa course du
côté où il doit se rendre.

*Pour rendre plus aisé l'usage de la boussole, l'aiguille

est fixée (*fig.* 130) sur une lame circulaire de tôle très légère, qu'elle entraîne dans ses mouvements. Sur ce disque mobile sont tracées des divisions qui constituent ce qu'on nomme la *rose des vents*. L'aiguille coïncide avec

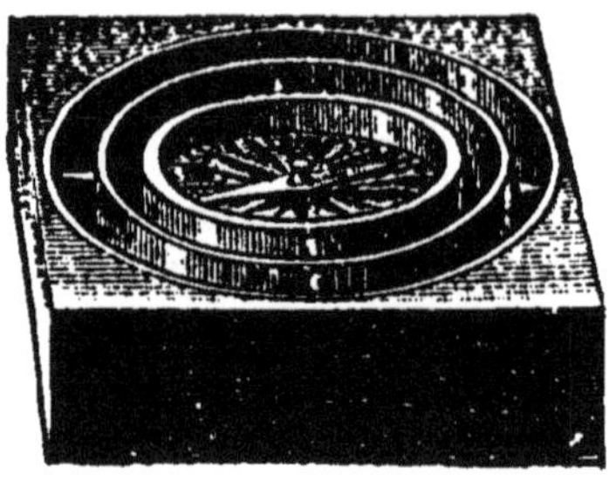

Fig. 130.

la ligne 0 — 180° de la division. Sur le fond de la boîte est tracée une ligne fixe, la *ligne de foi*, qui marque la direction de la quille du navire. On peut donc observer à chaque instant l'angle que fait la ligne de foi avec la ligne 0 — 180° de la rose des vents, c'est-à-dire avec l'aiguille.

Puisqu'on connaît la déclinaison du lieu où l'on se trouve, on en conclut l'angle que fait l'axe du navire avec le méridien géographique, et on voit si l'on va dans la direction voulue.

***Boussole de poche; boussole d'arpentage.** — La boussole de poche est simplement constituée par une boîte renfermant un cadran, au centre duquel est le pivot de l'aiguille aimantée (*fig.* 131). Quand on est dans la

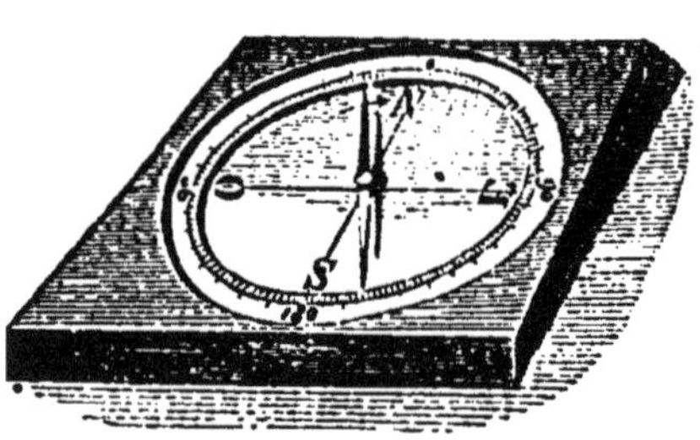

Fig. 131.

campagne, sachant la valeur de la déclinaison dans la région qu'on habite, cette boussole donne les points cardinaux. Pour cela, on prend la boîte, on la place de façon que le cadran en soit bien horizontal, et on la fait tourner sur elle-même jusqu'à ce que la pointe de l'aiguille s'arrête devant le degré correspondant à la déclinaison : les lignes marquées N S et E O donnent alors les points cardinaux.

* La boussole d'arpentage (*fig.* 132), si employée dans les levés de plans, a la même disposition; mais elle est

portée sur un pied; de plus, l'un des côtés de la boîte est muni d'une lunette.

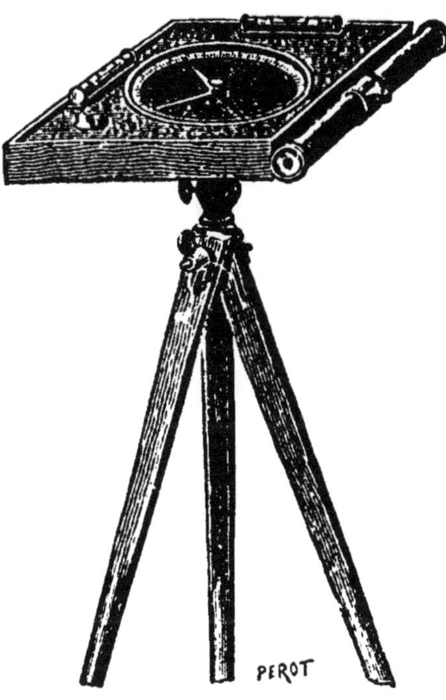

Fig. 132.

***Inclinaison de l'aiguille aimantée.** — Une aiguille aimantée se tient dans une position horizontale quand elle repose sur un pivot vertical. Mais si on la suspendait par son centre de gravité, de manière qu'elle puisse se mouvoir en toute liberté, elle se placerait dans un plan vertical passant par le méridien magnétique; seulement, dans ce plan, elle ne serait pas horizontale. On nomme *inclinaison magnétique* l'angle qu'elle ferait alors avec la ligne horizontale passant par son centre. Nous n'insisterons pas sur cette inclinaison, qui n'a pas grande importance pratique.

CHAPITRE XX.

Électricité.

Électricité. — Conductibilité des corps pour l'électricité. — Corps isolants. — Expériences fondamentales sur l'électricité. — Théorie de l'électricité. — Lois des attractions et des répulsions électriques. — Influence des corps électrisés sur les corps bons conducteurs. — Électroscopes. — L'électricité se porte à la surface des corps bons conducteurs. — Distribution de l'électricité à la surface des corps. — Propriétés électriques des pointes.

Électricité. — *L'électricité*[1] est le principe inconnu de certains phénomènes d'attraction et de répulsion, de lumière, de commotions, de composition et de décomposition chimique, etc., qui se développent dans les corps sous l'influence de certaines causes.

L'électricité, un des agents les plus importants de la physique moderne, ne fut longtemps connue que par quelques phénomènes sans application utile. Six siècles avant l'ère chrétienne, on avait déjà remarqué qu'un morceau d'*ambre* frotté avec de la laine acquérait la propriété d'attirer les corps légers et de les repousser ensuite. Longtemps après, on reconnut que beaucoup d'autres substances, telles que le verre, la résine, la cire à cacheter, etc., pouvaient acquérir les mêmes propriétés. Il fut ensuite démontré que les métaux eux-mêmes s'électrisaient par le frottement, s'ils étaient isolés par quelqu'une des substances précédentes. Plus tard encore, à la fin du dernier siècle, on découvrit que le contact ou les actions chimiques produisaient aussi de l'électricité. L'industrie, s'emparant de ces diverses conquêtes de la science, en a réalisé de nos jours de merveilleuses applications, telles que la télégraphie électrique, la téléphonie, la galvanoplastie et la lumière électrique.

1. Le mot *électricité* vient du nom grec de l'ambre (ήλεκτρον, *électron*).

Conductibilité des corps pour l'électricité. — * Le verre s'électrise par frottement, et prend la propriété d'attirer les corps légers. Au premier abord, le fer ne semble pas susceptible de s'électriser par frottement; mais si une tige de fer est fixée à un manche de verre tenu à la main, elle s'électrise : on en conclut que, si le fer est directement tenu à la main, la propriété d'attirer les corps légers se perd, tandis qu'elle ne se perd plus par le manche de verre. On dit, pour cette raison, que le fer et les corps qui se comportent de la même manière sont *bons conducteurs* de l'électricité, tandis que le verre et les corps analogues sont *mauvais conducteurs.*

Les *bons conducteurs* sont les métaux, l'eau salée ou acidulée, la vapeur d'eau, la terre, quelquefois désignée sous le nom de *réservoir commun* de l'électricité, etc. Le charbon est bon conducteur quand il a subi une haute température, et le coke ou la braise conduisent mieux l'électricité que le charbon de bois. Le corps humain est également bon conducteur; mais l'épiderme conduit mal : aussi est-il nécessaire de se mouiller les mains avec de l'eau acidulée pour qu'elles deviennent conductrices.

Les *mauvais conducteurs* sont la résine, le verre, le soufre, la soie, la laine, l'air, les gaz secs, etc. Ils servent à séparer les bons conducteurs du sol, et dans ce cas on les appelle *corps isolants* ou *isoloirs.*

Corps isolants. — Aucun corps n'étant un conducteur complètement nul, il en résulte que les isoloirs doivent toujours être minces et longs. Le verre a pour inconvénient de condenser facilement l'humidité, ce qui le rend conducteur; la résine en condense moins, mais elle est trop fragile. Les isoloirs principalement employés sont des colonnes de verre recouvertes quelquefois d'un vernis résineux.

Lorsqu'on frotte un bâton de verre que l'on tient à la main, la partie frottée s'électrise et conserve cette électricité parce que le verre est mauvais conducteur. Lorsqu'on frotte un cylindre de cuivre qui n'est point isolé, l'électricité s'écoule au contraire dans le sol par le corps de celui qui le tient, ce qui a empêché longtemps de reconnaître dans les métaux la faculté de s'électriser.

Les expériences sur l'électricité sont beaucoup plus difficiles à exécuter par un temps humide que par un temps sec : en effet, plus il y a de vapeur d'eau dans l'air, mieux ce dernier conduit jusqu'au sol l'électricité des corps isolés. Il faut donc, par les temps humides, essuyer fréquemment les isoloirs, et même les chauffer légèrement, pour empêcher la condensation des vapeurs.

Expériences fondamentales sur l'électricité. — Les trois expériences fondamentales suivantes, faciles à répéter, vont nous permettre de commencer l'étude des phénomènes de l'électricité.

1° Si l'on approche d'une petite balle de moelle de sureau, fixée à l'extrémité d'un fil de soie, un bâton de verre poli frotté avec de la laine, la balle, après avoir touché le verre, en est repoussée et tend, au contraire, à se rapprocher d'un bâton de résine frotté par une peau de chat ; ou bien si la balle touche d'abord la résine, elle fuit le bâton de résine et se rapproche du bâton de verre.

2° Étant données deux balles de moelle de sureau disposées comme précédemment à une faible distance, si l'on touche l'une avec du verre électrisé et l'autre avec de la résine électrisée, les deux balles tendent à se rapprocher.

3° Si l'on touche les deux balles avec du verre électrisé ou avec de la résine électrisée, elles s'écartent.

Théorie de l'électricité. — Des expériences qui précèdent, Coulomb, physicien français, a cru pouvoir conclure que tous les corps possèdent un fluide incoercible et impondérable, nommé fluide *électrique neutre*, et formé de quantités égales de deux fluides différents, l'un nommé *fluide vitré* ou *positif* et l'autre *fluide résineux* ou *négatif*[1]. Un corps donne des phénomènes électriques lorsqu'il

1. Les noms de *vitré* et de *résineux* viennent de ce qu'on obte-

possède en quantités inégales les deux fluides, qui ne peuvent dès lors se neutraliser, ou bien quand les deux fluides sont maintenus séparés par une force quelconque.

L'électricité vitrée ou *positive* est identique à l'électricité développée sur le verre poli frotté avec de la laine. Si le verre était dépoli, ou s'il était frotté avec une peau de chat, il ne donnerait plus la même électricité. *L'électricité résineuse* ou *négative* est identique à l'électricité développée sur la résine frottée avec une peau de chat.

En général, lorsque deux corps sont frottés l'un contre l'autre, ils prennent chacun l'électricité de nature contraire : leur fluide naturel est décomposé par le frottement, le fluide vitré ou positif se porte sur l'un d'eux et le fluide résineux ou négatif sur l'autre. Un même corps peut prendre tantôt l'un, tantôt l'autre des deux fluides, comme nous venons de le voir pour le verre, suivant le corps avec lequel on le frotte. Si l'un des deux corps frottés reste seul électrisé, c'est que l'autre est bon conducteur et n'est pas isolé.

Lois des attractions et répulsions électriques. — Les attractions et les répulsions électriques, expériences fondamentales de la théorie de Coulomb, donnent lieu aux trois lois suivantes :

Première loi : *Les électricités de nom contraire s'attirent, et les électricités de même nom se repoussent.*

Deuxième loi : *Les attractions et répulsions électriques sont proportionnelles aux produits des quantités d'électricité répandues sur les deux corps qui s'attirent ou se repoussent.*

---

naît le premier fluide en frottant le verre avec de la laine, et le second en frottant la résine avec une peau de chat; mais il est reconnu aujourd'hui que le verre et la résine peuvent donner l'un ou l'autre fluide suivant le corps avec lequel on les frotte. Les noms de *positif* et de *négatif* viennent de ce qu'on désigne le premier fluide par le signe *plus* (+) et le second par le signe *moins* (—).

Troisième loi : *Les attractions et répulsions électriques sont en raison inverse du carré des distances* : c'est-à-dire que si la distance est trois fois plus petite, la force d'attraction ou de répulsion devient neuf fois plus grande.

Influence des corps électrisés sur les corps bons conducteurs. — Soit un cylindre de cuivre isolé AB (*fig.* 133) placé dans le voisinage d'un corps électrisé M.

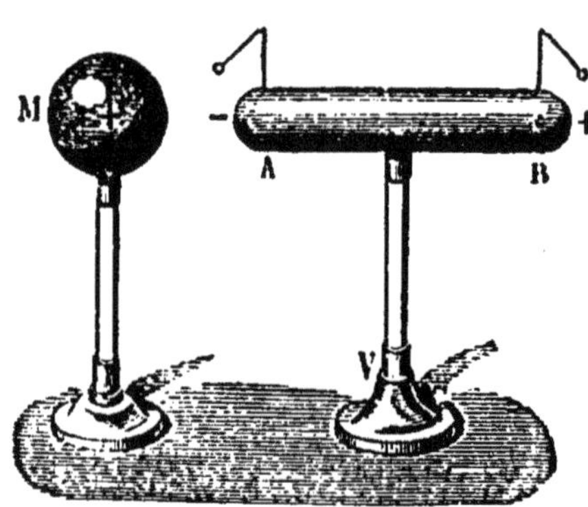

Fig. 133.

L'électricité de M peut être d'une nature quelconque; supposons-la positive : elle décompose par influence le fluide neutre du cylindre AB, attire en A le fluide négatif et repousse en B le fluide positif. Si l'on éloigne le cylindre AB, en le prenant par le pied de verre V, les deux électricités, qui n'étaient séparées que par l'influence du corps M, se combinent de nouveau et reforment du fluide neutre. Si, avant d'éloigner le cylindre, on le fait communiquer au sol en le touchant avec le doigt ou avec tout autre corps bon conducteur, le fluide positif repoussé s'écoule, et le fluide négatif reste, parce qu'il est attiré par M : de sorte qu'en éloignant ensuite le corps électrisé M, le cylindre reste électrisé négativement. Il est indispensable de retirer la communication du cylindre avec le sol avant de l'éloigner du corps électrisé : sans cette précaution, le fluide négatif s'écoulerait à son tour dès qu'il ne serait plus sous l'influence du corps électrisé.

On distingue facilement les deux électricités au moyen de deux petits pendules qui se chargent du même fluide que chacune des extrémités du cylindre, et qui prennent dès lors les deux positions contraires indiquées sur la figure. Si l'on dispose des pendules sur toute la longueur du

15.

cylindre, celui qui est au milieu ne donne aucun signe d'électricité, et les autres marquent une intensité qui va en augmentant du milieu à chaque extrémité.

Les observations précédentes permettent d'expliquer facilement l'attraction et la répulsion des corps légers par les corps électrisés. Soit une balle de moelle de sureau AB (*fig.* 134) placée dans le voisinage d'un corps conducteur M isolé et électrisé. Le corps M décompose par influence le fluide neutre de la balle de sureau, attire le fluide de nom contraire et repousse le fluide de même nom. Il suffit de jeter un coup d'œil sur la figure pour remarquer que les fluides de même nom sont séparés par une distance plus grande que les fluides de nom contraire, que, par

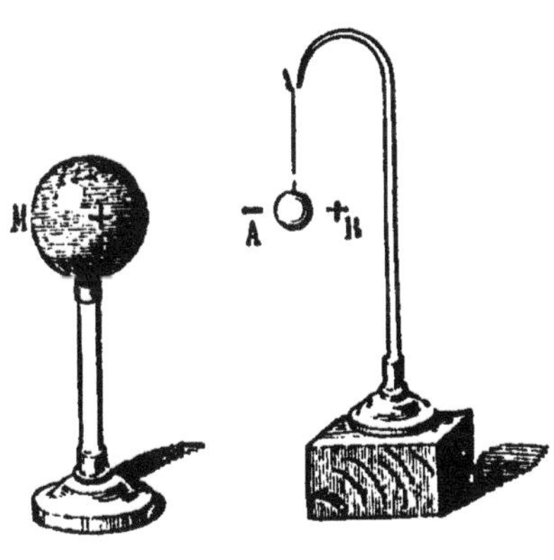

Fig. 134.

conséquent, l'attraction doit être plus grande que la répulsion. La balle de moelle de sureau s'élancera donc sur le corps électrisé, parce qu'elle est légère et mobile; dès qu'elle aura touché le conducteur M et partagé son électricité, elle en sera, au contraire, repoussée.

Si le corps M était mauvais conducteur, il ne pourrait partager son fluide avec la balle, et celle-ci resterait quelque temps adhérente, à moins que la molécule qu'elle touche ne fût fortement électrisée.

Électroscopes. — Pour distinguer les corps électrisés des corps à l'état neutre et reconnaître la nature de leur électricité, on emploie des instruments appelés *électroscopes*. Les principaux électroscopes sont : 1° le pendule électrique; 2° l'électroscope à feuilles d'or; 3° l'électroscope à cadran; 4° le carillon électrique.

1° Le *pendule électrique* (*fig.* 135) est la petite balle de moelle de sureau dont il a été question précédemment;

elle est suspendue à un support quelconque par un fil de soie, qui l'isole. Un corps est électrisé lorsqu'il attire la balle de sureau. Pour distinguer la nature de l'électricité, on électrise d'avance la balle de sureau ou *positivement* en la touchant avec un bâton de verre frotté avec de la laine, ou *négativement* en la touchant avec un bâton de résine frotté avec une peau de chat. A l'approche d'un corps électrisé, la balle s'écarte si le corps a une électricité de même nature que la sienne, et elle s'approche dans le cas contraire.

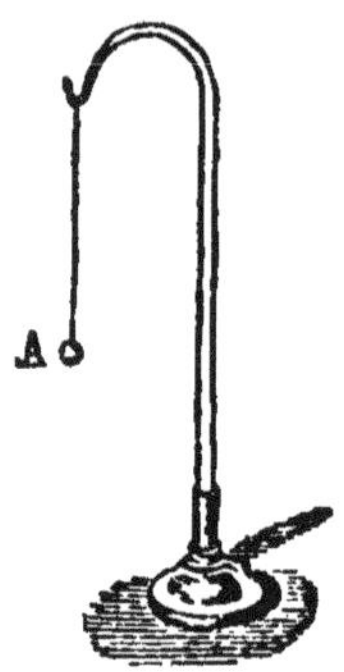

Fig. 135.

*2° L'*électroscope à feuilles d'or* (*fig.* 136) se compose d'une tige de cuivre BB, maintenue isolée sous une cloche de verre C; à la partie inférieure de cette tige on suspend deux minces feuilles d'or, qui tombent verticalement l'une près de l'autre, *a* et *b*; à côté sont deux petites bornes métalliques *c* et *d*, qui communiquent avec le sol. Quand on approche à distance de l'appareil un corps électrisé, les feuilles *a* et *b* divergent, parce qu'elles prennent toutes les deux la même électricité sous l'influence de ce corps; mais cette divergence disparaît dès qu'on les retire. Les petites bornes *c* et *d*, s'électrisant elles-mêmes sous l'influence des feuilles, augmentent la divergence.

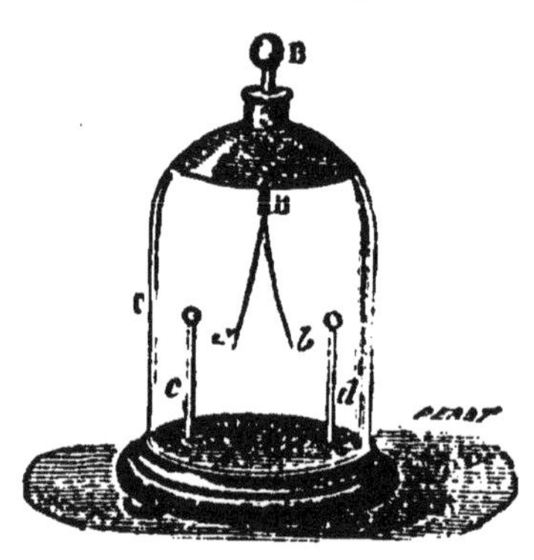

Fig. 136.

Pour reconnaître la nature de l'électricité, on approche de l'électroscope un bâton de verre électrisé, et l'on touche la boule B avec le doigt; l'électricité du verre, qui décompose par influence le fluide neutre de l'électroscope, attire le fluide négatif et repousse le fluide positif, qui s'écoule par le doigt dans le sol. On retire d'abord le

doigt, puis on éloigne le bâton de verre, et les feuilles
a et *b* restent divergentes, parce qu'elles sont électrisées
toutes deux négativement. Si maintenant on approche
lentement et à une certaine distance le bâton de verre,
les feuilles se rapprochent, parce que le fluide qu'elles
possèdent se porte alors à la partie supérieure de l'appareil ; elles divergent de nouveau quand on éloigne le bâton
de verre. Rien n'est plus facile maintenant que de reconnaître la nature de l'électricité d'un corps quelconque que
l'on approche doucement de la boule B : il est positif,
quand la divergence des deux feuilles diminue ; il est
négatif, quand elle augmente.

Il faut toujours avoir soin d'approcher lentement et avec
précaution les corps dont on cherche la nature électrique :
s'ils étaient fortement électrisés, et qu'on les approchât
brusquement, ils pourraient décomposer une nouvelle
quantité de fluide neutre et produire dans les feuilles une
répulsion, au lieu d'une attraction.

3° *L'électroscope à cadran* se compose d'une petite colonne de bois BC (*fig.* 137) dont le pied B est de cuivre :
cette colonne est munie d'un demi-cercle
d'ivoire gradué. Au centre de ce cercle est
une tige légère OD, mobile autour du
centre O, et portant à sa partie inférieure
une balle de sureau, qui, à l'état de repos,
touche le pied métallique B. L'instrument
est ordinairement vissé sur les conducteurs de la machine électrique. Dès que
ceux-ci sont électrisés, la balle D s'écarte
du pied B et indique sur le cercle un arc
d'autant plus grand que la charge électrique est plus forte.

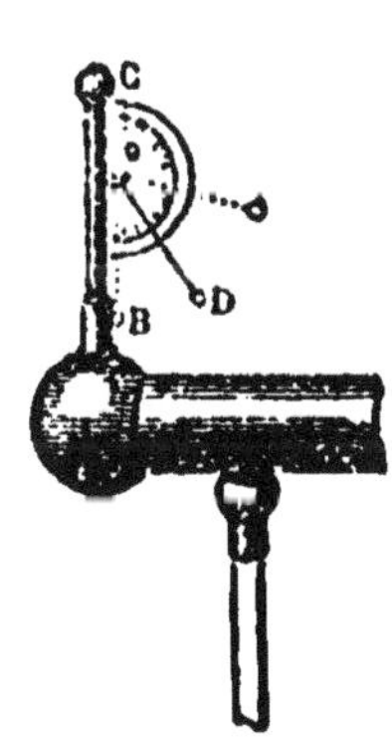

Fig. 137.

4° Le *carillon électrique* (*fig.* 138) se compose d'une
tige métallique AB en communication avec le corps que
l'on doit électriser ; deux timbres C et D sont suspendus
à la tige AB par des chaînes métalliques ; le timbre O est
attaché par un fil de soie, et communique avec le sol par

une petite chaîne métallique; enfin, les balles métalliques *b* et *b'* sont suspendues par des fils de soie. Dès que le corps est électrisé, les deux timbres C et D le sont également, tandis que le timbre O reste à l'état neutre: il en résulte que les petites balles *b*, *b'*, d'abord attirées, puis repoussées par les timbres C et D, se remettent à l'état neutre par leur contact avec le timbre O, et sont ensuite de nouveau atti-

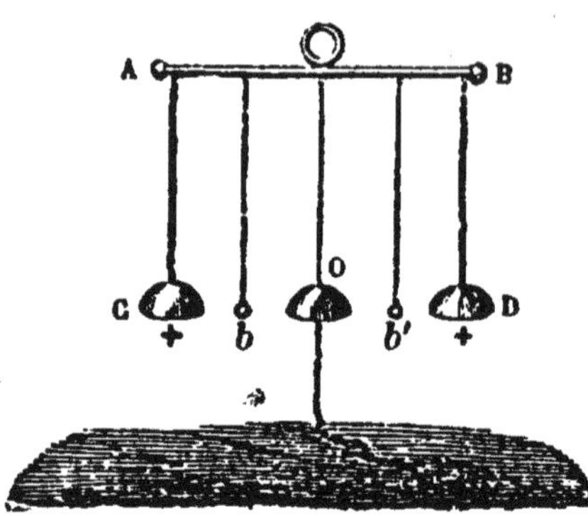

Fig. 138.

rées et repoussées : ce carillon sonnera donc chaque fois que le corps auquel il est attaché sera électrisé assez fortement.

L'électricité se porte à la surface des corps bons conducteurs. — Lorsqu'un corps est électrisé, le fluide libre se porte à sa surface et nullement dans son épaisseur. En électrisant une grande sphère creuse de cuivre, munie d'une large ouverture et posée sur un pied de verre, on reconnaît par le pendule électrique qu'elle est électrisée à l'extérieur, et qu'elle ne donne à l'intérieur aucun phénomène électrique.

Cette propriété est très utile pour la construction des appareils électriques. Un cylindre de cuivre creux produit le même effet qu'un cylindre massif. On peut même remplacer un cylindre métallique par un cylindre de bois ou de carton, recouvert d'une mince feuille d'or ou de tout autre métal.

Puisque les fluides de même nom se repoussent, on conçoit facilement que les molécules d'un même fluide s'écartent et ne restent pas à l'intérieur des corps électrisés; mais pour que ces molécules s'arrêtent à la surface des corps et ne s'écartent pas indéfiniment, il faut qu'une force extérieure les y maintienne : cette force est la pression atmosphérique. Dès qu'un corps électrisé est dans le vide, le fluide électrique libre s'échappe. On peut s'en assurer par l'expérience suivante.

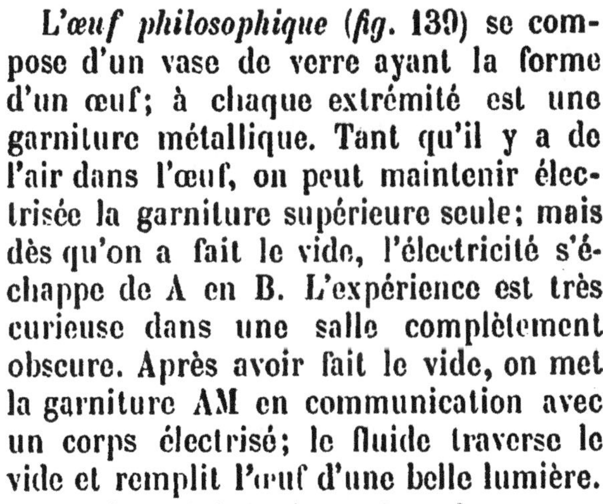

Fig. 139.

L'œuf philosophique (*fig.* 139) se compose d'un vase de verre ayant la forme d'un œuf; à chaque extrémité est une garniture métallique. Tant qu'il y a de l'air dans l'œuf, on peut maintenir électrisée la garniture supérieure seule; mais dès qu'on a fait le vide, l'électricité s'échappe de A en B. L'expérience est très curieuse dans une salle complètement obscure. Après avoir fait le vide, on met la garniture AM en communication avec un corps électrisé; le fluide traverse le vide et remplit l'œuf d'une belle lumière.

Distribution de l'électricité à la surface des corps. —*Coulomb a montré par des expériences délicates que : 1º sur une sphère conductrice isolée, l'électricité se répartit uniformément sur toute la surface; 2º sur un corps ayant la forme d'un ellipsoïde[1], l'électricité se porte surtout aux extrémités du grand axe; 3º sur un cône, la charge augmente depuis la base jusqu'au sommet.

Propriétés électriques des pointes. — Toute pointe est un cône très allongé; la tension de l'électricité y est si forte, qu'il se produit par là une déperdition, qui ramène bientôt à l'état neutre le corps électrisé qui porte une pointe.

Si l'on approche le doigt d'un conducteur ordinaire électrisé, le fluide neutre du doigt est décomposé par influence; le fluide de nom contraire est attiré, et le fluide de même nom repoussé. Comme l'attraction entre les fluides de nom contraire augmente si l'on diminue la dis-

1. Cylindre oblong dont la coupe suivant le grand axe est une ellipse (voyez fig. 133).

tance, il arrive un moment où cette attraction peut vaincre la pression atmosphérique : alors les fluides s'échappent de chaque côté pour se combiner et forment ainsi une brillante étincelle. Lorsque les étincelles sont grandes, on distingue parfaitement la ligne en zigzag qu'elles parcourent, et qui reproduit en très petit la trace que sillonne la foudre.

Si, au contraire, l'on approche une pointe d'un conducteur isolé, il n'y a pas d'étincelle, parce que le fluide attiré s'écoule à mesure qu'il arrive à l'extrémité de la pointe. Dans l'obscurité on distingue cependant au sommet des pointes une aigrette lumineuse.

L'écoulement de l'électricité par les pointes est rendu visible au moyen d'un petit appareil nommé *soleil électrique* (*fig.* 140). Cet appareil se compose de plusieurs rayons effilés partant d'un même centre et tous recourbés dans le même sens ; il est entièrement métallique et mobile sur une tige conductrice, fixée à un conducteur de la machine électrique. Dès que la machine est électrisée, le soleil tourne en sens inverse de la courbure des rayons, comme si ces rayons étaient creux, et qu'un liquide ou un gaz s'écoulât par leurs extrémités. Dans l'obscurité l'expérience est

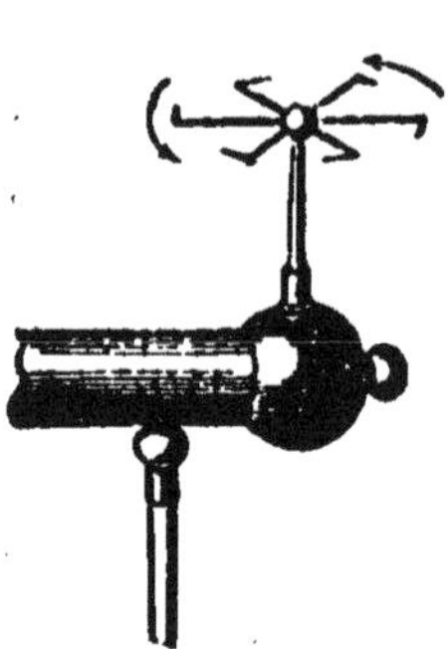

Fig. 140.

encore plus curieuse par les aigrettes lumineuses qui se forment aux extrémités des rayons. * La rotation s'explique de la manière suivante. L'électricité positive qui s'échappe par chaque pointe électrise l'air placé devant elle ; il se produit alors une répulsion entre l'air et la pointe, chargés d'électricité de même nom : de là la rotation.

C'est, comme nous le verrons plus loin, sur la théorie des pointes qu'est fondée la théorie du paratonnerre.

CHAPITRE XXI.

Machines électriques. — Électrophore. — Machine électrique de Ramsden. — Autres machines électriques. — Expériences diverses. — Condensateurs, — Carreau magique. — Bouteille de Leyde. — Jarres. — Batteries. — Effets produits par la décharge électrique. — Effets physiques. — Effets chimiques. — Effets physiologiques.

* **Machines électriques.** — L'électricité, dont nous avons étudié quelques-unes des propriétés essentielles, est susceptible de se produire dans un grand nombre de circonstances diverses. Dans la nature, nous voyons des animaux, et surtout plusieurs espèces de poissons, notamment les gymnotes et les torpilles, produire de l'électricité, de façon à donner des commotions aux ennemis qui les attaquent. L'atmosphère renferme constamment de l'électricité, dont nous étudierons plus loin les diverses manifestations.

* Quand le physicien veut produire artificiellement de l'électricité, il peut d'abord recourir au frottement ou à l'influence d'un corps précédemment électrisé; la pression, des inégalités de température, le simple contact de deux substances différentes, les actions chimiques, l'influence des aimants, sont autant de causes capables de donner naissance à de l'électricité.

* Nous nous occuperons seulement, pour le moment, des procédés qui permettent de produire de l'électricité en quantité notable par le frottement ou l'influence dont nous avons étudié plus haut les circonstances. Sous le nom commun de *machines électriques* nous désignerons les appareils qui permettent d'obtenir aisément des quantités notables d'électricité, en s'appuyant sur le frottement et sur l'influence. Le frottement a été en effet pendant longtemps, seul ou aidé de l'influence, l'unique source employée pour produire de l'électricité. Qu'on frotte l'un contre l'autre deux solides, ou deux parties d'un même

corps, ou un solide et un liquide, et les corps frottés s'électrisent; exemple : un bâton de verre frotté avec de la laine, la résine frottée avec une peau de chat, deux rubans frottés en croix, du mercure agité dans un vase de verre. Certaines personnes, en passant le peigne dans leurs cheveux, développent de l'électricité, qui peut jaillir en étincelles.

***Électrophore.** — Quand on a besoin d'une petite quantité d'électricité, par exemple pour produire l'étincelle qui doit, en chimie, mettre le feu à un mélange détonant, on se sert d'une machine très simple nommée *électrophore*.

L'électrophore se compose (*fig.* 141) d'un gâteau de résine R, d'un plateau métallique P, muni d'un manche de verre M, et enfin d'une peau de chat. Après avoir parfaitement séché la résine, on la frotte avec la peau de chat, ce qui l'électrise négativement. On place ensuite le plateau métallique sur la résine : celle-ci décompose par influence le fluide neutre du plateau, attire le fluide positif et repousse le fluide négatif; on met le doigt sur le plateau P : le fluide repoussé s'écoule dans le sol; on retire le doigt, puis on enlève le plateau par le manche de verre : ce plateau reste ainsi chargé positivement, et on peut en obtenir une étincelle quand on l'approche de la main ou de tout autre corps conducteur.

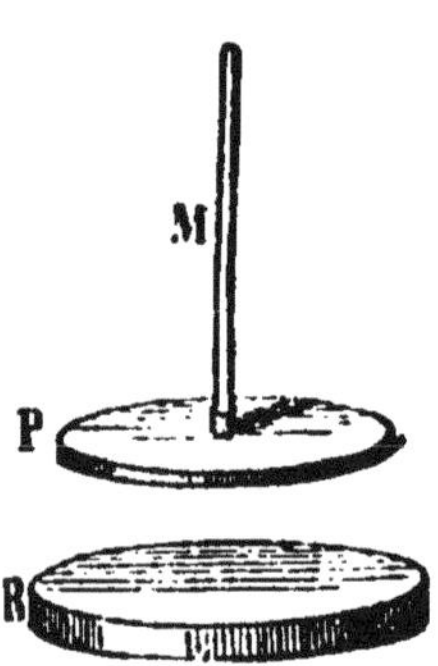

Fig. 141.

Pendant cette expérience la résine a retenu son électricité, de sorte qu'il n'est pas nécessaire de la frotter de nouveau; on peut replacer le disque métallique et recommencer ainsi plusieurs fois la même expérience. Dans un milieu sec l'instrument conserverait même pendant plusieurs mois son électricité.

***Machine électrique de Ramsden.** — Quand on veut obtenir une plus grande quantité d'électricité on se sert de la *machine de Ramsden*, qui est, comme l'électrophore, une machine à frottement et à influence.

Cette machine (*fig.* 142) se compose d'un plateau circu-

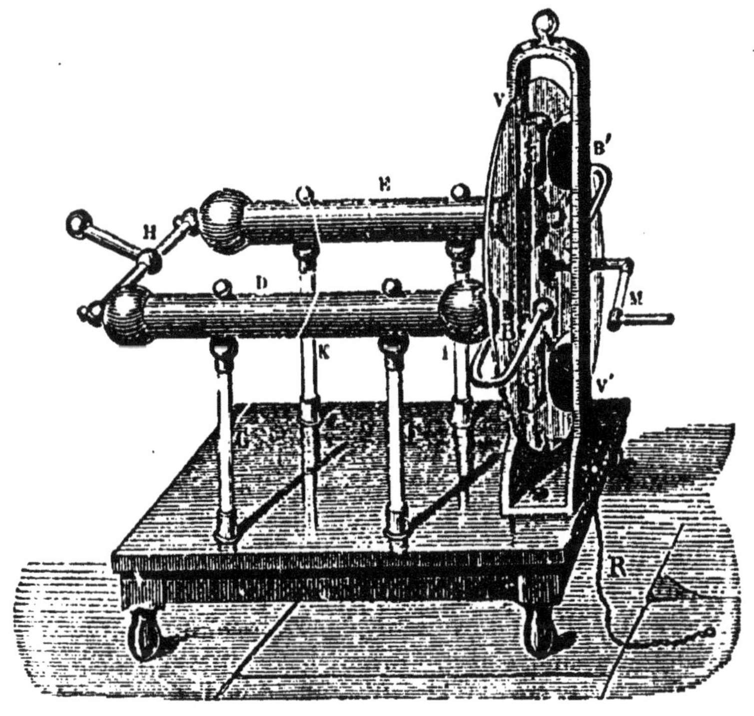

Fig. 142.

laire de verre et de conducteurs isolés. Le plateau de verre, disposé verticalement, se meut à l'aide d'une manivelle M autour d'un axe horizontal passant par son centre, et tourne à frottement entre quatre coussins de cuir rembourrés de crin C, C', et recouverts d'or mussif (bisulfure d'étain), substance qui augmente beaucoup la quantité d'électricité produite. Les conducteurs sont ordinairement deux cylindres de cuivre E, D, réunis à l'une des extrémités par une traverse de cuivre H et supportés par quatre colonnes de verre F, G, K, I; ils s'arrondissent, à l'autre extrémité, en deux mâchoires ou cylindres plus petits B, B', contournés en fer à cheval et munis de pointes qui se terminent très près du verre.

Quand on tourne le plateau de verre, le frottement électrise les coussins négativement et le verre positivement : l'électricité négative des coussins s'écoule dans le sol ou par les supports ou par une chaîne R ; l'électricité positive du verre décompose par influence le fluide neutre des conducteurs, repousse le fluide positif, qui s'accumule sur les conducteurs, et attire le fluide négatif, qui s'écoule par les pointes et vient neutraliser le fluide positif du verre.

Il en résulte que chaque partie du plateau est tour à tour électrisée par frottement contre les coussins, et ramenée à l'état neutre par passage entre les peignes.

La charge d'électricité que peuvent prendre les conducteurs dépend de leur dimension. Elle dépend aussi de la disposition des coussins ; les coussins en cuir recouverts de bisulfure d'étain donnent de très bons résultats. Enfin le *débit* de la machine est d'autant plus grand que le plateau a un plus grand rayon et qu'on le fait tourner plus rapidement.

Autres machines électriques. — Il est d'autres machines électriques, de Nairne, d'Armstrong, de Holtz et de Bertsch. *Ces deux dernières surtout sont fort employées ; mais la théorie du développement de l'électricité est plus difficile à exposer. Nous nous contenterons de donner la simple description de la machine de Holtz.

*Cette machine n'a pas de frottement ; toute l'électricité y est développée par influence. Elle a deux plateaux de verre (*fig*. 143). L'un, A, peut tourner rapidement autour d'un axe horizontal ; ce mouvement lui est communiqué par une manivelle qui actionne trois poulies réunies par des courroies sans fin. A quelques millimètres de ce plateau, en est invariablement fixé un second B, un peu plus grand, dans lequel sont pratiquées deux ouvertures C et D diamétralement opposées ; sur l'un des bords de chacune des ouvertures est collée une bande de papier munie d'une pointe. De l'autre côté du plateau mobile, et en face des bandes de papier, sont placés deux peignes P et P', portés sur des pieds isolants, et pouvant être mis en communication entre eux au moyen de deux conducteurs également isolés Q et Q'. Pour faire fonctionner la machine, on met

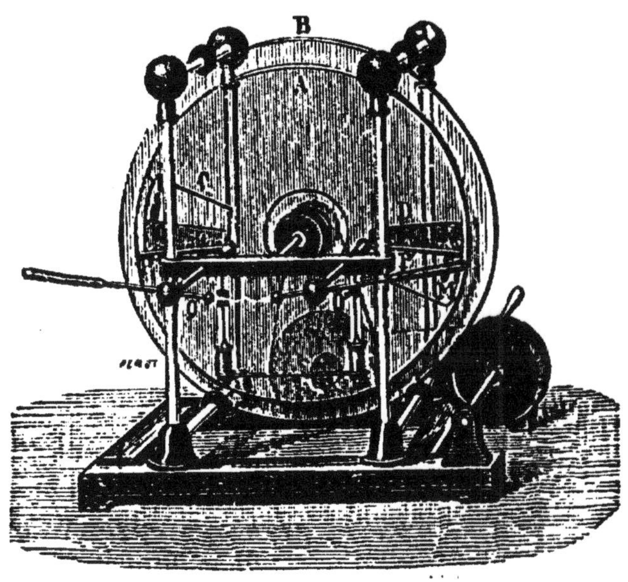

Fig. 143.

les conducteurs Q et Q' en contact, on l'applique sur l'une des bandes de papier une feuille de caoutchouc durci électrisé par frottement, et on met le plateau A en mouvement. Presque aussitôt on peut enlever la feuille de caoutchouc, éloigner progressivement les deux conducteurs, et on a une série d'étincelles électriques, qui jaillissent sans interruption de Q à Q'. Une machine de Holtz donne beaucoup plus d'électricité qu'une machine de Ramsden de même dimension.

Expériences diverses. — On peut faire directement avec la machine électrique un grand nombre d'expériences plus curieuses qu'utiles ; nous indiquerons les plus faciles à répéter.

1° *Manière d'électriser une personne.* On place une personne sur un tabouret dont les quatre pieds sont de verre, et on lui fait toucher les conducteurs de la machine :

elle s'électrise en même temps que les conducteurs. Les cheveux se dressent et divergent, parce que, étant légers, ils sont repoussés et forment des électroscopes. Une autre personne en communication avec le sol peut, en approchant le doigt, tirer des étincelles des mains, des oreilles, enfin de toutes les parties du corps.

2° *Danse électrique.* Une tige de cuivre BO (*fig.* 141)

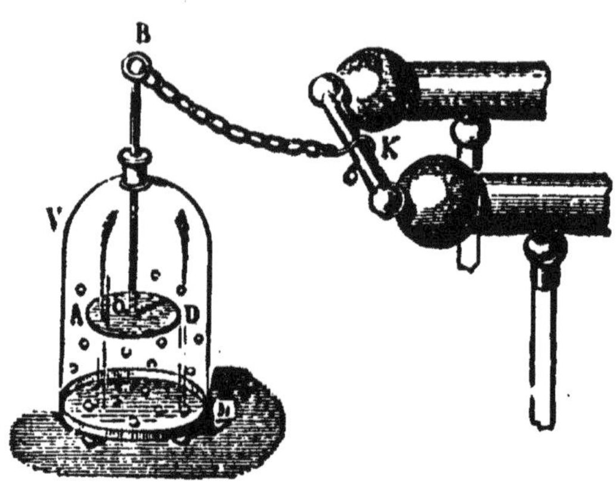

Fig. 144.

passe par l'ouverture d'une cloche de verre V; elle se termine supérieurement par un anneau B, et inférieurement par un plateau de cuivre AD. Le fond de la cloche est un autre plateau métallique M qui communique avec le sol; dans l'intérieur sont différentes petites boules de sureau. On relie l'anneau B à la traverse K de la machine électrique par une chaîne métallique; dès qu'on tourne le plateau de la machine, le disque métallique AD s'électrise : il attire, puis repousse les balles de sureau; celles-ci, en touchant le plateau M, repassent à l'état neutre, sont de nouveau attirées, puis repoussées, et dansent ainsi entre les deux plateaux. Quelquefois on remplace les balles par des pantins en moelle de sureau.

3° *Tube étincelant.* On colle à l'intérieur d'un tube de verre de petits losanges métalliques, disposés en spirale, et on laisse entre eux de faibles intervalles : si l'on fait jaillir une étincelle sur le premier losange, elle se répète entre tous les autres losanges. L'expérience est très belle dans l'obscurité, parce que la lumière électrique devient éblouissante. On peut également sur des carreaux de verre coller une petite bande d'étain en zigzag et former avec un canif une grande quantité de solutions de continuité formant une croix, une façade de palais, etc. ; à chaque étincelle que reçoit la bande métallique, le dessin est illuminé.

4° *Pistolet de Volta.* Le pistolet de Volta consiste en une bouteille de fer-blanc ; à travers une ouverture ménagée à la partie latérale et inférieure de la bouteille passe un tube de verre, qui est traversé par une tige métallique terminée par un bouton à chacune de ses extrémités : le bouton situé à l'intérieur de la bouteille est très rapproché de la paroi. Pour charger ce pistolet, on met dans une petite bouteille de l'eau, de la grenaille de zinc et de l'acide sulfurique ; on ferme le goulot par un bouchon, à travers lequel passe un tube de verre ; on place sur ce tube le pistolet renversé ; le gaz hydrogène[1] qui se dégage par le tube se rend dans le pistolet et en chasse l'air ; on ferme le pistolet par un bouchon de liège, et, avant de s'en servir, on enlève un instant le bouchon et on souffle dans le pistolet, puis on le rebouche aussitôt ; en soufflant on a introduit une certaine quantité d'air, et cet air contient de l'oxygène : il y a donc dans le pistolet de l'hydrogène et de l'oxygène, ce qui constitue le mélange appelé en chimie *mélange détonant.*

Si l'on approche de la machine électrique l'extrémité extérieure de la tige isolée, une étincelle jaillit, se répète à l'intérieur du pistolet, détermine la combinaison de l'hydrogène et de l'oxygène, d'où résulte une violente détonation, et le bouchon est projeté avec force.

Condensateurs. — Les *condensateurs* sont des appareils destinés à accumuler des quantités d'électricité individuellement faibles, mais qui réunies peuvent développer une force électrique considérable. Ils sont de différentes formes, mais tous se composent essentiellement de deux corps bons conducteurs, séparés par un troisième corps mauvais conducteur.

1. Voyez la *Chimie.*

Le condensateur qui est représenté par la figure 145 se compose de deux disques métalliques B et C, et d'un disque de verre A, placé entre les deux autres, dont il dépasse les contours : chacun des trois corps est porté sur une baguette de verre qui l'isole, et on peut les rappro-

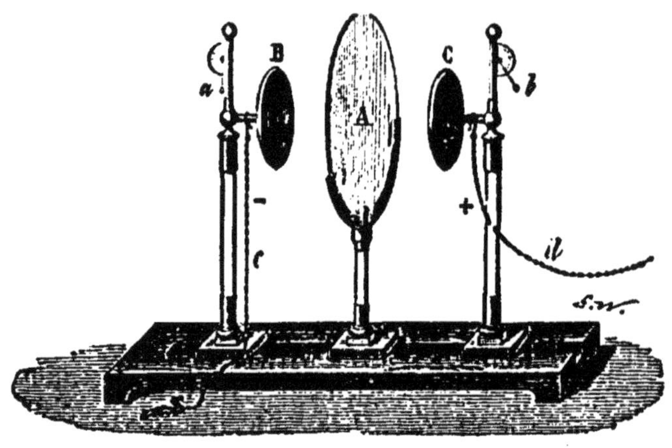

Fig. 145.

cher ou les éloigner l'un de l'autre, parce que leur pied est engagé dans une rainure et par conséquent mobile. Pour charger ce condensateur, on fait communiquer le disque C, qui devient le disque *collecteur*, avec la source d'électricité au moyen de la chaînette *d* ; le disque B communique avec le sol par la chaînette *c*.

Le disque collecteur C se charge de la même électricité que la source ; il décompose par influence le fluide neutre de l'autre disque B, attire le fluide de nom contraire à la surface qui regarde le verre, et repousse le fluide de même nom dans le sol. Les fluides contraires des deux disques, s'attirant réciproquement, se fixent chacun à la surface qui regarde le verre, et le disque C devient libre de recevoir une nouvelle quantité d'électricité, qui décompose sur l'autre disque une nouvelle quantité de fluide neutre. On pourra donc accumuler sur le disque C une quantité d'électricité beaucoup plus grande que si le disque B n'existait pas : c'est pour cette raison que l'instrument est nommé *condensateur*.

Supposons que chaque support des disques métalliques se prolonge par en haut et porte un électroscope à cadran *a*, *b* : lorsque le condensateur est chargé, l'électroscope *a* n'indique aucune électricité, ce qui prouve que le fluide négatif du disque B est *dissimulé* par le fluide positif du disque C; mais la balle de l'électroscope *b* s'écarte et indique par là une certaine quantité de fluide libre : ce qui prouve que le fluide positif du disque C n'est pas complètement dissimulé par le fluide négatif du disque B. Il est facile de se rendre compte du phénomène. Représentons par 100 la quantité de fluide positif du disque C; ce fluide, étant à une certaine distance du disque B, ne peut décomposer 100 parties de fluide neutre; supposons qu'il n'en décompose que 90 : alors les 100 parties de fluide positif retiendront parfaitement du côté du verre les 90 parties du fluide négatif; mais les 90 parties du fluide négatif ne pourront certainement pas retenir 100 parties de fluide positif; elles n'en retiendront même pas complètement 90 : il y aura donc en liberté sur le disque C tout le fluide positif que le disque B ne peut dissimuler.

*Pour décharger un condensateur, c'est-à-dire pour déterminer la combinaison des fluides de noms contraires accumulés sur les deux plateaux, on se sert fréquemment d'un *excitateur* (*fig.* 146).

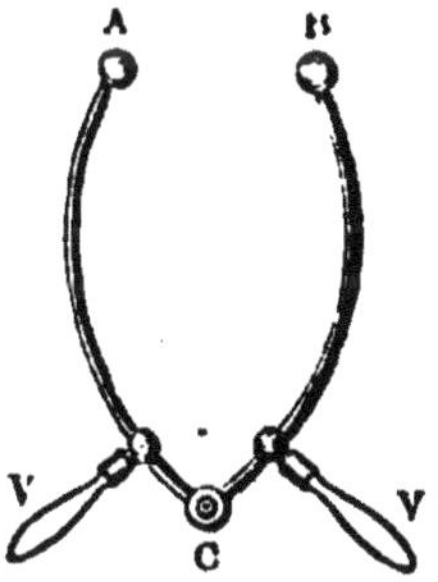

* *L'excitateur* se compose de deux arcs de cuivre terminés chacun par une boule en A et en B, et réunis en C par une charnière; chaque branche de l'excitateur est munie d'un manche de verre V. En mettant l'une des boules en communication avec une source d'électricité, et l'autre avec un appareil qu'on veut charger d'électricité, le fluide passe de la source dans l'appareil. Si, au contraire, on veut décharger un condensateur,

Fig. 146.

on fait toucher les deux boules en même temps aux deux plateaux; les fluides de noms contraires se recombinent, et il jaillit une étincelle d'autant plus bruyante que le condensateur était plus chargé.

Revenons à l'examen des propriétés du condensateur. Si l'on rapproche les disques métalliques de manière qu'ils compriment le verre de chaque côté, et que l'on charge ensuite le condensateur, l'électricité ne reste pas sur le métal, elle est adhérente au verre. Pour le prouver, après la charge on éloigne du verre les disques : l'excitateur produit entre eux une étincelle à peine visible; mais si on les rapproche du verre, l'instrument est toujours chargé et donne une vive étincelle.

* Si le condensateur est resté chargé pendant quelques instants, il y a même une notable quantité d'électricité qui a pénétré dans l'épaisseur du verre, par suite de l'attraction des fluides répandus sur les deux faces. Au moment où l'on tire l'étincelle, l'électricité qui a ainsi pénétré dans le verre n'a pas le temps d'en sortir, à cause de la mauvaise conductibilité de cette substance, et ne prend pas part à l'étincelle. Il reste donc dans l'appareil une petite charge, qui permet, quelques instants après, de tirer une seconde, puis une troisième étincelle.

Si l'on touche d'une main le disque B et de l'autre main le disque C, on reçoit une commotion d'autant plus violente que les surfaces métalliques étaient plus grandes et la charge plus forte. Plusieurs personnes peuvent recevoir la commotion à la fois : pour cela, elles font ce qu'on appelle la *chaîne*, c'est-à-dire qu'elles se tiennent toutes par la main; la première touche le disque B, et la dernière le disque C.

On peut encore décharger un condensateur d'une manière toute différente. Après avoir retiré la chaînette *c* pour isoler l'instrument, que l'on mette le doigt sur le disque collecteur : tout le fluide positif qu'il ne peut retenir s'écoule, de sorte qu'après le contact il y a un excès de fluide négatif sur le disque C; en touchant alors ce

16.

disque, on enlève tout le fluide négatif qui n'est pas dissimulé par le disque collecteur. On touche ainsi alternativement les deux disques un grand nombre de fois, et l'on finit par décharger complètement le condensateur sans excitateur et sans recevoir de commotion.

Le *carreau magique*, la *bouteille de Leyde*, les *jarres* et les *batteries* reposent sur le même principe que les condensateurs.

Carreau magique. — Le *carreau magique* se compose d'un carreau de verre sur chaque face duquel on a collé une mince feuille métallique (or, argent, étain, etc.), ayant une surface plus petite que celle du carreau. On peut appliquer à cet appareil tout ce qui a été dit du condensateur : les deux feuilles métalliques remplacent les deux disques.

Quelquefois, avant de charger l'instrument horizontalement disposé, on met sur la face supérieure une pièce de monnaie : la personne qui veut la prendre reçoit une commotion ; mais il faut que cette personne soit également en communication avec la feuille métallique inférieure.

Bouteille de Leyde. — La *bouteille de Leyde* est ainsi appelée du nom de la ville où elle a été découverte. Elle se compose (*fig.* 147) d'une bouteille de verre remplie intérieurement de feuilles d'or ou de clinquant ; une tige de cuivre A passe à travers le bouchon, touche à l'intérieur les feuilles métalliques et se termine à l'extérieur par un bouton. A l'extérieur et environ jusqu'aux deux tiers de sa hauteur, la bouteille est recouverte d'une feuille d'étain ou d'argent. Les feuilles d'or et la tige de cuivre s'appellent *armature intérieure*, la feuille d'étain est l'*armature extérieure ;* les deux armatures remplacent les deux disques métalliques du condensateur, et la bouteille remplace le disque de verre. On charge ordinairement la bouteille de Leyde en la tenant à

Fig. 147.

la main par l'armature extérieure et en appuyant le bouton contre les conducteurs de la machine électrique; on pourrait la charger en sens inverse en la tenant par le bouton et en appuyant sur la machine l'armature extérieure. La décharge se fait soit avec l'excitateur, soit avec la main; si elle est instantanée, il y a une commotion plus ou moins forte, qui peut se transmettre, comme plus haut, à travers plusieurs personnes faisant la chaîne.

Jarres. — Les *jarres* sont de grands bocaux de verre ou de toute autre substance isolante. L'ouverture de ces vases étant assez large pour l'introduction de la main, on colle à l'intérieur comme à l'extérieur une simple feuille d'étain, ce qui fait de chacune une bouteille de Leyde.

Batteries. — Les *batteries* sont des réunions de bouteilles de Leyde, ou plutôt de jarres. Dans une boîte de bois (*fig.* 148), dont le fond est recouvert d'une feuille d'é-

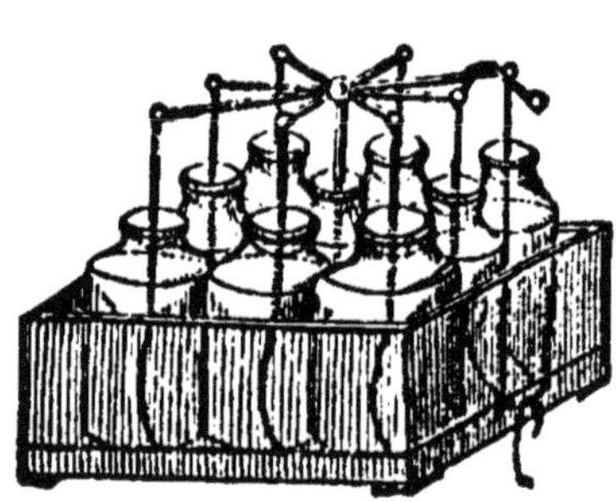

Fig. 148.

tain, on place toutes les jarres: de cette manière, toutes les armatures extérieures communiquent entre elles. A travers le bouchon qui ferme chaque jarre passe une tige de cuivre terminée inférieurement par une chaîne, de manière à communiquer toujours avec l'armature intérieure, et supérieurement par une boule; d'autres tiges de cuivre font communiquer toutes ces boules avec l'armature intérieure de la bouteille qui occupe le milieu de la batterie. Une batterie peut être, par conséquent, regardée comme une énorme jarre.

Une batterie se charge ordinairement comme la bouteille de Leyde : on met l'une des deux armatures en contact avec la source d'électricité. Mais si la machine électrique était trop faible pour charger à la fois plusieurs bouteilles de Leyde, on arriverait au même résultat par un autre procédé, que l'on appelle *charge par cascade*.

Dans la charge par cascade, on suspend la première bouteille à la machine électrique par son armature intérieure, puis on suspend la seconde bouteille à un anneau collé au fond de la première bouteille; on suspend la troisième à l'extérieur de la deuxième, et enfin l'armature extérieure de la dernière communique avec le sol. Si la machine électrise positivement l'armature intérieure de la première bouteille, cette électricité positive décompose par influence le fluide neutre de l'armature extérieure, attire le fluide négatif et repousse le fluide positif dans l'intérieur de la seconde bouteille; l'électricité positive de l'intérieur de la seconde bouteille agit, à son tour, par influence sur l'armature extérieure, etc. On voit que la machine n'a besoin que de charger la première bouteille: c'est la première bouteille qui charge la seconde; la seconde charge la troisième, etc. Pour former une batterie avec toutes ces bouteilles, on les détache successivement, en commençant par celle qui communique avec le sol, et en les prenant toujours par l'armature extérieure; on les place toutes sur une feuille d'étain, puis on laisse tomber une tige métallique sur les armatures intérieures. Il ne faut pas poser cette tige avec la main : autrement on déchargerait la batterie, puisqu'on est déjà par le sol en communication avec l'armature extérieure.

Effets produits par la décharge électrique. — A l'aide de la décharge électrique on peut obtenir certains effets très remarquables : on les distingue en *effets physiques*, *effets chimiques* et *effets physiologiques*.

Effets physiques. — L'électricité, en traversant les corps bons conducteurs, élève leur température quand ils sont *conducteurs insuffisants*, c'est-à-dire quand ils sont très minces, et que la quantité d'électricité qui passe en un peu de temps est considérable : si l'on fait passer une forte décharge électrique à travers un fil métallique très mince, le métal est rougi, fondu, quelquefois volatilisé.

L'expérience se fait avec l'*excitateur universel* (*fig.* 149). Cet instrument est formé de deux tiges de cuivre T, T, portées sur deux colonnes de verre C, C, et mobiles en

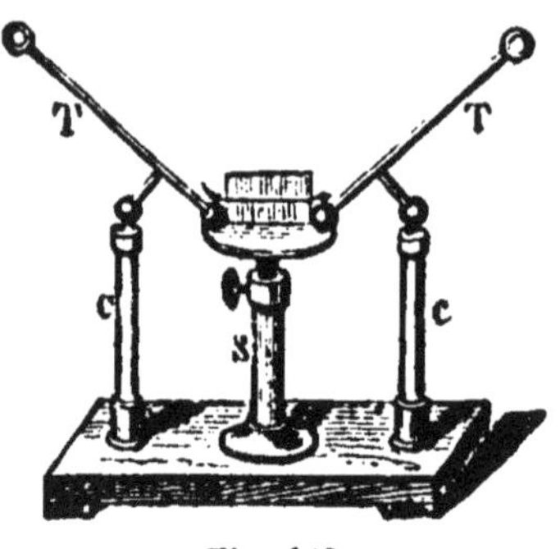

Fig. 149.

tous sens; au milieu, un support S, qu'on peut monter et descendre à volonté, sert à soutenir les corps qui doivent recevoir la décharge électrique. Que l'on attache entre les deux branches T, T un mince fil de fer, et que l'on place à côté une carte blanche : si l'on fait communiquer par une chaîne métallique une branche T avec l'armature extérieure d'une forte batterie, et au moyen de l'excitateur l'autre branche avec l'armature intérieure, au moment de la décharge le fil est volatilisé, et les traces des vapeurs métalliques restent visibles sur la carte.

Une expérience très curieuse est celle des portraits électriques dits *portraits de Franklin* (*fig.* 150). On place entre

Fig. 150.

une feuille d'or et un ruban de soie blanche la découpure en papier d'un portrait ; le tout est serré dans une petite presse de bois; on met cette presse sur le support S (*fig.* 149), et l'on fait communiquer les deux branches T, T d'un côté avec la feuille d'or, et de l'autre avec les deux armatures d'une batterie. Comme dans l'expérience précédente, lors de la décharge, la feuille d'or est volatilisée, et les vapeurs d'or, passant par les découpures du papier, forment ainsi le portrait sur la soie.

Si l'on fait passer la décharge d'une batterie par des fils de soie dorés, l'or est volatilisé, et la soie reste intacte : l'élévation de température ne porte donc que sur les corps bons conducteurs. Ce qui est extraordinaire, c'est que le fil de soie résiste au contact du métal, dont la température dépasse celle d'un violent feu de forge.

Si l'on appuie contre les deux faces d'une carte or d'une lame de verre les branches de l'excitateur universel, et qu'on y fasse passer la décharge d'une seule bouteille de Leyde, la carte ou le verre sont percés d'une ouverture très mince ; l'ouverture de la carte présente un bourrelet de chaque côté, et si les deux boules de l'excitateur ne correspondent pas exactement, l'ouverture est toujours plus rapprochée de l'armature négative.

Effets chimiques. — Une étincelle suffit pour enflammer un mélange d'hydrogène et d'oxygène, ainsi qu'on l'a vu pour le pistolet de Volta ; une série d'étincelles décompose le gaz ammoniac, ou change en acide azotique l'oxygène et l'azote de l'air. Une étincelle faible enflamme l'éther ; la décharge d'une bouteille de Leyde enflamme l'alcool ; celle d'une batterie enflamme la poudre. Si l'on décharge une forte batterie dans l'eau, on voit l'étincelle à travers le liquide et un peu d'eau est décomposée.

Effets physiologiques. — Les effets physiologiques consistent dans la commotion qu'on éprouve en touchant à la fois les deux armatures d'un condensateur. Cette commotion est instantanée. Quand les condensateurs ont une grande surface métallique, comme dans les fortes batteries, ces commotions peuvent paralyser et même foudroyer. L'expérience en a été faite sur des animaux.

CHAPITRE XXII.

Électricité atmosphérique. — Expériences de Franklin. — Foudre, éclair, tonnerre. — Effets de la foudre. — Choc en retour. — Paratonnerres.

***Électricité atmosphérique.** — Il y a toujours de l'électricité dans l'air, sans qu'on sache, d'ailleurs, bien exactement quelle est l'origine de cette électricité.

*Lorsque le temps est serein, l'électricité atmosphérique est toujours positive; la quantité d'électricité augmente à mesure qu'on s'élève dans l'atmosphère; elle est plus grande par les temps secs que par les temps humides. Le sol est, au contraire, constamment chargé d'électricité négative; mais, tous les objets étant également électrisés, il n'en résulte aucune manifestation.

*Quand les circonstances sont favorables, les nuages qui passent enlèvent à l'air son électricité : la quantité de fluide positif dont ils se chargent alors peut devenir très considérable, surtout lorsque l'air est sec, ce qui ne se produit qu'en été. Puis, par suite d'influences réciproques, les nuages électrisés positivement peuvent charger négativement d'autres nuages qui passent dans le voisinage. On a donc dans l'atmosphère des nuages chargés d'électricités contraires, entre lesquels peuvent jaillir de formidables étincelles. Telle est l'origine des éclairs et des orages.

Expériences de Franklin. — Franklin, physicien américain de la fin du siècle dernier, démontra le premier, par une expérience très simple, que les nuages orageux ne sont autre chose que des nuages électrisés. Cette expérience consiste à lancer un cerf-volant de taffetas pendant un orage : la corde s'électrise sous l'influence des nuages et donne de brillantes étincelles. Si l'on met dans la corde quelques fils métalliques pour la rendre meilleure conductrice, les étincelles ont plusieurs décimètres de longueur et deviennent capables de foudroyer. Mais l'expérience est toujours dangereuse : quelques physiciens, en la répétant, ont été renversés et quelquefois même tués par de violentes décharges.

Une autre expérience consiste à placer sur un lieu élevé et parfaitement découvert une longue barre de fer isolée à son pied et terminée supérieurement en pointe. Supposons qu'un nuage positif passe au-dessus de la barre : il décomposera par influence le fluide neutre, attirera le fluide négatif, qui s'écoulera par la pointe, et repoussera le fluide positif, qui électrisera la barre. Pour obtenir sans danger des étincelles, on approche de la barre l'une des branches d'un excitateur, dont l'autre branche communique avec le sol : on obtient ainsi des lames de feu d'environ 5 mètres de longueur ; chaque étincelle est accompagnée d'une forte détonation. Il ne faut donc s'approcher de ces barres qu'avec de grandes précautions. Pour savoir quand elles sont électrisées, on y adapte un carillon électrique.

Foudre, éclair, tonnerre. — L'étincelle électrique qui jaillit entre deux nuages, ou entre la terre et un nuage, est la *foudre ;* la lumière que produit cette étincelle est l'*éclair*, et le bruit qui résulte des vibrations de l'air par le passage de l'étincelle forme le *tonnerre*. Pendant les orages on voit fréquemment une ligne de feu allant en zigzag d'un nuage à un autre ou d'un nuage à la terre : cette ligne de feu est l'étincelle ou la foudre. La foudre est identique avec les étincelles qu'on tire de la machine électrique ; la différence ne consiste que dans l'intensité.

Un nuage électrique agit toujours par influence sur les corps qui sont les plus rapprochés, et qui sont meilleurs conducteurs de l'électricité : il sera donc dangereux, pendant un orage, d'être sur un endroit élevé et découvert. Les moissonneurs sont souvent victimes de leur ignorance : pendant un orage, ils se rassemblent sous des gerbes de blé et prennent avec eux leurs faux ; si le champ où ils se trouvent est sur une hauteur et bien découvert, l'action d'un nuage électrique aura lieu principalement sur le groupe de personnes et sur le métal des outils; le tout formant un bon conducteur aura son fluide neutre facilement décomposé. C'est pour les mêmes raisons que les arbres, les clochers, sont fréquemment frappés par la foudre. Il est donc très imprudent, pendant un orage, de sonner les cloches ou de se réfugier contre un arbre; le danger sera d'autant plus grand que l'endroit sera plus élevé, le clocher plus haut, l'arbre plus grand et isolé.

* **Effets de la foudre.** — La foudre produit les effets les plus variés; ces effets sont, d'ailleurs, en tous points comparables à ceux des machines électriques, et en particulier à ceux des batteries; mais ils sont beaucoup plus violents.

* Parmi les effets mécaniques, nous voyons que les arbres sont tordus et renversés, les murs transportés à une grande distance ou percés de part en part, les maisons ébranlées en partie. Les fils métalliques sont rougis, fondus ou volatilisés, les matières combustibles s'enflamment, les incendies s'allument; les effets calorifiques se produisent surtout sur les corps conducteurs. Comme effets lumineux nous avons les éclairs, des aigrettes qui apparaissent à l'extrémité des pointes. Les effets physiologiques sont plus terribles : les hommes et les animaux frappés sont terrassés, le plus souvent tués. On trouve sur les cadavres des plaies béantes; d'autres fois le feu du ciel n'a laissé aucune trace visible.

* Enfin d'autres effets, plus extraordinaires, n'ont pas reçu encore une explication suffisante. C'est ainsi qu'on a vu, pendant les orages, des boules de feu se promener lentement sur le sol, et disparaître tantôt en faisant explosion, tantôt en s'évanouissant sans bruit. Des expériences de laboratoire, que nous ne pouvons relater ici, ont permis de produire des phénomènes analogues à l'aide des plus puissantes machines électriques qu'on possède aujourd'hui.

Choc en retour. — On dit qu'une personne reçoit le choc en retour lorsqu'elle éprouve une commotion électrique, et que l'étincelle, au lieu de la frapper directement, tombe sur un corps éloigné.

Supposons une personne dans un endroit découvert, et admettons qu'un nuage électrisé s'approche lentement : le nuage décomposera graduellement le fluide neutre de cette personne, repoussera le fluide de même nom dans le sol et attirera vers la tête une grande quantité de fluide de nom contraire. Si l'attraction entre ce dernier fluide et le nuage devenait supérieure à la pression atmosphérique, l'étincelle jaillirait, et la personne serait foudroyée directement. Si le nuage s'éloignait lentement ou perdait lentement son électricité, les fluides séparés se recombineraient lentement, et il n'en résulterait aucune commotion. Mais si le nuage perd brusquement son électricité, en lançant, par exemple, une étincelle sur un autre nuage ou sur un corps élevé à la surface du sol, les deux fluides séparés se recombinent subitement et déterminent ainsi une commotion qui peut renverser la personne, la paralyser ou même la tuer.

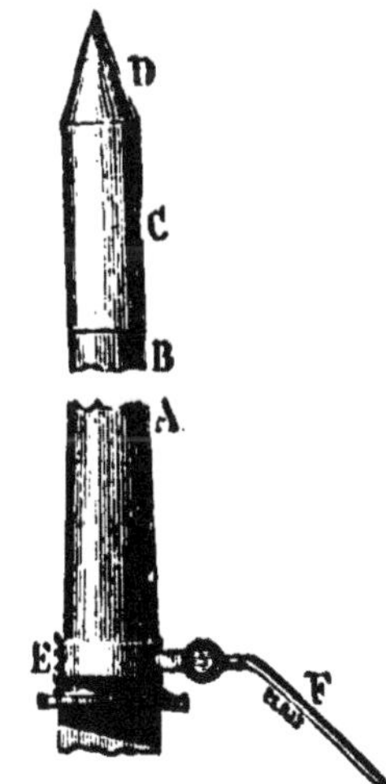

Fig. 151.

Paratonnerres. — Afin de préserver de la foudre les édifices, on emploie des instruments appelés *paratonnerres.* Un paratonnerre consiste en une barre de fer longue de 5 à 10 mètres, qu'on place sur la partie la plus élevée d'un édifice; elle est terminée supérieurement par une pointe de platine, et le pied communique avec le sol par une chaîne métallique ou par une corde de chanvre garnie à l'intérieur de plusieurs gros fils de fer. On recouvre le fer d'une couche de peinture pour le préserver de la rouille.

* Ces appareils de préservation ont été inventés par Franklin. La figure 151 montre la partie supérieure BCD

et la partie inférieure AE de la tige d'un paratonnerre, avec le commencement de la chaîne F qui le fait communiquer avec le sol.

Lorsqu'un nuage électrisé passe au-dessus d'un paratonnerre, il décompose par influence son fluide neutre, repousse dans le sol le fluide de même nom et attire le fluide de nom contraire, qui s'écoule par la pointe et neutralise l'électricité du nuage. *Cette neutralisation est insuffisante pour enlever toute l'électricité du nuage, mais elle diminue cependant les chances de chute de la foudre. D'ailleurs, si la foudre tombe, elle frappe forcément la partie la plus élevée de l'édifice, qui est justement le paratonnerre, et aucun dommage n'est produit, si les trois conditions indiquées ci-dessous sont remplies.

Pour qu'un paratonnerre ne devienne pas dangereux, il faut : 1° qu'il ait partout un diamètre convenable pour ne pas devenir conducteur insuffisant : autrement il serait fondu ou volatilisé; 2° qu'il n'ait aucune solution de continuité : car, s'il était rompu, l'étincelle pourrait jaillir entre les deux parties séparées; 3° que la chaîne communique parfaitement avec le sol : pour cela, on la termine en plusieurs branches, que l'on enfonce à une grande profondeur dans la terre humide ou dans un puits, ou, s'il n'y a pas d'eau et si le terrain est calcaire, que l'on enferme dans une auge en maçonnerie, remplie de braise de boulanger; cette braise a le double avantage de bien conduire l'électricité et de préserver le fer de la rouille.

Chaque paratonnerre protège autour de lui la surface d'une circonférence dont le rayon serait égal au double de la hauteur de sa tige.

CHAPITRE XXIII.

*** Découvertes de Galvani et de Volta.** — Jusqu'à la fin du dix-huitième siècle, on n'a pas connu d'autre manière de produire l'électricité que le frottement. Mais en 1789 une découverte de Galvani, savant physicien de Bologne, suivie bientôt des travaux de Volta, professeur à l'Université de Pavie, vint lancer la science électrique dans une voie nouvelle, qui devait la conduire en moins d'un siècle aux merveilleuses applications que nous exposerons dans les pages qui vont suivre.

Découverte et théorie de Galvani. — Galvani, après avoir pour différentes recherches préparé plusieurs grenouilles avec des fils de cuivre passant entre les nerfs

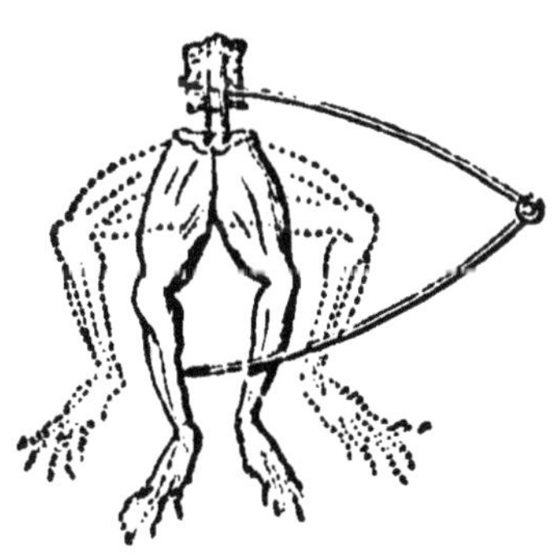

Fig. 152.

lombaires et la colonne vertébrale, les avait suspendues par hasard à un balcon de fer. Son étonnement fut grand de voir ses grenouilles, bien que mortes depuis plusieurs minutes, agiter violemment les membres chaque fois que le vent poussait les muscles contre le fer du balcon. Dans cette expérience, qui fut aussitôt répétée de plusieurs manières, les muscles et les nerfs communiquaient par deux métaux différents, fer et cuivre (*fig.* 152). Galvani expliqua le phénomène en admettant une électricité animale : il compara les organes de la grenouille à une bouteille de Leyde, les muscles et les nerfs étant les deux armatures, et les métaux servant d'excitateur.

Expériences et théorie de Volta. — Volta, en répétant les expériences de Galvani, remarqua que les contractions musculaires de la grenouille étaient plus fortes quand les muscles et les nerfs communiquaient par deux métaux différents, fer et cuivre ou zinc et cuivre, que si la communication était faite par un seul métal. Il lui sembla dès lors que l'électricité ne venait pas des organes de la grenouille, mais plutôt du contact des métaux hétérogènes.

Volta appuya son opinion sur trois expériences décisives, dans lesquelles il se servit d'un *électroscope condensateur* qu'il avait inventé pour découvrir de faibles sources d'électricité. Cet instrument (*fig.* 153) consiste en un électroscope à feuilles d'or E surmonté d'un condensateur; au lieu de mettre entre les deux plateaux P, D, une lame de verre, on recouvre d'un vernis isolant chacune des faces qui doivent se toucher. Le plateau inférieur est vissé sur la tige qui soutient les deux feuilles d'or, et le plateau supérieur est muni d'un manche de verre M.

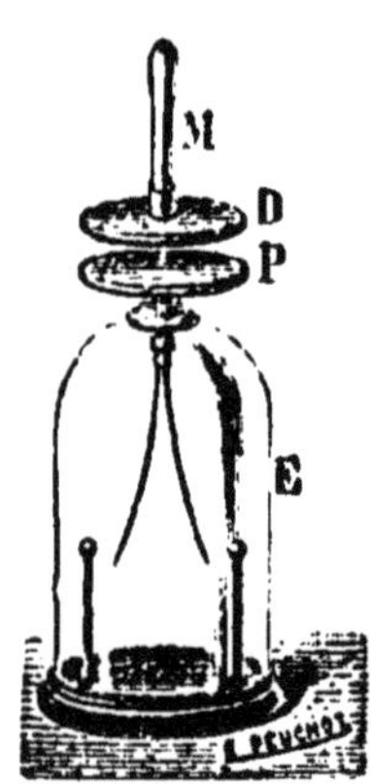

Fig. 153.

Volta, après avoir soudé bout à bout une lame de cuivre et une lame de zinc, démontra que, par ce contact, le cuivre était électrisé négativement, et le zinc positivement.

1re *Expérience.* On tient, avec les doigts mouillés, l'extrémité zinc, et on fait toucher le cuivre au plateau collecteur de cuivre P, l'autre plateau D communiquant avec le sol; après quelques instants, on enlève les communications, puis le plateau D, et les lames d'or, qui divergent, sont chargées négativement.

2e *Expérience.* On tient à la main l'extrémité cuivre et on fait toucher le zinc au plateau P : on n'obtient aucune électricité, parce que le zinc se trouve ainsi en contact avec du cuivre à ses deux extrémités.

3e Expérience. On répète l'expérience précédente, mais on met entre le zinc et le plateau P un conducteur humide, tel que de l'eau salée ou acidulée, maintenue dans un corps poreux, comme le papier ou le drap. Le plateau P se charge positivement.

Ainsi que l'a démontré Coulomb, tous les corps possèdent le fluide électrique neutre, et certaines causes, telles que le frottement ou l'influence d'un corps électrisé, décomposent ce fluide. Il faut, d'après Volta, ranger au nombre de ces causes le contact des substances hétérogènes : ainsi le contact du cuivre et du zinc est une cause suffisante pour la décomposition du fluide neutre : le fluide positif est dirigé sur le zinc, et le fluide négatif sur le cuivre. Cette théorie peut être formulée ainsi : *Le contact des substances hétérogènes est une force électromotrice décomposant le fluide neutre des corps en contact; cette force dirige le fluide positif sur l'un de ces corps, et le fluide négatif sur l'autre.*

Théorie actuelle ou théorie chimique. — Tout en reconnaissant que, dans certains cas, les actions physiologiques développent de l'électricité, et que le contact des métaux hétérogènes peut être également une force électromotrice, on admet aujourd'hui que, dans les appareils connus sous le nom de *piles*, la force électromotrice est due principalement à l'action chimique.

La force électromotrice des actions chimiques se démontre par l'électroscope condensateur de Volta. Dans un vase de verre contenant de l'eau acidulée par l'acide sulfurique, on trempe une lame de zinc communiquant par un fil de platine à l'un des plateaux de l'électroscope condensateur, un deuxième fil de platine communiquant au deuxième plateau. Si, au bout de quelques instants, on supprime les deux fils, et qu'on enlève le plateau supérieur, les lames d'or divergent; de plus, on reconnaît qu'elles sont électrisées positivement quand le plateau inférieur est en communication avec l'eau acidulée, et négativement quand le plateau supérieur est en communication avec la lame de zinc. Ce que l'on peut formuler ainsi : *Lorsqu'une action chimique s'exerce entre un métal et un acide, la force électromotrice porte sur le métal le fluide négatif, et dans l'acide le fluide positif.*

***Découverte de la pile; pile de Volta.** — Les expériences de Volta l'ont conduit à la découverte d'appareils nouveaux, capables de produire de l'électricité sans frottement, mais par suite du simple contact de substances hétérogènes et des actions chimiques qui se produisent au contact.

* Le premier appareil imaginé par Volta se compose de disques de *zinc*, de rondelles de *drap imbibées d'eau acidulée*, et de disques de cuivre. On les place dans l'ordre qui vient d'être indiqué : si l'on commence par le zinc, il faut terminer par le cuivre.

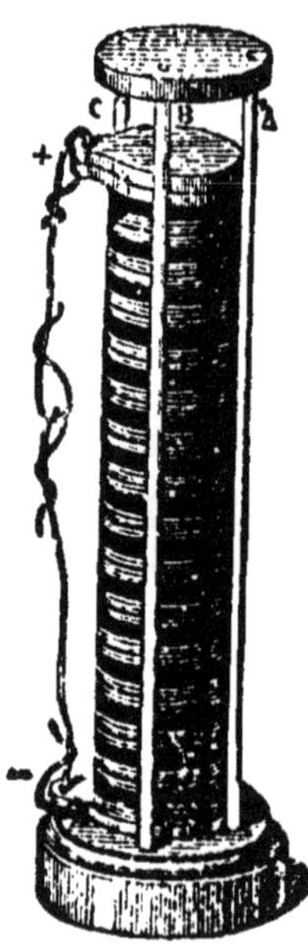

*Cette succession de rondelles placées les unes au-dessus autres a fait donner à l'appareil le nom de *pile*, nom qui a été conservé à tous les appareils dérivés de celui-là, quoique la forme en ait été généralement toute différente.

*Dans la pile de Volta, chaque succession des trois rondelles forme ce qu'on appelle un *couple*, ou un *élément* de la pile. Les deux extrémités de la colonne sont appelées les pôles. On peut constater, à l'aide de l'électroscope condensateur, qu'il y a de l'électricité négative au premier zinc, en bas de la pile; ce premier zinc se nomme pour cette raison le *pôle négatif*; en haut, au contraire, au

Fig. 154.

dernier cuivre, il y a de l'électricité positive : on a donc là le *pôle positif (fig.* 154).

* Si l'on touche avec une main le pôle positif, avec l'autre le pôle négatif, on reçoit une série non interrompue de commotions, qui sont d'autant plus vives que la pile est formée d'un plus grand nombre de couples. Si l'on joint par un fil métallique le pôle positif au pôle négatif, ce fil est traversé dans les deux sens par l'électricité positive et par l'électricité négative, qui, s'attirant, vont à la rencontre l'une de l'autre. On donne le nom de *courants* à ces passages de deux électricités dans le fil conducteur.

* Dans ces fils conducteurs (ou *rhéophores*), attachés aux pôles, le *courant positif* va du pôle positif au pôle négatif, le *courant négatif* va en sens contraire. On est convenu, pour simplifier le langage, de ne parler jamais que du courant positif, qu'on appelle tout simplement le courant; mais il ne faut pas oublier qu'en réalité il y a toujours deux courants marchant à la rencontre l'un de l'autre.

***Électricité statique, électricité dynamique**. — Quand un corps conducteur isolé est chargé d'électricité, le fluide s'y trouve *en repos*, en équilibre, et manifeste sa présence par l'attraction des corps légers. Si, de ce corps électrisé, on approche un autre corps, l'électricité se met *en mouvement;* elle va se combiner avec le fluide de nom contraire développé par influence sur le corps voisin. Ce transport rapide des fluides est accompagné de phénomènes remarquables, tels que l'étincelle, les effets mécaniques, chimiques, physiologiques.

* On peut donc considérer l'électricité soit à l'*état statique* ou de repos, distribuée sur des conducteurs isolés, sur les deux armatures d'un condensateur, ou sur les machines électriques : c'est ce que nous avons fait dans la première partie de l'étude de l'électricité. Mais on peut aussi rechercher quelles sont les propriétés de l'électricité en mouvement, ou électricité *dynamique*, dans les fils conducteurs des piles : c'est ce que nous allons faire.

* Les deux sources d'électricité, que nous connaissons maintenant, présentent en effet des différences considé-

rables. Dans les machines à frottement et à influence, on a sur les conducteurs une grande quantité d'électricité, qui se tient là, en repos, prête à agir. Approche-t-on la main, il jaillit une forte étincelle ; mais il faut attendre qu'on ait fait tourner pendant un instant le plateau avant de pouvoir recommencer l'expérience. Ces machines sont donc surtout propres à accumuler une grande charge d'*électricité statique*.

* Dans une pile, au contraire, même puissante, on n'a jamais à la fois une grande quantité d'électricité. Lorsqu'on approche l'un de l'autre les deux fils conducteurs attachés aux pôles, on n'obtient généralement pas d'étincelle. Mais si les deux fils sont réunis, le courant électrique passe d'une manière continue, sans aucune interruption.

* Sans qu'il y ait aucune différence entre les électricités produites par les machines à frottement et par les piles, on peut donc dire que les machines à frottement sont particulièrement favorables à l'étude de l'électricité statique, et les piles particulièrement favorables à l'étude de l'électricité dynamique.

* **Diverses sortes de piles.** — La pile de Volta a un grand inconvénient : le poids des disques métalliques fait rapidement écouler l'eau acidulée qui mouille la rondelle de drap, de sorte que l'action ne peut être ni forte ni durable.

* **Aussi** a-t-on successivement imaginé les dispositions les plus variées pour obtenir des courants plus puissants et plus constants. Nous passerons en revue seulement un très petit nombre de ces dispositions.

Pile de Cruikshank. — La pile à auges de Cruikshank (*fig.* 155) est formée de lames rectangulaires de cuivre et de zinc soudées deux à deux. On glisse chaque lame dans une rainure faite dans les côtés d'une pièce de bois, garnie d'un mastic isolant. Les intervalles entre les plaques sont les auges de la pile. On les remplit d'eau acidulée par un quinzième d'acide sulfurique. Deux rhéophores partent

17.

des deux pôles, et en les réunissant on obtient un courant
du zinc au cuivre. L'inconvénient de cette pile, c'est que

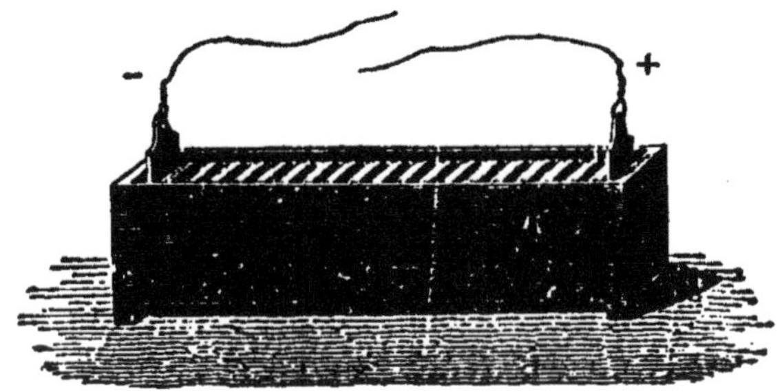

Fig. 155.

pour en arrêter l'action il faut la renverser de manière à
vider l'eau acidulée que les auges contiennent.

Pile de Wollaston. — Dans la pile de Wollaston
(*fig.* 156), les éléments cuivre et zinc sont attachés à une
traverse de bois ; le zinc de chaque élément est enveloppé

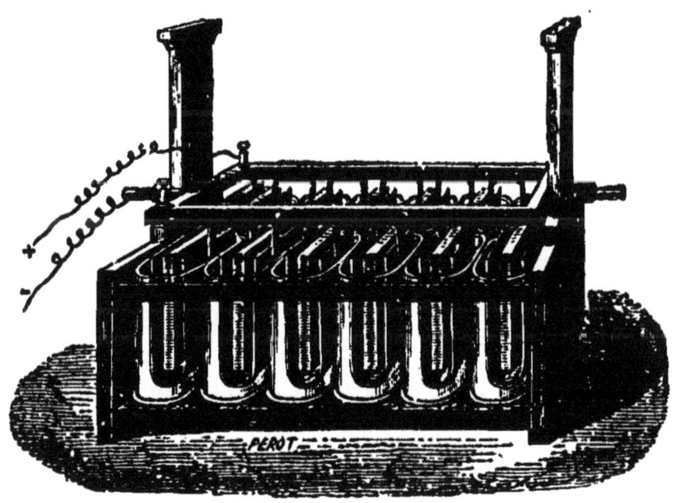

Fig. 156.

d'une lame de cuivre, qui ne touche pas le zinc, mais
qui est soudée au zinc suivant. Au-dessous sont des vases
contenant l'eau acidulée. Pour mettre la pile en action,

on baisse la traverse de manière à plonger les éléments dans les vases; pour arrêter l'action, on relève la traverse.

Piles à deux liquides. — Les piles précédentes, dites piles à un seul liquide, sont aujourd'hui remplacées par d'autres piles, généralement à deux liquides, qui donnent un courant pendant un temps plus considérable. Aussi les appelle-t-on *piles à courant constant*, ce qui n'est pas rigoureusement exact : car le courant faiblit et disparaît après un temps plus ou moins long.

Les principales piles à courant constant sont : 1° la pile de Daniell; 2° la pile de Bunsen; 3° la pile de Grenet; 4° la pile de Leclanché.

Pile de Daniell. — Chaque élément ou couple d'une pile de Daniell se compose (*fig.* 157) d'un vase de verre ou de porcelaine V, dans lequel on a mis un cylindre de cuivre rouge C sans fond et percé de plusieurs trous; dans ce cylindre de cuivre rouge est un cylindre de terre poreuse T ayant un fond, et dans ce cylindre de terre poreuse un bâton de zinc amalgamé Z. Cette pile exige l'emploi de deux liquides : 1° une solution de sulfate de cuivre dans le vase de porcelaine,

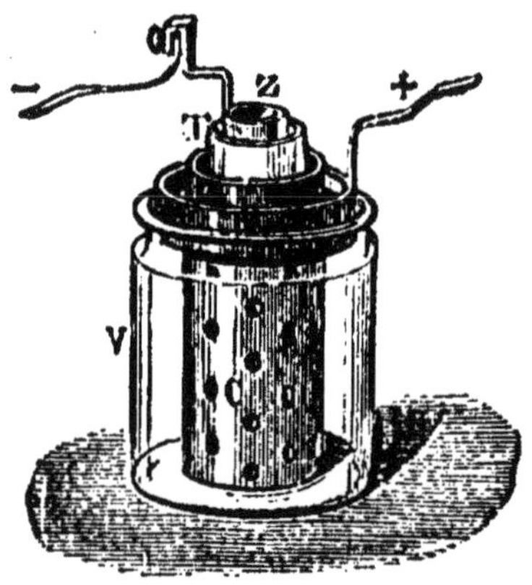

Fig. 157.

2° de l'eau avec quelques gouttes d'acide sulfurique dans le vase de terre poreuse. Un rhéophore — part du zinc et un autre + du cuivre : le courant s'établit dans les rhéophores du cuivre au zinc, dès qu'on les réunit.

Pile de Bunsen. — Chaque élément de la pile de Bunsen (*fig.* 158) se compose d'un vase de porcelaine F, d'un cylindre de zinc amalgamé et sans fond Z, d'un cylindre de terre de pipe ayant un fond P, et enfin d'un bâton de charbon C. Les deux liquides employés sont : de l'eau acidulée dans le vase de porcelaine, et de l'acide azotique concentré dans le cylindre en terre de pipe. Le charbon,

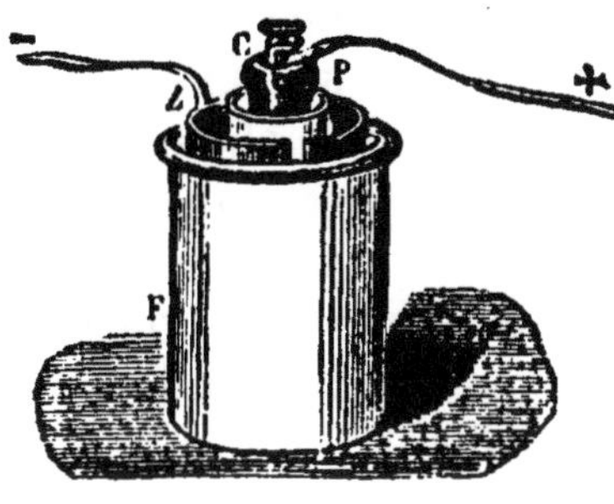

Fig. 158.

qui plonge dans l'acide azotique, provient du dépôt qui se forme dans les appareils où l'on chauffe la houille pour en extraire le gaz d'éclairage : c'est un excellent conducteur de l'électricité. Deux rhéophores partent l'un du charbon, l'autre du zinc; le courant s'établit du charbon au zinc dès qu'on les fait communiquer. La pile de Bunsen est très énergique; mais le dégagement des vapeurs nitreuses la rend incommode.

***Pile de Grenet.** — La pile de Grenet, ou pile au bichromate de potasse, a la même disposition que la pile de Bunsen. Seulement l'acide azotique y est remplacé par une dissolution concentrée de bichromate de potasse. Cette pile est aussi puissante que celle de Bunsen, et plus constante. En outre, elle n'a pas de mauvaise odeur.

* Malheureusement le prix élevé du bichromate de potasse limite beaucoup son emploi.

Pile Leclanché. — *La pile Leclanché donne d'excellents résultats quand on ne lui demande qu'un travail intermittent; alors elle peut fonctionner pendant des mois entiers sans qu'on ait aucunement à s'en occuper. Aussi est-elle employée dans un grand nombre de circonstances. Elle a encore les mêmes dispositions générales que la pile de Bunsen. Seulement, l'acide azotique qui entoure le cylindre de charbon des cornues y est remplacé par un mélange mouillé de bioxyde de manganèse et de coke concassé; en outre l'eau acidulée qui entoure le zinc y est remplacée par une dissolution concentrée de sel ammoniac.

* Remarquons que dans toutes les piles usuelles il y a une lame de zinc, qui constitue toujours le pôle négatif,

l'autre pôle étant constitué par du cuivre, ou un cylindre de charbon des cornues.

Piles thermo-électriques. — Le physicien Seebeck, de Berlin, avait annoncé, en 1823, que si l'on soude bout à bout deux tiges métalliques, et que l'on chauffe le point de soudure, il se produit un courant électrique. En partant de ce principe, M. Bunsen et un ingénieur de Vienne ont construit, en 1865, des piles thermo-électriques d'une grande intensité, mais qui exigent beaucoup de soins et d'assez fortes dépenses. Un opticien de Boston a imaginé une pile construite d'après le même système, très simple dans sa construction, peu coûteuse, puisqu'il suffit pour la faire agir d'un bec de gaz, et qui donne cependant un courant assez intense. Un couple thermo-électrique est formé d'un cylindre de bismuth deux fois recourbé à angles droits ; à chaque extrémité on soude un gros fil de cuivre ; si l'on réunit les deux fils et qu'on chauffe une des soudures, le courant s'établit à travers la soudure du bismuth au cuivre avec une intensité proportionnelle à la différence de température entre les deux soudures. On aura une pile en soudant à plusieurs cylindres de bismuth des lames de cuivre également repliées à angles droits et en plongeant, à la façon des piles de Wollaston, les soudures impaires dans l'eau bouillante et les soudures paires dans de la glace à 0°. Toutefois la force électromotrice de ces piles n'a jamais qu'une médiocre intensité.

Il a été précédemment question (page 143) de la pile thermo-électrique et du thermo-multiplicateur de Melloni.

CHAPITRE XXIV.

Effets des piles. — Effets physiologiques. — Effets mécaniques. — Effets calorifiques. — Effets lumineux. — Effets chimiques. — Loi de Faraday. — Mesure de l'intensité des courants. — Variations d'intensité d'après les dimensions et la nature des circuits. — Lois générales des variations d'intensité. — Influence du nombre des éléments de la pile.

*** Effets des piles.** — Les effets de l'électricité fournie par les piles sont du même genre que les effets de l'électricité des machines à frottement. Nous avons toutefois fait remarquer que les machines à frottement sont plus favorables pour les effets qui exigent une grande charge d'électricité, dépensée en une fois, et les piles pour les effets qui exigent une action continue d'une charge moindre.

Effets physiologiques. — Quand on tient à la main deux cylindres de cuivre dont l'un communique à l'un des pôles d'une pile, on sent une commotion au moment où l'on établit la communication de l'autre cylindre avec l'autre pôle. On peut avec la même pile recommencer la même expérience pendant des heures entières : la pile peut donc être comparée à une bouteille de Leyde qui se rechargerait constamment d'elle-même. * Seulement les commotions sont en général beaucoup moins fortes que celles de la bouteille de Leyde. La force des commotions ne dépend que fort peu de la grandeur des éléments de la pile; elle augmente au contraire rapidement avec leur nombre. Une pile de cinq ou six éléments ne donne rien; avec quarante ou cinquante éléments on a des commotions assez fortes. Avec une pile de 2 000 couples on peut foudroyer un cheval.

*** Effets mécaniques.** — Les effets mécaniques des courants sont à peu près nuls; on ne peut les constater que dans des circonstances particulières.

* Cependant on peut rapprocher des effets mécaniques l'action des courants les uns sur les autres.

Lorsque deux fils parallèles mobiles sont traversés par des courants électriques rectilignes, ils s'attirent quand les courants se dirigent dans le même sens, et ils se repoussent quand les courants se dirigent en sens contraire.

Lorsque deux fils mobiles traversés par des courants rectilignes ne sont pas parallèles, ils offrent toujours un point où les fils sont plus rapprochés que partout ailleurs. Ces fils s'attirent si les deux courants s'approchent, ou si tous deux s'éloignent de la petite distance; au contraire, les fils se repoussent quand un courant s'approche de la petite distance, et que l'autre s'en éloigne.

* **Effets calorifiques**. — Lorsque le courant d'une pile traverse un fil métallique, il l'échauffe, comme s'il y avait là quelque chose d'analogue à un frottement, une résistance opposée au passage des fluides.

* L'échauffement est insensible si le fil qui fait communiquer les deux pôles est gros et d'un métal conduisant très bien l'électricité. Mais si le fil est *fin*, *court*, et d'un métal médiocrement conducteur, comme le platine, l'échauffement est suffisant pour que le fil soit porté à l'incandescence; il est aisé même d'en déterminer la fusion.

* L'origine de la chaleur qu'on voit ainsi apparaître dans le fil est facile à constater. Dans la pile il se produit des actions chimiques qui dégagent de la chaleur : aussi chaque élément s'échauffe-t-il d'une manière très sensible. C'est une partie de cette chaleur résultant de l'action chimique qui, par l'intermédiaire du courant, a été transportée et déposée dans ces endroits où le fil, plus fin et moins bon conducteur, offre une résistance au passage du courant.

* Pour obtenir des effets calorifiques, les piles les plus favorables sont celles dont les éléments sont grands, sans qu'il soit besoin que ces éléments soient nombreux. On

emploie, pour certaines opérations chirurgicales, des
fils de platine rougis par la pile. On les utilise aussi pour
déterminer à distance l'explosion des mines.

Effets lumineux. — Les effets lumineux sont des conséquences des effets calorifiques. Un fil assez fin dans lequel
on fait passer le courant d'une pile est porté à l'incandescence : c'est un effet lumineux.

* Mais d'autre part les piles, à moins qu'elles ne soient
composées de plusieurs centaines d'éléments, ne possèdent
pas une tension électrique suffisante pour donner des
étincelles comparables à celles que fournissent les machines électriques les plus faibles. Ainsi, quand on approche l'un de l'autre les deux fils conducteurs d'une pile,
on n'obtient aucune étincelle ; la recombinaison des deux
fluides n'a lieu qu'au contact. Si l'on sépare ensuite les
deux conducteurs, on a une petite lueur au moment de la
rupture du courant ; mais cette lueur est unique, et, pour
en obtenir une seconde, il faut ramener les conducteurs
au contact et les séparer de nouveau.

* Mais les choses ne se passent plus ainsi quand les fils
sont terminés par des baguettes de charbon des cornues
(*fig.* 159). Quand on les approche au contact, les baguettes

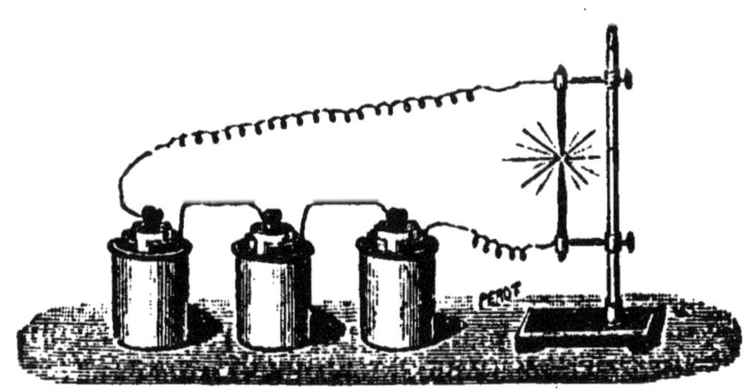

Fig. 159.

rougissent, si la pile est assez puissante, comme ferait un
fil de platine fin et court, et pour la même raison : car le
charbon conduit médiocrement l'électricité. Si l'on éloigne

alors très peu les baguettes l'une de l'autre, la lueur augmente, et il jaillit, entre les deux pointes, qui ne sont plus en contact, un arc lumineux très brillant, nommé *arc électrique*, qui persiste indéfiniment si la pile conserve sa même intensité. On explique de la manière suivante la formation de l'arc électrique. Au moment de la séparation des deux pointes, il a jailli entre elles une étincelle qui a entraîné mécaniquement de fines parcelles de charbon d'une pointe dans l'autre ; ces fines parcelles ont maintenu entre les deux pointes une communication suffisante pour permettre au courant de continuer à passer ; le courant, continuant à passer, a entraîné d'autres parcelles, qui ont maintenu la communication, et ainsi de suite. La lueur est due à ce que les parcelles transportées d'une baguette à l'autre sont portées au rouge, comme le serait un fil de platine fin et court.

*Nous reviendrons sur cette question en étudiant, plus loin, la *lumière électrique*.

Effets chimiques. — On peut décomposer l'eau par les courants électriques. Il suffit pour cela d'un petit appareil (*fig.* 160), appelé *voltamètre*, consistant en un vase de verre D, au fond duquel sont deux fils ou deux lames de platine, que l'on nomme *électrodes*, qui traversent le verre et sortent en A et B. On met dans ce verre d'abord de l'eau acidulée, ensuite deux petites éprouvettes E, F, remplies du même liquide et maintenues renversées, l'une sur le pôle A, l'autre sur le pôle B : aussitôt que l'on attache les rhéophores d'une pile aux deux fils de platine, l'eau est décomposée en deux gaz, *oxygène* et *hydrogène*.

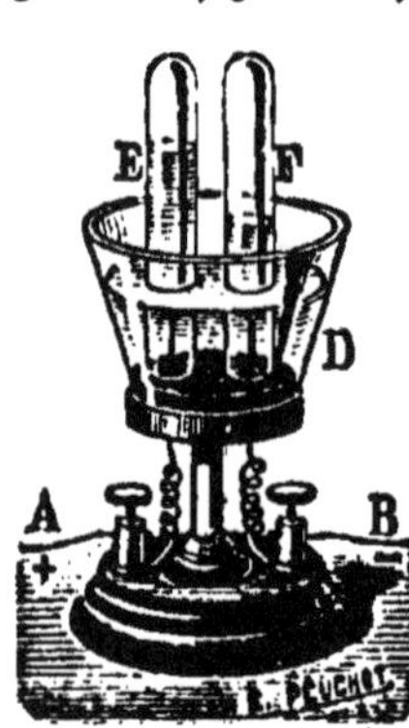

Fig. 160.

L'oxygène se dégage au pôle positif, et l'hydrogène au pôle négatif ; le volume de l'hydrogène est double de celui de l'oxygène.

Beaucoup d'autres substances sont décomposées également par des courants électriques : il suffit pour cela de mettre dans ces substances, qui doivent être conductrices de l'électricité, deux fils de platine, dont l'un communique avec le pôle positif, et l'autre avec le pôle négatif d'une pile.

*C'est ainsi que, si l'on fait passer le courant à travers une dissolution concentrée de *sulfate de cuivre*, il y a décomposition de ce sel. L'oxygène et l'acide sulfurique se portent sur l'électrode qui communique avec le pôle positif de la pile, et le cuivre va se déposer sur l'électrode qui communique avec le pôle négatif. De même le *chlorure d'argent* sera décomposé de telle sorte que le chlore aille au pôle positif, et l'argent au pôle négatif.

*Ces décompositions des sels métalliques par le courant sont l'objet d'applications importantes, *galvanoplastie, dorure, argenture*, etc., qui seront étudiées plus loin.

Il est facile de concevoir maintenant les avantages des piles à deux liquides. Prenons pour termes de comparaison la pile de Wollaston et la pile de Daniell. Dans l'une et l'autre, l'action chimique entre le zinc et l'eau acidulée donne naissance à une certaine quantité de sulfate de zinc. Dans la pile de Wollaston, le sulfate de zinc est décomposé par le courant électrique, et le zinc est porté sur le cuivre, qui est négatif; l'acide sulfurique, attaquant de nouveau ce zinc, forme un courant secondaire en sens inverse du premier, et qui en diminue rapidement l'intensité. Au contraire, dans la pile de Daniell, le sulfate de zinc reste dans le vase de terre poreuse; le courant décompose, il est vrai, la solution de sulfate de cuivre; mais il dépose le cuivre sur le pôle négatif, qui est également de cuivre ; le seul inconvénient est de diminuer la concentration de la solution, inconvénient auquel on remédie facilement en laissant toujours quelques cristaux de sulfate de cuivre en excès, qui se dissolvent à mesure que la solution s'épuise.

*Loi de Faraday. — Faraday, en étudiant les décompositions chimiques qui se produisent sous l'action des courants, a été amené à formuler une loi importante, qui porte son nom. Deux expériences conduisirent à cette loi.

Dans la première, Faraday avait constaté que si l'on fait passer le même courant à travers plusieurs *voltamètres*. on obtient dans tous la même quantité de gaz. Dans la seconde, il fit passer le courant dans un sel anhydre S, fondu à la chaleur d'une lampe, puis dans un voltamètre (*fig.* 161), et il trouva que pour 1 d'hydrogène en poids,

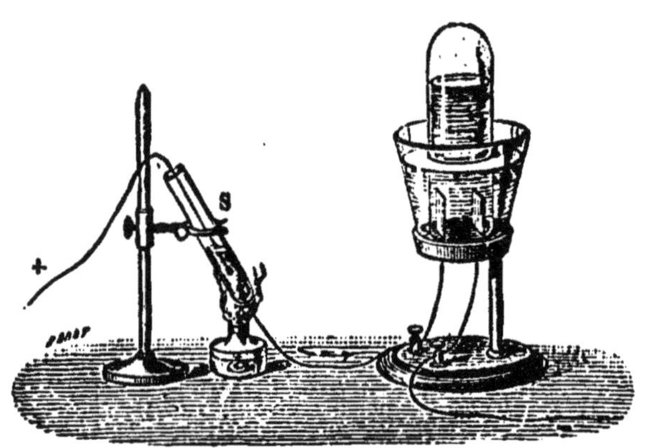

Fig. 161.

il avait un poids de métal toujours le même; or, les poids ainsi obtenus, et appelés *équivalents électro-chimiques*, sont exactement les équivalents chimiques des divers corps. La loi de Faraday se formule de deux manières : *Lorsque dans un circuit on introduit un nombre quelconque de substances réductibles par le courant, les poids des éléments séparés sont entre eux comme leurs équivalents chimiques*; ou, plus simplement : *Les actions chimiques produites dans les divers points d'un circuit sont équivalentes.*

**Mesure de l'intensité des courants.* — On peut se servir des actions chimiques produites par les courants pour mesurer leur intensité. Ainsi, un courant a une intensité d'autant plus grande que, en traversant un *voltamètre*, il dégage dans un temps donné un volume plus grand d'oxygène ou d'hydrogène. Nous verrons plus loin que d'autres instruments, basés sur une action tout autre, les *galvanomètres*, servent aussi à comparer les intensités des courants.

* Nous voulons simplement indiquer ici les résultats de ces mesures des intensités.

Variations d'intensité d'après les dimensions et la nature des circuits. — On a reconnu de bonne heure que, si l'on intercale entre les deux sections d'un courant, dont l'intensité avait été préalablement constatée, 1º un fil long et fin de même nature, l'intensité devient moindre; 2º deux fils de même longueur et de même diamètre, mais de matières différentes, l'intensité n'est pas la même, un fil de fer, par exemple, faisant moins dévier l'aiguille qu'un fil d'argent; 3º une masse métallique d'une petite longueur et de grande section, l'intensité est sensiblement la même. Cette dernière expérience explique comment on peut plonger, pour établir les circuits, les deux rhéophores d'une pile dans du mercure, sans que l'intensité du courant soit diminuée.

La conséquence naturelle de ces expériences, c'est que les conducteurs sont des obstacles, des *résistances* que le courant doit vaincre; résistances qui sont d'autant plus faibles que la conductibilité du métal est plus grande. Pour évaluer ces résistances, on a pris comme unité la résistance d'une colonne de mercure qui aurait un mètre de longueur et un millimètre carré de section.

L'unité de résistance ainsi obtenue, 1º remplaçons le mercure par un fil de fer de même section : pour obtenir la même déviation de l'aiguille aimantée, il faudra donner au fil une longueur de 6 mètres : donc un fil de 1 mètre aurait une résistance 6 fois plus petite, soit $\frac{1}{6} = 0,166$, et sa conductibilité serait 6. On trouverait de même pour

Conductibilité.		*Résistance spécifique.*
le platine	8	0,125
le cuivre	38	0,026
l'argent	39	0,025
l'or	51	0,017.

2° Intercalons un fil de fer ayant 6 mètres de longueur et 2 millimètres carrés de section : pour avoir la même déviation de l'aiguille, il faudra le remplacer par une colonne de mercure n'ayant plus qu'un demi-mètre.

D'où il est facile de calculer par les proportions la résistance de tout fil métallique de longueur et de section quelconques, quand on connaît sa résistance spécifique.

Si l'on veut déterminer la résistance d'un liquide, par exemple d'une dissolution saturée de sulfate de cuivre, on intercale d'abord dans le circuit la colonne de mercure qui donne l'unité, puis dans une éprouvette cylindrique la colonne liquide, dans laquelle plongent à distance deux disques métalliques du diamètre de l'éprouvette, reliés l'inférieur au pôle positif, le supérieur au pôle négatif. La déviation de l'aiguille étant notée, si l'on retire le mercure, cette déviation augmente, puisque le courant a une résistance de moins à vaincre. Donnons au disque 15 centimètres carrés = 1500 millimètres carrés de section : pour ramener l'aiguille à sa position première, il faudra augmenter la colonne liquide en soulevant le disque supérieur de $0^m,005$. En divisant la longueur par la section et en ramenant le numérateur à l'unité, on a $\frac{0,005}{1,500} = \frac{0,01}{300} = \frac{1}{300000}$, ce qui veut dire que, pour avoir l'unité de résistance, il faudrait que la colonne liquide d'un millimètre carré de section eût une *longueur réduite* à $\frac{1}{300\,000}$ de mètre, ou autrement que la résistance de la dissolution saturée de sulfate de cuivre = 300 000. Résistance énorme, mais dont se rapprochent plus ou moins toutes les dissolutions salines.

Lois générales des variations d'intensité. — Des expériences précédentes résultent les trois lois qui suivent.

Première loi : *Les résistances sont en raison directe des longueurs.* En ne donnant au fil de fer, dans la première expérience, que 3 mètres, la résistance sera $\frac{1}{2}$: car on pourra lui substituer une colonne de mercure d'un demi-mètre de longueur.

Seconde loi : *Les résistances varient en raison inverse des sections.* C'est ce que prouve la deuxième expérience.

Troisième loi : *L'intensité d'un courant est inversement proportionnelle à la somme des résistances qui composent le circuit.* Cette loi a été formulée par le physicien Ohm. Pour la bien comprendre, remarquons qu'il y a deux espèces de résistances, l'une extérieure, à travers les conducteurs du courant, l'autre intérieure, produite par le liquide qui baigne les deux métaux de l'élément. Supposons maintenant une auge rectangulaire contenant de l'acide sulfurique étendu d'eau et coupée par deux plaques rectangulaires, l'une en zinc amalgamé, l'autre en zinc platiné. Après avoir noté la déviation de l'aiguille sous l'influence du courant, triplons la distance entre les deux plaques, résistance intérieure, et la longueur du fil de cuivre conducteur, résistance extérieure : la somme des résistances sera évidemment triplée, et la déviation de l'aiguille n'accusera plus que le tiers de l'intensité qu'elle avait d'abord indiquée.

Influence du nombre des éléments de la pile. — Nous avons vu la réunion de plusieurs bouteilles de Leyde former une batterie. Anciennement on groupait les piles à un liquide de manière à constituer une batterie qui comptait quelquefois 2000 couples. De même on peut associer autant d'éléments à courant constant qu'on voudra : c'est cette association que nous allons surtout étudier,

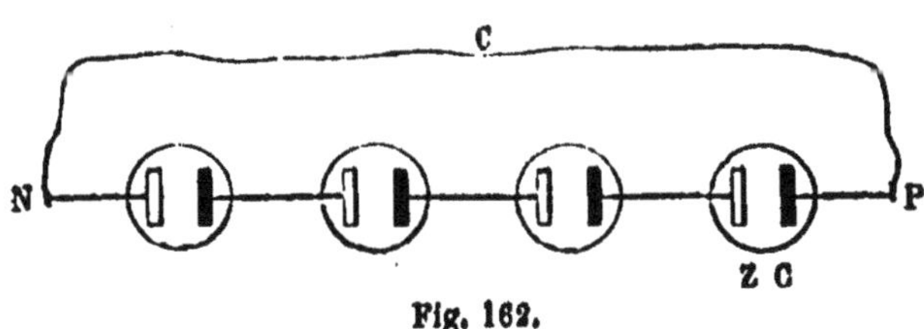

Fig. 162.

bien que ses principes puissent également s'appliquer aux deux autres groupements.

Des éléments, ceux de Bunsen, par exemple, que nous supposerons identiques, peuvent être réunis de deux manières : en *série* ou *pile* et en *batterie*. Il sont disposés en série (*fig.* 162), lorsque le premier zinc communique avec le second charbon, le second zinc avec le troisième charbon, et ainsi de suite ; en batterie (*fig.* 163), quand tous les zincs communiquant entre eux se réunissent au pôle négatif, et tous les charbons au pôle positif. Il est facile de comprendre que, dans la disposition par série, l'intensité totale est égale à la somme des intensités partielles de chaque élément, et que, dans la disposition par batterie, on n'a, pour ainsi dire, qu'un élément unique à grande surface. On emploiera de préférence le premier mode quand la résistance extérieure est très considérable : car avec deux éléments elle n'est plus que la moitié, avec trois éléments que le tiers,

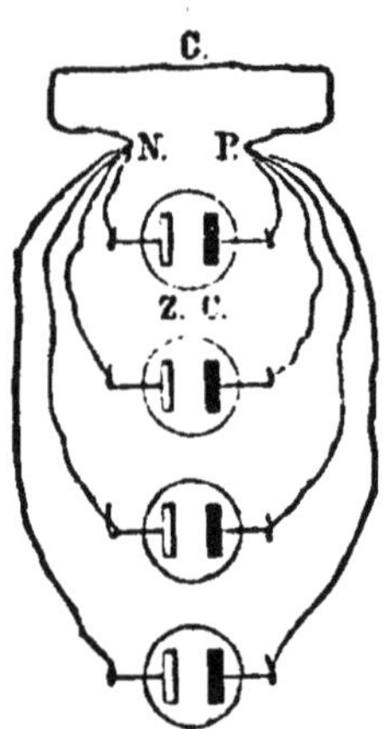

Fig. 163.

avec quatre éléments que le quart, et l'intensité est doublée, triplée, quadruplée. Au contraire, quand la résistance du conducteur est très faible, on emploiera le second mode : car on double ainsi la surface, et la résistance intérieure est, par conséquent, diminuée de moitié.

Les effets varient suivant le mode d'association. S'agit-il de rougir ou de fondre un fil métallique, de décomposer des sels ou de produire la lumière électrique, il faut associer les éléments en batterie. Veut-on déterminer des contractions, l'agencement par série est préférable : une batterie ne donne que des commotions insensibles.

CHAPITRE XXV

Électro-magnétisme. — Expérience d'Œrstedt. — Expérience
d'Ampère. — Action de la terre sur les courants. — Galvanomètre. — Aimantation par l'action des courants électriques;
électro-aimant. — Magnétisme et diamagnétisme. — Solénoïdes :
théorie d'Ampère sur le magnétisme. — Courants d'induction.
— Lois des courants d'induction. — Appareils d'induction. —
Bobine de Ruhmkorff. — Machine de Gramme. — Effets des
courants d'induction.

Électro-magnétisme. — *L'électro-magnétisme* est
l'étude des actions exercées par les courants sur les aimants,
et par les aimants sur les courants.

Les effets électro-magnétiques d'une pile ne furent con-
statés par une première expérience qu'en 1819, par
Œrstedt, professeur à Copenhague. Depuis cette époque,
les propriétés des courants et les actions réciproques des
courants sur les aimants ou des aimants sur les courants
ont été étudiées par les physiciens les plus distingués, notamment, en France, par Arago et par Ampère.

Expérience d'Œrstedt. — Lorsqu'un fil de cuivre est
fixé parallèlement au-dessus
ou au-dessous d'une aiguille
aimantée, il fait dévier cette
aiguille dès qu'il est traversé
par un courant électrique,
et l'angle se rapproche d'autant plus d'un angle droit
que le courant est plus énergique. *La figure 164
montre la disposition de
l'expérience. Le fil S N est
un fil conducteur traversé
par un courant; l'aiguille

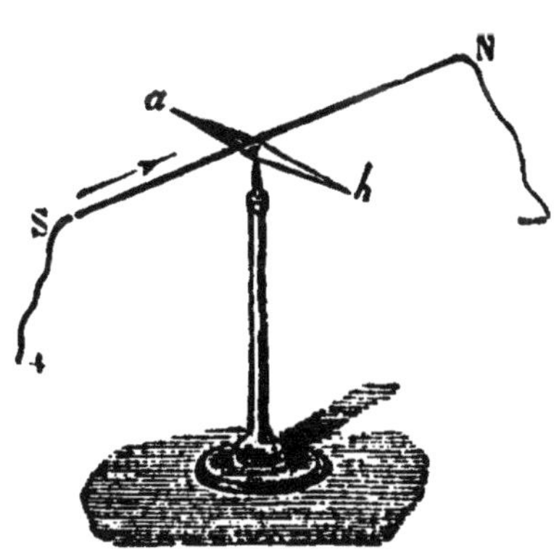

Fig. 164.

aimantée *a b* est déviée par ce courant de sa direction
normale.

Expérience d'Ampère. — Pour savoir d'avance de quel côté l'aiguille tournera, Ampère a imaginé un moyen très simple : c'est de placer ou réellement ou par la pensée sur le trajet du fil de cuivre une poupée, la face dirigée vers l'aiguille, les pieds du côté du pôle positif, et la tête du côté du pôle négatif, de façon que le courant la traverse en entrant par les pieds et en sortant par la tête : le pôle austral de l'aiguille se dirige toujours à la gauche de la poupée.

Lorsque les aimants sont fixes et les courants mobiles, l'action des aimants sur les courants est la même.

Action de la terre sur les courants. — La terre a sur les courants la même action qu'aurait un aimant. Pour s'en convaincre par expérience, on tourne en cercle un fil de cuivre *akb* (*fig.* 165); on passe les deux extrémités *a* et *b* à travers un morceau de liège *ll'*, et on fait communiquer *a* avec une petite lame de zinc Z, et *b* avec une petite lame de cuivre C. Si l'on place dans l'eau acidulée ce petit flotteur on a une véritable pile, et le courant électrique traverse le fil circulaire dans le sens indiqué par les flèches. La terre dirigera peu à

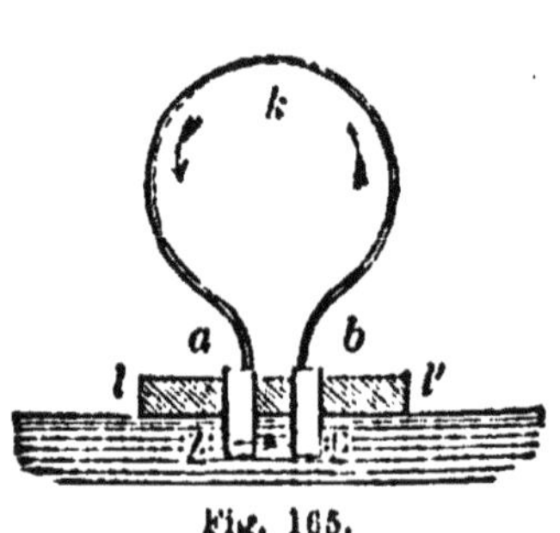

Fig. 165.

peu ce courant, de manière que le cercle sera perpendiculaire à la direction d'une aiguille aimantée : la partie ascendante du courant *bk* sera à l'ouest, et la partie descendante *ka* à l'est.

Galvanomètre. — L'expérience d'Œrstedt permet de mesurer des courants très faibles. On emploie à cet effet l'instrument appelé *rhéomètre multiplicateur* ou *galvanomètre* (*fig.* 166), inventé par le physicien allemand Schweigger. Il se compose d'un cadre de bois autour duquel est entouré deux ou trois cents fois un fil de cuivre recouvert de soie; les deux extrémités du fil, C, E, sont libres; au milieu du cadre est une aiguille aimantée *ab*

18.

suspendue à un fil de soie D. L'instrument est placé sous une cloche de verre VV'. On tourne d'abord le cadre de

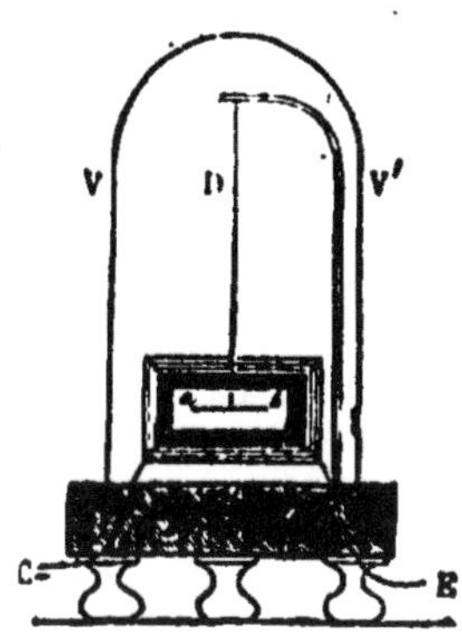

Fig. 166.

manière que les circonvolutions du fil soient dans le méridien magnétique, puis on fait communiquer C, E avec les deux réophores, et l'aiguille tend aussitôt à se mettre en croix avec le courant. L'instrument est d'autant plus sensible que les circonvolutions du fil sont plus nombreuses. *Il permet de reconnaître dans un fil la présence de courants qui ne produisent aucune action lumineuse, calorifique ou chimique sensible. Lorsqu'on veut faire servir l'appareil à l'étude et à la mesure de courants de grande intensité, il est facile d'en diminuer autant qu'on le veut la sensibilité en enroulant le fil sur un cadre plus grand, de façon que le courant agisse à une plus grande distance de l'aiguille.

Aimantation par l'action des courants électriques; électro-aimant. -- Si l'on enroule en spirale autour d'un cylindre de verre un fil de cuivre recouvert de soie, et que l'on place dans ce cylindre un barreau d'acier, à peine le courant est-il établi que l'acier est fortement aimanté. *C'est même par ce procédé qu'on aimante le plus souvent les barreaux d'acier : car l'aimantation persiste indéfiniment, alors même que le barreau est sorti du cylindre de verre, et que le courant a cessé d'agir. La force magnétique permanente qu'on communique ainsi à l'acier est d'autant plus grande que le courant est plus fort, sans que cependant cette force magnétique puisse dépasser une certaine limite.

Si l'on mettait à la place du barreau d'acier un barreau de fer doux, on aurait un aimant énergique pendant le passage du courant; mais l'aimantation disparaîtrait dès que le courant serait interrompu, et cela d'autant plus

rapidement que le fer serait plus pur. C'est en partant de
cette expérience que l'on a été conduit à construire les
électro-aimants, qui sont si heureusement employés, surtout dans la télégraphie électrique.

Un *électro-aimant* consiste en une barre de fer doux
(*fig.* 167) contournée en forme de fer à cheval; les deux
branches parallèles F, G sont enveloppées d'un même fil
de cuivre recouvert de soie et toujours enroulé dans le
même sens. Dès que l'on met les deux extrémités M, N en communication avec les pôles d'une pile, le fer se transforme en un aimant énergique pouvant supporter un poids considérable attaché à un portant de fer P; aussitôt que le courant est interrompu, l'aimantation cesse, et le poids retombe. La force d'un électro-aimant dépend du nombre

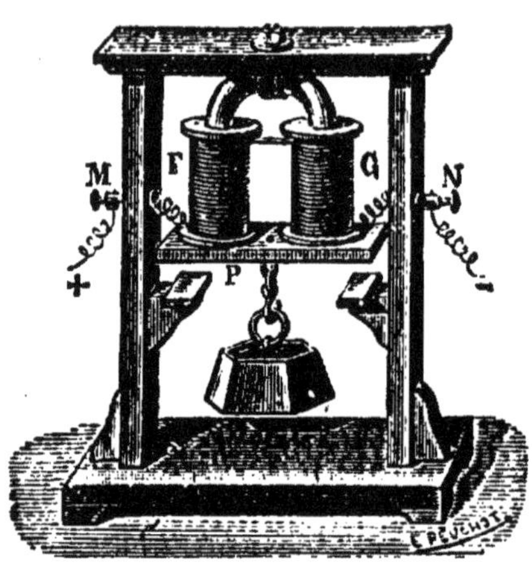

Fig. 167.

de fois que le fil de cuivre est enroulé autour du fer et de
l'intensité du courant. En enroulant jusqu'à mille mètres
de fil de cuivre recouvert de soie autour d'un fer à cheval
*de grandes dimensions, et en faisant passer dans le fil le
courant d'une forte pile, on est arrivé à faire supporter
plus de 3000 kilogrammes à l'électro-aimant.

Magnétisme et diamagnétisme. — La grande énergie
qu'on peut développer dans un électro-aimant a permis
de constater que, parmi les différents corps, les uns sont
attirés par un aimant, et que d'autres sont repoussés :
c'est ce qu'on appelle *magnétisme* et *diamagnétisme.*

Ainsi, qu'on suspende entre les deux pôles de l'électro-
aimant, suffisamment écartés, une aiguille de platine, elle
se fixera dans la direction de ces pôles : c'est une substance
magnétique. Au contraire, une aiguille de bismuth, d'é-

tain, de cuivre, de soufre, de charbon, etc., sera repoussée et tendra à se mettre en croix avec la ligne qui joint les pôles : ce sont des substances diamagnétiques. La fumée d'une bougie qu'on vient d'éteindre sera repoussée. Tel liquide placé sur l'un des pôles de l'électro-aimant renversé se soulèvera dans sa capsule. * Mais toutes ces attractions ou répulsions sont très faibles. En somme, au point de vue pratique, le fer sous ses trois formes (fer doux, fonte, acier) est la seule substance qui soit fortement attirée par l'aimant.

Solénoïdes : théorie d'Ampère sur le magnétisme. — Non seulement le courant électrique peut aimanter le fer doux, mais il s'aimante en quelque sorte lui-même. Si l'on enroule en spirale autour d'un cylindre de carton (*fig.* 168), et toujours dans le même sens, un fil de cuivre

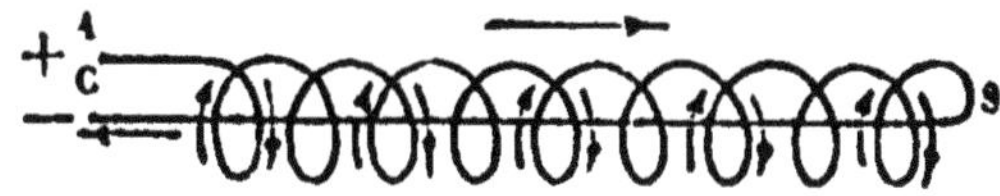

Fig. 168.

recouvert de soie AS, et que l'on fasse revenir le fil suivant SC dans l'intérieur des spires, on aura l'appareil appelé *solénoïde* ou *cylindre électro-dynamique*.

Les spires représentent à peu près autant de cercles parallèles. Si l'on fait traverser ce fil par un courant électrique, le cylindre, s'il est mobile, agira comme un aimant. Sous l'influence d'un courant fixe, le cylindre se mettra en croix avec ce courant. Sous l'influence de la terre, toutes les spires du cylindre seront perpendiculaires à l'aiguille aimantée, et, par conséquent, son axe aura la même direction que l'aiguille. Enfin le pôle austral d'un solénoïde repousse le pôle austral d'un aimant et en attire le pôle boréal.

D'après les considérations qui précèdent, Ampère, à qui l'on doit les observations les plus belles et les plus fécondes sur le magnétisme, attribua tous les phénomènes des aimants à l'action des courants sur les courants. Un aimant naturel ou artificiel est une espèce de solénoïde : un circuit électrique existe autour de chacune de ses molécules ; tous ces circuits sont parallèles et ont leurs parties ascendantes d'un même côté : par conséquent, l'action directrice de la terre sur un aimant doit être la même que sur un solénoïde.

Les substances magnétiques possèdent ces circuits avant l'aimantation ; mais les uns ont leur partie ascendante du côté où les autres ont leur partie descendante, ce qui forme ainsi un *système astatique*, c'est-à-dire qui ne saurait être dirigé par la terre. L'aimantation artificielle consiste à ranger tous les circuits de manière à ce que leurs parties ascendantes soient d'un même côté, et leurs parties descendantes de l'autre.

Courants d'induction. — L'influence d'un courant, développé à travers un fil par une pile de Bunsen, ou l'influence d'un aimant produit dans un autre fil des courants instantanés et d'une très grande intensité : c'est ce que l'on a appelé *courants d'induction*. Le fil en communication avec la pile est le courant *inducteur ;* celui où le courant d'induction se développe, le courant *induit*. Les premières expériences qui ont donné lieu à cette découverte sont dues à Faraday et datent de 1831.

Lois des courants d'induction. — Les courants d'induction sont soumis aux deux lois suivantes :

Première loi : *Toutes les fois qu'un courant voltaïque commence dans un circuit fermé, il développe dans un circuit fermé voisin un courant induit de sens inverse,* c'est-à-dire contraire à celui du courant inducteur.

Deuxième loi : *Toutes les fois qu'un courant voltaïque finit, il se développe dans un circuit fermé voisin un courant induit direct,* c'est-à-dire de même sens que le courant inducteur.

Les mêmes lois sont applicables quand on approche ou qu'on éloigne d'un circuit fermé un courant voltaïque, ou bien quand on le soumet ou qu'on le soustrait à l'influence du fluide magnétique.

On démontre ces deux lois de la manière suivante :

Supposons une bobine de bois M (*fig.* 169), sur laquelle on enroule d'abord un long fil de cuivre revêtu de soie, et par-dessus, dans le même sens, un autre fil du même genre, de plus petit dia-

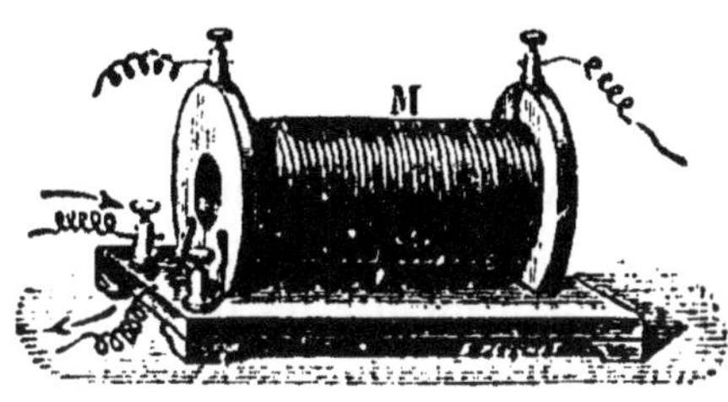

Fig. 169.

mètre; les deux bouts du second fil communiquent avec un galvanomètre, dont l'aiguille est au zéro. Au moment où l'on met les extrémités du premier fil en contact avec une pile, l'aiguille du galvanomètre dévie fortement en sens inverse de celui qu'elle prendrait par l'action du courant voltaïque; puis elle oscille, repasse à zéro et y reste tant que le courant dure. Si le courant est interrompu, elle dévie de nouveau, mais dans le même sens que sous l'action du courant voltaïque.

On obtiendrait les mêmes effets si les deux courants étaient enroulés sur deux bobines séparées, et que l'on approchât ou écartât du circuit qui communique au galvanomètre celui qui communique avec la pile.

S'agit-il d'étudier l'influence d'un aimant : la bobine est creuse et ne porte qu'un fil relié au galvanomètre par ses deux extrémités. Au moment où l'on introduit l'aimant dans l'intérieur de la bobine, ou quand on le retire, on voit dévier l'aiguille, dans le premier cas en sens inverse, et dans le second en sens direct du courant qui circule autour du barreau aimanté, considéré comme un solénoïde.

L'action serait la même si l'on plaçait dans l'intérieur de la bobine une barre de fer doux, à laquelle on pourrait communiquer et retirer à volonté l'aimantation par le contact avec un aimant.

Appareils d'induction. — Pour rendre utiles les courants d'induction, il fallait des appareils où les courants induits se succédassent avec assez de rapidité pour être sensiblement continus. * C'est ce qui a été réalisé dans un grand nombre de machines, dont plusieurs ont acquis dans ces dernières années une importance capitale, et ont permis aux applications de l'électricité de prendre une extension extraordinaire. Nous indiquerons seulement deux types de ces appareils.

Bobine de Ruhmkorff. — Dans cette machine le courant d'induction est produit par l'influence d'un courant alternativement lancé et interrompu dans un circuit inducteur voisin. Sur un faisceau de fils de fer s'enroule un fil inducteur, relativement gros, et long seulement de quelques dizaines de mètres; ce fil est recouvert de coton, pour que les différentes spires ne communiquent pas entre elles. Les extrémités E et F (*fig.* 170) de ce fil sont at-

Fig. 170.

tachées a deux petites colonnes, par lesquelles on lancera dans le circuit le courant d'une pile.

* Sur cette bobine inductrice s'enroule un fil plus long et plus fin, qui sera soumis à l'induction. Les deux extrémités de ce fil aboutissent aux deux colonnes de verre C et D; c'est là qu'on attache les fils destinés à fermer le circuit et à conduire le courant induit dans les appareils sur lesquels il doit agir.

* Chaque fois que le courant de la pile est lancé par les bornes F et E, il se développe un fort courant induit dans

la bobine induite; chaque fois que le courant est interrompu on a un autre courant induit. Pour qu'on n'ait pas besoin de faire à la main les manœuvres qui permettent de lancer et d'arrêter le courant inducteur, l'appareil est muni d'un *commutateur* placé en PN et d'un *interrupteur* placé en DC, qui assurent son fonctionnement automatique.

* La bobine de Ruhmkorff donne de grandes étincelles, même quand elle est desservie par une pile de quelques éléments seulement; elle donne de violentes commotions.

* **Machine de Gramme.** — Dans la machine de Gramme l'induction est produite par l'action d'un aimant. Un anneau de fer doux, autour duquel est enroulé un fil conducteur, tourne rapidement entre les deux pôles d'un aimant puissant. Les déplacements de l'anneau et du fil par rapport aux pôles de l'aimant font naître des circuits d'induction puissants.

Soit AMB (*fig.* 171) un aimant, mm' l'anneau de fer

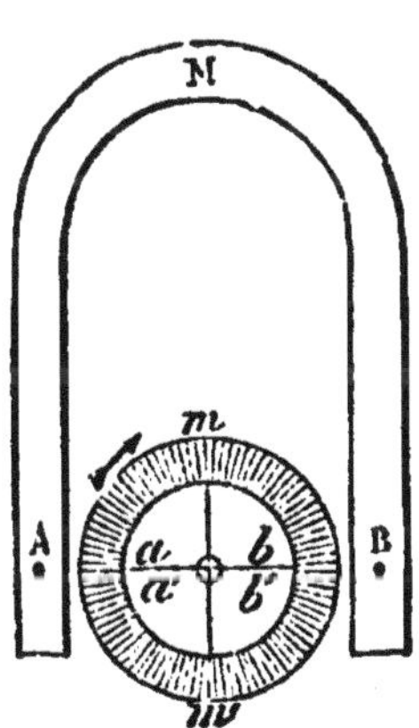

Fig. 171.

doux. Supposons l'anneau immobile : il se formera un aimant à points conséquents aux deux pôles A et B, m et m' étant les deux points neutres; la spire sera parcourue dans le sens de la flèche suivant amb par un courant positif, suivant $b'm'a'$ par un courant négatif. Quand l'anneau tourne, chacun de ses points devient point conséquent à son tour, et chaque partie de la spire de cuivre passera successivement devant les pôles de l'aimant permanent. Maintenant, qu'un petit balai métallique s'applique en m, et un autre en m', il est évident qu'ils recueilleront l'électricité produite et la dirigeront par un fil conducteur dans tel appareil qu'on voudra. Il n'est pas moins évident qu'on peut prendre plusieurs courants sur le même anneau, quand la spire est partagée en plusieurs spirales isolées. Pour que le mouvement soit plus rapide, on met au besoin l'anneau en mouvement par une machine à vapeur, qui donne jusqu'à 1 200 tours à la minute.

Voici (*fig.* 172) la machine des laboratoires. *hh'* est un

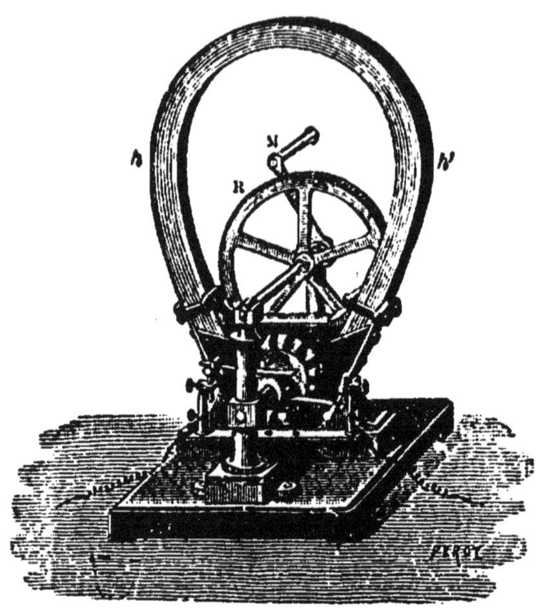

Fig. 172.

aimant, système Jamin, composé de plusieurs lames d'acier aimantées séparément et réunies par leurs pôles. En avant est l'anneau formé d'un faisceau de fil de fer et divisé en spires isolées par des isolants de teinte plus claire. Les extrémités des spires, isolées l'une de l'autre, se réunissent sur l'axe de l'anneau, où deux balais de fils métalliques prennent l'électricité et la transmettent par les boutons aux conducteurs. L'appareil est mis en mouvement par la roue dentée R au moyen d'une manivelle M ou d'une pédale.

Effets des courants d'induction. — Les effets des courants d'induction sont les mêmes que ceux des piles voltaïques, mais avec une tout autre énergie. Si l'on veut avoir des commotions, il faut attacher aux deux fils des poignées de laiton, que l'on saisit avec les mains humides. Avec la bobine de Ruhmkorff les effets lumineux sont particulièrement remarquables. L'œuf électrique est rempli par une gerbe de lumière rouge. Si l'on y a introduit un liquide volatil, la gerbe se compose de couches alternativement brillantes et obscures. Dans les tubes dits de *Geissler*, où l'on a introduit des vapeurs ou des gaz raréfiés, le courant d'induction donne lieu à la plus belle lumière, et les teintes varient d'après la nature des vapeurs ou des gaz.

*Mais la machine de Gramme et toutes les machines dérivées de ce type primitif ont surtout aujourd'hui une grande importance. On accroît beaucoup la puissance de la machine de Gramme en y remplaçant l'aimant par un puissant électro-aimant (*fig.* 173). On a alors ce qu'on

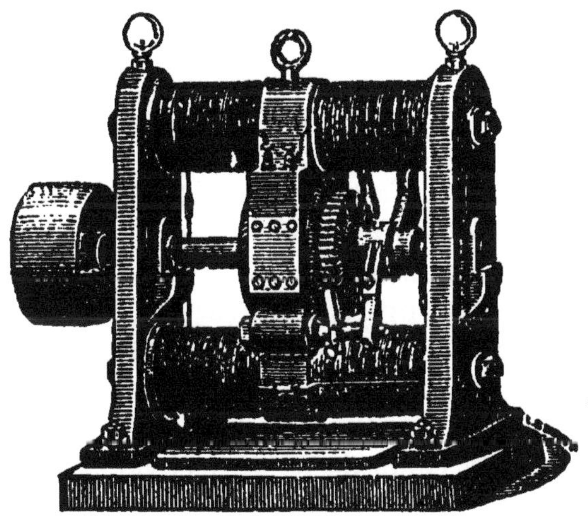

Fig. 173.

appelle les machines *dynamo-électriques*. Les machines dynamo-électriques sont actuellement très fréquemment employées. Elles se sont à peu près complètement substituées aux piles dans l'éclairage électrique ; elles s'y substituent peu à peu dans la galvanoplastie ; elles les remplaceront un jour ou l'autre dans la télégraphie électrique. Enfin elles ont permis de résoudre le problème important de la transmission de la force motrice à distance par l'électricité.

CHAPITRE XXVI.

Applications de l'électricité. — Construction générale des télégraphes électriques. — Divers systèmes de télégraphie. — Télégraphe à cadran. — Télégraphe écrivant. — Télégraphe imprimant. — Perfectionnements récents. — Sonneries électriques. — Téléphones. — Transport de la force à distance par l'électricité. — Éclairage électrique. — Dépôts métalliques obtenus par l'électricité. — Galvanoplastie. — Argenture, dorure, nickelage.

***Applications de l'électricité.** — On peut dire que les applications de l'électricité sont devenues aujourd'hui innombrables. Il en est toutefois quelques-unes qui ont une importance absolument prépondérante : ce sont la *télégraphie électrique*, le *téléphone*, le *transport de la force à distance*, l'*éclairage électrique*, et les *dépôts métalliques* produits par l'électricité.

Télégraphie électrique. — On désigne sous le nom de *télégraphes* les appareils qui servent à transmettre au loin la pensée. L'ancien système de télégraphie, ou télégraphie aérienne, consistait en plusieurs leviers articulés, placés sur des hauteurs, que l'on faisait jouer les uns sur les autres à l'aide de poulies et de cordages, et qui reproduisaient, de distance en distance, une série de signaux conventionnels.

Depuis longtemps, la vitesse prodigieuse de l'électricité, qui parcourt environ 200 000 kilomètres par seconde, faisait désirer son emploi dans la télégraphie; puis on entrevoyait l'immense avantage de pouvoir transmettre les dépêches aussi bien pendant les brouillards que pendant les temps clairs, et aussi facilement la nuit que le jour. Les tentatives furent longtemps infructueuses. Ce n'est qu'après les découvertes successives de Galvani, de Volta, d'Œrstedt, d'Ampère, d'Arago, de Faraday, etc., qu'on a pu arriver à exécuter des appareils fonctionnant régulièrement et avec sûreté. M. Wheatstone construisit, le premier, en Angleterre, des télégraphes électriques, dans lesquels on obtenait les courants par l'appareil d'induction de Clarke. Les piles à courant constant de Daniell, de Bunsen et de Bréguet vinrent compléter la série des découvertes nécessaires.

Construction générale des télégraphes électriques. — Il existe différents systèmes de télégraphes électriques; mais, quel que soit le système, l'appareil télégraphique se compose : 1° d'une pile; 2° de fils conducteurs et isolés allant de la pile à un électro-aimant; 3° d'un électro-aimant au bureau d'arrivée; 4° d'un levier mû par l'électro-aimant.

Supposons une dépêche à transmettre d'une ville à une autre, de Paris à Rouen, par exemple. Au bureau de départ (*fig.* 174) est une pile B; au bureau d'arrivée est un

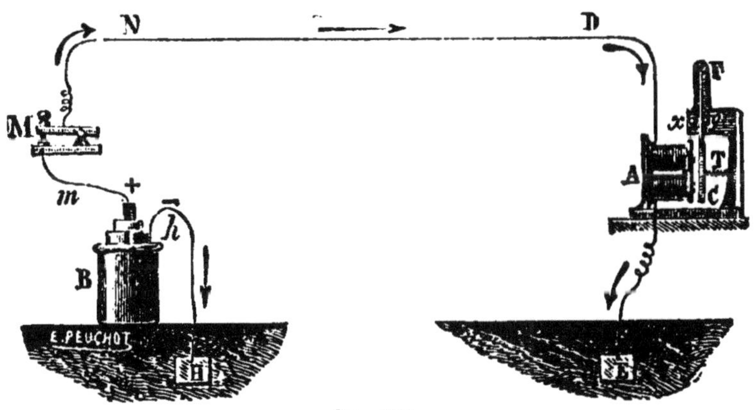

Fig. 174.

électro-aimant A; en face des pôles de l'électro-aimant est une lame de fer doux C, attachée au bras d'un levier FC mobile autour du point F; un fil conducteur ND, maintenu isolé par des *isolateurs* en porcelaine attachés à des poteaux de bois, va de Paris à Rouen. A Paris, le pôle négatif *h* de la pile, à Rouen, l'extrémité du fil de l'électro-aimant, communiquent avec le sol par deux plaques métalliques H, E, que l'on enfonce dans la terre humide ou dans un puits ; et le sol remplace ainsi le fil de retour, en donnant même au courant une intensité plus grande. Maintenant, si l'on applique le rhéophore *m*M sur le fil N, qui en est détaché quand l'appareil est au repos, le courant électrique part de Paris par le fil ND, tourne à Rouen autour de l'électro-aimant et se perd dans le sol ; l'électro-aimant attire la pièce de fer C, et le levier FC exécute une oscillation de droite à gauche. En interrompant le contact de M avec N, on interrompt le courant, l'aimantation disparaît, et le levier FC, revenant à sa position première, fait une deuxième oscillation de gauche à droite. Si l'on frappe 10, 15 fois par seconde de M sur N, le courant aura été établi 10, 15 fois, et le levier FC aura exécuté dans le même temps 20, 30 oscillations. Il faut, pour cela, que la pièce de fer C s'éloigne dès que le courant cesse : on y parvient en faisant osciller le levier entre deux arrêts *x* et *y* ; quand le levier est attiré, il frappe *x*, mais il reste encore entre le fer et les pôles une distance égale au moins à l'épaisseur d'une feuille de papier. Un ressort à boudin T retire le levier contre l'arrêt *y* aussitôt que le courant est interrompu.

Quand la distance à parcourir est petite, on peut n'employer qu'un seul élément ; si la distance est plus considérable, on en réunit deux ou plusieurs en batterie. Quelquefois même on fait correspondre le fil, en plusieurs endroits du parcours, avec d'autres piles, qui servent, pour ainsi dire, de *relais*, et qui maintiennent l'intensité du courant jusqu'au point d'arrivée.

Un seul fil métallique isolé est nécessaire pour établir une communication électrique entre deux endroits ; mais il faut pour cela qu'il y ait dans chacun des bureaux une pile et un électro-aimant, et que les extrémités du fil puissent se mettre à volonté en communication tantôt avec l'un, tantôt avec l'autre. On a vu déjà comment Paris correspond avec Rouen ; pour que Rouen puisse par le même fil correspondre avec Paris, il faut que le fil de ligne corresponde à Rouen avec la pile et à Paris avec l'électro-aimant. Il est bien entendu que les deux bureaux ne se servent pas du même fil en même temps pour envoyer chacun des dépêches.

Ordinairement ce fil est établi le long des chemins de fer ; quelquefois, pendant une partie de son parcours, il est placé sous terre, ou même au fond de la mer, comme entre la France et l'Angleterre, ou comme entre l'Europe et l'Amérique : il est alors isolé par une enveloppe de gutta-percha.

On appelle *manipulateur* l'appareil à l'aide duquel on peut transmettre ou interrompre à volonté le courant de la pile au fil conducteur, et déterminer ainsi tel ou tel nombre d'oscillations au levier de l'électro-aimant. On désigne sous le nom de *récepteur* l'appareil sur lequel on lit des signes correspondant au nombre ou à la durée des oscillations du pendule de l'électro-aimant. Chaque bureau doit avoir un manipulateur et un récepteur.

Divers sytèmes de télégraphie. — Il existe plusieurs formes de télégraphes électriques, les uns à cadran ou à signaux, les autres écrivant ou imprimant ; ils ne diffèrent entre eux, quant au mécanisme, que par la construction du manipulateur et du récepteur.

Quelques détails seront utilement donnés sur le télégraphe à cadran, le télégraphe écrivant, le télégraphe imprimant.

Télégraphe à cadran. — Le *télégraphe à cadran* ou *à lettres* de M. Bréguet, généralement adopté dans l'origine, a le double inconvénient de ne laisser qu'un instant chaque lettre sous les yeux de l'employé, et de trop multiplier les temps d'arrêt dans le jeu du mécanisme.

Le manipulateur M du télégraphe à cadran (*fig.* 175) est horizontal ; la circonférence du cadran porte 26 signes différents, savoir : 25 lettres et une croix. Une manivelle met en mouvement à l'intérieur un cylindre métallique, recouvert à distances égales de bandes non conductrices en bois ou en ivoire, de sorte que le nombre des bandes conductrices et non conductrices réponde exactement au nombre des divisions du cadran. D'une part, l'axe appuie constamment contre le fil de la ligne; d'autre part, il appuie contre le rhéophore de la pile, mais de manière que le rhéophore soit successivement en contact tantôt avec les bandes conductrices, tantôt avec les bandes non conductrices. Dans les angles supérieurs du manipulateur, on voit deux leviers métalliques coudés appelés *commutateurs*, qui servent à faire passer les courants dans la sonnerie, ou dans le récepteur, ou d'un fil de ligne à un autre, et, au retour, à les faire écouler dans le sol.

Le récepteur R du télégraphe à cadran (*fig.* 175) pré-

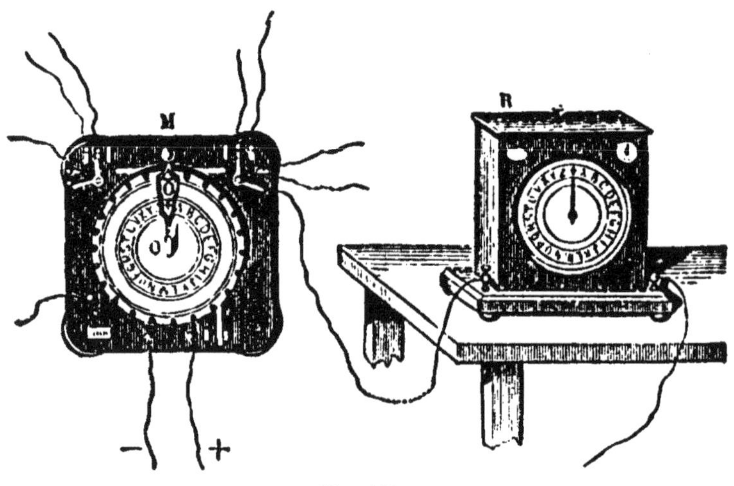

Fig. 175.

sente les dispositions suivantes : 1° il n'y a qu'un seul électro-aimant sans mouvement d'horlogerie; 2° l'axe qui, à l'extérieur de la boîte, porte l'aiguille indicatrice, ne fait un tour entier que par 26 oscillations du levier-pendule, c'est-à-dire quand le courant a été établi, puis interrompu 13 fois, par conséquent lorsque la manivelle du manipulateur a décrit une circonférence entière; 3° le cadran

porte les mêmes signes que le cadran du manipulateur.

Supposons une dépêche à envoyer de Paris à Lille.
L'employé, à Paris, tourne le levier de manière à faire
communiquer le fil de la ligne avec la sonnerie de Lille,
et l'employé de Lille, tournant le levier du récepteur de
manière à mettre son fil de ligne en communication avec
la pile, fait passer d'abord un courant dans la sonnerie
de Paris pour indiquer qu'il est à son poste; puis il
maintient son fil de ligne en communication avec le récepteur et reçoit la dépêche, c'est-à-dire qu'il copie les
lettres sur lesquelles s'arrête successivement l'aiguille du
récepteur. A la fin de chaque mot, l'aiguille s'arrête sur
la croix.

Il peut se faire que Paris veuille correspondre directement avec Dunkerque. Lille, qu'on en prévient, fait communiquer ensemble les deux fils de ligne de Paris à Lille
et de Lille à Dunkerque. Il suffit, pour cela, de tourner les
deux petits leviers coudés de manière qu'ils appuient
tous deux sur une même lame de cuivre fixée sur le manipulateur M, et dont le milieu est caché par le cadran
dans la figure 175.

Télégraphe écrivant. — Le *télégraphe écrivant*, dû à
M. Morse, de New-York, est d'une grande simplicité; il
offre l'immense avantage de laisser sur le papier des traces
de la dépêche, qu'on peut, au besoin, contrôler, ce qui rend
les erreurs moins fréquentes.

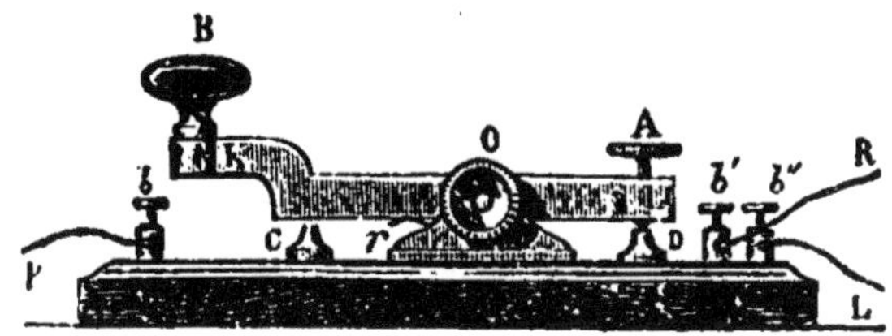

Fig. 176.

Le manipulateur du télégraphe écrivant (*fig.* 176) consiste dans un levier KE, mobile autour du point O. A

l'état de repos, un petit ressort *r* le maintient éloigné du petit cône C, que l'on appelle *enclume*, et il repose sur le cône D; mais si l'on appuie en B, il aura avec l'enclume un contact dont on pourra prolonger à volonté la durée. Or, le fil P communique avec la pile, le fil L avec le récepteur du bureau d'arrivée, le fil R avec le récepteur du bureau auquel le manipulateur appartient; les deux fils P et L communiquent avec O par de petites bandes métalliques, et le fil R avec le cône D. D'où il est facile de voir que si l'on appuie en B, la communication en D étant interrompue, le courant se rend par P, C, O, L, au bureau d'arrivée; mais quand la communication est établie en D, un courant, partant de l'autre bureau, se rend par L, D, O, R, au récepteur du premier bureau.

Le récepteur du télégraphe écrivant (*fig.* 177) se com-

Fig. 177.

pose d'un électro-aimant AA', qui, sous l'influence d'un courant électrique, attire le levier CC' ayant à son extré-

19.

mité C un petit poinçon. D'autre part, une bande étroite de papier PP', enroulée sur la roue R, passe entre deux cylindres B, B' qui tournent l'un sur l'autre en sens contraire au moyen d'un mouvement d'horlogerie. C'est sur cette bande de papier que le poinçon appuie tant que le courant électrique passe dans l'électro-aimant; lorsque le courant est interrompu, le levier se relève en C', parce qu'il est attiré par un léger ressort, et le poinçon s'abaisse. En prolongeant plus ou moins le contact du levier du manipulateur avec l'enclume, on peut ainsi tracer avec le poinçon sur le papier soit des points, soit des lignes. Or, il est facile de concevoir un système de points et de lignes équivalant à des lettres. Par exemple, un point et une ligne (·—) donnera la lettre A; une ligne et trois points (—···) la lettre B; deux fois une ligne et un point (—·—·) la lettre C; une ligne et deux points (··—) la lettre D, etc.

Par suite de perfectionnements apportés au télégraphe Morse, on a obtenu, sur la bande de papier, au lieu du gaufrage formé par le poinçon, d'abord des lignes et des points à l'encre, puis des lettres.

Télégraphe imprimant. — M. Hughes, de New-York, a inventé un *télégraphe imprimant*, qui offre de grandes garanties d'exactitude, et qui est adopté aujourd'hui dans les grandes stations de télégraphie de l'État. Il consiste en un seul appareil, à la fois manipulateur et récepteur, et disposé de telle sorte que la dépêche s'imprime en même temps au bureau de départ et au bureau d'arrivée, ce qui rend toute erreur impossible. Le mécanisme de cet appareil est très compliqué : il se compose d'un système de roues mises en mouvement par un poids de 50 kilogrammes, et dont l'une est divisée sur sa tranche en 28 parties, représentant les 26 lettres de l'alphabet en relief, un point et un blanc. Lorsque le courant est établi, un levier, mû par l'armature de l'électro-aimant, met en contact avec cette roue une bande de papier, sur laquelle les lettres viennent s'imprimer. Ici, contrairement aux autres télégraphes, où l'électro-aimant tient son armature en contact quand le courant passe, c'est à l'état de repos que l'armature adhère au fer doux, au moyen d'un petit aimant à fer à cheval placé à la partie inférieure de l'électro-aimant; celui-ci se trouve désaimanté par le courant.

Ce qui est important, c'est que la pression ait lieu au contact de la lettre voulue. A cet effet, un clavier (*fig*. 178),

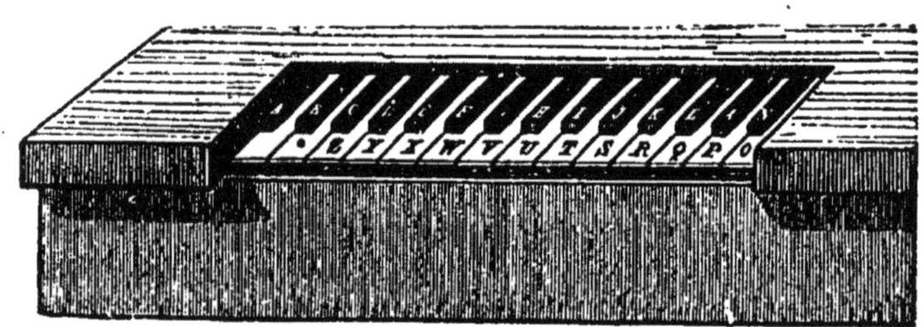

Fig. 178.

faisant fonction de manipulateur, reproduit les 26 lettres de l'alphabet, le point et le blanc. Quand on abaisse une touche, on fait lever une dent à travers l'une des 28 ouvertures d'un disque horizontal, au centre duquel tourne, avec une vitesse de deux tours par seconde, un axe portant une plaque d'acier qui passe au-dessus des ouvertures. Le courant venant de la pile se transmet par le clavier, la dent et la plaque d'acier à l'électro-aimant du même bureau, et de là, quand la communication est établie, au fil de ligne et à l'électro-aimant du bureau d'arrivée. Un encliquetage fait avancer d'une quantité constante le papier à mesure qu'il s'imprime.

Un mécanisme facile permet aux deux bureaux de donner à l'appareil la même vitesse, et d'amener au même instant la même lettre au bas de la roue imprimante.

Perfectionnements récents. — Bien d'autres systèmes ont été employés. C'est ainsi que le *pantélégraphe de Caselli* transmet à distance l'écriture même et la signature de l'expéditeur à son correspondant. Mais ce télégraphe n'a pu encore fonctionner régulièrement.

Les perfectionnements récents ont surtout eu pour effet de permettre de lancer un nombre croissant de dépêches dans le même fil. On est parvenu, depuis quelques années, à disposer les appareils de telle sorte qu'un seul fil suffise à la transmission des dépêches lancées à la fois par plusieurs appareils. Sur les grandes lignes, telles que celle de Paris à Marseille, on transmet actuellement par un même fil quatre cents dépêches de vingt mots en une heure, deux cents dans un sens et deux cents dans l'autre. Cela dispense de multiplier outre mesure le nombre des fils sur les grandes lignes.

Sonneries électriques. — Les chemins de fer et les télégraphes ont mis de bonne heure leurs différentes stations en communication instantanée à l'aide des sonneries électriques. La plus employée est la *sonnerie à trembleur*.

Dans une boîte de bois (*fig.* 179) est un électro-aimant E,

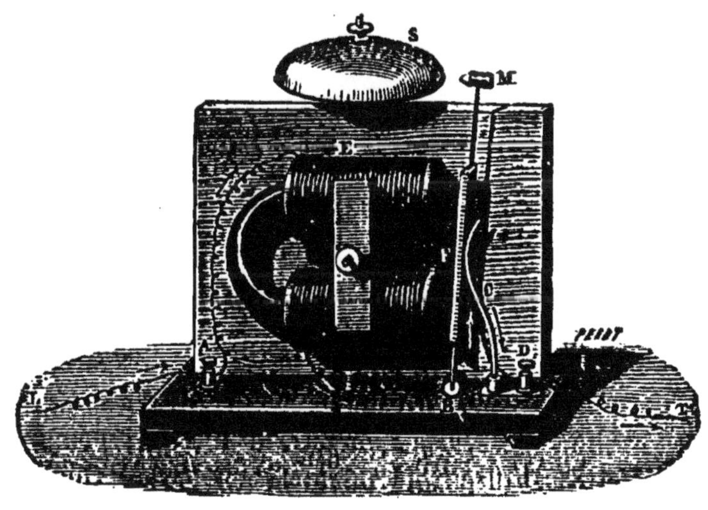

Fig. 179.

et devant ses pôles, une petite barre d'acier F, attachée inférieurement par une tige d'acier très élastique, qui est fixée au bouton B, portant à la partie supérieure un marteau M et s'appuyant à l'état de repos contre le ressort C. L'électricité arrivant d'une pile par le bouton A circule autour de l'électro-aimant, qui attire la barre F; aussitôt le courant est interrompu, parce qu'il ne peut plus passer par la barre et le ressort au pôle négatif D. La barre reprend sa position première, et le courant passe: l'électro-aimant attire de nouveau la barre, dont le marteau frappe le timbre. Le mouvement de va-et-vient se continue tant que l'électrode positive est en communication avec la pile ou avec un fil de ligne.

* **Téléphone.** — Plus surprenant encore que le télégraphe, le *téléphone* transmet la parole à une grande distance; et il arrive à ce résultat extraordinaire par des procédés très simples. Son invention date de 1876; elle est due à l'Américain Graham Bell.

* Le téléphone est fondé sur les lois de l'induction. Dans sa disposition primitive, la plus simple, il se compose d'un aimant A, dont l'une des extrémités est entourée d'un fil conducteur très fin, formant une bobine F; les deux extrémités du fil de cette bobine communiquent avec deux

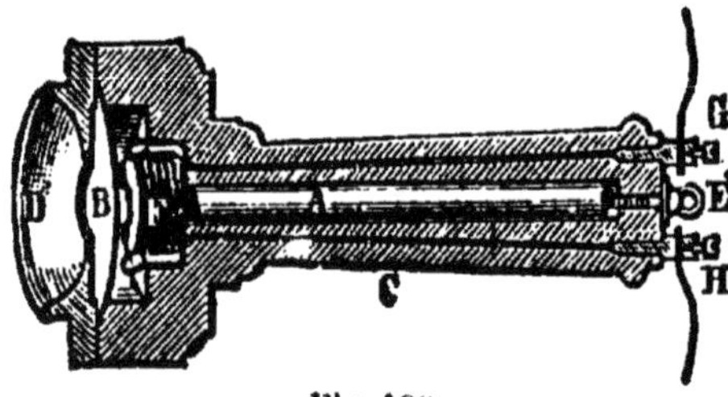

Fig. 180.

boutons extérieurs G et H. En face de la bobine, et à une très petite distance, est une mince plaque de fer B, fixée au fond d'une embouchure D, en forme d'entonnoir.

* Deux appareils identiques, placés à une grande distance l'un de l'autre, et reliés par des fils qui partent des bornes G et H, suffisent à transmettre la parole. Quand on parle devant l'embouchure du premier appareil, le *transmetteur*, la plaque B entre en vibrations; ces vibrations, qui occasionnent des déplacements de la plaque par rapport à l'aimant A, font varier, par suite, son intensité ma-

gnétique. Il en résulte dans la bobine F une production
de courants d'induction, qui se transportent à l'autre appareil, le *récepteur*, changent l'intensité magnétique de
son barreau, et, par suite, mettent en vibration sa plaque
métallique. Il se trouve que les vibrations de la seconde
plaque métallique reproduisent exactement les vibrations
de la première. Le son émis au poste de départ est donc
reproduit au poste d'arrivée.

*Le téléphone actuel n'est plus aussi simple; le récepteur
n'y est plus identique au transmetteur. Ce dernier a été
modifié par suite de l'invention du *microphone* de Hughes.
Voici en quoi consiste ce microphone. Sur une planchette
verticale (*fig.* 181) sont fix-s deux supports métalliques;

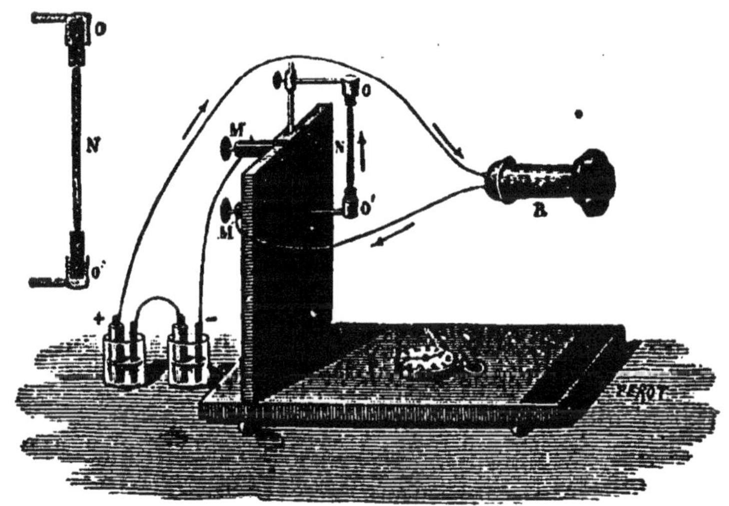

Fig. 181.

chacun d'eux porte un charbon de cornue O, O', creusé en
forme de godet, et servant de crapaudine à une tige de même
charbon N, qui peut légèrement osciller entre ces godets.
Deux boutons MM' font communiquer les deux supports,
l'un avec le téléphone R, l'autre avec une pile : la direction
des flèches permet de suivre le courant. Ceci posé, si l'on
vient à placer une montre sur la planchette P, on en entend
le battement dans le téléphone à plusieurs mètres de dis-

tance. Voici l'explication que l'on donne de l'action produite. La moindre vibration se transmet par le bois au charbon N, qui oscille entre les godets. De là des variations de résistance dans le circuit, et, par suite, dans l'attraction du barreau aimanté sur le disque métallique du téléphone, lequel répète, en les amplifiant, tous les mouvements du charbon mobile. De même, si l'on parle dans le voisinage du microphone, on entend très bien la voix dans le téléphone placé à une grande distance.

* Les téléphones actuels sont justement constitués par un microphone, qui sert de transmetteur, et un téléphone, qui sert de récepteur. Le microphone est placé derrière une feuille mince de bois de sapin, devant laquelle on parle. Comme le montre notre principe, l'appareil nécessite alors l'usage d'une pile. On peut ainsi transmettre la parole à une distance fort grande, et cela avec une admirable netteté et une intensité suffisante.

* Depuis dix ans, le téléphone est devenu, dans tous les pays du monde, un appareil d'usage courant. Dans toutes les grandes villes, les habitants parlent librement les uns avec les autres, de chez eux, par le téléphone; d'une ville à l'autre, les communications s'établissent chaque jour plus nombreuses. Le téléphone est devenu de nos jours un objet de première nécessité.

* **Transport de la force à distance par l'électricité.** — La machine *dynamo-électrique* est une machine réversible: si l'on fait tourner rapidement son anneau, elle donne de l'électricité; mais si, inversement, on lance dans son fil un fort courant électrique, son anneau se met à tourner. Ce fait, qu'il serait trop long d'expliquer ici, est aisé à démontrer par l'expérience. Ceci posé, imaginons que deux machines dynamo-électriques, placées à plusieurs kilomètres l'une de l'autre, soient mises en communication par des fils conducteurs. Si l'une d'elles est mise en mouvement à l'aide d'une force quelconque, elle produira un courant électrique qui suivra les fils conducteurs et arrivera à la seconde; cette seconde, recevant

un courant, se mettra à tourner ; et il sera possible d'utiliser cette rotation pour produire un travail utile : c'est-à-dire qu'on aura régénéré, à l'aide de la seconde machine, une partie au moins du travail dépensé pour mettre la première en mouvement.

* Qui ne voit la grande importance de ce transport de la force à distance ? Déjà on a pu, en plusieurs villes, employer la force d'une chute d'eau située à plusieurs kilomètres, pour faire marcher des métiers, des outils, dans la ville même.

***Éclairage électrique.** — Depuis le commencement du siècle, on a tâché d'employer à l'éclairage la lumière produite par l'incandescence d'un fil de platine traversé par un courant, ou celle de l'arc qui jaillit sous l'influence d'une forte pile entre deux pointes de charbon des cornues. Pendant longtemps ce mode d'éclairage n'a eu qu'une importance très secondaire, surtout à cause du prix élevé auquel revient l'électricité fournie par les piles.

*Mais, depuis 1870, l'invention de la machine de Gramme et des machines dérivées est venue donner de l'électricité à bien meilleur compte. Ces machines, en effet, sont mises en mouvement par des machines à vapeur, et ne dépensent, par suite, que du charbon, au lieu de dépenser du zinc, de l'acide sulfurique et du sulfate de cuivre. Aussi l'éclairage par l'électricité a-t-il pris dans ces dernières années une extension extraordinaire, extension qui ne fera que croître très rapidement d'année en année.

* Les systèmes d'éclairage électrique sont actuellement fort nombreux. Nous indiquerons les principaux.

***Lampes à régulateur.** — Ces lampes utilisent la lumière éblouissante de l'arc électrique qui jaillit entre deux pointes de charbon des cornues, quand on y lance le courant d'une forte pile (voy. page 265). Mais la production de l'arc détermine une usure rapide des charbons : les pointes s'écartent donc, leur distance devient trop grande, et l'arc s'éteint subitement. On remédie à cet inconvénient par des *régulateurs*, qui fonctionnent automatiquement par le fait même du passage du courant, et maintiennent les pointes de charbon à une distance constante. Les lampes à régulateur constituent des foyers lumineux de grande puissance; elles sont employées avec avantage pour l'éclairage des grands espaces. Un phare, un réflecteur, peuvent envoyer à plus de cinquante kilomètres de distance la lumière d'une lampe à régulateur.

***Bougies Jablochkoff**. — Les bougies Jablochkoff, inventées en 1876, utilisent aussi la lumière de l'arc électrique; mais elles n'ont pas besoin de régulateur, ce qui constitue une simplification considérable, dont l'influence a été énorme sur les progrès de la lumière électrique depuis douze ans.

* Deux fins *crayons* de charbon A et B (*fig.* 182) sont placés parallèlement l'un à l'autre; ils sont séparés par une couche isolante de plâtre; une ligature M, en substance isolante, maintient solidement ces trois parties. Un peu de mine de plomb met en communication les deux extrémités D et C. Pour éclairer, on met les garnitures inférieures A′ et B′ en communication avec les deux pôles d'une machine dynamo-électrique à courants alternatifs; le courant passe par les charbons et la communication supérieure de mine de plomb, qui est portée à l'incandescence. Bientôt cette mine de plomb est brûlée, et un arc très lumineux jaillit. A mesure que les crayons s'usent, par le fait de leur combustion dans l'air à cette température élevée, le plâtre fond, c'est-à-dire

Fig. 182.

que la *bougie électrique* diminue progressivement de longueur, comme le ferait une bougie ordinaire. Une bougie de 25 centimètres de longueur dure environ une heure et demie.

* Les bougies Jablochkoff permettent d'obtenir des foyers lumineux d'intensité moyenne, équivalant à celle de 20 à 100 lampes Carcel à l'huile. Elles conviennent

parfaitement à l'éclairage des mines, des rues, des ateliers,
parce qu'on peut diviser la lumière totale en un assez
grand nombre de bougies réparties de
distance en distance. Ces bougies sont
placées dans des globes en verre dépoli (*fig.* 183); chaque globe en contient
plusieurs, disposées de telle manière que
la suivante s'allume d'elle-même quand
la précédente est usée jusqu'au bout.

Lampes à incandescence. — Un
fil fin de platine, traversé par un courant, devient incandescent. Cette incandescence est suffisante pour être
employée à l'éclairage. Seulement, il
faut faire en sorte que le courant ne
soit pas de trop grande intensité, de
peur qu'il ne détermine la fusion du

Fig. 183.

fil, et, par suite, l'extinction subite. On n'est pas exposé
à cet inconvénient quand on remplace le fil de platine
par un fil de charbon, qui est infusible; mais alors il faut

 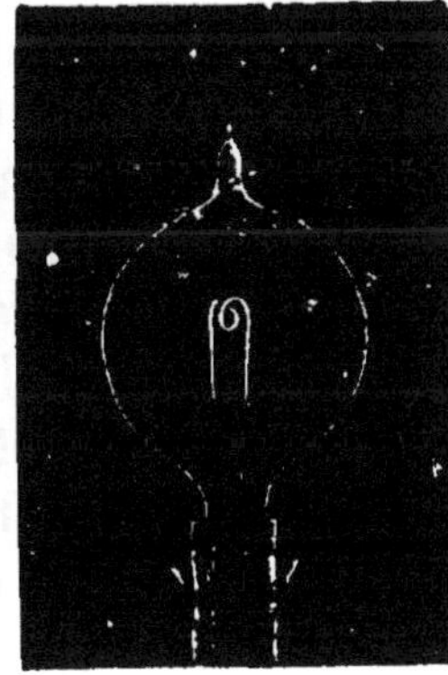  

Fig. 184.   Fig. 185.   Fig. 186.

entourer le fil d'un boule de verre, dans laquelle on a fait
un vide aussi parfait que possible : si, en effet, l'incandescence du charbon avait lieu dans l'air, elle serait

accompagnée d'une combustion qui consumerait le fil en quelques instants. On a construit un grand nombre de lampes à incandescence basées sur ces principes : telles sont les lampes d'Edison (*fig*. 184), de Swan (*fig*. 185), de Maxim (*fig*. 186). Ces lampes peuvent être groupées en grand nombre, de façon à former des candélabres, des lustres, du plus bel effet. Les lampes à incandescence permettent de diviser la lumière beaucoup mieux encore que les bougies Jablochkoff ; leur éclat peut varier, selon leur construction et le courant qui les traverse, de celui d'une bougie stéarique à celui de 10 lampes à l'huile. De plus, ces lampes donnent une lumière beaucoup plus douce, beaucoup plus constante que les autres systèmes ; et elles ne font pas de bruit, tandis que l'arc des deux systèmes précédents est toujours bruyant.

***Extension de la lumière électrique.** — La lumière électrique prend chaque jour une extension plus grande ; les nombreux systèmes basés sur l'arc électrique sont surtout usités pour la voie publique, pour les ateliers ; les divers systèmes basés sur l'incandescence éclairent, au contraire, les salles de théâtre, de café, de réunions publiques, les salons, les cabinets de travail, etc. Presque partout l'électricité est fournie par des usines centrales qui emploient des machines dynamo-électriques. Ces machines sont mises en mouvement tantôt à l'aide de machines à vapeur, tantôt par des machines hydrauliques, quand on a une chute d'eau à sa disposition. Beaucoup de villes, même parmi les plus petites, s'éclairent aujourd'hui économiquement à la lumière électrique en utilisant la force motrice des chutes d'eau situées à plusieurs kilomètres de distance.

*Citons, comme une des plus charmantes applications de l'éclairage électrique, l'illumination des fontaines de la grande Exposition de 1889. Sous le bassin des fontaines étaient établies de larges galeries ; de distance en distance la voûte était percée, et l'ouverture fermée par de fortes plaques de verre situées directement au-dessous des jets d'eau. Par ces plaques de verre, on lançait la lumière électrique de bas en haut; cette lumière était produite par de fortes lampes à arc, et dirigée par des réflecteurs puissants. L'eau de chaque jet était donc fortement éclairée par dessous, et semblait entièrement lumineuse dans la nuit. En interposant des verres de couleur entre la lumière électrique et la voûte, on faisait changer à volonté et instantanément la coloration des jets.

*** Dépôts métalliques obtenus par l'électricité.** — Un courant électrique qui traverse une dissolution d'un sel métallique décompose ce sel et dépose le métal sur l'électrode négative. Ce dépôt est utilisé dans un grand nombre de circonstances. C'est ainsi qu'on peut aujourd'hui décomposer par l'électricité certains minerais métalliques, et en retirer industriellement le métal; on arrive ainsi à traiter avantageusement des minerais qui autrefois n'avaient presque aucune valeur.

* Mais nous devons surtout parler de dépôts faits en moindre quantité, et qui constituent la *galvanoplastie*, la *dorure*, l'*argenture*, le *nickelage*.

*** Galvanoplastie.** — La *galvanoplastie proprement dite* a pour objet le dépôt, à la surface d'un moule, d'une couche de cuivre assez épaisse pour qu'on puisse la séparer, si besoin est, de l'objet sur lequel le dépôt s'est produit.

Soit un médaillon en bronze à reproduire. On le recouvre de gutta-percha ramollie par la chaleur, puis, après refroidissement, on détache cette substance. On a ainsi une reproduction en creux, tout à fait fidèle, du médaillon (*fig.* 187). Le moule en gutta-percha, rendu conducteur de l'électricité par un peu de plombagine en poudre qu'on étend à sa surface,

Fig. 187.

est plongé dans une dissolution de sulfate de cuivre, en face d'une lame de cuivre qui plonge dans la même dissolution. On fait communiquer le moule avec le pôle négatif, la lame de cuivre avec le pôle positif d'une pile; le courant passe, décompose le sel, et produit dans le moule un dépôt qui est bientôt assez épais pour qu'on puisse le séparer; ce dépôt est la reproduction fidèle du médaillon.

*Beaucoup d'objets d'art sont ainsi reproduits par la galvanoplastie. Beaucoup de statues, faites d'abord en plâtre, sont ensuite faites en cuivre; elles sont légères, peu coûteuses et ont l'apparence du bronze. Les *planches* de bois qui servent à illustrer les livres sont reproduites en galvanoplastie, ce qui permet de conserver l'ouvrage du graveur; quand la reproduction en cuivre est usée par un nombreux tirage, on en fait une autre à l'aide de la planche de bois.

* **Argenture, dorure, nickelage.** — *L'argenture galvanique* a pour but de recouvrir un métal commun d'une couche mince et adhérente d'argent.

*L'objet à argenter, bien propre, est suspendu dans une dissolution de sel d'argent (dissolution de cyanure d'argent et de potassium), en face d'une lame d'argent. On fait communiquer l'objet avec le pôle négatif et la lame

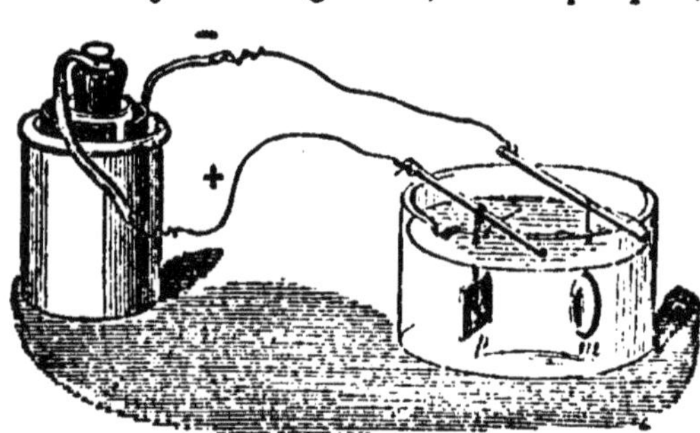

Fig. 188.

d'argent avec le pôle positif d'une pile. Le courant passe et le dépôt d'argent se forme sur l'objet. On arrête l'opération avant que le dépôt soit devenu assez épais pour empâter les détails du relief.

*Tout le monde connaît et utilise les objets de table, principalement cuillères et fourchettes, en *Ruolz;* ils sont d'un alliage blanc de faible valeur, argentés par la galvanoplastie.

* La *dorure* du bronze, du zinc des pendules, se fait par des procédés analogues.

* C'est aussi de la même manière qu'on procède au *nickelage* des objets en fer qu'on veut préserver de la rouille, et auxquels on veut donner une apparence plus brillante.

—————◦—————

CHAPITRE XXVII.

Optique.

Lumière. — Hypothèses sur la lumière. — Propagation rectiligne de la lumière. — Ombre, pénombre. — Chambre noire. — Intensité de la lumière. — Photométrie. — Vitesse de la lumière. — Action des corps sur la lumière. — Réflexion de la lumière, ses lois. — Applications de la réflexion de la lumière : miroirs. — Miroir plan. — Miroir concave sphérique. — Miroir convexe sphérique. — Détermination expérimentale du rayon de courbure. — Applications.

L'*optique* est la partie de la physique qui s'occupe de la lumière, de ses propriétés et de ses lois.

Lumière. — Quand on regarde le soleil, une bougie allumée ou tout autre corps lumineux, on éprouve une certaine sensation qui fait distinguer ces corps; pour que cette sensation ait lieu, il faut qu'il existe entre les corps que l'on distingue et l'œil une certaine communication : ce quelque chose qui met en rapport l'œil avec les corps lumineux s'appelle *lumière*.

On voit également les corps qui ne sont pas lumineux par eux-mêmes; il suffit alors qu'ils soient éclairés par un corps lumineux. C'est ainsi que pendant le jour on distingue tous les corps à la surface de la terre, parce qu'ils réfléchissent la lumière du soleil. La nuit, cette faculté de distinguer les corps n'existe plus, à moins que la lune, qui n'est éclairée elle-même que par le soleil, ne vienne éclairer, à son tour, par reflet la surface de la terre.

Hypothèses sur la lumière. — Qu'est-ce que la lumière ? On n'a jusqu'ici pu faire sur ce sujet que des hypothèses.

D'après Newton, tous les corps lumineux émettent en ligne droite et dans toutes les directions un fluide, qui les mettrait ainsi en communication avec les organes de la vue.

D'après Descartes, il existe dans toute la nature un fluide *éther*, fluide impondérable et incoercible, dont les molécules sont si petites, qu'elles passent avec la plus grande facilité à travers les pores du verre et de tous les corps transparents, de sorte qu'avec la machine pneumatique on peut bien enlever l'air d'un ballon de verre, mais non pas en retirer l'éther. Certaines causes font vibrer le fluide ; les vibrations, se répandant de proche en proche viennent jusque dans l'œil, où elles produisent cette sensation qui nous fait distinguer les objets, et qu'on appelle *lumière*. Dans l'hypothèse de Descartes, la lumière est à l'éther ce que le son est à l'air.

Le système de Newton est connu sous le nom de système d'*émission*, celui de Descartes sous le nom de système d'*ondulation*. Le premier séduit au premier abord ; mais un grand nombre de phénomènes qu'il ne saurait expliquer l'ont fait repousser depuis longtemps. De nos jours, on admet universellement l'hypothèse de Descartes.

On appelle *rayon lumineux* la direction que suit la lumière en se propageant : un *pinceau* de lumière est la réunion d'un certain nombre de rayons lumineux, et un *faisceau lumineux* est formé par un groupe de pinceaux.

Propagation rectiligne de la lumière. — La lumière se propage en ligne droite tant qu'elle reste dans un milieu homogène : ainsi, en plaçant parallèlement trois cartons munis chacun d'une ouverture, on verra la flamme d'une bougie à travers les trois ouvertures, pourvu que celles-ci soient sur une même ligne droite, et on cessera de la voir si l'on dérange l'un des cartons.

La lumière traverse le vide; il est facile de s'en assurer en plaçant un ballon de verre où l'on a fait le vide entre l'œil et un corps lumineux.

Lorsque la lumière rencontre un corps hétérogène, ou ce corps livre passage à la lumière, et on l'appelle *dia-phane* : tels sont l'air, l'eau, le verre, etc. ; ou il intercepte la lumière, et on l'appelle *opaque* : tels sont le bois, le fer, le cuivre, etc. Les corps diaphanes se divisent en *transparents* et en *translucides*. Ils sont transparents quand à travers on distingue nettement le corps lumineux : tels sont le verre poli, l'air, etc.; ils sont trans-lucides quand cette distinction est confuse : tels sont le papier huilé, le verre dépoli, etc.

Ombre, pénombre. — Lorsqu'un corps opaque est devant un *point lumineux*, il existe derrière ce corps opaque un espace totalement privé de lumière, et qu'on appelle *ombre*. Mais, autour de cette ombre, il se trouve aussi un autre espace faiblement éclairé, et qu'on appelle *pénombre*. La pénombre est éclairée seulement par quel-ques points du corps lumineux.

Soient le corps lumineux AB et le corps opaque CD (*fig.* 189). Du point A, je mène ACF, ADK, tangentes à

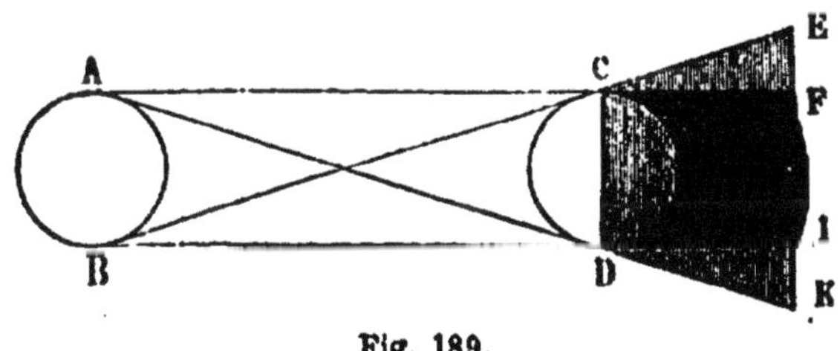

Fig. 189.

CD, et je fais tourner ces deux tangentes autour de CD : l'ombre, par rapport au point A, sera l'espace compris entre CF et DK. Du point B, je mène BDI, BCE, tangentes à CD, et je les fais tourner également autour de CD : l'ombre, par rapport à B, sera l'espace compris entre CE et DI. On voit ainsi que l'espace situé entre CF et DI ne reçoit aucune lumière ni du point A ni du point B; que l'espace situé entre CE et CF est dans l'ombre par rapport au point B, mais que cet espace est éclairé par le point A : ce ne sera donc qu'une demi-ombre ou pénombre. Il en est de même de l'espace situé entre DI et DK, qui est éclairé par le point B et ne l'est pas par le point A. Ainsi l'ombre sera entre CF et DI, et la pénombre entre CE et CF et entre DI et DK.

En plaçant, le soir, une boule opaque entre la flamme d'une bougie et un carton blanc, on voit sur le carton un cercle noir, qui est l'ombre de la boule, et autour de ce cercle une bande circulaire faiblement éclairée, qui est la pénombre.

Chambre noire. — Si l'on ne permet à la lumière de pénétrer dans une chambre que par une petite ouverture, on a l'expérience si curieuse de la *chambre obscure* ou *chambre noire*. Elle est due au physicien napolitain Porta, en 1570. Pour rendre l'image plus claire et plus nette, il plaça une lentille biconvexe à l'ouverture et reçut l'image sur un écran blanc.

Les rayons lumineux, qui viennent de deux points opposés des objets extérieurs, se croisent à l'ouverture et forment sur la paroi de la chambre ou sur l'écran une image renversée de ces objets. L'image est d'autant plus petite que les objets sont plus éloignés, et que la paroi et l'écran se rapprochent plus de l'ouverture.

Toute scène extérieure, quelle qu'elle soit, reçue sur un miroir convenablement incliné qui fera passer les rayons à travers la lentille, viendra se peindre sur la paroi opposée. On peut encore recevoir l'image, dans l'intérieur de la chambre noire, sur un miroir incliné de 45 degrés, qui la renverra sur un écran de verre dépoli. Les dessinateurs se servent de la chambre noire pour calquer avec exactitude les paysages.

Une condition essentielle à l'expérience, c'est que l'ouverture soit très petite : une fenêtre ne donne aucune image. Peu importe, d'ailleurs, la forme de l'ouverture : qu'elle soit triangulaire, carrée ou aussi irrégulière que possible,

20.

l'image du soleil, par exemple, comme celle de tout point lumineux, sera toujours ronde, si l'écran est perpendiculaire à l'axe du cône formé par les rayons incidents, ou elliptique, s'il est incliné. De là vient que les rayons solaires qui pénètrent à travers les interstices des feuilles d'un arbre produisent des taches brillantes de forme ovale. Dans le cas d'une éclipse partielle, on aurait la figure d'un croissant.

L'œil est une véritable chambre noire. Les rayons émanés des objets traversent l'ouverture appelée *pupille*, puis le *cristallin*, qui sert de lentille biconvexe, et vont former leur image sur la *rétine*, qui tapisse le fond de l'œil. L'image est renversée, telle qu'on la voit sur la rétine d'un animal qui vient d'être tué; mais nous la percevons droite par suite d'un phénomène intérieur qui est encore imparfaitement expliqué.

Intensité de la lumière. — L'intensité de la lumière varie suivant sa source et sa direction; elle dépend aussi de la distance des corps lumineux.

Loi : *L'intensité de la lumière est en raison inverse du carré des distances :* ce qui signifie que si un corps lumineux est 3 fois plus éloigné, il éclaire 9 fois moins.

Photométrie. — On démontre la loi précédente par la *photométrie*, qui donne le moyen de mesurer l'intensité de la lumière et aussi de comparer entre elles deux lumières d'inégale intensité.

On a construit différents photomètres. Le plus simple est celui de Rumford.

Supposons qu'il s'agisse de comparer la lumière d'une lampe L à celle d'une bougie L' : on trace sur le plancher un angle xBy (*fig.* 190), on partage cet angle en deux parties égales par une troisième droite BD, on fixe verticalement en B une tige BA : la bougie étant placée sur la droite By et la lampe sur la ligne Bx, on éloigne ou on rapproche l'une des deux lumières jusqu'à ce que les deux ombres de la tige, projetées sur un écran, soient également foncées, et l'on mesure la distance du point *B* à

chaque corps lumineux ; si la lampe est cinq fois plus éloignée que la bougie, c'est qu'elle éclaire 25 fois davantage,

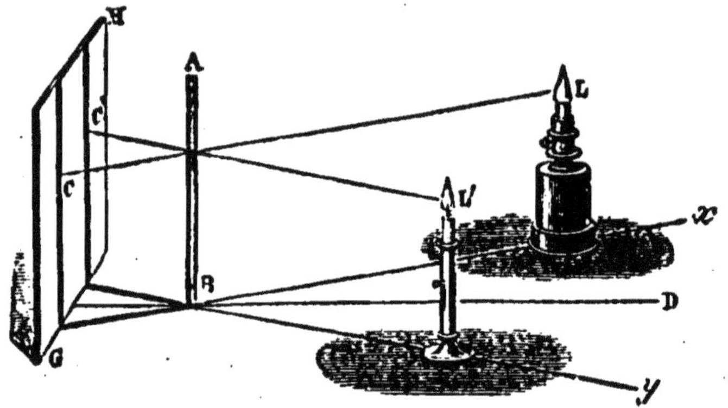

Fig. 190.

ou, en d'autres termes, la lumière de cette lampe équivaut
à celle de 25 bougies. On peut, de la même manière,
chercher combien il faudrait de bougies pour remplacer
la lumière électrique ou celle qui nous vient de la lune.

Vitesse de la lumière. — Rœmer, astronome danois,
appelé en France par Louis XIV, a calculé le premier la
vitesse de la lumière. Il se servit de l'occultation du premier satellite de Jupiter, le plus voisin de la planète. Sa
révolution est de 42 heures 28 minutes 35 secondes. Suivant qu'on observe son émersion quand la terre est en
conjonction ou en opposition avec Jupiter et le soleil, on
trouve une différence de 16 minutes 26 secondes, temps
que la lumière met à parcourir le diamètre de l'orbite
terrestre, c'est-à-dire deux fois la distance de la terre au
soleil : donc la lumière parcourt cette distance en 8 minutes 13 secondes ; d'où Rœmer a déduit que la lumière
parcourt par seconde 308 000 kilomètres.

M. Fizeau étudia, au moyen d'un mécanisme ingénieux,
le temps que met la lumière à aller de Suresnes à
Montmartre et à revenir de Montmartre à Suresnes. Il
trouva que la distance entre les deux points est franchie
en $\frac{1}{15000}$ de seconde ; et alors la vitesse serait de 312 000 kilomètres par seconde, nombre peu différent du précédent.

Foucault est arrivé à une mesure plus exacte. Il a calculé la course d'un rayon lumineux réfléchi successivement par cinq miroirs disposés obliquement, mais revenant sur lui-même du quatrième miroir au cinquième : la distance totale entre les divers miroirs est de 20 mètres. La vitesse de la lumière ne serait alors que de 298 000 kilomètres, sauf une erreur possible, qui serait très légère.

Si l'on fait passer le rayon lumineux du premier miroir au second dans un tube de 3 mètres plein d'eau distillée, on arrive à démontrer que la vitesse de la lumière est moindre dans l'eau que dans l'air.

Action des corps sur la lumière. — Quand la lumière rencontre la surface d'un corps opaque, elle se divise en deux parties : l'une est absorbée, l'autre est renvoyée ; la partie de la lumière qui est renvoyée s'appelle *réfléchie*, et le phénomène s'appelle *réflexion*.

Quand la lumière rencontre la surface d'un corps diaphane, elle se partage en trois parties ; une petite quantité de lumière est toujours absorbée, et cette quantité varie avec la nature et avec l'épaisseur de la substance. Ainsi le fond de l'eau est obscur, quand la profondeur de ce liquide est considérable ; par la même raison, nos appartements seraient mal éclairés si les carreaux des fenêtres étaient très épais. Une seconde quantité de lumière est réfléchie par le corps diaphane, et enfin une troisième quantité traverse ce corps ; mais cette lumière change de direction : on dit alors qu'elle se *réfracte*, et le phénomène s'appelle *réfraction*.

Réflexion de la lumière ; ses lois. — La réflexion de la lumière est le renvoi par un corps opaque de la lumière qu'il a reçue et qu'il n'a point absorbée. Elle est soumise aux deux lois suivantes :

Première loi : *L'angle de réflexion est égal à l'angle d'incidence.*

Deuxième loi : *Le rayon incident et le rayon réfléchi sont dans un même plan perpendiculaire à la surface réfléchissante.*

Soit AB (*fig.* 191) un miroir plan et CR un rayon *incident*, c'est-à-dire qui tombe sur le miroir : ce rayon sera réfléchi suivant RC'. Au point d'incidence R, on élève RD

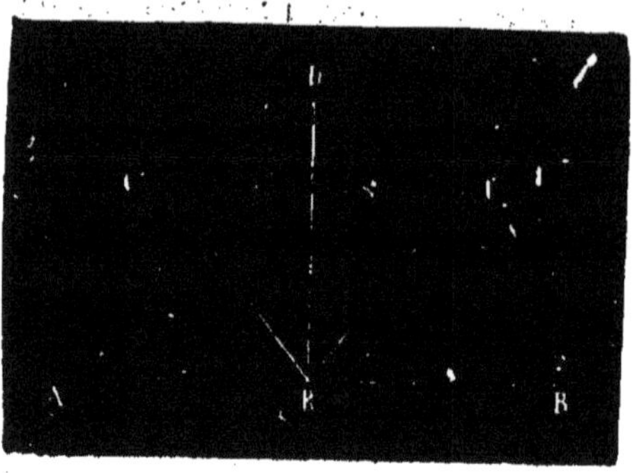

Fig. 191.

perpendiculaire[1] sur le miroir : l'angle CRD est l'angle d'incidence, et l'angle DRC' l'angle de réflexion.

Ceci posé, pour vérifier les lois de la réflexion, on reçoit dans une chambre noire un rayon de lumière sur un miroir plan ; la poussière qui est toujours en suspension dans l'air permet de distinguer facilement le rayon incident et le rayon réfléchi. Sur le miroir on place un demi-cercle gradué de manière que le centre du demi-cercle soit au point d'incidence R, et que les deux rayons CR et RC' se peignent sur le demi-cercle : on reconnaît alors que le demi-cercle est perpendiculaire sur le miroir, et que les angles CRD et DRC' sont égaux.

Applications de la réflexion de la lumière : miroirs. — Les lois de la réflexion trouvent tous les jours leur application dans l'usage des *miroirs*. On appelle de ce nom des surfaces polies qui répètent les images des objets situés devant elles. Il y a des miroirs métalliques et des miroirs de glace. Les premiers sont formés de cuivre ou de tout autre métal ; les meilleurs sont d'acier poli ; ils n'ont qu'une seule surface réfléchissante et n'offrent qu'une image d'un même objet. Les miroirs de glace sont formés d'une certaine épaisseur de verre et d'une couche métallique ou *tain* placée derrière le verre. Le tain des miroirs est un *amalgame d'étain*, c'est-à-dire une combinaison d'étain et de mercure. *Mais aujourd'hui

1. Cette perpendiculaire s'appelle aussi *normale*.

on argente beaucoup de miroirs au lieu d'y appliquer une couche de tain. Les miroirs de glace, ayant ainsi deux faces réfléchissantes, le verre et le tain, donnent deux images d'un même objet. Pour s'en assurer, il suffit de mettre une bougie allumée près d'une glace et de se placer de manière que la ligne droite passant par l'image et par l'œil soit très oblique au miroir. * Toutefois dans les circonstances ordinaires une seule de ces images est visible : celle qui est produite par réflexion sur le tain.

Les miroirs sont de différentes formes; on se sert principalement : 1° du *miroir plan*; 2° du *miroir concave sphérique*; 3° du *miroir convexe sphérique*.

Miroir plan. — Ce miroir est le plus employé. La surface est *plane*, c'est-à-dire qu'une règle bien droite s'appliquera dans toute son étendue et dans tous les sens sur la surface du miroir.

Dans un miroir plan, on voit les images de grandeur naturelle et droites; elles paraissent être derrière le miroir, à une distance égale à celle qui sépare le miroir des objets.

Soit MN (*fig.* 192) un miroir plan, et A un point lumineux situé devant ce miroir : le rayon AR est réfléchi suivant RO, de manière que l'angle de réflexion PRO soit égal à l'angle d'incidence ARP, et le rayon AL est réfléchi de la même manière. Ces rayons divergent pénètrent dans l'œil avec la même direction que s'ils venaient du point A', où leurs prolongements se rencontreraient. On croira donc voir

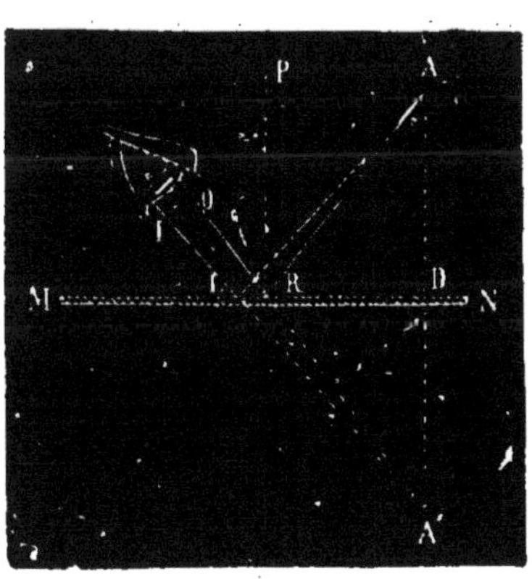

Fig. 192.

le point A en A'. Ce point A' est placé sur la droite AA' perpendiculaire au miroir et à une distance A'D égale à la distance AD.

Soit AB (*fig.* 193) un corps lumineux situé devant un miroir plan MN. Le point A sera vu en A' sur la perpendiculaire AA' au miroir, et à une distance A'M = AM ; le point B sera vu en B' : par conséquent, l'image de AB sera A'B'. On voit donc que, pour trouver l'image d'un objet lumineux, il suffit de mener une perpendiculaire au miroir de chaque extrémité de l'objet lumineux, de prolonger chaque perpendiculaire d'une quantité égale à elle-même et de joindre les extrémités de ces lignes.

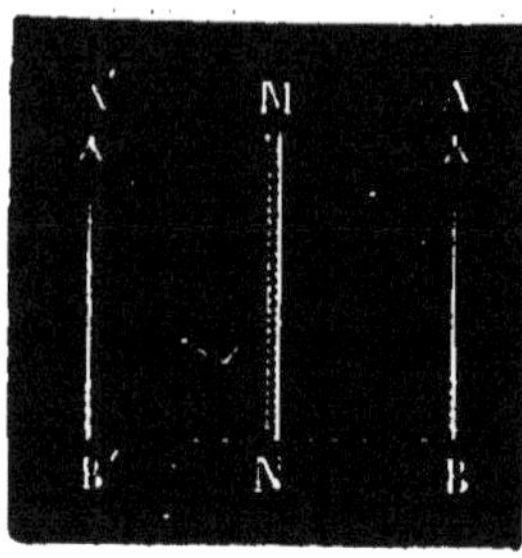

Fig. 193.

Il est, d'ailleurs, à remarquer que l'image, faisant face à l'objet, lui sera, par conséquent, symétrique, c'est-à-dire que le côté droit de l'objet sera le côté gauche de l'image, et réciproquement.

Deux miroirs parallèles ou faisant angle se renvoient l'image de l'un à l'autre, en sorte que l'œil en perçoit toute une série. *Si les miroirs font un angle, toutes les images que l'on voit sont rangées en cercle ; le nombre en est d'autant plus grand que l'angle des deux miroirs est plus petit. Si les miroirs sont parallèles, les images sont en ligne droite et en nombre infini ; elles vont en s'éloignant de plus en plus du miroir.

Miroir concave sphérique. — On appelle *concaves sphériques* les miroirs dont la concavité appartient à une sphère. Ils sont fréquemment employés. Quelquefois on les appelle encore *miroirs grossissants*, parce qu'on voit les objets plus grands quand on les regarde dans ces miroirs et qu'ils sont placés près de la surface réfléchissante.

Soit MN (*fig.* 194) un miroir concave sphérique, O le centre de la sphère ou centre de la courbure, C le milieu du miroir ou centre de figure : la ligne CO, qui joint ces deux points, est l'axe principal du miroir. Si l'on dirige sur ce miroir un rayon lumineux RD parallèlement à l'axe, il sera réfléchi suivant DF, de manière que l'angle de réflexion ODF¹ soit égal à l'angle d'incidence RDO. Tout autre rayon parallèle à l'axe sera réfléchi de la même ma-

Fig. 194.

nière. Les rayons réfléchis se couperont tous au point F, sur l'axe principal : on appelle ce point le *foyer principal*; il est au milieu du rayon.

* Quand un point lumineux, tel que P, est placé devant un miroir, tous les rayons lumineux qui en partent se réfléchissent sur le miroir et viennent passer, après leur réflexion, par un point P', situé sur la ligne qui joint le

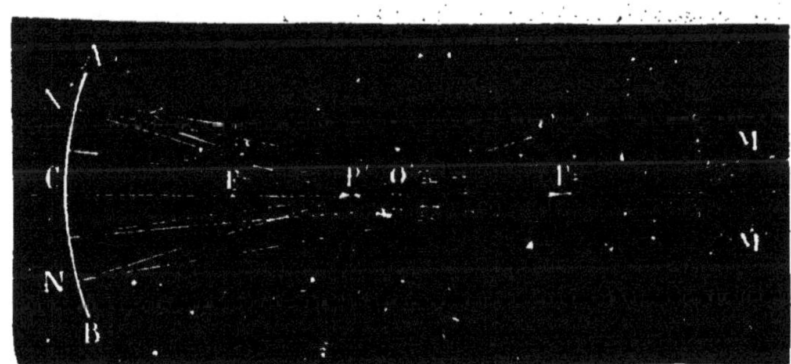

Fig. 195.

point P au point O. Ce point P' se nomme le *foyer conjugué* du point P, ou l'*image* du point P.

Les images, dans un miroir concave, sont différentes suivant la position des objets lumineux. Or, les objets lu-

1. Dans les miroirs sphériques la *normale* est toujours un rayon de la sphère.

mineux peuvent être dans six positions différentes : 1° à l'infini ; 2° au delà du centre, mais à une distance déterminée ; 3° au centre ; 4° entre le centre et le foyer ; 5° au foyer ; 6° entre le foyer et le miroir.

1° *L'objet lumineux est à l'infini.* Les rayons tombant sur le miroir sont sensiblement parallèles, et une image très petite se forme au foyer.

2° *L'objet lumineux est au delà du centre, mais à une distance déterminée.* Soit AB (*fig.* 196) l'objet lumineux.

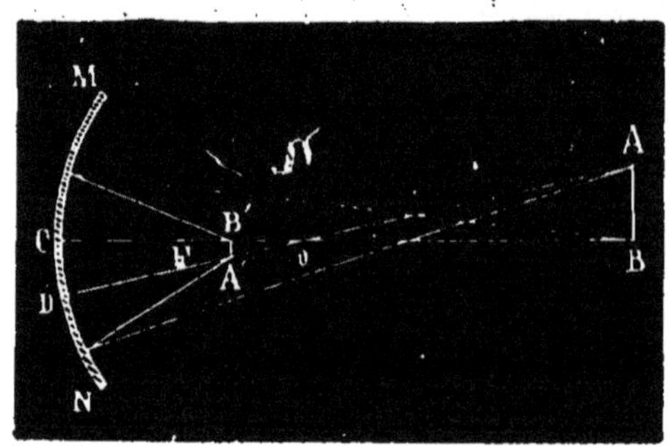

Fig. 196.

Les rayons AD, AN, se coupent en A′ sur l'axe secondaire DOA, et il en est de même de tous les rayons partant du point A ; d'autre part, tous les rayons partant du point B se coupent en B′ : on verra donc en A′B′ une image renversée et plus petite. Pour la distinguer, il suffit de placer à cet endroit un papier blanc ou un verre dépoli. Cette image se forme toujours entre le foyer et le centre.

3° *L'objet lumineux est au centre.* Tous les rayons partant du centre et tombant sur le miroir sont réfléchis de manière à ce qu'ils reviennent au centre par la même direction : alors l'image se confond avec l'objet.

4° *L'objet lumineux est entre le centre et le foyer.* Soit A′B′ (*fig.* 196) l'objet lumineux. Les rayons A′D, A′N, seront réfléchis de manière à se couper en A, et les rayons partant du point B′ se couperont en B. On verra ainsi en AB, sur un carton blanc ou sur un verre dépoli, une image plus grande que l'objet et renversée.

On peut remarquer ici que tous les rayons de lumière venant du point A' se coupent en A, et que tous ceux qui viennent de A se coupent en A'. C'est pour cela que l'un de ces points est nommé le foyer de l'autre, et qu'on les appelle *foyers conjugués*.

5° *L'objet lumineux est au foyer*. Les rayons sont réfléchis parallèlement à l'axe et ne peuvent se couper : par conséquent, il n'y a pas d'image ; on dit alors que l'image est à l'infini.

6° *L'objet lumineux est entre le foyer et le miroir*. Soit AB (*fig.* 197) l'objet lumineux. Le rayon AL est réfléchi

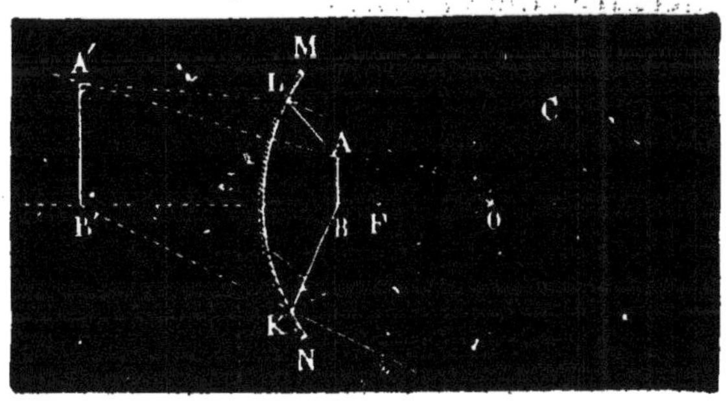

Fig. 197.

suivant LC ; il pénètre dans l'œil comme s'il venait de A' et fait voir le point A en A', et il en serait de même de tout autre rayon partant de A ; on voit de même le point B en B' : par conséquent, l'image de AB est A' B' ; elle est derrière le miroir, droite et plus grande que l'objet. Cette image est virtuelle[1], comme toutes celles que l'on voit derrière les miroirs : car, les miroirs étant opaques, il est évident qu'on ne peut recueillir une image derrière eux.

Images dans un miroir concave. — Reportons-nous à la figure 196. L'objet et l'image se trouvent limités par

---

1. L'image est dite *virtuelle* quand on ne peut la recueillir sur un carton blanc ou sur un verre dépoli. Elle n'existe réellement pas : c'est une illusion qui est due à ce que la lumière pénètre dans l'œil comme si elle venait de cette image.

les deux axes AA', BB', qui se coupent au centre de courbure en formant deux angles opposés. Donc l'image, vue du centre de courbure, sous-tend le même angle que l'objet, principe applicable au soleil et à son image. Plus le rayon de courbure aura de longueur, plus l'image sera grande.

En appliquant aux objets terrestres ce qui a été dit plus haut, on voit : 1° que si l'image est réelle, elle est toujours renversée; 2° que si l'objet est au delà du centre de courbure, l'image est toujours plus petite, mais qu'elle grandit à mesure qu'il se rapproche du centre; 3° que si l'objet est entre le centre et le foyer, l'image se forme au delà du centre, d'autant plus éloignée et plus grande que l'objet est plus près du foyer.

Miroir convexe sphérique. — On appelle *convexes sphériques* les miroirs dont la convexité appartient à une sphère. Beaucoup de miroirs de toilette sont concaves d'un côté et convexes de l'autre.

Quand on se place devant un miroir convexe, on voit son image derrière le miroir, droite et plus petite. Soit MN (*fig.* 198) un miroir convexe sphérique, O le *centre* de

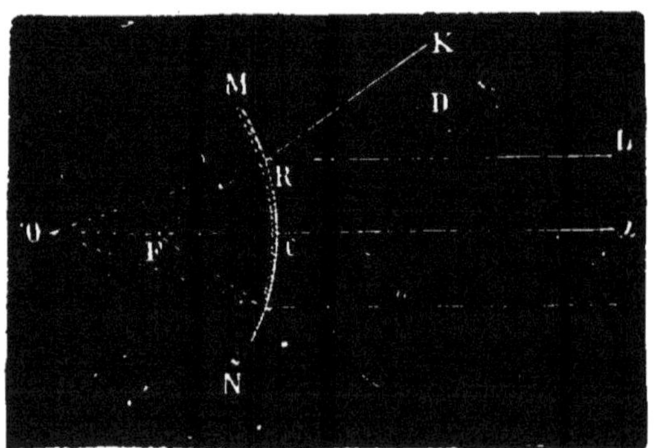

Fig. 198.

sa sphère, C son *milieu* et Ox *l'axe principal*. Un rayon de lumière LR parallèle à l'axe sera réfléchi suivant RK, de manière que l'angle de réflexion DRK soit égal à l'angle d'incidence LRD; un autre rayon parallèle au premier, et également distant de l'axe, sera réfléchi en formant un angle de réflexion pareillement égal à l'angle d'incidence. Les deux rayons réfléchis divergent et ne sauraient se couper; mais leurs prolongements se coupent derrière le miroir en F. On appelle ce point F le *foyer virtuel* du miroir.

Les objets lumineux ne peuvent être, devant un miroir convexe, que dans deux positions : 1° à l'infini ; 2° à une distance déterminée.

1° *L'objet lumineux est à l'infini.* Lorsque l'objet lumineux est à l'infini, les rayons peuvent être considérés comme parallèles à l'axe, et, après réflexion, ils pénètrent dans l'œil comme s'ils venaient du foyer. On voit donc au foyer une petite image virtuelle qui est droite.

2° *L'objet lumineux est à une distance déterminée.* Soit AB (*fig.* 199) l'objet lumineux : les rayons qui émanent

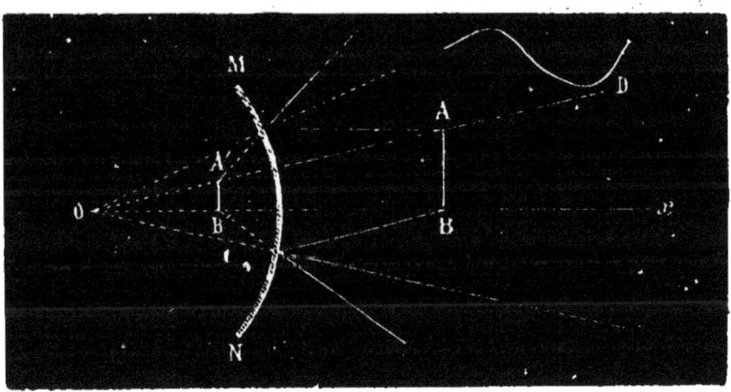

Fig. 199.

du point A sont réfléchis de manière que les angles de réflexion soient égaux aux angles d'incidence ; les rayons réfléchis pénètrent dans l'œil avec la même divergence que s'ils venaient du point A' situé dans l'axe secondaire OAD. Tous les rayons partant du point B seraient réfléchis de manière que leurs prolongements se couperaient en B' : on verra donc en A'B', entre le miroir et le foyer, une image virtuelle droite, mais plus petite que l'objet.

Détermination expérimentale du rayon de courbure. — Le miroir est-il concave, on reçoit sur le miroir un pinceau de lumière parallèlement à l'axe ; on cherche avec un verre dépoli ou un morceau de carton le point où l'image a le plus de clarté : c'est le foyer principal ; en doublant la distance du foyer au miroir, on a le rayon de courbure.

Le miroir est-il convexe, on le recouvre de papier ou de noir de fumée, en ménageant deux points à égale distance du centre de figure et dans un plan méridien ; on reçoit sur un écran le rayon réfléchi par ces deux points en faisant mouvoir l'écran jusqu'à ce que la distance entre les deux points réfléchis soit le double de celle qui existe entre les deux points réfléchisseurs. Le foyer virtuel est aussi loin derrière le miroir que l'écran en avant ; et en doublant la distance on a le rayon de courbure.

Applications. — La concentration de la lumière au foyer d'un miroir concave lui donne un grand pouvoir calorifique. On peut allumer ainsi de l'amadou et enflammer de la poudre. Archimède s'en servait pour incendier les vaisseaux romains.

En plaçant au foyer principal d'un miroir sphérique concave un corps lumineux de très petite dimension, la lumière est projetée par réflexion en un vaste faisceau lumineux parallèle à l'axe : propriété qui a été utilisée dans les magasins, dans les mines, dans les anciens phares, et aussi pour l'éclairage des navires, afin qu'on les aperçoive de loin.

*Nous verrons que les miroirs sphériques entrent dans la construction des instruments d'optique nommés *télescopes*.

CHAPITRE XXVIII.

Réfraction de la lumière; ses lois. — Angle limite. — Prisme
liquide à faces mobiles. — Réflexion totale. — Effets de la réfraction. — Ses applications : lentilles. — Verres convergents;
leurs effets. — Aberration de sphéricité et de réfrangibilité. —
Phares à réfraction. — Phares à éclipses. — Verres divergents;
leurs effets. — Différentes applications des lentilles : lunettes.
— Instruments d'optique (microscope, lunette astronomique,
télescope, etc.). — Action des prismes. — Passage de la lumière
à travers un prisme; décomposition de la lumière. — Spectre
solaire. — Recomposition de la lumière. — Coloration des corps.
— Propriétés calorifiques et chimiques du spectre. — Notions
sur la phosphorescence. — Analyse spectrale. — Absorption des
radiations par les gaz. — Spectroscope. — Découverte de nouveaux métaux. — Actions chimiques produites par la lumière.
— Photographie.

Réfraction de la lumière. — On appelle *réfraction
de la lumière* la déviation qu'elle éprouve en passant d'un
corps diaphane dans un autre de densité différente.

Soit un cercle CADB (*fig.* 200), moitié dans l'air, moitié

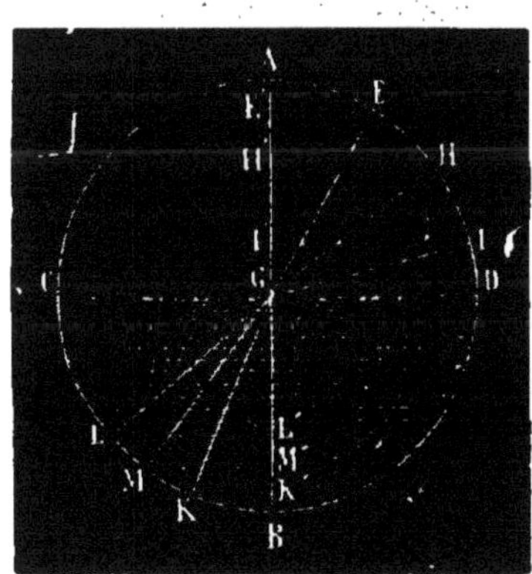

Fig. 200.

dans l'eau, et CD la surface
de l'eau, à laquelle le diamètre AB est perpendiculaire.
Un rayon EG, passant de
l'air dans l'eau, se rapproche
de la normale AB et se réfracte suivant GK; un autre
rayon HG se réfracte suivant
GM, et un troisième IG suivant GL; l'angle de réfraction
KGB est plus petit que l'angle
d'incidence AGE. Si le rayon
lumineux venait suivant KG,
il se réfracterait suivant GE, et l'angle de réfraction AGE
serait plus grand que l'angle d'incidence KGB.

Donc, si un rayon lumineux passe d'un milieu moins

dense dans un milieu plus dense, l'angle d'incidence est plus grand; il est plus petit quand la lumière passe d'un milieu plus dense dans un milieu moins dense, ce que l'on énonce ainsi : *Lorsqu'un rayon de lumière passe d'un milieu moins dense dans un milieu plus dense, il se rapproche de la normale, et s'il passe d'un milieu plus dense dans un milieu moins dense, il s'en éloigne.*

Lois de la réfraction. — La réfraction de la lumière est soumise aux deux lois suivantes.

Première loi : *Le rayon incident et le rayon réfracté sont dans un même plan perpendiculaire à la surface de séparation des deux milieux.*

Ainsi le rayon incident EG (*fig.* 200) et le rayon réfracté GK sont dans un plan perpendiculaire à la surface CD.

Deuxième loi : *Pour deux substances déterminées, il existe un rapport constant entre le sinus de l'angle d'incidence et le sinus de l'angle de réfraction.*

Le sinus d'un angle AGE (*fig.* 200) est la perpendiculaire EE′, menée d'une extrémité E de l'arc AE sur le diamètre AB passant par l'autre extrémité A du même arc : ainsi EE′ est le sinus de l'angle AGE, HH′ de l'angle HGA, I I′ de l'angle IGA; de même KK′, MM′, LL′, sont les sinus des angles KGB, MGB, LGB. Lorsqu'on dit que le rapport est constant entre le sinus de l'angle d'incidence et le sinus de l'angle de réfraction, cela signifie que EE′ contient autant de fois KK′ que HH′ contient de fois MM′ et que I I′ contient LL′. De l'air dans l'eau le rapport $= \frac{4}{3}$.

***Angle limite.** — Quand la lumière passe d'un milieu moins dense dans un milieu plus dense, comme de l'air dans l'eau, l'angle d'incidence est plus grand que l'angle de réfraction. Il en résulte que si le rayon incident arrive rasant la surface du liquide, ce qui correspond à un angle d'incidence de 90°, le rayon réfracté fait le plus grand angle possible avec la normale, et que cet angle est moindre que 90°. La valeur de l'angle de réfraction à ce moment est ce qu'on nomme l'*angle limite.* Quand le rayon passe de l'air dans l'eau, la valeur de l'angle limite est de 48°35′.

*Inversement, quand le rayon lumineux passe d'un milieu plus dense dans un milieu moins dense, par exemple de l'eau dans l'air, le rayon réfracté s'écarte de la normale, c'est-à-dire que l'angle de réfraction est plus grand que l'angle d'incidence. Si l'on fait croître l'angle d'incidence depuis 0 jusqu'à la valeur de l'angle limite (48° 35′ pour l'eau et l'air), l'angle de réfraction croît depuis 0 jusqu'à 90°. Le rayon qui arrive sous une incidence de 48°35′ ressort rasant, faisant avec la normale un angle de 90°. Que le rayon incident arrive maintenant sous un angle plus grand que 48° 35′ : l'angle de réfraction, qui ne peut pas croître au delà de 90°, n'existera plus. Dans ce cas, il n'y a plus de réfraction ; le rayon ne peut plus sortir de l'eau pour aller dans l'air ; il est réfléchi et revient dans l'eau. Donc la réfraction n'a plus lieu, quand il s'agit de passer d'un milieu plus dense dans un milieu moins dense, si l'angle d'incidence a une valeur supérieure à celle de l'angle limite.

Prisme liquide à faces mobiles. — Le physicien français Biot, mort en 1850, démontrait l'existence de l'angle limite par l'expérience suivante. Il prenait un prisme quadrangulaire plein d'eau, ayant deux faces latérales mobiles. Ces deux faces étant d'abord perpendiculaires à la base, il faisait arriver perpendiculairement à l'une d'elles un rayon lumineux, qui traversait tout le système sans déviation aucune. Mais, quand il inclinait de plus en plus en dehors la seconde plaque, le rayon incident la rencontrait sous un angle de plus en plus grand, et le rayon se divisait en deux parties, l'une qui était réfléchie, et l'autre qui était réfractée. Il arrivait un moment où l'émergence allait devenir impossible, et la partie du rayon qui était alors réfractée donnait la sensation du rouge : car nous verrons que le rouge, une des couleurs du spectre solaire, est la moins réfrangible de toutes.

Réflexion totale. — Quand le rayon lumineux passant de l'eau dans l'air, par exemple, arrive à l'angle limite, il se réfracte parallèlement à la surface liquide. S'il le dépasse, il y a réflexion totale. L'image est plus brillante que lorsqu'on la reçoit sur un miroir plan fait du métal le plus poli. Qu'on mette des objets dans un verre à moitié rempli d'eau et qu'on regarde obliquement la surface intérieure : elle aura un éclat métallique, et les objets seront réfléchis comme par le miroir le mieux travaillé.

Effets de la réfraction. — Les effets de la réfraction sont nombreux et très variés ; parmi les principaux on peut citer les suivants : 1° un corps paraît dans l'eau plus élevé qu'il ne l'est en réalité, et les bassins dont on voit le fond paraissent toujours moins profonds qu'ils ne le sont ; 2° les corps moitié dans l'eau et moitié hors de l'eau paraissent brisés ; 3° les astres paraissent dans le ciel plus élevés sur l'horizon qu'ils ne le sont réellement ; 4° le mirage.

1° Si l'on prend un vase tel qu'une cuvette de porcelaine, et que l'on place au fond de ce vase une pièce de monnaie, puis qu'on s'éloigne graduellement, il arrivera un moment où l'on n'apercevra plus la pièce. Si l'on fait alors verser avec précaution de l'eau dans la cuvette, de manière que la pièce ne soit pas déplacée, on la voit de nouveau comme si le fond de la cuvette et la pièce étaient soulevés. En effet, la lumière partant de la pièce de monnaie et sortant de l'eau se réfracte en passant dans l'air ; elle s'écarte de la normale et arrive à l'œil comme elle le ferait si elle venait directement d'un corps plus élevé.

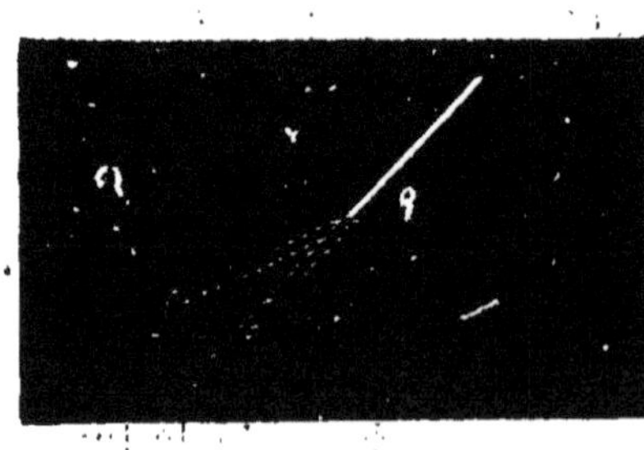

Fig. 201.

2° Soit un bâton plongé dans l'eau : la partie qui est dans l'air est vue dans sa position naturelle, tandis que celle qui est dans l'eau paraît plus élevée qu'elle ne l'est réellement : par conséquent, le bâton paraît brisé (*fig.* 201).

3° En s'approchant de la terre, les rayons lumineux traversent des couches d'air de plus en plus denses et subis-

21.

sent ainsi une série de réfractions, de manière qu'ils pénètrent dans l'œil comme si l'astre dont ils émanent était plus haut sur l'horizon qu'il ne l'est en effet au moment de l'observation. Il résulte de là que l'on voit le matin le soleil avant son lever, et que le soir on l'aperçoit encore après son coucher. C'est également à la réfraction de la lumière solaire qu'il faut attribuer l'*aurore* et le *crépuscule*, demi-clarté qui, le matin, précède le jour, et qui, le soir, empêche la transition brusque du jour à la nuit. L'aurore et le crépuscule n'ont pas la même durée dans tous les pays, parce que le soleil ne décrit pas partout un chemin également incliné sur l'horizon. Cette durée est d'autant plus grande que le chemin est plus incliné : sous l'équateur elle est presque nulle, et elle augmente de l'équateur aux pôles. Tels sont les phénomènes de la *réfraction atmosphérique*.

4° On donne le nom de *mirage* à un effet très curieux

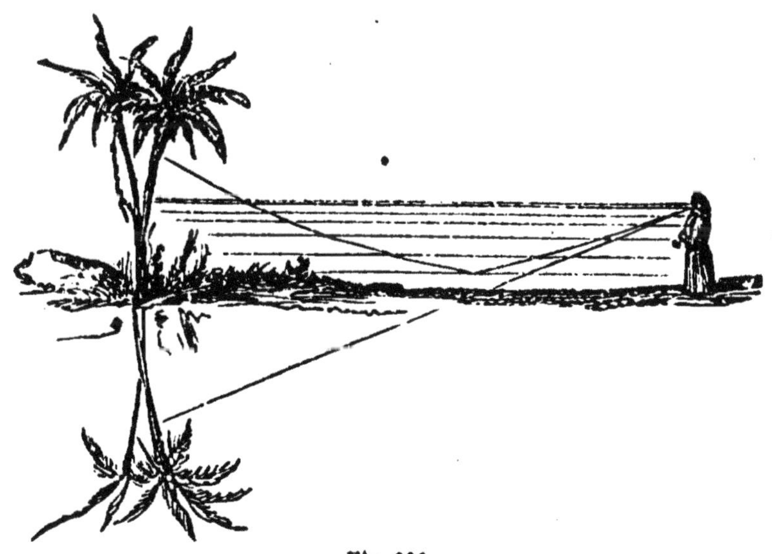

Fig. 202.

par suite duquel on voit au-dessous du sol les images renversées du ciel et des objets éloignés. Pour que ce phénomène ait lieu, il faut qu'il y ait à la surface de la terre des couches d'air chaud, et, par conséquent, moins denses qu'à une certaine hauteur, ce qui arrive fréquemment dans les pays sablonneux comme l'Égypte. A une distance assez considérable d'un objet fortement éclairé, les rayons qui descendent obliquement de cet objet se réfractent continuellement en pénétrant dans les couches d'air chaud et finissent par avoir une obliquité telle qu'ils dépassent l'angle limite avant d'atteindre le sol. La réfraction se change alors en réflexion ; les rayons remontent, éprouvent une nouvelle série de réfractions en traversant des couches d'air de plus en plus denses, et pénètrent dans l'œil comme s'ils venaient d'un objet situé au-dessous du sol.

Quelquefois aussi l'on aperçoit dans le ciel les images renversées des objets qui sont à la surface de la terre.

Applications de la réfraction ; lentilles. — On fait tous les jours en optique une belle application de la réfraction dans les lentilles, qui sont de deux sortes : les verres convergents et les verres divergents. Les premiers sont nommés *convergents*, parce que les rayons lumineux parallèles que l'on dirige sur eux sortent de ces verres en convergeant, c'est-à-dire en se rapprochant les uns des autres, et se coupent à un certain point que l'on appelle *foyer*. Les seconds sont nommés *divergents*, parce que les rayons lumineux parallèles les traversent en divergeant, c'est-à-dire en s'éloignant les uns des autres, de sorte qu'ils ne peuvent se couper ; mais leurs prolongements se coupent en avant de la lentille en un endroit appelé *foyer virtuel*.

Verres convergents. — Il y a trois espèces de *verres convergents* (*fig.* 203) : 1° le verre *biconvexe* AB ou *lentille convergente*, convexe sur les deux faces ; 2° le verre *plan-convexe* CD, terminé d'un côté par une surface plane, et de l'autre côté par une surface convexe ; 3° le verre *concavo-convexe* EF, terminé d'un côté par une surface concave, et de l'autre côté par une surface convexe ; mais la convexité, plus prononcée que la concavité, a un rayon plus petit. Ces trois verres se reconnaissent facilement à ce qu'ils sont plus épais au milieu qu'au bord.

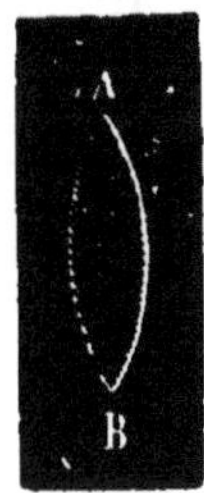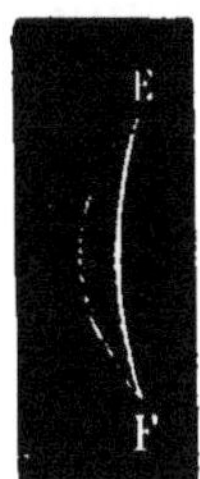

Fig. 203.

Soit la lentille biconvexe *ll'* (*fig.* 204), C' et C les centres des courbures AA', BB'. L'axe de la lentille est la droite CC', qui passe par les deux centres de courbure.

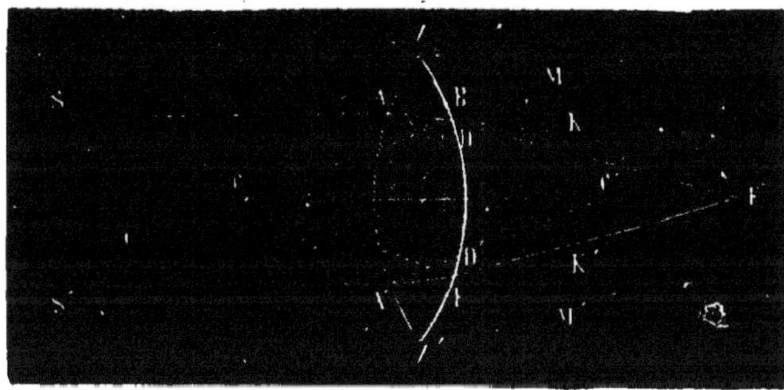

Fig. 204.

Un rayon lumineux SA, parallèle à l'axe, se réfracte à son entrée dans le verre; au lieu de continuer sa première direction suivant AB, il se rapproche de la normale C'A et prend la direction AD, ce qui le rapproche déjà de l'axe. En sortant du verre, le rayon AD s'écarte de la normale CDM, et, au lieu de suivre la direction DK, il se réfracte suivant DF et coupe l'axe au point F. Un second rayon lumineux S'A', également parallèle à l'axe et à égale distance, subit une première réfraction A'D' à son entrée dans le verre et une seconde D'F à sa sortie, de manière à couper également l'axe au point F, qui est le foyer de la lentille. La distance de ce point à la lentille, ou *distance focale*, varie suivant la courbure et le pouvoir réfringent du verre.

Soit un point lumineux au foyer F ; toute la lumière partant du foyer et traversant la lentille sort parallèlement à l'axe. En effet, les rayons FD, FD', se réfracteront à leur entrée suivant DA et D'A', puis à leur sortie suivant AS et A'S'.

On appelle *centre optique* le point de la lentille tel que toute lumière qui y passe sorte en ligne droite ; ce point O est au milieu de la lentille biconvexe (*fig*. 205).

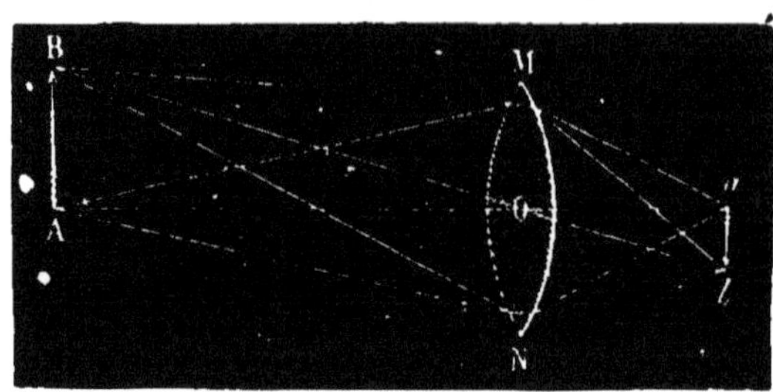

Fig. 205.

Effets des verres convergents. — Les effets des verres convergents sont différents suivant la distance qui sépare l'objet lumineux de la lentille. On distingue quatre cas. L'objet lumineux est : 1° à l'infini ; 2° au foyer ; 3° entre le foyer et l'infini ; 4° entre le foyer et la lentille.

1° *L'objet lumineux est à l'infini.* Lorsque l'objet lumineux est à l'infini, on peut considérer comme parallèles les rayons qui tombent de cet objet sur la lentille ; ils se coupent au foyer, où l'on voit une image très petite de l'objet.

2° *L'objet lumineux est au foyer.* Les rayons partant du foyer et traversant la lentille sortent parallèlement à l'axe ; ils ne peuvent se couper, et il ne peut y avoir d'image.

3° *L'objet lumineux est entre le foyer et l'infini.* Il se forme de l'autre côté de la lentille et au delà du foyer une image renversée, mais dont la grandeur est variable.

En effet, soit AB (*fig*. 205) l'objet lumineux : après avoir traversé la lentille, tous les rayons partant du point B, tels que BM, BO, BN, vont se couper au point *b*, et tous les rayons partant du point A, tels que AM, AO, AN, se coupent au point *a*. On verra donc en *ab* l'image renversée de la flèche AB ; mais la grandeur varie suivant les distances de la lentille à l'objet et à l'image. Quand ces distances sont égales, la grandeur de l'image est égale à celle de l'objet ; quand elles sont inégales, les plus grandes dimensions correspondent aux distances les plus grandes. Ainsi une image trois fois plus éloignée que l'objet serait trois fois plus grande. La grandeur de l'image dépend encore de la forme de la lentille et du pouvoir réfringent du verre.

Les points A et *a* sont deux foyers conjugués : en effet, les rayons de lumière partant du point A se coupent en *a*, et de même les rayons qui partiraient du point *a* se couperaient au point A ; B et *b* sont également deux foyers conjugués.

4° *L'objet lumineux est entre le foyer et la lentille.* Il n'y a pas d'image réelle ; mais, en regardant à travers le verre, on voit du côté de l'objet lumineux une image virtuelle droite, plus grande que l'objet et plus éloignée. C'est ce qui fait employer ces verres pour examiner un

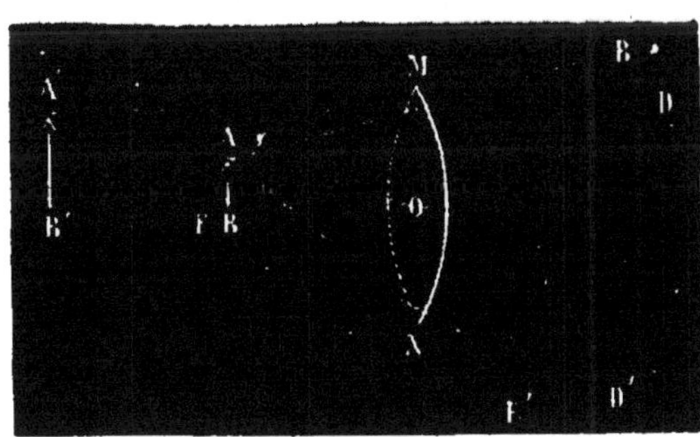

Fig. 206.

objet très petit : on les appelle alors *loupes* ou *microscopes simples.* Les botanistes, les graveurs, les horlogers, en font un usage presque continuel.

Soit la lentille MN (*fig.* 206) et un objet lumineux AB placé entre le foyer et la lentille. Les rayons AM, AN, perdent de leur divergence en traversant la lentille, et, au lieu de se diriger suivant MB et NB', ils prennent les directions MD et ND', de sorte que ces rayons arrivent à l'œil, qui les percevrait comme s'ils venaient directement d'un point A'. Les rayons partis du point B et traversant la lentille arrivent à l'œil comme s'ils venaient directement de B'. On verra donc en A'B' l'image virtuelle de la flèche AB.

Aberration de sphéricité et de réfrangibilité. — Les lentilles, et surtout les lentilles convexes, ont deux défauts, auxquels il a fallu remédier : *l'aberration de sphéricité* et *l'aberration de réfrangibilité*.

Pour que les rayons sortent parallèlement de la lentille, il faut qu'elle ait un petit diamètre : autrement les rayons parallèles qui traversent les bords se dispersent en produisant des franges irisées. On remédie à ce premier défaut par un diaphragme, qui recouvre les bords de la lentille et ne permet pas la dispersion des rayons extrêmes.

L'aberration de réfrangibilité provient de ce que, en traversant la lentille, les divers rayons, comme nous le verrons plus bas, se décomposent par leur double réfraction comme à travers un prisme. Chacune des sept couleurs se trouve avoir son foyer particulier, ce qui donne une image irisée. Pour diminuer autant que possible cette irisation, on compose la lentille de deux verres au moins, souvent même de trois, l'un convergent en crown-glass, l'autre divergent en flint-glass, substances d'une inégalité réfringente qui se compense : ce sont les lentilles dites *achromatiques*.

Phares à réfraction. — Les *phares* sont des feux établis au sommet d'une tour pour éclairer l'entrée des ports et les indiquer aux marins.

Les anciens phares, à feu fixe, se composaient d'un ou de plusieurs becs de lampe placés au foyer d'un miroir sphérique ou parabolique en métal poli, qui renvoyait à une certaine distance les faisceaux parallèles de lumière,

Aujourd'hui on emploie les lentilles, ce qui constitue les *phares à réfraction* (*fig.* 207).

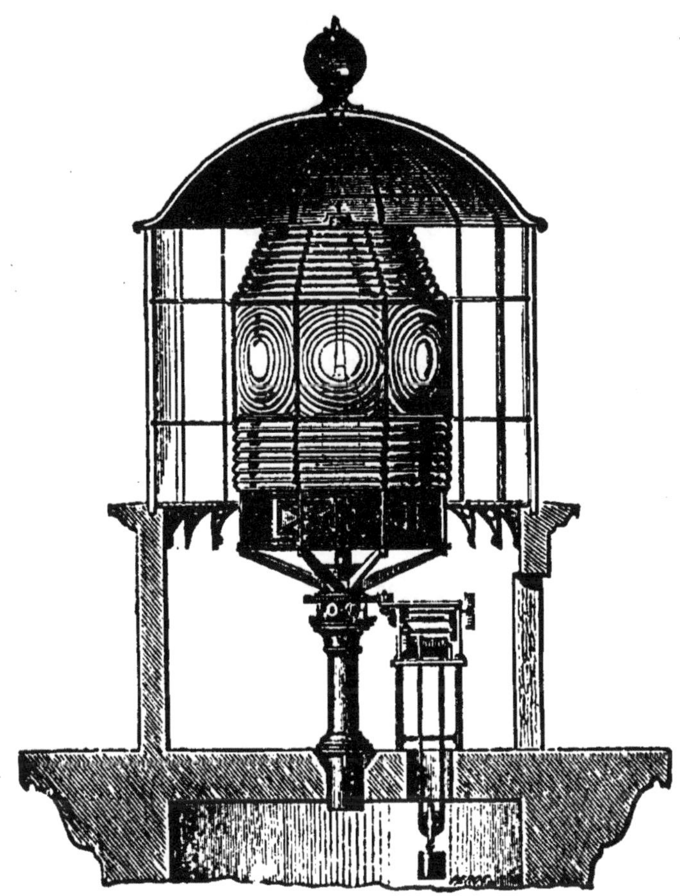

Fig. 207.

Dans les phares, la lumière est au foyer : les rayons extrêmes se disperseraient, parce qu'ils ne seraient plus parallèles. Fresnel a résolu la difficulté par les *lentilles annulaires* ou *à échelons*. Elles sont plan-convexes (*fig.* 208). L'ouverture centrale A est d'environ 15 degrés. Au-dessus et au-dessous on dispose une série d'anneaux BB, CC, DD, dont la courbure est calculée de manière à ce que leurs divers foyers coïncident avec le foyer principal. Tous les rayons émanés du foyer sortent donc en un faisceau unique de lumière sans se disperser. Au foyer est une seule lampe Carcel à quatre ou cinq mèches concentriques,

ou bien la lumière est produite par les courants induits d'une machine magnéto-électrique. La dépense est donc moins grande qu'avec l'ancien système, et, de plus, la nappe lumineuse peut s'étendre jusqu'à 50 kilomètres de la côte.

Phares à éclipses. — Si l'on veut seulement éclairer l'entrée d'un port, il suffit d'un cylindre lenticulaire, qui éclaire tout l'horizon. Mais pour disperser au loin la clarté, on dispose autour du foyer plusieurs lentilles à échelons, qu'un mécanisme d'horlogerie fait tourner autour de l'axe

Fig. 208.

central. De là vient le nom de *feux tournants* et de *phares à éclipses :* car le point éclairé lorsqu'il est en face d'une lentille cesse de l'être quand elle devient oblique, jusqu'à ce que la lentille suivante lui envoie un nouveau jet lumineux.

Le nombre, la durée des éclipses, et aussi la couleur de la lumière, quand on emploie des verres colorés, désignent aux navigateurs les différents ports qui peuvent se trouver sur la même côte.

Verres divergents. — Il y a trois espèces de *verres divergents (fig. 209) :* 1° le verre *biconcave* AB ou *lentille*

Fig. 209.

divergente, concave sur ses deux faces; 2° le verre *plan-concave* CD, terminé d'un côté par une surface plane, et de l'autre côté par une surface concave; 3° le verre *con-vexo-concave* EF, terminé d'un côté par une surface convexe, et de l'autre par une surface concave; mais la concavité, plus prononcée que la convexité, a un rayon plus petit. Ces trois verres se reconnaissent facilement à ce qu'ils sont plus minces au milieu qu'au bord.

Soit la lentille divergente MN (*fig*. 210); C et C′ sont les

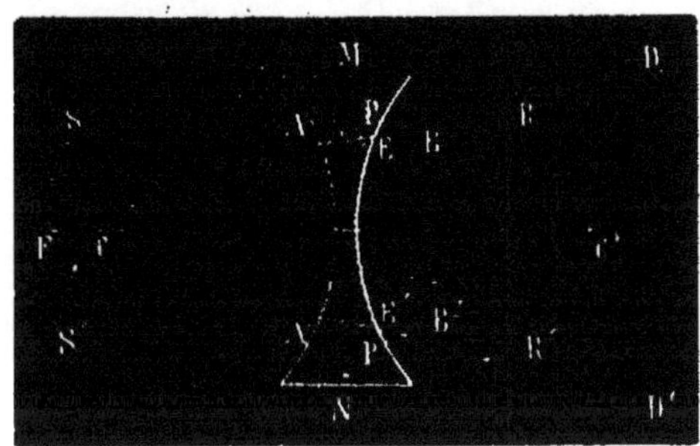

Fig. 210.

centres des courbures AA′, EE′; l'axe principal est la droite CC′ passant par les deux centres. Un rayon lumineux SA, parallèle à l'axe CC′, au lieu de suivre la ligne AB, éprouve à son entrée dans le verre une première réfraction AE, qui le rapproche de la normale CAP et l'écarte de l'axe CC′. A la sortie du verre, le rayon AE ne continue pas sa direction suivant ER; il subit une légère réfraction, qui l'éloigne de la normale C′E et l'écarte encore de l'axe CC′. Ainsi le rayon SA, parallèle à CC′, sort du verre suivant ED et s'éloigne de l'axe. Un autre rayon parallèle S′A′ éprouve également deux réfractions, la première suivant A′E′, et la deuxième suivant E′D′; ces rayons réfractés ne peuvent se couper : donc il n'existe pas de foyer réel; mais les prolongements de ces rayons se coupent en F, qui est le foyer principal *virtuel* de la lentille.

Effets des verres divergents. — Lorsqu'on regarde un objet lumineux à travers un verre divergent, on voit, plus près que l'objet, une image virtuelle droite et plus petite.

Soit un objet lumineux AB, que l'on regarde à travers la lentille divergente MN (*fig*. 211). Les rayons AD, AC, partis du point A, sortent de la lentille suivant FI, EK, et pénètrent dans l'œil comme s'ils venaient directement du point *a* situé sur la droite AO, de même les rayons BC′, BD′, partis du point B, sortent du verre suivant E′K′,

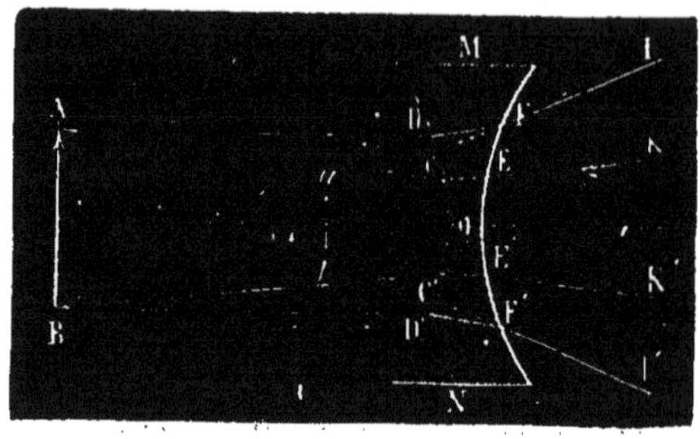

Fig. 211.

F′I′, et pénètrent dans l'œil comme s'ils venaient directement du point *b*. On verra donc en *ab* l'image virtuelle de la flèche AB.

Différentes applications des lentilles : lunettes. — L'application la plus commune des propriétés des lentilles consiste dans l'emploi des *lunettes ordinaires*, qui sont des lentilles tantôt convergentes et tantôt divergentes : les premières remédient à un défaut de l'organe que l'on appelle *presbytisme*, fréquent chez les vieillards, et qui consiste à mieux voir de loin que de près; les secondes remédient à la *myopie*, autre défaut plus fréquent dans la jeunesse, et qui consiste à ne voir que de très près. Le presbytisme provient de ce que les rayons émanant d'un objet, quand il est trop rapproché de l'œil, ne se croiseraient que derrière la rétine; or, la lentille biconvexe y remédie en ramenant le croisement sur la rétine. Au contraire, la myopie fait converger, en avant de la rétine, les rayons lumineux d'un objet un peu trop éloigné de l'œil; elle se corrige par la divergence artificielle plus ou moins grande due à l'emploi d'une lentille biconcave.

Le *lorgnon* est une lentille divergente; la *loupe* ou *microscope simple*, une lentille convergente.

Instruments d'optique. — La *chambre noire* et les *miroirs*, dont il a été question précédemment, les *lunettes*, le *lorgnon*, la *loupe*, sont des *instruments d'optique*. En combinant convenablement les deux espèces de lentilles, on a obtenu d'autres instruments : tels sont le *microscope composé*, qui rend visible à l'œil les corps les plus petits ; la *lunette de spectacle*, due à Galilée ; la *lunette terrestre*, dite *lunette d'approche* ou *longue-vue* ; les *lunettes astronomiques*, où les objets sont vus renversés. Les *télescopes* sont constitués par la réunion d'un miroir et d'une lentille.

Le *microscope composé*, ou simplement *microscope*, est formé de deux lentilles convergentes : l'une, à court foyer, nommée *objectif*, parce qu'elle est tournée vers l'objet, prend, à une petite distance au delà de son foyer principal, l'objet, dont elle forme une image renversée, mais agrandie ; l'autre, moins convergente, nommée *oculaire*, parce qu'elle est du côté de l'œil de l'observateur, prend, en deçà de son foyer principal, l'image formée par la première, qu'elle amplifie de nouveau, mais sans la redresser. Plus le foyer des lentilles est court, plus le grossissement est considérable ; il peut être de 300 à 600 fois le diamètre de l'objet ; au delà l'image n'a plus une netteté aussi grande.

La *lunette de Galilée* se compose d'un objectif convergent et d'un oculaire divergent placé entre l'objectif et son foyer principal. Les rayons lumineux qui ont traversé l'objectif subissent l'action de l'oculaire, avant que l'image réelle ait été formée, et donnent une image virtuelle, droite, légèrement amplifiée, qui fait paraître l'objet beaucoup plus proche.

Une simple lunette de Galilée peut servir de lunette de spectacle. Mais on emploie généralement comme lorgnette de spectacle la *jumelle*, composée de deux lunettes de Galilée, où, à l'aide d'un pas de vis, l'on peut rapprocher ou éloigner les oculaires des objectifs, jusqu'à ce qu'on obtienne l'image dans sa plus grande netteté.

La *lunette astronomique*, destinée à observer les astres, a, comme le microscope, deux verres convergents : l'oculaire prend en deçà de son foyer l'image qu'il amplifie ; comme dans le microscope, cette image est renversée, ce qui n'a, d'ailleurs, aucun inconvénient lorsqu'il s'agit des astres.

La *lunette terrestre* ou *longue-vue* est une lunette astronomique, où l'on a intercalé entre l'objectif et l'oculaire deux autres lentilles convergentes, pour redresser l'image.

Le *télescope* est formé d'un long tuyau, dont le diamètre est parfois très considérable ; le fond en est occupé par un grand miroir concave, qui renvoie l'image sur un autre petit miroir plan placé entre lui et son foyer sous une inclinaison de 45°. Le télescope de Newton est le plus employé, surtout depuis que M. Foucault a trouvé le moyen d'argenter le verre du grand miroir. Dans ce télescope, le petit miroir réfléchit, à son tour, l'image à travers un tube latéral perpendiculaire à l'axe du télescope. L'œil regarde par l'extrémité du tube à travers une lentille convergente, qui donne de l'astre une image renversée et très amplifiée.

Action des prismes. — On appelle *prisme*, en optique, les corps diaphanes dont les faces d'immersion et d'émergence sont inclinées. La forme générale des prismes d'optique est celle qui est désignée en géométrie sous le nom de *prisme triangulaire*.

Soit ABC (*fig*. 212) une section perpendiculaire aux arêtes d'un prisme triangulaire ; soit AB la face d'immersion et AC la face d'émergence, l'angle BAC s'appelle *angle réfringent*.

L'action des prismes sur le rayon lumineux consiste à le réfracter et à le décomposer.

Passage de la lumière à travers un prisme ; décomposition de la lumière. — Un rayon lumineux dirigé sur le prisme suivant OR (*fig*. 212) se réfracte, à son entrée, suivant RL, en se rapprochant de *la normale*

NP, au lieu de continuer suivant RI. Arrivé en L, ce rayon se réfracte de nouveau suivant LK, en s'écartant de la normale N'P. Les deux réfractions s'ajoutent, parce qu'elles ploient le rayon dans le même sens. L'œil placé en K verra donc en O' le point O : car il redresse en une seule droite le rayon lumineux deux fois brisé.

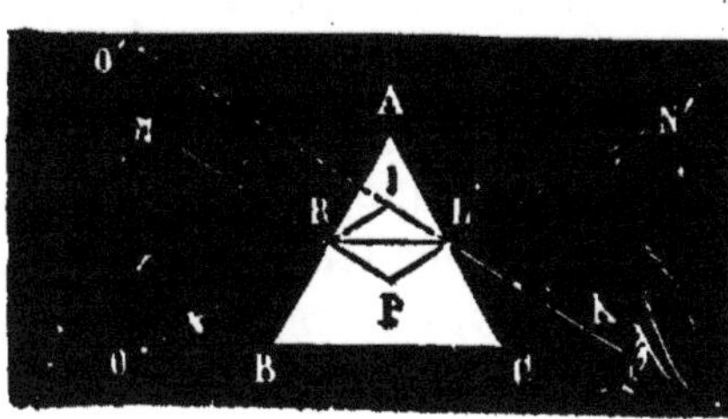

Fig. 212.

Un pinceau de lumière blanche est formé de sept rayons de couleurs différentes, qui ont un pouvoir réfringent différent : il résulte de là que, si l'on dirige un pinceau lumineux à travers un prisme, les rayons se séparent à leur entrée dans le prisme et s'écartent encore plus à leur sortie, ce que l'on appelle *dispersion*.

Spectre solaire. — On appelle *spectre solaire* l'image que l'on obtient par la dispersion d'un pinceau de lumière solaire. Devant l'ouverture O (*fig.* 213) d'une

Fig. 213.

chambre noire, que l'on mette un miroir plan, de manière à diriger à travers cette ouverture les rayons solaires : une personne placée dans l'intérieur de la chambre noire verra en D, sur la face opposée à l'ouverture, l'image du soleil. Mais si l'on met dans l'intérieur de la chambre et près de l'ouverture un prisme ABC, de manière que les rayons solaires le traversent avant d'arriver à la paroi opposée, l'image du soleil disparaît, et, à une certaine distance de l'endroit où elle était, l'on aperçoit le spectre solaire IK, image formée de sept bandes transversales de couleurs différentes qui sont, par ordre de réfrangibilité : *violet, indigo, bleu, vert, jaune, orangé, rouge.* Le spectre est allongé perpendiculairement aux arêtes du prisme ; le violet, étant la couleur qui se réfracte le plus, est toujours la couleur la plus éloignée de l'angle réfringent. Dans la position qu'indique ici la figure, le violet est au bas du spectre.

Recomposition de la lumière. — On peut recomposer la lumière de différentes manières :

1° On place à côté du prisme, dans la chambre noire, un deuxième prisme de même substance et de même angle réfringent, de façon que la lumière en sorte par une face parallèle à celle par laquelle elle est entrée dans le premier prisme, et l'on voit reparaître l'image du soleil ;

2° On met derrière le prisme, sur le trajet des rayons divergents, une lentille convergente : à l'endroit où les rayons se coupent, on reçoit sur un carton blanc l'image du soleil ;

3° On peut aussi réunir sur un carton blanc tous les rayons divergents, à l'aide d'un miroir concave.

4° Voici une dernière expérience très simple et très curieuse. On prend un cercle de carton entouré d'un bord noir, et dont le centre est muni également d'un cercle noir, et l'on colle sur ce carton des bandes de papier allant du centre à la circonférence, qui représentent les couleurs du spectre : la première bande est violette, la deuxième indigo, etc., avec des largeurs proportionnelles à l'étendue de chaque couleur du spectre et en les plaçant dans le même ordre. Si l'on tourne rapidement ce carton sur un axe passant par son centre, il paraît blanc.

Coloration des corps. — On distingue deux sortes de couleurs : les couleurs primitives (ce sont celles du spectre), et les couleurs complémentaires, c'est-à-dire deux couleurs qui par leur superposition donnent le blanc. Qu'on ne laisse passer à travers un écran percé d'ouvertures convenablement disposées que trois couleurs du spectre solaire, qu'on les fasse converger au moyen d'une lentille, on aura une couleur composée. En réunissant de la même manière les quatre autres couleurs, on aura une seconde couleur composée, et ces deux couleurs sont complémentaires l'une de l'autre, car ensemble elles donneront le blanc.

Il est facile d'expliquer d'après cela les couleurs naturelles des corps. Un corps est blanc quand il réfléchit tous les rayons lumineux, et noir quand il les absorbe ; il est jaune ou rouge quand il ne réfléchit que le jaune ou le rouge, rose quand il absorbe la couleur complémentaire du rose, et ainsi de suite.

Propriétés calorifiques et chimiques du spectre. — *Outre ses propriétés lumineuses, la radiation solaire a des propriétés calorifiques, puisque le soleil nous envoie de la chaleur, et des propriétés chimiques, puisque cette radiation produit des effets chimiques, tels que la décomposition du chlorure d'argent et la combinaison du chlore avec l'hydrogène. Quand un faisceau de rayons solaires traverse un prisme bien transparent de *sel gemme*, et qu'on reçoit sur un écran le spectre formé, on constate, avec un thermomètre sensible, promené dans le spectre, que la propriété calorifique commence dans la partie obscure qui précède le rouge, qu'elle est à son maximum dans le voisinage du rouge, puis qu'elle diminue, pour disparaître complètement dans le bleu. La propriété lumineuse va du rouge au violet ; la propriété chimique commence au jaune, augmente jusqu'au violet, et disparaît un peu plus loin. Les rayons solaires jouissent donc d'une triple propriété. Les rayons les moins réfrangibles sont seulement chauds ; à partir de la réfrangibilité, qui caractérise le rouge, ils sont chauds et lumineux ; les suivants sont chauds, lumineux et chimiques ; puis la chaleur disparaît, et enfin la lumière ; les rayons les plus réfrangibles, au delà du violet, ne possèdent plus que des propriétés chimiques.

Notions sur la phosphorescence. — Il est des corps, tels que les écailles d'huîtres calcinées, le sulfure de strontium, le spath calcaire, l'alumine, le sulfate de quinine, etc., qui, exposés à la lumière solaire, l'emmagasinent en quelque sorte et restent plus ou moins longtemps phosphorescents dans l'obscurité. Le phénomène dure une heure avec le sulfure de strontium, $\frac{1}{20}$ de seconde avec l'alumine, $\frac{1}{10000}$ de seconde avec le sulfate de quinine. Qu'on imprègne d'une dissolution de quinine dans l'acide tartrique le carton qui reçoit le spectre : au-dessous du violet on apercevra momentanément une coloration bleue, due à l'action des rayons chimiques sur le sel. Le rayon phosphorescent se colore suivant la substance qui le réfléchit ; il est moins réfrangible que le rayon incident.

Analyse spectrale. — Fraünhofer, opticien bavarois, mort en 1826, avait observé dans le spectre solaire des raies plus ou moins obscures, constantes de position, qui coupaient transversalement les bandes lumineuses. Plus tard, on en compta jusqu'à 2000. Puis on remarqua que dans le spectre de la lune ou d'une planète on avait les mêmes raies semblablement disposées ; que dans un spectre dû à la lumière des étoiles on avait une distribution des raies toute différente et variable pour chaque étoile ; qu'enfin la lumière d'une lampe ou un bec de gaz ne donnait aucune raie si la flamme ne contenait aucune trace de vapeur métallique. Le rayon émanant de tout corps solide ou liquide que l'on chauffe développe d'abord ses propriétés calorifiques, puis ses propriétés lumineuses, et enfin ses propriétés chimiques ; arrivé à l'incandescence, le corps donne un spectre continu sans raies obscures. Au contraire, tout corps gazeux incan-

22.

descent donne un spectre discontinu, formé de lignes brillantes, séparées par de larges intervalles obscurs; la couleur et la position des lignes changent, d'ailleurs, avec la nature du gaz. Enfin l'arc voltaïque produit un spectre également discontinu, à lignes brillantes et variables de couleur et de position suivant la nature des électrodes.

Absorption des radiations par les gaz. — Un métal incandescent donne un spectre continu, et la flamme de l'alcool contenant du sel ou chlorure de sodium en dissolution donne les raies jaunes du sodium. Mais qu'on fasse traverser au rayon qui émane du métal incandescent cette flamme d'alcool, les raies jaunes deviennent raies obscures. Ce curieux phénomène s'appelle *renversement des raies*. Il prouve que le sodium, par exemple, qui a la propriété d'émettre exclusivement des rayons jaunes, a aussi celle de les absorber, en laissant passer les autres, quand ils viennent d'une source lumineuse plus intense, ce qui est conforme à ce principe, reconnu dans l'étude de la chaleur, que les deux pouvoirs émissif et absorbant sont égaux.

Spectroscope. — Toutes ces observations ont été constatées à l'aide d'un instrument appelé *spectroscope* (*fig.* 214). Il se compose essentiellement d'un disque horizontal, qui porte à son centre un prisme P. Le faisceau lumineux est introduit dans le tube F noirci intérieurement; il traverse une lentille C, de manière qu'à la sortie les rayons soient parallèles comme s'ils venaient de l'infi-

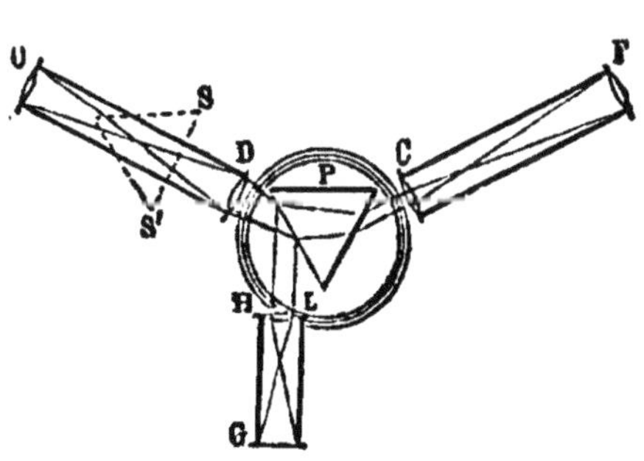

Fig. 214.

ni; il est décomposé par le prisme; il émerge sur une seconde lentille D, qui donne à son foyer une image très petite du spectre, et est enfin reçu en O par l'œil de l'observateur, au moyen d'une loupe O, qui grossit l'image.

Un troisième tube G, disposé horizontalement, donne passage à la lumière à travers une plaque de verre micrométrique, c'est-à-dire portant des parties fines parallèles et équidistantes. Une lentille envoie au point d'émergence du spectre l'image micrométrique qui s'y superpose. Supposons qu'on ait d'abord introduit dans le tube F un faisceau de lumière solaire : on note sur l'image micrométrique la position des raies obscures. Qu'on remplace ensuite le faisceau solaire par un autre faisceau émanant d'une lumière qui contient du sodium gazeux, et le micromètre indiquera quelle raie obscure du spectre solaire est remplacée par la raie jaune du sodium.

Découverte de nouveaux métaux. — C'est par l'emploi du spectroscope que MM. Kirchoff et Bunsen ont constaté, en multipliant les expériences, que toute raie provient de quelque métal qui fait partie du corps lumineux ou des milieux que la lumière traverse, chaque métal donnant des raies de nombre, de position et de teinte identiques. De là un nouveau procédé d'analyse chimique, qu'on désigne sous le nom d'*analyse spectrale*. Grâce à cette nouvelle découverte, la chimie s'est enrichie, dans ces dernières années, de dix nouveaux métaux, le *cæsium*, le *rubidium*, l'*indium*, le *jargonium*, le *gallium*, le *davyum*, le *philippium*, le *décipium*, et tout récemment le *samarium* et le *norvégium*, qui se trouvent dans certains corps en quantité infinitésimale. On a pu également ment constater que, des différents métaux connus, les uns, tels que le sodium, le calcium, le fer, se trouvent dans l'atmosphère solaire, et que d'autres ne s'y trouvent pas.

Actions chimiques produites par la lumière. — L'action chimique produite par les rayons chimiques de la lumière sur le chlorure ou l'iodure d'argent, qu'elle noircit en le décomposant, a permis de fixer les images que forment les lentilles convergentes dans la chambre noire. Tel a été le principe du daguerréotype et de la photographie.

***Photographie.** — On nomme aujourd'hui photographie l'ensemble des procédés ayant pour but de fixer les images réelles données par les lentilles. Les premiers procédés photographiques ont été imaginés en 1838 par Niepce et Daguerre.

* L'image qu'il s'agit de fixer est produite par un appareil nommé *chambre noire* des photographes. Cette chambre noire est composée d'une boîte en bois C (*fig.* 215), dans laquelle la lumière ne peut pénétrer par aucune fis-

Fig. 215.

sure. Sur la face antérieure est fixée une lentille convergente A, sur la face postérieure une plaque E de verre dépoli. Quand une personne est placée à une distance convenable devant la lentille, son image renversée se forme sur la plaque de verre dépoli. On assure la production d'une image très nette par de petits déplacements communiqués à la lentille, à l'aide d'une vis B, ou à l'écran, par une coulisse D. C'est cette image qu'il faut fixer ; on y arrive par plusieurs procédés. Le plus généralement employé aujourd'hui est le suivant :

* 1° *Production de l'image négative, ou cliché.* — Sur une plaque de verre on a répandu uniformément une mince couche de *gélatine*, dans laquelle est incorporé du *bromure d'argent*, substance très sensible à l'action de la lumière. On met cette plaque sensible en E, à la place du

verre dépoli, après avoir *mis au point*, c'est-à-dire assuré la formation de l'image à l'endroit voulu. L'image réelle qui se forme sur la plaque de gélatino-bromure détermine un commencement de décomposition du bromure d'argent. Après quelques secondes d'exposition, on reporte la plaque dans une pièce obscure. Si on la regarde alors, on n'y remarque aucun changement : la décomposition de la lumière a été à peine commencée, et n'est pas sensible à la vue. Mais si on la lave avec une dissolution d'*acide pyrogallique*, on voit presque immédiatement l'image se *développer*; partout où, dans l'objet, étaient des parties très éclairées, on voit dans l'image des taches noires ; aux ombres de l'objet correspondent, au contraire, les blancs de l'image, parce que, en ces points, il n'y a pas eu décomposition des sels d'argent. Cette image renversée porte le nom d'*épreuve négative* ou *cliché*.

*Avant de pouvoir sortir le *chiché* du cabinet obscur, il reste à le laver avec une dissolution d'hyposulfite de soude, qui dissout le bromure d'argent non décomposé, et rend ainsi la plaque insensible à l'action postérieure de la lumière. Dès lors, le négatif est *fixé*; il ne reste qu'à le faire sécher.

2° *Production de l'épreuve positive sur papier.* — L'image ainsi obtenue est une épreuve négative, où les clairs du modèle, avons-nous dit, sont remplacés par des ombres, et réciproquement : elle sert à reproduire les épreuves *positives*, c'est-à-dire dans lesquelles les clairs de l'image négative seront remplacés par des ombres et remis à leur place naturelle. L'épreuve positive s'obtient sur une feuille de papier imprégnée de chlorure de sodium et d'azotate d'argent, avec laquelle on recouvre l'image sur verre, et que l'on expose ainsi à la lumière. Les parties noires de l'image négative empêchent la lumière d'agir sur le chlorure d'argent, qui n'est attaqué que dans les clairs. Pour fixer et conserver l'image positive, il faut dissoudre le chlorure d'argent qui n'a pas été attaqué, par un lavage dans une solution d'hyposulfite de soude.

Qui ne possède en cartes de visite, grâce à la merveilleuse découverte de la photographie, le portrait fidèle de ses parents et de ses amis? Avec une image négative obtenue sur verre, on peut reproduire par centaines sur papier de magnifiques épreuves de personnes, d'édifices, même de gravures; on peut les avoir ou singulièrement amplifiées, si on le désire, ou dans des proportions microscopiques. D'ingénieux procédés les fixent même sur la porcelaine ou sur le verre, à la manière des émaux.

CHAPITRE XXIX.

Acoustique.

Son; sa production. — Conditions du son. — Le son ne se propage pas dans le vide. — Propagation du son dans l'air. — Ondes sonores. — Réflexion du son; écho. — Vitesse du son dans l'air, dans l'eau, dans les solides. — Hauteur, intensité et timbre du son. — Sirène. — Procédé graphique. — Vibrations d'une cloche, des lames, des cordes. — Vibrations transversales. — Lois des vibrations. — Sonomètre.

L'acoustique est la partie de la physique qui s'occupe du son et des vibrations des corps.

Son; sa production. — Le *son* est la sensation que perçoit l'organe de l'ouïe; elle résulte de la transmission à cet organe des vibrations des corps. Lorsqu'on frappe une cloche à l'aide d'un marteau, la cloche vibre; elle communique ses vibrations aux molécules d'air qu'elle touche, lesquelles font vibrer, à leur tour, d'autres molécules plus éloignées, de sorte que d'une molécule à la molécule suivante ces vibrations arrivent au conduit de l'oreille, fermé par une petite membrane, qu'on appelle *membrane du tympan;* cette membrane vibre, à son tour, et produit ainsi à l'intérieur de l'oreille une sensation qu'on appelle *son.*

Conditions du son. -- Deux conditions sont nécessaires pour que le son se produise : un corps qui vibre et un milieu qui transmette les vibrations jusqu'à l'oreille. Il y a une grande différence entre le son musical et le bruit, par exemple entre une note donnée par un instrument et un coup de marteau. La différence tient à ce que dans le son musical les vibrations sont rapides et isochrones, tandis qu'elles n'ont pas cet isochronisme dans le bruit.

Le son ne se propage pas dans le vide. — Dans un espace vide rien ne saurait transmettre les vibrations d'un corps sonore. Pour vérifier le fait par expérience, on place sous le récipient de la machine pneumatique un petit mécanisme d'horlogerie à l'aide duquel un marteau frappe continuellement un timbre : quand il y a de l'air dans le récipient, on entend parfaitement le son ; mais à mesure que la raréfaction augmente, le son diminue, comme si on éloignait l'instrument, et bientôt on ne l'entend plus, bien qu'on voie le marteau continuer à frapper le timbre. En laissant pénétrer l'air dans le récipient, le son augmente graduellement, comme si l'on rapprochait graduellement l'appareil.

On peut encore se servir d'un ballon (*fig.* 216) contenant

une petite clochette attachée à un fil de soie. Quand le ballon est vide d'air, on a beau agiter la sonnette, on ne l'entend pas. Le bruit augmente d'intensité à mesure qu'on laisse pénétrer l'air.

L'air est le véhicule ordinaire du son. Mais tout autre gaz, toute espèce de vapeur, les liquides aussi bien que les corps solides, transmettent également les vibrations. Ce qu'il y a d'essentiel, c'est

Fig. 216

que, depuis le corps vibrant jusqu'à l'oreille, il n'y ait que des corps élastiques et capables, par conséquent, de vibrer eux-mêmes.

Propagation du son dans l'air. — Le son se propage différemment à l'air libre ou dans l'intérieur des tubes.

A l'air libre, une molécule communique ses vibrations à une sphère de molécules dont elle est le centre, et celle-ci à une sphère concentrique plus grande. C'est un mouvement analogue à celui qui se produit à la surface de l'eau quand on y laisse tomber une pierre; mais il faut bien se rappeler que sur l'eau ce ne sont que des cercles, tandis que dans l'air ce sont des sphères. A l'air libre, l'*intensité du son décroît avec le carré de la distance*, c'est-à-dire qu'à une distance trois fois plus grande l'amplitude de l'oscillation est neuf fois plus petite, la surface de la sphère étant neuf fois plus grande.

Mais dans les tubes cylindriques le son ne peut se disperser de la même manière : il ne diminue donc que fort peu d'intensité. Si l'on parle à voix basse à une extrémité d'un tuyau long de 950 mètres, une personne qui a l'oreille appliquée à l'autre extrémité perçoit très distinctement la parole.

Ondes sonores. — On se rendra compte de la propagation du son dans l'air, et de ce qu'on appelle *ondes sonores*, en étudiant le phénomène dans un tube de petit diamètre, mais d'une grande longueur.

Soit AB (*fig*. 217) une partie de ce tube. Supposons-le

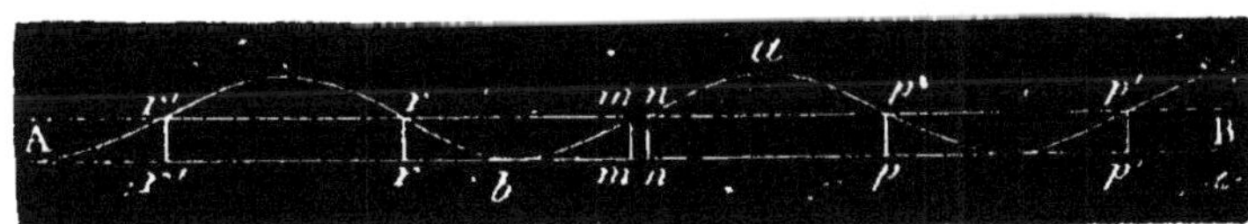

Fig. 217.

d'abord coupé en *mm*. Supposons encore que l'élasticité de l'air extérieur, qui agit sur l'air intérieur à l'ouverture du tube, soit représentée par un petit piston qui s'avancerait de *mm* jusqu'à la position *nn* sous l'influence de l'impulsion reçue. A la limite *nn* le mouvement ne s'est encore propagé que jusqu'à *pp*. Concevons l'intervalle *np* divisé en tranches infiniment petites, qui seront successivement comprimées. La vitesse et la compression iront d'abord en croissant, puis en décroissant de tranche en tranche;

elles sont représentées par les hachures d'inégale grandeur perpendiculaires à l'une des arêtes du tube et terminées par la courbe *nap* : c'est la *demi-onde condensée*. Que le piston s'arrête en *nn*, la compression seule du volume d'air *nnpp* déterminera un mouvement analogue dans un second volume d'égale dimension *ppp'p'*, et ainsi de suite dans toute la longueur du tube. Il faut bien remarquer que chaque tranche est comprimée à son tour, mais ne se déplace pas.

Prenons maintenant le tube AB dans toute sa longueur. Quand le piston s'avance de *mm* en *nn*, il laisse un vide derrière lui, ce qui amène une dilatation dans la partie *mr* = *mp*, dilatation égale à la condensation d'autre part et pouvant être représentée par la courbe *mbr* : c'est la *demi-onde dilatée*, qui forme, avec la demi-onde condensée, l'*onde sonore* entière *rmp*.

Mais quand le piston revient de *nn* en *mm*, la demi-onde *mp* se dilate, et la demi-onde *mr* se condense : ce double mouvement d'aller et de retour constitue la vibration entière, qui se propage de couche en couche dans toute la longueur du tube. Il est, d'ailleurs, évident que l'on peut supposer chaque tranche aussi épaisse que possible.

Réflexion du son ; écho. — Quand les ondes sonores rencontrent des obstacles, elles sont réfléchies comme le serait une bille d'ivoire ou tout corps élastique. C'est ce qui donne lieu aux phénomènes d'*écho* et de *résonance*, soumis aux mêmes lois que la réflexion de la chaleur et de la lumière.

Lorsqu'on parle, on entend directement les sons qu'on vient de former ; puis, si les vibrations rencontrent un mur ou tout autre obstacle capable de les réfléchir, elles reviennent, de manière que l'on peut entendre le son réfléchi après le son direct. Ce phénomène s'appelle *écho*. Si l'obstacle réfléchissant est peu éloigné, la perception du son direct ne sera pas terminée quand on percevra le son réfléchi : le son n'est pas clair. et on dit qu'il y a *résonance*.

Par seconde le son parcourt 340 mètres, et l'oreille perçoit distinctement 10 syllabes : par conséquent, pour qu'il y ait écho, l'obstacle réflecteur doit être éloigné au moins de 17 mètres. Le son aura ainsi parcouru 34 mètres pour aller et revenir, ce qui exige $\frac{1}{10}$ de seconde : donc la perception du son direct sera terminée quand on entendra le son réfléchi.

Quand on est placé entre deux réflecteurs éloignés, on peut entendre un grand nombre de fois le même son, de même qu'entre deux glaces on voit un grand nombre de fois l'image du même objet. Il y a des échos qui répètent de 20 à 40 fois le même nom, comme l'écho de Simonetta en Italie; il y en a aussi qui font entendre jusqu'à dix-sept syllabes, comme l'écho de Woodstock en Angleterre.

Au Conservatoire des Arts et Métiers de Paris il y a une salle dont la voûte est elliptique. Lorsque deux personnes sont placées en deux endroits qu'on nomme *foyers*, elles peuvent causer à voix basse, bien que d'autres personnes placées près d'elles ne distinguent aucune parole.

Une salle qui fait écho, des parois rapprochées qui renvoient trop tôt les sons, une voûte trop basse qui les rabat, des angles qui les brisent, des moulures multipliées qui les dispersent, des draperies qui les éteignent, sont autant de défauts qui changent le son en résonance et en bruit. Il faudra donc les éviter dans une enceinte destinée soit à des discours, soit à des concerts.

Vitesse du son dans l'air. — Le son parcourt dans l'air 340 mètres par seconde, à la température de 16°. La température et le vent sont deux causes qui peuvent modifier cette vitesse. Une élévation de température augmente la vitesse du son, et un refroidissement la diminue : elle n'est que de 337 mètres à 10° et de 331 à 0°. Le vent augmente la vitesse quand il souffle dans la direction de la propagation du son; il la retarde quand il souffle dans une direction opposée; enfin, il ne la modifie pas quand il souffle perpendiculairement. Aigus ou graves, les sons se propagent avec la même rapidité.

Pour déterminer la vitesse du son dans l'air, on tire des coups de canon de deux stations différentes, et on compte chaque fois le nombre de secondes qui s'écoule entre la vue de la lumière et l'audition du bruit ; lorsqu'on s'est ainsi assuré par une série d'expériences du nombre de secondes que le son met à parcourir l'intervalle des deux stations, on divise l'espace parcouru par le temps mis à le parcourir. L'expérience a été faite avec le plus grand soin entre Montmartre et Montlhéry en 1738, entre Villejuif et Montlhéry en 1822 : elle a donné comme moyenne les nombres précédemment cités.

Pour mesurer la distance à laquelle on se trouve d'une pièce d'artillerie, il suffit de multiplier par 340 le nombre de secondes qui s'écoule entre le moment où l'on voit la lumière et l'instant où l'on perçoit l'explosion.

On mesure de même la distance d'un nuage électrisé qui vient de lancer la foudre, en multipliant par 340 le nombre de secondes qui s'est écoulé entre l'éclair et le tonnerre. Ce calcul peut cependant donner lieu à des erreurs provenant de l'élévation des nuages. La foudre éclatera quelquefois à peu de distance de l'observateur, quoiqu'il y ait entre l'éclair et le coup de tonnerre un assez long intervalle : c'est ce qui a lieu quand la nuée orageuse est très élevée.

Vitesse du son dans l'eau et dans les solides. — On a trouvé, par des expériences faites sur le lac de Genève, que le son parcourt 1435 mètres par seconde dans l'eau, ce qui est presque 4 fois et demie la vitesse dans l'air. Dans la plupart des solides, la vitesse du son est encore plus grande que dans les liquides. Ainsi dans le bois elle est de 10 à 16 fois plus rapide que dans l'air.

Si deux personnes se placent aux extrémités d'une longue poutre, et que l'une d'elles approche l'oreille, elle entendra distinctement le léger bruit que produit l'autre en grattant la poutre avec une épingle.

En appliquant l'oreille contre terre, on entend marcher à une distance considérable. Les chasseurs emploient quelquefois ce moyen pour entendre la course du gibier.

En appliquant l'oreille contre la poitrine d'une personne, on entend distinctement le bruit de l'air qui y entre et qui en sort. On entend de la même manière le bruit des battements du cœur. D'après la nature de ce bruit, les médecins jugent de l'état de l'organe : c'est ce que l'on appelle l'*auscultation*.

Tous les sons, de quelque nature qu'ils soient, se propagent avec la même vitesse. Qu'on soit près ou loin d'un concert, les sons arrivent ensemble à l'oreille avec la même harmonie.

Hauteur, intensité et timbre du son. — On distingue dans le son la *hauteur*, l'*intensité* et le *timbre*. La hauteur dépend du nombre de vibrations dans un temps donné : plus ce nombre est considérable, plus le son est *aigu;* moins il est considérable, plus le son est *grave.* La voix de la femme est plus aiguë que celle de l'homme.

L'intensité ou la force du son dépend : 1° de *l'amplitude des vibrations :* en pinçant la même corde avec plus ou moins de force, on obtient la même note plus ou moins intense; 2° *de la densité du gaz dans lequel le son se produit :* la même cloche fait moins de bruit dans le gaz hydrogène, qui est très léger, que dans l'air ; un coup de fusil tiré du haut d'une montagne fait bien moins de bruit que dans la plaine; 3° *des corps environnants auxquels le corps vibrant communique ses vibrations :* ainsi, dans le violon, la guitare, etc., l'intensité du son est augmentée à l'aide d'une caisse de bois très sec, quelques ouvertures permettant aux vibrations de se transmettre à l'air intérieur et au bois même. Certaines boîtes renferment de petits appareils de musique : les sons s'entendent mieux quand on place la boîte sur un verre ou sur tout autre corps sonore.

Le timbre est une qualité du son difficile à définir; c'est le timbre qui fait distinguer les sons des divers instruments : ainsi personne ne confondra la même note donnée par une trompette ou par une flûte. * Le timbre tient à ce qu'aucun son musical n'est simple. Tout son, qui nous semble unique, est, en réalité, *accompagné* de sons plus élevés, nommés ses *harmoniques*, qui résonnent très faiblement en même temps que le *son fondamental;* ils sont trop faibles pour qu'on les entende distinctement; mais ils apportent au son fondamental, qu'on croit entendre seul, une notable modification. Le *timbre* du son varie selon que les harmoniques qui accompagnent le son fondamental varient eux-mêmes : c'est comme un air, toujours le même, qu'on jouerait successivement avec divers accompagnements.

Sirène. — Pour compter le nombre des vibrations qui résultent d'un son quelconque, on a inventé divers instruments, dont le plus connu se nomme *sirène*, parce qu'il peut rendre des sons même dans une masse liquide.

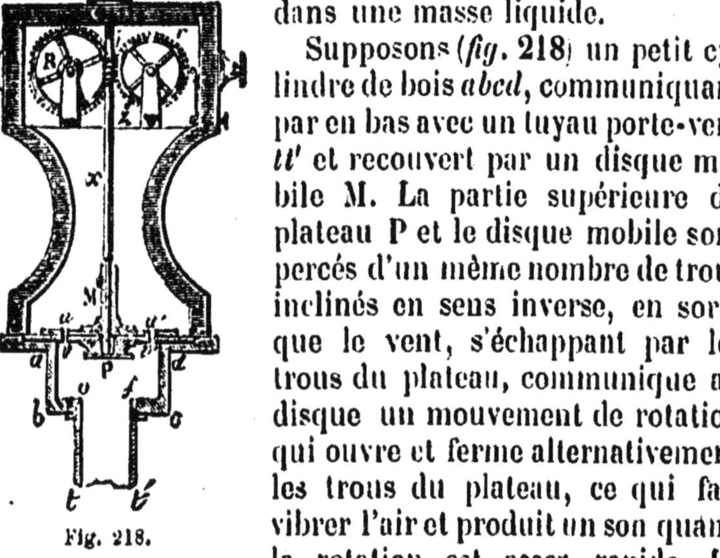

Supposons (*fig.* 218) un petit cylindre de bois *abcd*, communiquant par en bas avec un tuyau porte-vent *tt'* et recouvert par un disque mobile M. La partie supérieure du plateau P et le disque mobile sont percés d'un même nombre de trous inclinés en sens inverse, en sorte que le vent, s'échappant par les trous du plateau, communique au disque un mouvement de rotation qui ouvre et ferme alternativement les trous du plateau, ce qui fait vibrer l'air et produit un son quand la rotation est assez rapide. Le

Fig. 218.

disque porte un axe de rotation *x* terminé par une vis sans fin *i*, qui s'engrène avec une roue à 100 dents *r*, et celle-ci porte sur son axe un petit taquet *s*, qui à chaque tour fait avancer d'une dent une roue R, également à

100 dents. Étant produit par la rotation convenable du disque le son dont on veut mesurer le nombre des vibrations, ce nombre sera évidemment égal, pendant une seconde, au produit du nombre des trous par 100 et par le nombre de dents dont la roue R se sera avancée.

Procédé graphique. — Un autre compteur enregistre les vibrations par un procédé graphique. Soit un cylindre AB (*fig.* 219) couvert de noir de fumée, et pouvant tourner

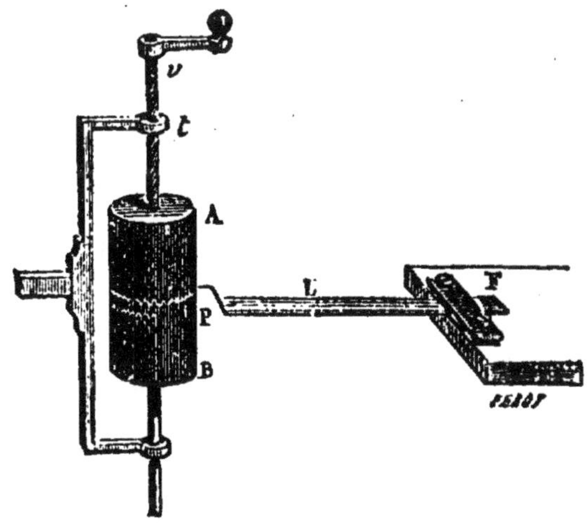

Fig. 219.

par son axe *v* en pas de vis dans un écrou *t*; supposons, d'autre part, une lame vibrante L, assujettie en F par l'une de ses extrémités, l'autre étant terminée par une pointe fine P, qui frôle le cylindre. Si l'on fait vibrer avec un archet la lame dont on a déterminé d'avance la hauteur du son, et qu'on fasse en même temps tourner le cylindre d'un mouvement égal, il est évident que la pointe décrira une hélice, et cette hélice sera dentée, chaque dent représentant une vibration. Deux lames à l'unisson donneront le même nombre de dents en une seconde; avec deux lames de son différent on trouvera le rapport entre les vibrations qu'elles donnent par le nombre de dents que chacune aura tracées, et l'on constatera que le son le plus aigu en donne toujours davantage.

Vibrations d'une cloche. — Les corps vibrent différemment, suivant leur forme et la manière dont ils sont disposés. Mais dans un son toutes les vibrations sont isochrones.

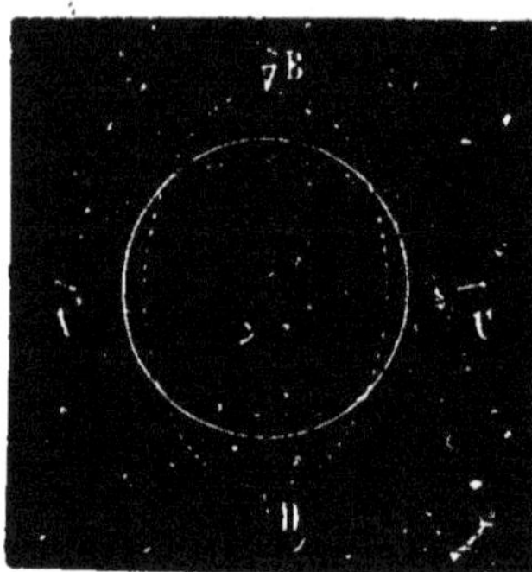

Fig. 220.

Lorsqu'on percute une cloche, son ouverture forme alternativement des ovales allongés perpendiculairement les uns sur les autres. Pour le démontrer, on place la base d'une cloche entre quatre pointes A, B, C, D (*fig.* 220) qui ne la touchent pas : quand on percute la cloche en A, elle frappe d'abord les pointes B et D, revient sur elle-même, frappe les pointes A et C, et recommence successivement ces deux mouvements.

Vibrations des lames. — Soit une lame d'acier AB (*fig.* 221) serrée en B dans un étau : si on l'écarte de sa position, en portant A en D, et qu'on l'abandonne ensuite, elle reviendra sur elle-même, dépassera son point d'équilibre jusqu'à E, et reviendra du côté D, pour repasser encore du côté opposé. Le mouvement de D en E s'appelle une *vibration simple.*

Fig. 221.

Vibrations des cordes. — Dans le violon, la harpe et autres instruments du même genre, on considère dans les cordes deux espèces de vibrations : les vibrations *longitudinales* et les vibrations *transversales.* Lorsqu'une corde est tendue par les deux bouts, on obtient les premières en la frottant dans toute sa longueur avec un morceau d'étoffe saupoudré de colophane, et les secondes en la pinçant ou en la frottant avec un archet perpendiculairement à sa longueur. Les unes et les autres obéissent aux mêmes lois.

Vibrations transversales. — Soit une corde AB (*fig.* 222) tendue à ses deux bouts : si l'on éloigne la

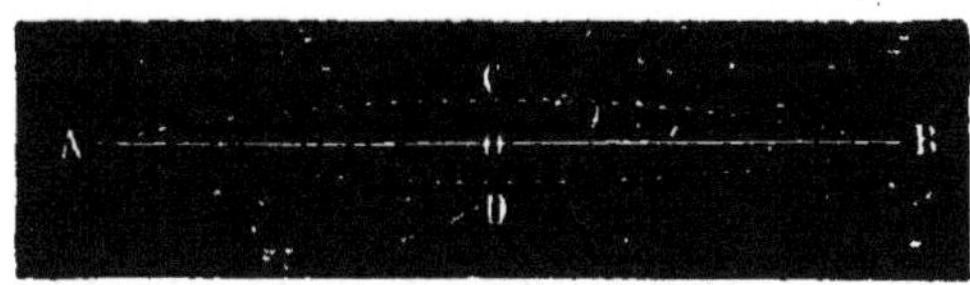

Fig. 222.

molécule O en D, elle revient sur elle-même, dépasse sa position d'équilibre, s'avance jusqu'en C pour revenir encore en D, et ainsi de suite. Le mouvement de D en C s'appelle une *vibration simple*.

Lorsque la corde vibre très rapidement, on la voit dans toutes les positions à la fois, ce qui la fait paraître plus grosse en CD qu'aux extrémités : l'endroit où elle paraît avoir le plus de grosseur s'appelle le *ventre* de la corde, et les endroits où elle paraît en avoir le moins sont les *nœuds*.

Si une corde AC (*fig.* 223) est tendue en A et en C, qu'en B, au tiers, par exemple, on la fasse appuyer sur un chevalet, et qu'ensuite, à l'aide d'un archet, on frotte la partie A B, les deux autres tiers vibreront séparément, bien qu'on ne les ait pas touchés. Pour prouver l'exis-

Fig. 223.

tence des nœuds et des ventres, on met, suivant les expériences de Sauveur, en M et en N deux petits rubans de papier rouge à cheval sur la corde, et un papier blanc en R : dès que l'archet frotte la partie A B, les papiers rouges tombent, et le papier blanc reste.

Lois des vibrations. — Le nombre des vibrations transversales ou longitudinales des cordes est soumis à quatre lois, qui dépendent : 1° de la longueur ; 2° du diamètre ; 3° des poids ; 4° de la densité de la corde.

Première loi : *Le nombre des vibrations est en raison inverse des longueurs.* La corde étant deux fois moins longue donne un nombre double de vibrations. Elle donne ainsi l'octave de la note première.

Deuxième loi : *Le nombre des vibrations est en raison inverse du diamètre.* Le diamètre étant deux fois plus petit, le nombre de vibrations est deux fois plus grand.

Troisième loi : *Le nombre des vibrations est en raison directe de la racine carrée des poids qui sous-tendent les cordes.* Le poids étant quatre fois plus considérable, le nombre de vibrations est deux fois plus grand.

Quatrième loi : *Le nombre des vibrations est en raison inverse de la racine carrée de la densité de la corde.* Avec une densité neuf fois plus grande, les vibrations sont trois fois moins nombreuses.

On peut vérifier ces lois en prenant des cordes suffisamment longues, de divers diamètres, de diverse nature et convenablement tendues. Mais on arrive à une vérification plus exacte au moyen du sonomètre.

Sonomètre. — Le *monocorde* ou *sonomètre* (*fig.* 224)

Fig. 224.

se compose d'une corde ABCDE, fixe en A, passant en B et en C sur deux chevalets, et en D sur une poulie ; des poids E tendent cette corde. A l'aide d'un troisième chevalet on peut diminuer graduellement la longueur de la partie vibrante, ce qui démontre la première loi, d'où dépend la gamme ; mais on peut aussi faire vibrer suc-

23.

cessivement deux cordes de diamètre différent ou de densité différente, et tendre la même corde par des poids plus ou moins lourds, pour démontrer les autres lois.

CHAPITRE XXX.

Limites des sons perceptibles. — Gamme. — Sons harmoniques. — Battements acoustiques. — Vibrations de l'air dans les tuyaux sonores. — Nœuds et ventres dans les tuyaux sonores. — Lois des tuyaux sonores. — Notions sur l'interférence des sons. — Instruments à vent. — Tuyaux acoustiques. — Porte-voix et cornet acoustique. — Phonographe.

Limites des sons perceptibles. — Pour que l'oreille perçoive un son, il faut que dans un temps donné il y ait un certain nombre d'oscillations. D'après les travaux de Desprez, l'oreille perçoit les sons suivant des limites très étendues, depuis 16 jusqu'à 39 000 vibrations simples par seconde.

Gamme. — Parmi tous les sons possibles entre ces deux limites, il en est qui plaisent par leur harmonie, et que l'on s'étudie à reproduire : leur ensemble constitue la *gamme*. On appelle *gamme* une série de 8 *sons* ou *notes*, reproduits périodiquement dans le même ordre, et désignés par les noms *do, ré, mi, fa, sol, la, si, do*.

En désignant par *do* la note que donne la longueur entière d'une corde tendue à ses extrémités, on reconnaît par expérience que, pour obtenir les six notes intermédiaires, il faut réduire successivement la longueur de la partie vibrante dans le rapport suivant, 1 représentant la longueur totale de la partie vibrante pour la note *do :*

| Longueur...... | 1 | $\frac{8}{9}$ | $\frac{4}{5}$ | $\frac{3}{4}$ | $\frac{2}{3}$ | $\frac{3}{5}$ | $\frac{8}{15}$ | $\frac{1}{2}$ |
| Notes......... | | do | ré | mi | fa | sol | la | si | do. |

Les intervalles de la première note, appelée *tonique*, à chacune des suivantes se nomment *seconde, tierce, quarte, quinte, sixte, septième* et *octave*. La consonance de la tonique avec la tierce et la quinte, consonance la plus agréable à l'oreille, forme l'*accord parfait*.

Mais, comme le nombre des vibrations est en raison inverse des longueurs, Galilée a substitué aux rapports des longueurs les rapports inverses des nombres de vibrations.

Rapports des vibrations du violoncelle que l'on a pris pour base....	1	$\frac{9}{8}$	$\frac{5}{4}$	$\frac{4}{3}$	$\frac{3}{2}$	$\frac{5}{3}$	$\frac{15}{8}$	2
	do	ré	mi	fa	sol	la	si	do.

Et comme la tonique a **128** vibrations simples, on a

128, 144, 160, 170, 192, 214, 240, 256 vibrations.

Si, dans les rapports de vibrations, nous cherchons le rapport de chaque nombre à celui qui le précède en divisant chaque fraction par la précédente, nous aurons pour chaque intervalle le tableau suivant :

do-ré,	ré-mi,	mi-fa,	fa-sol,	sol-la,	la-si,	si-do.
$\frac{9}{8}$	$\frac{10}{9}$	$\frac{16}{15}$	$\frac{9}{8}$	$\frac{10}{9}$	$\frac{9}{8}$	$\frac{16}{15}$

L'intervalle $\frac{9}{8}$ est un ton majeur, l'intervalle $\frac{10}{9}$ un ton mineur, l'intervalle $\frac{16}{15}$ un demi-ton.

Le *do* octave commence une seconde gamme, qu'on notera *do$_2$ ré$_2$... si$_2$* ; *do$_3$* une troisième gamme avec la notation *do$_3$, ré$_3$, si$_3$*, et ainsi de suite. Chaque gamme suit les lois précédemment constatées. Ainsi *do$_2$* étant donné par la moitié de la corde entière, *ré* sera les $\frac{8}{9}$ de la moitié, etc.

On peut vouloir commencer la gamme par une autre note que *do*, soit par *ré* ou par *fa* ; mais il faut que les tons et les demi-tons se succèdent toujours dans le même ordre. Si l'on commence par *ré*, les intervalles *mi-fa*, *si-do* devraient être des tons et ne sont que des demi-tons : on dièse *fa* ♯ et *do* ♯, c'est-à-dire qu'on élève la note d'un demi-ton, ce qui revient à multiplier $\frac{16}{15}$ par $\frac{25}{24} = \frac{10}{9}$. Si l'on commence par *fa*, l'intervalle *la-si* est un ton et devrait être un demi-ton ; on bémolise le *si* ♭, c'est-à-dire qu'on l'abaisse d'un demi-ton, ce qui revient à diviser

$\frac{9}{8}$ par $\frac{25}{24} = \frac{9}{8} \times \frac{24}{25} = \frac{27}{25}$, quantité très peu différente de $\frac{27}{24} = \frac{9}{8}$.

Toute faible qu'elle est, la différence entre le ton majeur $\frac{9}{8}$ et le ton mineur $\frac{10}{9}$, différence que l'on appelle un *comma* $= \frac{80}{81}$, ou entre la note diésée et la note bémolisée, est très appréciable à l'oreille. On en tient compte, dans le violon, la basse, la guitare, etc. ; mais pour les instruments à sons fixes, tels que le piano et l'orgue, où la même touche donne le dièse et le bémol, on partage la gamme en douze demi-tons égaux : c'est ce qu'on appelle la *gamme tempérée*.

Deux notes données par deux instruments différents sont dites à l'*unisson* quand elles sont formées toutes deux par le même nombre de vibrations.

Sons harmoniques. — Les accords parfaits résultent de sons dont les vibrations sont en rapport simple : ainsi l'accord de quinte 1. $\frac{5}{4}$, $\frac{3}{2}$, si l'on réduit en quarts, donne le rapport simple 4, 5, 6. L'octave, qui est 2, la double octave, qui est 4, *sol* octave $= \frac{3}{2} \times 2 = 3$, ou *mi* double octave $= \frac{5}{4} \times 4 = 5$ sont aussi des accords parfaits : car les nombres de vibrations qui leur correspondent suivent la série simple 1, 2, 3, 4, 5.

$$\text{do}_1 \quad \text{do}_2 \quad \text{sol}_2 \quad \text{do}_4 \quad \text{mi}_3.$$

Or, quand on fait vibrer une seule corde, une oreille exercée distingue cinq sons : le son principal, son octave, sa double octave, l'octave de la quinte et la double octave de la tierce majeure : c'est ce qu'on appelle *sons harmoniques*. On les attribue à ce qu'en même temps que la corde entière vibre et donne le son principal, elle se divise par des nœuds en différentes parties, dont chacune vibre isolément, ce que démontre l'expérience de Sauveur, qui est citée plus haut.

On obtient encore des sons harmoniques en faisant vibrer une corde à côté d'une autre corde en accord avec elle. En passant l'archet sur la corde *do* d'une basse, qui donne ses harmoniques *do$_2$* et *sol$_2$*, la corde *sol* de l'instrument se divise en deux parties, et chacune vibre à l'unisson du sol_2. Un violon fera vibrer les cordes analogues d'une guitare.

Battements acoustiques. — Deux sons résonnant ensemble ont leurs vibrations tantôt séparées, tantôt simultanées. Dans le second cas, il y a un renforcement du son : c'est ce qu'on appelle *battement acoustique*. Quand les battements sont très rapprochés l'un de l'autre, on dirait une espèce de roulement. Dans tous les cas, le son est toujours plus grave que ceux qui l'ont produit.

Vibrations de l'air dans les tuyaux sonores. — Que l'air même soit capable de rendre des sons quand il vibre, c'est ce que prouve tous les jours le cocher qui fait vibrer son fouet, puisque le son n'est dû qu'aux vibrations que le fouet détermine dans l'air. Les tuyaux sonores en sont une autre preuve : car si le son, dans les cordes, dépend des vibrations d'un corps solide, il n'est produit, dans les tuyaux, que par les vibrations de l'air. La nature des parois, qu'elles soient de bois ou de métal, changera le timbre ; mais les parois n'auront aucune influence sur la hauteur du son.

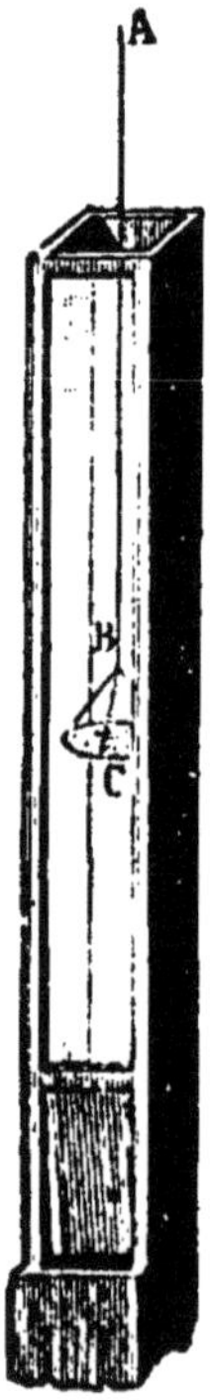

Nœuds et ventres dans les tuyaux sonores. — L'air qui vibre dans les tuyaux produit des nœuds et des ventres comme la vibration d'une corde. A un nœud l'air ne vibre pas, mais varie continuellement de densité et de pression ; à un ventre, il y a, au contraire, vibration ; mais ni la pression ni la densité ne changent. L'existence des nœuds et des ventres peut se prouver de plusieurs manières. Supposons un tuyau AC (*fig.* **225**), dans lequel on fait arriver par en bas, comme dans un tuyau d'orgue, l'air qui détermine les vibrations : si l'on y fait descendre lentement une membrane de baudruche collée sur un anneau de carton et portant du sable, à certains endroits le sable reste immobile : ce sont les nœuds sans vibration ; partout ail-

Fig. 225.

leurs il est projeté plus ou moins vivement, et il y a un ventre quand le mouvement est le plus rapide. Supposons encore au tuyau, à chaque nœud et à chaque ventre, des trous qu'on puisse ouvrir et fermer à volonté : un trou ouvert au regard d'un ventre ne donne aucune modification dans le son, puisque la densité de l'air est la même à l'intérieur et à l'extérieur; au regard d'un nœud, le son change, parce que la tranche d'air intérieure se met à la pression atmosphérique et devient un ventre.

On distingue les *tuyaux ouverts* et les *tuyaux fermés*, selon qu'ils sont ouverts ou fermés à l'extrémité opposée à leur embouchure. La vibration est produite par un obstacle que l'air éprouve à chaque instant dans son entrée. Si le courant d'air est naturellement introduit, il n'y a d'une extrémité à l'autre qu'une seule vibration qui donne le son fondamental : dans le tuyau fermé, il y a un nœud au fond du tuyau et un ventre à son ouverture ; dans le tuyau ouvert, un nœud au milieu et un ventre à chaque extrémité. Si, au contraire, on introduit l'air par un souffle plus énergique et plus rapide, le tuyau se divise en un certain nombre de parties égales, en formant plusieurs nœuds et plusieurs ventres de vibration, d'autant plus nombreux que le souffle est plus fort et plus précipité. On obtient ainsi les divers sons harmoniques du son fondamental, suivant la série naturelle des nombres 1, 2, 3, 4, etc., dans les tuyaux ouverts, et suivant la série des nombres impairs 1, 3, 5, 7, etc., dans les tuyaux fermés, c'est-à-dire que les nombres des vibrations correspondantes sont entre eux commé les nombres de la série. Que l'on ménage une ouverture dans la paroi d'un tuyau : si elle est au niveau d'un ventre, le son reste le même; mais au niveau d'un nœud il y a vibration rapide, et le son a plus de hauteur.

Dans toutes les expériences de ce genre, on peut constater que les nœuds, quel qu'en soit le nombre, sont toujours à égale distance l'un de l'autre, et que le milieu entre deux nœuds est toujours un ventre.

Lois des tuyaux sonores. — Les lois des tuyaux sonores ont été formulées par Daniel Bernouilli, célèbre physicien hollandais du dix-huitième siècle.

Première loi : *Le son fondamental d'un tuyau ouvert est toujours l'octave aiguë d'un tuyau fermé de même longueur*.

Deuxième loi : *Un tuyau rend des sons de plus en plus élevés à mesure qu'on force le vent*, suivant la série des nombres impairs, s'il est fermé, ou suivant la suite naturelle des nombres, s'il est ouvert.

Troisième loi : *Les nombres de vibrations du son fondamental sont en raison inverse de la longueur des tuyaux*.

Quatrième loi : *Les vibrations de l'air sont longitudinales, et la colonne d'air est partagée en parties égales par des nœuds et des ventres*.

Cinquième loi : *Les nœuds sont immobiles et n'éprouvent que des changements de densité; les ventres ont la même densité, mais ont une vibration constante*.

Notions sur l'interférence des sons. — Le nom d'*interférence* a été donné pour la première fois à l'action de deux rayons lumineux l'un sur l'autre, quand ils émanent de la même source, et qu'ils se rencontrent sous un très petit angle.

Le Père Grimaldi avait observé, en 1663, que deux faisceaux de lumière pouvaient s'éteindre mutuellement par leur rencontre, en sorte que « de la lumière ajoutée à de la lumière produisait de l'obscurité ». Fresnel a formulé dans les termes suivants le principe du phénomène, ou *principe des interférences*. L'ondulation lumineuse, comme l'ondulation sonore, se compose de deux demi-ondulations de sens contraire. Or, que deux faisceaux suivent la même direction : si l'un des deux est en avance d'un nombre pair de demi-ondulations d'égale longueur, il y aura augmentation de lumière; mais si le second est en retard d'un nombre impair de demi-oscillations, ou si la longueur d'onde n'est pas la même dans les deux faisceaux, il en résulte de l'obscurité.

De même pour les sons. Un nœud *pp*, *rr* (*fig.* 217) est toujours compris entre deux demi-ondulations de sens contraire : donc il ne vibre pas, et, par conséquent, il y aura sinon nullité, du moins affaiblissement notable du son ; l'oreille, s'il était possible de la placer au nœud même, ne percevrait aucune sensation sonore. Au ventre se trouve, au contraire, le maximum d'intensité de vibration et par conséquent d'intensité dans les sons : car là se rencontrent, avec leur intensité la plus grande, et l'ondulation directe et l'ondulation produite par la réflexion du son à l'extrémité du tube, qu'il soit ouvert ou fermé.

Supposons encore que dans un tuyau indéfini on provoque deux vibrations à des moments divers, quoique très rapprochés : si l'onde sonore dans les deux mouvements est de même grandeur, il y a augmentation de vitesse et par conséquent de son ; c'est le contraire si la grandeur des ondes n'est pas la même, ou si elles ne sont pas dans un rapport de nombres entiers.

Instruments à vent. — Les instruments à vent se divisent en instruments à *bouche*, à *anche rigide* et à *anche membraneuse*.

Dans les instruments à bouche, tels que le flageolet, une colonne d'air dirigée vers une ouverture nommée *bouche* se brise contre une lèvre inclinée de cette ouverture : l'air ne sort donc pas d'une façon continue, et ces intermittences donnent des saccades à l'air intérieur du tube, ce qui le fait entrer en vibration. La flûte, le sifflet, la clef forée, certains tuyaux d'orgues, sont des instruments à bouche.

Dans les instruments à anche rigide, tels que la clarinette, une languette élastique recouvre une ouverture longitudinale par laquelle l'air doit pénétrer dans le tube de l'instrument ; cette languette est attachée à une de ses extrémités par une ficelle dans la clarinette, et par une tige métallique nommée *raselle* dans certains tuyaux d'orgues : le courant d'air, en pénétrant dans le tuyau, soulève cette languette, qui revient sur elle-même par son élasticité et ferme l'ouverture. Le courant d'air est interrompu momentanément ; puis la languette se soulève de nouveau et recommence ainsi une série rapide d'oscillations.

Dans les instruments à anche membraneuse, tels que le cor, la trompette, etc., ce sont les lèvres que l'on applique sur l'embouchure, qui servent d'anches, et qui font vibrer la colonne d'air intérieure.

Tuyaux acoustiques. — Les *speaking-tubes* ou tubes parlants, inventés en Angleterre, sont fondés sur la conductibilité des sons par les tubes. Ces tuyaux sonores servent dans les maisons de commerce : le directeur peut, de son bureau, correspondre avec les employés occupés dans les autres salles et leur donner des ordres.

Un tube creux de caoutchouc et de la grosseur d'un fort cordon de sonnette passe d'une salle dans l'autre à travers les murs. L'une des extrémités pend près du bureau du directeur, l'autre près du bureau de l'employé ; chacune d'elles est terminée par un pavillon de bois fermé par un petit sifflet, qu'on peut retirer à volonté. Le directeur ôte le sifflet et souffle dans le tuyau, ce qui fait marcher le sifflet de l'employé ; celui-ci souffle, à son tour, dans le tube, de manière à faire résonner le sifflet que le directeur a eu le soin de remettre. L'employé étant ainsi prévenu, le directeur ôte de nouveau le sifflet et parle en approchant le pavillon de la bouche ; l'employé, qui a retiré également son sifflet et rapproché le pavillon de l'oreille, entend très distinctement l'ordre qui lui est transmis, et, en parlant, à son tour, dans le pavillon, donne la réponse.

Porte-voix et cornet acoustique. — Le *porte-voix* est un cône métallique présentant à l'une de ses extrémités une embouchure, où l'on parle, et à l'autre une partie plus évasée, que l'on nomme *pavillon*. Les sons réfléchis par les parois sortent presque parallèlement en augmentant d'intensité.

Les personnes qui entendent avec difficulté se servent d'un *cornet acoustique :* elles placent la petite ouverture dans l'oreille et présentent le pavillon à la personne qui leur parle. Les ondulations réfléchies par les parois du cornet se condensent dans le tuyau de l'oreille.

Phonographe. — Le *phonographe* (*fig.* 226) est l'une des plus remarquables inventions de M. Edison, célèbre

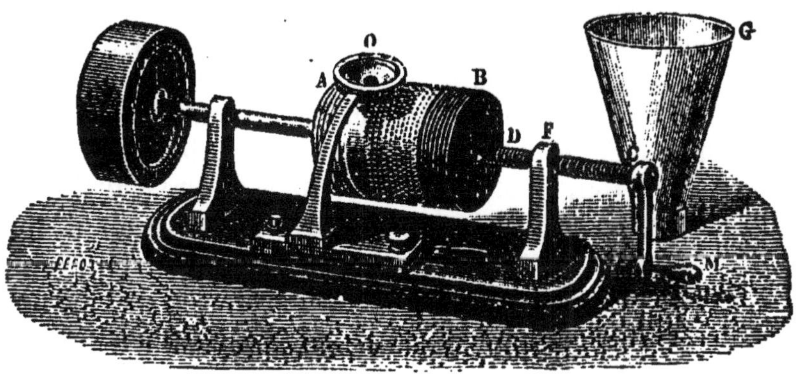

Fig. 226.

physicien américain. Il a été présenté à l'Académie des sciences en mai 1878. Son but est d'enregistrer la parole et de la reproduire, pour ainsi dire, indéfiniment.

La pièce principale du phonographe est un cylindre de cuivre AB, soutenu horizontalement par un axe en pas de vis DC, tournant dans un écrou F; il présente à sa surface une petite rainure hélicoïdale, du même pas que la vis. On le fait avancer en tournant sur lui-même, soit avec une manivelle M, soit par un mouvement d'horlogerie, ce qui donne des résultats plus exacts. Sur le cylindre s'enroule une feuille d'étain un peu déprimée dans la rainure.

Sur le cylindre, une embouchure de téléphone O est armée d'un diaphragme métallique, dont le centre porte une petite pointe. Qu'on parle un peu fort, quand l'appareil est en mouvement, le diaphragme vibre, et la pointe décrit suivant la rainure une suite de gaufrages dus aux vibrations déterminées par la voix. Le cylindre étant remis dans sa position initiale avec un mouvement égal, le gaufrage soulève la pointe, donne au diaphragme la même série de vibrations sonores, et la machine répète les sons reçus sous l'impulsion des lèvres. L'effet est plus grand, si l'on applique à l'embouchure un porte-voix G en carton mince.

Une fois enregistrée par l'appareil, la parole peut être reproduite plusieurs fois, mais en s'affaiblissant : car le gaufrage disparaît sous le frottement répété de la pointe.

* En 1888, le phonographe a été considérablement perfectionné. A l'ancienne feuille d'étain on a substitué un cylindre de carton, recouvert d'une couche de cire d'abeilles. Le stylet y produit une véritable gravure; un copeau de cire est détaché et un étroit sillon, de profondeur variable, est tracé sur le rouleau. C'est ce rouleau qui sert ensuite pour répéter la parole. Aujourd'hui le phonographe est devenu un instrument d'un maniement extrêmement facile, qui reproduit les sons avec une fidélité saisissante, et un nombre de fois aussi grand qu'on le veut, sans affaiblissement sensible. Il est peut-être appelé à un grand avenir, surtout maintenant que l'Exposition de 1889 l'a fait connaître de tout le monde.

CHAPITRE XXXI.

Météorologie.

Météorologie. — Variations de la pression atmosphérique. — Variations de la température. — Distribution de la chaleur à la surface du globe. — Température moyenne. — Lignes isothermes, isothères, isochimènes. — Climatologie. — Météores aqueux. — Météores aériens. — Météores lumineux. — Météores électriques. — Météores magnétiques. — Observations météorologiques. — Prévision du temps.

Météorologie. — La *météorologie*, qui se rattache à la physique, est l'étude des phénomènes réguliers ou accidentels qui s'accomplissent à la surface de la terre ou dans l'atmosphère qui l'entoure. Cette science comprend la connaissance des *variations de la pression atmosphérique*, des *variations de la température*, des *températures moyennes* et des phénomènes qui portent particulièrement le nom de *météores*.

On distingue les météores *aériens, aqueux, lumineux, électriques* et *magnétiques*, suivant qu'ils ont pour cause l'air, l'eau, la lumière, l'électricité ou le magnétisme.

On s'est longtemps contenté d'observations superficielles, qui constataient seulement certaines variations dans les phénomènes météorologiques. Aujourd'hui les observations sont de tous les jours et plus sérieuses, afin d'arriver, s'il se peut, à constater les lois des phénomènes, et, par conséquent, d'en prévoir le retour dans l'intérêt de la santé publique, de la navigation et de l'agriculture.

Variations de la pression atmosphérique. — Il n'est, pour ainsi dire, aucun phénomène météorologique qui ne fasse varier la répartition de l'air autour du globe, et, par suite, la pression qu'il exerce en chaque endroit sur le mercure du baromètre. Il s'en faut que l'on ait découvert les lois de toutes les relations entre les divers phénomènes et les *variations de la pression barométrique;* il n'en faut pas moins noter avec soin le niveau du mercure dans toutes les observations que l'on peut faire.

Variations de la température. — Les *variations de la température* sont dues en premier lieu, chaque année, aux saisons, la chaleur étant naturellement plus forte pendant l'été que pendant l'hiver, et, chaque jour, à l'élévation plus grande du soleil au-dessus de l'horizon, le moment de midi étant plus chaud que le matin ou le soir.

Mais d'autres causes modifient aussi la température : ce sont la *longitude*, la *latitude*, l'*altitude*, la *fréquence des pluies*, la *direction des vents*, la *proximité des mers*, la *nature du sol*, son *orientation* et son *inclinaison*.

La *longitude* influe sur la température en ce sens que, par exemple, en Europe, les contrées occidentales sont plus chaudes que les contrées orientales. Elles le doivent et aux alizés supérieurs (p. 371), qui retombent sur le globe vers le nord en faisant sentir leur action à l'Europe occidentale, et au *Gulf-Stream*, courant marin chaud qui traverse l'Atlantique du golfe du Mexique en Espagne et suit les côtes de l'Europe jusqu'au cap Nord.

On appelle *latitude* la distance d'un point quelconque du globe à l'équateur. Dans les régions équatoriales, les rayons solaires tombent sur la terre presque suivant la verticale, ce qui rend leur absorption plus grande, et les jours sont égaux aux nuits : aussi la température est-elle pour ainsi dire invariable. Dans les zones tempérées et glaciales, ces mêmes rayons ne rencontrent plus la terre que sous une obliquité de plus en plus grande : aussi s'échauffe-t-elle beaucoup moins l'hiver, quand la longueur des jours ne fait plus, comme en été, compensation à l'absorption moins forte de la chaleur. Dans nos contrées, le jour le plus chaud a lieu vers le 26 juillet, le plus froid vers le 14 janvier.

On appelle *altitude* l'élévation d'un point au-dessus du niveau de la mer. A mesure qu'on s'élève dans l'atmosphère, la température devient moins élevée. En effet, les rayons du soleil traversent l'air sans l'échauffer sensiblement, car l'air est très diathermane. Notre atmosphère s'échauffe donc presque uniquement par son contact avec le sol, qui absorbe très bien la chaleur du soleil. On conçoit, par suite, que l'air soit d'autant plus froid qu'il est plus éloigné des plaines basses. Cela nous explique l'existence des neiges éternelles, qui couronnent les sommets des montagnes élevées, et les constatations qui ont été faites dans les ascensions aérostatiques. On évalue en moyenne l'abaissement de température dans notre zone tempérée à 1° pour 170 mètres d'altitude.

Les nuages abaissent la température, parce qu'ils interceptent les rayons solaires. L'abaissement est encore plus marqué s'ils se résolvent en pluie, ou si la pluie, en touchant le sol, redevient vapeur. La *fréquence des pluies* exerce une influence constatée annuellement dans la zone torride, et quelquefois dans nos zones tempérées.

Pour l'hémisphère boréal, les *vents* du midi amèneront évidemment la chaleur; ceux du nord, le froid; ceux qui traversent les mers transportent l'humidité. Le caractère de certains vents peut changer avec les saisons : ainsi le vent d'est est froid pendant l'hiver et chaud pendant l'été.

La *proximité des mers* influe sur la température, puisque le thermomètre, dans les zones tempérées, varie à peine sur mer de 3° pendant la journée, et que la différence sur les continents peut être de 12 à 15 degrés. Le climat des îles est sensiblement uniforme. A latitude égale, il fait plus froid pendant l'hiver et plus chaud pendant l'été à l'intérieur d'un continent que sur les côtes : la différence entre la température des étés et celle des hivers y est donc plus grande.

La *nature* et la *configuration du sol* sont d'autres causes des variations de la température. Il est évident qu'un sol qui absorbera les rayons calorifiques retiendra plus longtemps la chaleur qu'un sol granitique qui la réfléchirait tout entière. Des côtes profondément découpées donnent un climat plus doux. *L'orientation* des montagnes tantôt causera un froid intense, surtout quand elles sont le siège de glaces ou de neiges éternelles, tantôt protégera une région, comme à Nice, contre les vents qui en abaisseraient la température. Enfin, il faut encore tenir compte de *l'inclinaison* de la terre sur son orbite, puisque les rayons solaires tomberont sur certaines contrées avec une obliquité plus grande, qui ne permettra pas au sol de s'échauffer.

Distribution de la chaleur à la surface du globe. — En général, la chaleur et, par conséquent, la température vont en décroissant de l'équateur au pôle. Mais les causes que nous venons d'énumérer ne leur permettent pas de décroître absolument suivant les parallèles. *La plus haute température observée à l'ombre a été une température de 67° 7, dans le pays des Touaregs, et la plus basse de —62° 5 à Nijni-Kdinsk, en Sibérie, ce qui donne un écart total de 130 degrés. A Paris, la température la plus élevée a été de +39°, et la plus basse de —25° 6 (10 décembre 1879).

Température moyenne. — On obtient la *température moyenne* d'un jour en divisant par leur nombre la somme des observations thermométriques faites pendant la journée ; la *température moyenne* d'un mois est la somme des moyennes des trente jours divisée par 30 ; la *température*

LIGNES ISOTHERMES.

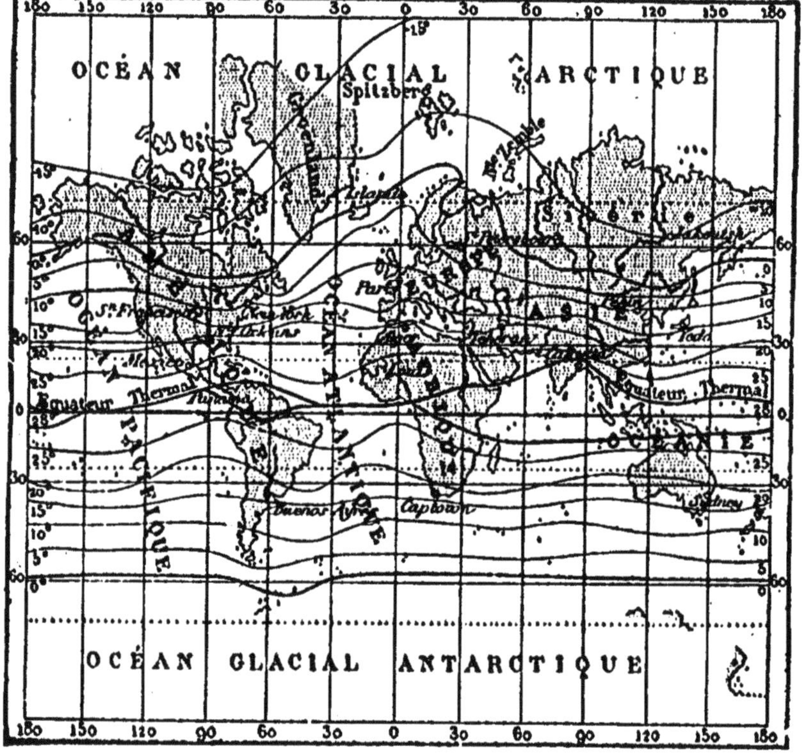

Fig. 227.

moyenne d'un an, la moyenne des douze mois, et la *température moyenne* d'un lieu, la moyenne de sa température pendant plusieurs années.

Lignes isothermes, isothères, isochimènes. —
Si l'on réunit par des lignes les points du globe où la
température moyenne de l'année est égale, on aura des
courbes de forme très irrégulière, que l'on appelle *lignes
isothermes* (*fig.* 227) : elles ont été tracées de cinq en cinq
degrés. On a aussi tracé des *lignes isothères* pour les étés
égaux, et des *lignes isochimènes* pour les hivers égaux :
ces lignes réunissent les points ayant la même température
moyenne, les premières pendant les trois mois d'été, les
secondes pendant les trois mois d'hiver. Ces trois espèces
de lignes sont loin de se confondre : ainsi les bords
septentrionaux de la mer Caspienne et le sud de l'Irlande
appartiennent à la même ligne isotherme ; mais sur la
mer Caspienne la ligne isothère indique + 25° et le
ligne isochimène — 5°, ce qui donne un été très chaud et
un hiver assez froid ; tandis qu'en Irlande la ligne isothère
marque + 15° et la ligne isochimène + 5°, en sorte que
la température y est constamment modérée.

Climatologie. — On appelle *climats* certaines divisions du globe d'après l'état thermométrique des diverses
contrées, et *climatologie* la constatation des climats
d'après des observations nombreuses, ainsi que l'étude de
leur influence sur tous les phénomènes météorologiques.
La chaleur solaire est le principe des différents météores,
et le climat, à son tour, influe singulièrement sur la végé-
tation, le tempérament, les mœurs et le caractère.

La comparaison des lignes isothermes, isothères et
isochimènes, jointe au *maximum* de température de l'été
et au *minimum* de température de l'hiver, a fait distinguer trois espèces de climats : les *climats constants*, où la
différence est très petite entre la température moyenne de
l'été et de l'hiver ; les *climats tempérés*, où cette différence
ne dépasse jamais 15 degrés ; les *climats excessifs*, comme
celui de Moscou, où la température moyenne de l'été est
+ 18°,4, et celle de l'hiver — 0°,1.

Météores aqueux. — Les *météores aqueux* sont dus à
la vapeur contenue dans l'atmosphère.

Quand la vapeur atmosphérique se condense à la surface de la terre par le refroidissement, elle donne lieu à la *rosée* et au *givre*. Si, au contraire, elle se condense au milieu de l'atmosphère, ce qui a lieu par le refroidissement d'une masse d'air presque saturée d'humidité, elle forme les *nuages*, les *brouillards* et les *brumes*.

Les *nuages* apparaissent en moyenne à 1 200 mètres du sol en hiver et à 3 000 ou 4 000 mètres en été ; mais il y a plusieurs couches superposées, entraînées souvent en sens contraire par des courants différents. A 7 000 mètres du sol, où la température est déjà de —20°, les nuages se chargent d'aiguilles de glace et circulent, avec une vitesse qui est quelquefois de 80 kilomètres à l'heure, dans des couches atmosphériques où une cause inconnue entretient continuellement l'électricité positive. Tous les nuages, du moins les nuages inférieurs, se composent, suivant certains physiciens, de vésicules creuses excessivement petites, remplies d'air plus chaud que l'air ambiant, ou, suivant d'autres, de gouttelettes très petites, mais pleines, soutenues par les courants d'air chaud. On attribue leur production soit à la basse température des régions plus élevées de l'atmosphère, soit à un courant d'air chaud et humide, qui se dilaterait en se refroidissant, soit enfin au mélange de deux masses d'air de température différente et voisines chacune de son point de saturation. Tantôt ce sont des *cirrhus*, disposés en légers flocons et formant un ciel pommelé ; des *cumulus*, espèces de montagnes blanchâtres amoncelées à l'horizon ; des *stratus*, bandes horizontales fréquentes vers le coucher du soleil ; tantôt des *nimbus*, nuages sombres, qui se résolvent ordinairement en pluie.

Les *brouillards* sont de vrais nuages qui se forment à la surface du sol, et les *brumes*, des brouillards très épais.

La *pluie*, la *neige*, le *verglas*, le *grésil*, la *grêle*, sont des météores aqueux produits par la condensation des nuages. Entre le grésil et la grêle il n'y a d'autre différence

24.

que la grosseur : le grésil, moitié neige, moitié glace, est généralement plus arrondi et ne dépasse pas la grosseur des petits pois.

Météores aériens. — Les *météores aériens* sont les *vents* et les *orages*.

Les *vents* sont des courants d'air de vitesse variable, qui se manifestent dans l'atmosphère suivant toutes les directions. Les marins ont divisé l'horizon en trente-deux directions, à distance égale l'une de l'autre, qu'ils ont appelées *rumbs*, et dont l'ensemble constitue la *rose des vents*.

Le vent résulte ou d'une différence de température dans les couches atmosphériques, comme pour les vents alizés, ou d'un vide qui se fait comme par la résolution d'un nuage en pluie, et le vent suit alors une direction inverse à son mode de propagation ; ou bien encore l'air est refoulé par une dilatation de l'atmosphère ou la formation d'une grande quantité de vapeur, et dans ce cas le vent se propage dans la direction même où il souffle.

Les vents sont *réguliers*, *périodiques* ou *irréguliers*.

Les vents *réguliers* soufflent constamment du nord-est dans l'hémisphère boréal, et du sud-est dans l'autre hémisphère ; on les appelle encore *vents alizés*. Ils sont dus à l'échauffement de l'air dans les régions équatoriales : l'air échauffé gagne les parties supérieures et est remplacé à chaque instant par un courant froid venant de chaque pôle ; d'où le double courant des alizés supérieurs ou contre-alizés, et des alizés inférieurs ou simplement alizés. Mais la rotation de la terre d'occident en orient fait que les alizés inférieurs paraissent venir du nord-est et du sud-est dans les zones tempérées, tandis que les alizés supérieurs viendraient du nord-ouest dans l'hémisphère septentrional, et du sud-ouest dans l'autre hémisphère. A l'équateur on a la région des *calmes équatoriaux*, qui s'étend du 4° au 9° nord. La navigation utilise les alizés inférieurs pour abréger, en s'y abandonnant, de longues navigations : aussi les appelle-t-on *vents du commerce*.

Les vents *périodiques* sont les *moussons* et la *brise*. Les *moussons* soufflent dans la mer des Indes et dans les Moluques, du sud-ouest, c'est-à-dire vers le continent, depuis le 15 avril jusqu'au 15 octobre, amenant les pluies et les chaleurs malsaines ; et depuis le 15 octobre jusqu'au 15 avril, du nord-ouest, c'est-à-dire vers la mer, ce qui est l'été pour ces contrées : ces vents sont dus à l'échauffement de la zone torride en Afrique, qui appelle tour à tour les vents froids des pôles. La *brise* souffle sur les côtes, de la mer pendant le jour, de la terre pendant la nuit, parce que le continent s'échauffe plus que la mer pendant le jour et se refroidit davantage pendant la nuit.

Les vents *variables* soufflent tantôt dans une direction, tantôt dans une autre, avec une irrégularité d'autant plus grande qu'on se rapproche davantage des pôles. En France, la direction la plus ordinaire est celle du nord-est et surtout celle du sud-ouest ; en Angleterre et en Allemagne, celle du sud-ouest ; en Espagne et en Italie, celle du nord.

Les *orages* ne se forment pas sur place, comme on l'a cru presque jusqu'à nos jours ; ils ne proviennent pas d'une raréfaction dans les couches inférieures de l'atmosphère et d'un appel d'air qui en résulte ; ils naissent, au contraire, dans les cirrhus les plus élevés. Voici la théorie des orages, telle que l'a développée M. Faye, d'après des observations précises. Des filets contigus de cirrhus, se trouvant animés de vitesses différentes par une cause inconnue, prennent un mouvement giratoire autour d'un axe vertical et se creusent en tourbillons, comme l'eau qu'on agite dans un vase ; les spires concentriques vont de droite à gauche, en sens contraire aux aiguilles d'une montre, dans l'hémisphère septentrional, et dans le même sens que les aiguilles au sud. Le phénomène s'opère généralement vers 10 degrés de latitude. L'axe, toujours parallèle à lui-même, suit une trajectoire qui remonte de l'est à l'ouest dans les deux hémisphères vers la limite des vents alizés, et qui se continue ensuite de l'ouest à l'est suivant une direction presque perpendiculaire à la direction première. Le tourbillon descendant, qui, devant un obstacle, peut se segmenter en deux ou plusieurs autres, élabore en quelque sorte dans les nuages inférieurs au-dessus de nos têtes la pluie et la grêle par les divers changements de température dont il est la cause. Souvent il vient toucher le sol par sa pointe extrême, de manière à former un cône renversé ; il s'affaisse, perd ainsi son énergie ou force vive, et laisse le fluide remonter tumultueusement vers les couches supérieures de l'atmosphère. Mais il arrive aussi que le cône est coupé pour ainsi dire dans sa hauteur par une cause quelconque et couvre ainsi le sol par sa plus petite base sur une grande étendue. L'orage s'appelle *tourbillon* quand sa pointe ne couvre du sol que quelques décimètres, *trombe*, quand le diamètre a de 1 à 200 mètres, *tornados*, de 500 à 2 400 mètres, *ouragan* ou *cyclone* au-dessus, et le cyclone peut couvrir jusqu'à 30 myriamètres de diamètre.

Sur mer, les trombes et les cyclones sont l'effroi des marins, dont ils emportent et brisent les vaisseaux dans leurs vastes mouvements giratoires : ils engloutissent en peu d'instants des centaines d'embarcations et de navires, projetant sur les côtes des *raz de marée* gigantesques. Sur terre, les ouragans détruisent les récoltes, tordent les arbres, les brisent, les déracinent, rasent et emportent les édifices et bouleversent parfois le sol même. La marche de ces torrents dévastateurs a été mieux étudiée de nos jours, ce qui permet de les prévoir et de prévenir le mal possible, du moins dans une certaine mesure.

Il est des orages secs et sans tonnerre, mais identiques dans leur marche aux précédents, tels que, en Afrique, le *simoun* ou *khamsin*, qui transporte au loin les sables du désert, et, en France et en Algérie, le *sirocco*, qui fond les neiges des Pyrénées, ce qui cause une inondation soudaine. Le baromètre baisse, la sécheresse devient excessive, et l'homme résiste à peine aux rafales d'une chaleur étouffante.

Météores lumineux. — Les *météores lumineux* sont : le *mirage*, l'*arc-en-ciel*, les *halos*, les *parhélies* et les *couronnes*.

Il a déjà été question du *mirage*, quand on a traité de la réfraction de la lumière.

L'*arc-en-ciel* est formé de sept arcs concentriques présentant dans leur ordre les sept couleurs du spectre solaire. Pour que le phénomène se développe, il faut que le soleil soit bas sur l'horizon, le matin ou le soir par conséquent, et que le rayon solaire rencontre des nuages qui se résolvent en pluie ; pour le percevoir, le spectateur doit avoir le soleil derrière lui. Le phénomène est dû à la réfraction de la lumière blanche, qui entre par en haut dans la goutte de pluie, à sa réflexion sur la face interne de la goutte, et à une seconde réfraction par en bas, qui ramène le rayon à l'œil de l'observateur. Or, il est possible qu'un second rayon, perçant par en bas une autre goutte, revienne également à l'œil après avoir subi une double réflexion intérieure ; en ce cas on apercevra deux arcs-en-ciel concentriques : l'arc intérieur a le violet en bas et le rouge en haut ; c'est le contraire pour l'arc extérieur, qui est beaucoup plus pâle. La théorie indique qu'il peut même se produire plus de trois arcs. On voit encore le troisième ; mais les autres ont des couleurs si faibles qu'ils échappent à la vue.

Le *halo* est un cercle aux sept couleurs de l'arc-en-ciel, le rouge étant à l'intérieur. On l'observe quelquefois autour du soleil, plus rarement autour de la lune et des étoiles. Le halo est tantôt unique, tantôt formé de deux cercles concentriques ; parfois encore le second cercle est tangent extérieurement ou intérieurement au premier, et l'on n'en aperçoit qu'une partie. Le phénomène est dû à la décomposition de la lumière, soit dans les vésicules humides, soit plutôt dans les aiguilles prismatiques de glace qui flottent dans l'air.

Les *parhélies*, phénomène rare qui accompagne ordinairement le halo, sont des images du soleil, très vives et très colorées, ordinairement réunies par une bande blanche qui entoure l'astre.

Les *couronnes* sont des espèces de halos qui apparaissent autour du soleil ou de la lune, et dans lesquels la disposition des couleurs est renversée.

Météores électriques. — Les *météores électriques*, dus à l'électricité de l'atmosphère, comprennent la *foudre*, dont l'explication a été précédemment donnée (page 249), les *aurores boréales* et les *feux Saint-Elme*.

On appelle *aurores boréales* des arcs d'une lumière intense qui apparaissent fréquemment dans les contrées polaires, mais très rarement dans nos climats. Ce sont d'abord des jets de lumière qui s'élèvent au-dessus de l'horizon ; puis deux colonnes lumineuses montent dans le ciel, l'une à l'orient et l'autre à l'occident, inclinant leurs sommets l'une vers l'autre et formant une immense voûte de feu d'un pourpre éclatant. Le phénomène dure des heures entières. Des traits de feu jaillissent sans cesse vers le sommet dans un espace circulaire que l'on appelle la *couronne* de l'aurore boréale. On a remarqué que le sommet de l'arc étincelant est généralement dans le méridien magnétique. Ce splendide phénomène est attribué à l'électricité.

On appelle *feux Saint-Elme* des aigrettes lumineuses qui paraissent quelquefois à l'extrémité des mâts d'un navire. Ils sont évidemment dus à la décomposition du fluide neutre du navire, sous l'influence atmosphérique, et l'électricité de nom contraire à celle de l'atmosphère s'écoule ensuite par les pointes.

Aux météores électriques se rattache la production de l'*ozone*. Des deux principes essentiels de l'air, l'oxygène et l'azote, le premier peut s'électriser dans l'atmosphère sous l'influence des orages, des trombes, des ouragans et d'autres causes inconnues. L'oxygène ainsi électrisé a été appelé *ozone*, à cause d'une certaine odeur qu'il exhale. Il paraît probable que l'ozone peut détruire les miasmes, et l'on a reconnu une relation entre le développement de ce gaz dans l'air et certaines conditions de salubrité.

Météores magnétiques. — Les *météores magnétiques* ne consistent que dans la déclinaison et l'inclinaison de l'aiguille aimantée. Ajoutons cependant que les aurores boréales ou les orages éloignés se trahissent souvent à distance par les oscillations de l'aiguille dans les boussoles.

Observations météorologiques. — On ne pouvait saisir les relations soupçonnées entre l'état de l'atmosphère et certains phénomènes qui se produisent sur la terre, qu'à la condition de multiplier les *observations météorologiques*, de manière à déterminer chaque jour, par des moyennes, la pression barométrique, la température, la direction et la vitesse du vent, l'état hygrométrique et ozonométrique de l'atmosphère, et la quantité de pluie qui est tombée. A l'observatoire central de Montsouris, on fait par jour huit observations, à 1 heure, 4 heures, 7 heures et 10 heures du soir, et à 1 heure, 4 heures, 7 heures et 10 heures du matin, puis on en cherche la moyenne.

Les écoles normales primaires ont été invitées à répéter les mêmes observations sur les différents points de la France. Tous les travaux sont centralisés au Bureau central météorologique, qui les discute et cherche à déterminer les lois.

Les instruments indiqués comme nécessaires dans les principales observations météorologiques sont : le *baromètre de Fortin*, le *thermomètre à minima de Rutherford*, le *thermomètre à maxima de Negretti*, le *psychromètre*, le *pluviomètre* et la *girouette*.

La *pression barométrique* est constatée par la hauteur du mercure dans le *baromètre*.

Pour obtenir la *température moyenne*, au lieu de relever huit fois les indications du thermomètre, il suffit de prendre la moyenne des deux températures *maxima* et *minima* pendant le jour et pendant la nuit. On se sert

à cet effet du thermomètre à *maxima* et à *minima* de
Rutherford et du thermomètre à *maxima* de Negretti.

Le *thermomètre de Rutherford* (*fig.* 228) se compose

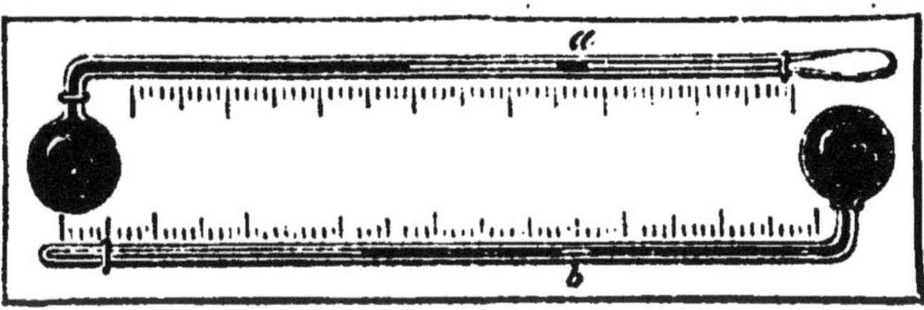

Fig. 228.

de deux thermomètres disposés horizontalement l'un au-
dessus de l'autre sur la même planchette. Le supérieur
est à mercure : sur le mercure a été placé un petit
cylindre de fer *a*, que le mercure pousse quand il se dilate,
mais qu'il laisse là où il l'a poussé quand il se contracte :
c'est le thermomètre à *maxima*. L'inférieur est à l'alcool :
un petit cylindre d'émail *b* adhérent à l'alcool est entraîné
par le liquide quand la température s'abaisse, mais reste
en place quand elle s'élève, au milieu du liquide, qui
passe librement entre les parois du tube et ce cylindre :
c'est le thermomètre à *minima*. Quand on a noté les degrés
où se sont arrêtés les deux indices, il suffit de redresser
un instant l'instrument, pour que les indices reprennent
leur position première.

Le thermomètre de Rutherford est exact, mais peu portatif, et si le fer s'engage dans le mercure par suite de

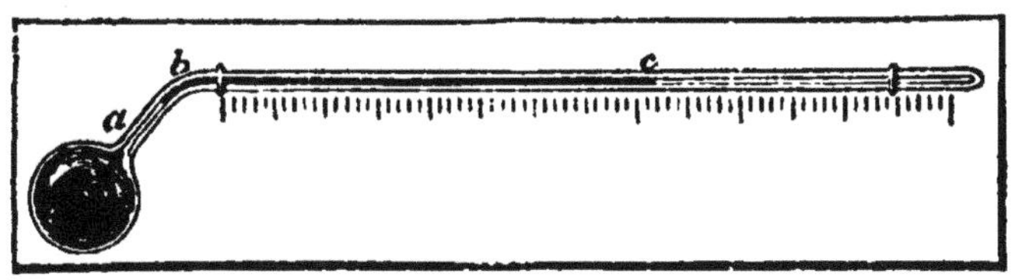

Fig. 229.

quelques mouvements brusques, le thermomètre à *maxima*
ne fonctionne plus. Le *thermomètre à maxima de Negretti*
(*fig.* 229) remédie à ce double inconvénient. Il est aussi à

mercure. On a introduit dans le tube un petit index de verre *b*, puis on les a courbés tous deux à la lampe, de manière que l'index soit fixe. Quand le mercure se dilate, il passe entre l'index et les parois du tube; quand il se contracte, la colonne horizontale est arrêtée par l'index et ne peut retomber dans le réservoir, et il se fait un vide entre le réservoir et l'index. L'extrémité *c* de la colonne horizontale indique la température *maxima*. Pour remettre l'instrument dans sa position primitive, on le redresse, et le mercure retombe dans le réservoir en vertu de sa pesanteur.

On *détermine la direction du vent* par la *girouette*, sa *vitesse* par l'*anémomètre* (*fig*. 230), petit moulinet à ailettes,

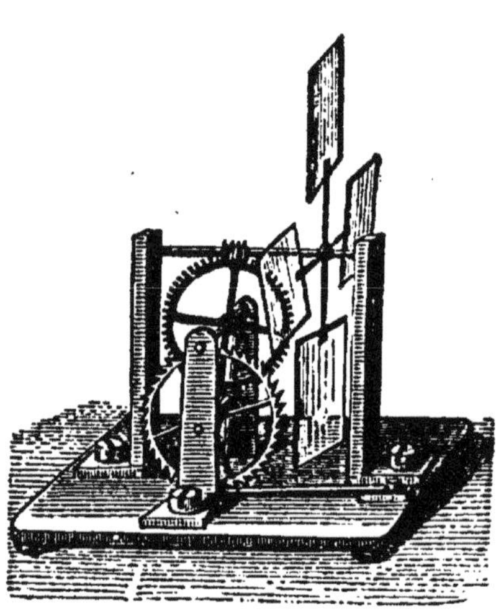
Fig. 230.

dont on compte les tours pendant l'unité de temps. On a trouvé par l'anémomètre que le vent parcourt de 3 à 162 kilomètres par heure.

On peut constater à chaque instant le *degré d'humidité* de l'air par les *procédés hygrométriques* ou par le *psychromètre*. Cet instrument se compose de deux thermomètres sensibles et parfaitement d'accord. La boule de l'un est enveloppée d'une toile fine, que l'on maintient humide, en la mettant en communication par une mèche de coton avec l'eau d'un tube servant de réservoir et faisant partie de l'instrument : moins l'air sera saturé d'humidité, plus l'évaporation sera rapide, plus il y aura de froid produit, et plus le mercure descendra, tandis qu'il restera stationnaire dans l'autre thermomètre. On enregistre la différence des niveaux, et on en tire par le calcul l'état hygrométrique de l'air au moment de l'observation.

On mesure la *quantité de pluie* qui tombe dans un temps donné au moyen d'un instrument nommé *pluviomètre* ou *udomètre* (*fig*. 231). Cet instrument consiste

Fig. 231.

dans un vase cylindrique que ferme dans sa hauteur un couvercle renversé en forme d'entonnoir et percé d'un trou assez petit, en sorte que la pluie se rassemble dans l'entonnoir, tombe de là dans le cylindre et se trouve soustraite autant que possible à l'évaporation. Le cylindre communique avec un tube extérieur, dans lequel l'eau se met au même niveau; le tube est appliqué à une échelle graduée en millimètres. Supposons qu'après un certain temps le niveau soit dans le tube à 54 millimètres : cela veut dire que l'eau tombée pendant ce temps, si elle était restée sans déperdition sur la terre, aurait formé sur le sol une couche de 54 millimètres.

Le pluviomètre recueille plus d'eau à la surface du sol qu'à une certaine hauteur, ce que l'on attribue à une déperdition causée par une agitation de l'air d'autant plus sensible qu'on est plus élevé. On a constaté que la quantité de pluie est plus grande à l'équateur qu'aux pôles. A Paris, le pluviomètre indique 107 millimètres en hiver, 174 au printemps, 161 en été, 122 en automne, et, par conséquent, pour toute l'année 564 millimètres.

***Prévision du temps.** — Le but de la météorologie pratique, c'est la prévision, aussi lointaine que possible, des changements de temps. Dans l'état actuel de la science, cette prévision ne peut encore se faire qu'à courte échéance (quelques jours à l'avance, dans les cas les plus favorables), et jamais avec une certitude absolue.

* Cette prévision, si incertaine qu'elle soit encore, a pour base la concentration télégraphique des observations météorologiques faites sur toute la surface du globe. L'ex-

périence a montré, en effet, que les changements de temps ne prennent pas naissance sur place, mais qu'ils se propagent de proche en proche d'un pays à l'autre, selon la direction des vents. Si donc on peut dresser chaque jour à Paris une carte exacte du temps qu'il faisait la veille dans les différents points du globe, avec l'indication surtout de la pression atmosphérique et de la direction du vent en chacun de ces points, on verra, d'un jour à l'autre, s'approcher de Paris les vents et les pressions qui doivent produire le beau ou le mauvais temps.

*On voit que le problème est complexe : aussi la solution en est-elle encore bien imparfaite.

*Outre la prévision générale et à longue échéance, possible seulement dans les grands observatoires, il est une prévision plus modeste, la prévision locale, individuelle. Cette prévision, moins certaine encore, peut cependant rendre des services entre les mains d'un observateur sagace et connaissant bien le pays, ayant su, par une longue pratique, démêler les relations qui existent, dans sa région, entre l'aspect du ciel, la direction du vent, les variations du thermomètre et du baromètre à chaque moment de la journée. Mais le problème est loin d'être aussi simple que le supposent certaines personnes : il faut, en particulier, se garder de croire que la hausse du baromètre indique toujours du beau temps, et sa baisse du mauvais temps.

TABLE DES MATIÈRES

Paris. — Imp. DELALAIN FRÈRES, 1 et 3, rue de la Sorbonne.

Notions de Chimie applicables aux usages de la vie, rédigées d'après les programmes officiels, à l'usage des élèves des écoles primaires supérieures et normales et des pensionnats, par *Honoré Regodt*, professeur de l'association philotechnique de Paris : 35ᵉ édition, revue par un professeur agrégé de l'Université, conformément à la *notation atomique*; 1 vol. in-12, avec 64 *gravures dans le texte*, cart. 1 f. 75 c.

Notions d'Histoire naturelle applicables aux usages de la vie, rédigées d'après les programmes de l'enseignement primaire supérieur, à l'usage des élèves des écoles primaires supérieures et normales et des pensionnats, par *Henri Regodt*, professeur de sciences naturelles : 18ᵉ édition; 1 vol. in-12, avec 110 *gravures dans le texte*, cart. 2 f. 25 c.

Cours de Physique et de Chimie, répondant aux programmes prescrits pour l'enseignement des sciences physiques dans les écoles normales primaires d'instituteurs et d'institutrices, par *M. Émile Bouant*, ancien élève de l'École normale supérieure, agrégé des sciences physiques, professeur au lycée Charlemagne; 5 volumes in-12, avec *nombreuses figures dans le texte*. Chaque volume se vend séparément :

1ᵉ *Écoles normales d'instituteurs*; 3 vol. in-12 :

Cours de Physique et de Chimie. Première année; 5ᵉ édition, avec emploi des *notations atomiques* en Chimie; 1 vol. in-12, avec 209 *gravures dans le texte*, cart. 3 f.

Cours de Physique et de Chimie. Deuxième année; 5ᵉ édition, avec emploi des *notations atomiques* en Chimie; 1 vol. in-12, avec 150 *gravures dans le texte*, cart. 3 f.

Cours de Physique et de Chimie. Troisième année; 5ᵉ édition, avec emploi des *notations atomiques* en Chimie; 1 fort vol. in-12, avec 341 *gravures dans le texte et une planche en chromolithographie*, cart. 3 f.

2ᵉ *Écoles normales d'institutrices*; 2 vol. in-12 :

Cours de Physique et de Chimie. Premier volume; 7ᵉ édition, avec emploi des *notations atomiques* en Chimie; 1 vol. in-12, avec 190 *gravures dans le texte*, cart. 3 f.

Cours de Physique et de Chimie. Deuxième volume; 6ᵉ édition, avec emploi des *notations atomiques* en Chimie; 1 fort vol. in-12, avec 311 *gravures dans le texte*, cart. 4 f.

Éléments de Géologie et de Botanique, répondant au programme des écoles normales primaires (1ʳᵉ et 3ᵉ années), par *M. J. Langlebert*, professeur de sciences physiques et naturelles : 8ᵉ édition, revue et augmentée; 1 vol. in-12, avec 400 *gravures dans le texte et une carte géologique de la France*, br. 3 f. — rel. toile, 3 f. 25 c.

Éléments de Zoologie, répondant au programme des écoles normales primaires (2ᵉ année), par *M. J. Langlebert* : 5ᵉ édition, conforme aux nouvelles classifications zoologiques; 1 vol. in-12, avec 172 *gravures dans le texte*, br. 2 f. — rel. toile, 2 f. 25 c.

Cours complet de Physique, répondant aux programmes de l'enseignement secondaire et des écoles normales primaires, par *M. J. Langlebert* : 60ᵉ édition, revue, corrigée et tenue au courant des progrès de la science les plus récents; 1 fort vol. in-12, avec 348 *gravures dans le texte*, br. 4 f.

Cours complet de Chimie, répondant aux programmes de l'enseignement secondaire classique et moderne et des écoles normales primaires, par *M. J. Langlebert* : 45ᵉ édition, entièrement refondue d'après *la théorie et la notation atomiques*; 1 fort vol. in-12, avec 187 *gravures dans le texte et un cahier chromolithographié*, br. 4 f.

Cours complet d'Histoire naturelle, répondant aux programmes de l'enseignement secondaire classique et moderne, par *M. J. Langlebert* : 58ᵉ édition, suivie d'un résumé général des classifications zoologique, botanique et géologique actuellement suivies dans nos écoles et tenue au courant de progrès de la science les plus récents; 1 vol. in-12, avec 620 *gravures dans le texte*, br. 4 f.